숲과 문화 총서 7

숲과 종교

신원섭 편

수문출판사

편집위원 (가나다순)

김기원 국민대학교
박봉우 강원대학교
박찬우 임업연구관
배상원 임업연구원
신원섭 충북대학교
윤영일 공주대학교
이성필 그룹 터(주)
이천용 임업연구관
임주훈 임업연구원
전영우 국민대학교
탁광일 School for Field Studies 교수
하 연 상명대학교 겸직 교수

서문

올 8월 21일과 22일 양일간에 거쳐 개최될 숲과 문화연구회의 학술 토론회 주제는 '숲과 종교'입니다. 숲은 인간에게 신의 위대함과 상대적으로 인간의 왜소함을 깨닫게 하여 주는 원초적인 성당이요, 사원이며 교회입니다. 숲에서 인간은 자연의 웅대함에 감탄하며 신의 가장 순결한 창조물인 숲을 경외의 눈으로 바라보며 인간 자신은 누구인지, 어디서 와서 어디로 가는지를 숙고하는 철학가요 종교가가 될 것입니다. 숲은 특히 고도화된 산업사회를 살아가는 우리의 황폐한 정신과 인간성을 회복시켜 주는 근원입니다. 전 국민의 80퍼센트 이상이 도시 환경에 거주하고 있는 우리나라의 현실은 어디를 보나 인간을 물질욕망에 사로잡히게 하거나 거대한 조직의 부속품에 불과하게 합니다. 따라서 이런 현실에서는 나 자신의 원초적 존재 이유와 인간과 신과의 관계 등 우리가 가장 근본적으로 숙고하고 고민해야 할 문제를 생각해 볼 겨를을 가질 수 없습니다.

숲에서는 세상의 모든 것과 단절되어 자연의 섭리를 보고 느끼며 절대자의 위대함과 나 자신의 존재에 대한 심각한 고민에 빠질 수 있습니다. 감각은 예리해져 나뭇잎을 흔드는 한 줄기 바람이 내게 해주려는 말은 무엇인지를 느끼려 합니다. 동녘에 떠오르는 태양을 바라보며 나의 생에 감사하게 되고 앞으로의 희망을 구체화시킵니다. 또한 지는 석양은 회한과 반성의 눈물을 흘리게 합니다.

이런 숲의 종교적 가치는 초절주의자인 소로우(Thoreau)와 에머슨(Emerson)의 사상에 잘 나타나 있습니다. 이들의 공통적 주제는 숲을 인간 존재의 문제에 있어 해결의 장으로, 인생과 사물의 결속에 대한 이해의 장으로 보고 있다는 것입니다. 초절주의의 관점에서 보면 자연, 그리고 자연을 대표하는 숲은 신의 가장 순결한 창조물입니다. 에머슨의 말을 빌려 표현하면 '자연(숲)은 영혼의 상징'입니다. 소로우 역시도 "신을 잘 알고 신성한 계시를 잘 이해하려면 자연을 가까이 하라"고 말합니다.

어느 종교를 막론하고 자연과 숲은 큰 의미를 갖습니다. 구약에 나타난 숲의 의미로 본다면 기독교에서는 '숲으로 돌아간다'는 것은 회개의 상징이며 죄를 거부하는 행위였습니다. 숲은 또한 선지자에게 신을 만날 수 있는 장소로도 표현됩니다. 기독교가 인간중심의 자연관 때문에 마음대로 자연을 이용하고 그 결과로 자연이 훼손된다는 오해는 인간 자신이 하느님의 말씀을 잘못 해석한 결과라고 많은 신학자들이 공통적으로 이야기하고 있습니다.

불교 역시도 자연과 생명이 그 중심적 역할을 한다고 볼 수 있습니다. 불교의 중심적 사상은 자비이며 이는 타인 또는 다른 생물이나 자연을 해치거나 훼손하지 않는 것을 기본으로 삼는다고 할 수 있습니다. 이밖에 많은 동양 종교에서나 북미 원주민의 종교에서 숲과 자연은 인간과 하나라는 가르침을 일깨우게 합니다. 우리의 토속 신앙에서도 숲은 신령이 깃든 곳이며 신앙의 모체입니다. 영험한 산에 존재하는 산신령은 우리 조상들의 일상을 지배해 온 신앙의 모체였다고 생각합니다.

숲이 가진 종교적이고 정신적인 가치는 우리의 역사와 문화에 지대한 영향을 끼쳐왔지만 아직까지 이런 가치가 체계화되어 학술적인 연구나 토론이 되지 못했습니다. 따라서 이번 숲과 문화연구회에서 주최하는 '숲과 종교'에 대한 학술 토론회는 아주 큰 의미를 갖는다고 하겠습니다. 이번 학술 토론회를 계기로 숲의 종교적인 역할과 가치가 하나의 학술적이고 관심 있는 주제로 자리매김할 수 있기를 기대합니다.

1999년 학술 토론회를 개최하는데 경제적 지원을 해 준 하나은행과 유한킴벌리에 깊이 감사드립니다. 또한 남다른 관심으로 출판을 맡아 주신 수문출판사 이수용 사장께 감사의 말씀을 올립니다.

1999년 8월
신원섭

차례

서문

1. 숲과 민속신앙

정자나무와 신명과 마을 공동체 이병철 ································· 9

여서도(麗瑞島) 당집 외 2편 박희진 ································· 17

남도의 대보름과 당산제 이호신 ································· 20

한국 민간 신앙에 나타난 자연 진교훈 ································· 26

파푸아뉴기니아의 숲과 종교 김재현 ································· 37

동강의 성황림 이수용 ································· 44

주술적 의미로 조명해 본 일본의 나무와 숲 김상윤 ································· 56

무속신앙에 나타나는 자작나무의 상징적 의미 전영우 ································· 61

2. 숲과 동양종교

서구사회의 환경운동과 불교 탁광일 ································· 69

풍류도의 시대적 요청 황인용 ································· 75

향교와 은행나무 송구영 ································· 79

불교와 환경윤리 법륜 ································· 84

종교화된 생명운동, 녹색화된 종교 유정길 ································· 90

원불교 교서에 출현한 나무와 숲의 의미 전경수 ································· 97

불교와 심층생태학 Daniel H. Henning·반기민 역 ································· 103

힌두의 환경 보호주의 Christopher Key Chapple·지기환 역 ································· 109

사찰의 숲과 나무 임주훈 ································· 118

3. 숲과 서양종교

성서의 생태학적 감수성 김영무 127
기독교 신앙과 숲 이정호 132
광야의 신, 숲의 신 정홍규 154
성경 종교와 나무 남대극 159
성서 속의 숲과 나무 이천용 169
안식일의 환경 신학 오만규 177

4. 숲과 영성

숲에서 얻는 신비경험 신원섭 185
내설악 숲과 신비한 체험 윤영일 189
영적 심성의 근원인 산림 풍치 송형섭 196
숲과 종교 이광호 202
식물과 자연음악 이기애 205
숲에서의 허브아로마향과 심신의 치유 오홍근 210
성모 마리아상을 걸어 둔 전나무의 비밀 김기원 215
나무와 숲의 종교적 상징성 박봉우 222

1

숲과 민속신앙

정자나무와 신명과 마을 공동체
이병철

여서도(麗瑞島) 당집 외 2편
박희진

남도의 대보름과 당산제
이호신

한국 민간 신앙에 나타난 자연
진교훈

파푸아뉴기니아의 숲과 종교
김재현

동강의 성황림
이수용

주술적 의미로 조명해 본 일본의 나무와 숲
김상윤

무속신앙에 나타나는 자작나무의 상징적 의미
전영우

정자나무와 신명과 마을 공동체

이 병 철

고향마을과 숲

국도인 큰길에서 보면 마을은 숲에 가려 보이지 않는다. 국도와 연결된 마을 입구의 진입로에서 마을까진 거리가 2백미터 정도에 지나지 않는데도 4차선 포장도로를 쉴새없이 내달리는 차량들의 소음이 마을에선 거의 들리지 않는 것은 마을 언덕에 있는 숲 때문이다.

마을은 숲을 등지고 남동쪽의 들녘을 향해 앉았다. 앉은 자리에서 보면 먼 산의 맥을 따라 내려온 산룡(山龍)이 오른쪽과 뒤쪽으로 그리 높지 않은 산등성이를 이루고 왼쪽으로 흘러서는 그보다 더 얕은 구릉을 에둘러, 마을이 그 품에 감싸 안겨 있는 형세를 이루고 있다.

전에는 바닷가였던 마을 앞쪽을 간척해 마련된 들판이 그 전의 너른 바다들과 연이어져 있어 마을에서 바라보면 들녘이 사뭇 가뭇하게 펼쳐져 보인다. 마을 앞을 조금 비껴나 왼편으로 제법 큰 제방이 있는 하천이 흐르고 마을은 산에 기대어 있으니 배산임수(背山臨水)의 형국인데, 풍수에서 주산(主山)이라고 할 마을 뒷산의 왼쪽 청룡맥이 오른편의 백호에 비해 처져 있어 허한 느낌을 준다. 마을의 숲은 마을 뒤쪽, 주산의 그 처져 있는 부분에 조성되어 있다. 그러니까 이 숲은 마을 형세의 균형을 이루는 역할을 하면서 바깥에서 마을로 통하는 주된 길의 진입로를 가려 주고 있을 뿐 아니라 겨울에는 북풍을 막아 주는 방풍림도 겸하고 있는 셈이다.

지금도 연세 많은 이들에 의해 신작로라고 불려지기도 하는 동구 밖 간선도로에서 마을로 들어서는 길은 가부골(加富谷) 참샘에서 솟아나는 물이 이룬 개울을 따라 함께 흐르다가 숲이 있는 언덕 밑에서 헤어져 개울은 숲 언덕을 휘돌아 오른편으로 멀리 보이는 조류지 쪽으로 내려가고 길은 곧장 언덕의 숲을 지나 마을에 이르게 된다. 이 진입로가 개울과 헤어지면서 건너게 되는 작은 다리에서부터가 마을의 실제적인 영역이라고 할 수 있다. 마을 진입로가 시작되는 동구 밖에서부터 마을 사람들이 생활하고 있는 주거공간의 입구까지를 외부공간으로, 그 안을 내부공간으로 생각해 볼 수 있는데, 이 외부공간에는 최근에 간선도로인 국도를 다시 정비하는 바람에 좀 달라지긴 했지만, 마을의 경계가 시작되는 입구에 우리가 흔히 백일홍이라고 불렀던 오래된 배롱나무 여러 그루가 에워싸고 있는 정려문(旌閭門)과 마을 윗대 어른을 기린 신도비(神道碑) 등이 있다. 이 진입로를 따라가다가 다시 마을의 내부공간이 시작되는 숲의 입구에 이르면 오른쪽으로 비각(碑閣)이 있고 그 위쪽, 마을의 당산에 해당되는 곳에 조상을 모시는 사당(敬德祠)과 서원(德山書院)이 자리하고 있다. 여기서 다시 숲을 지나야 비로소 마을 안으로 들어설 수 있는 것이다. 이처럼 숲은 마을을 바깥으로부터 보호하는 마지막 경계지역일 뿐 아니라 마을과 외부와의 완충공간이며 동시에 마을의 신성공간이라고 할 수 있는 사당과 서원을 지키는 당숲의 기능을 함께 하고 있다고도 볼 수 있다.

이 숲이 정확히 언제 이루어진 것인지는 모른다. 이곳에 마을을 처음 이룬 이는 이웃 군에 사시던, 나에게는 13대 윗어른인데, 임난(壬辰倭亂) 때 당항포(塘項浦) 해전에 의병을 일으켜 참전하였다가 그 후 이곳에 터 잡으셨다고 하니 마을의 역사가 4백여 년 남짓한 것으로 미루어 숲은 그 후에 조성된 것임이 분명하다.

마을 사람들은 이 숲의 역사를 대략 3백년 전후로 보고 있다. 이 마을 숲이 규모가 크거나 그리 울창하지는 않지만 그래도 근 3백여 년 세월 가까이 유지되어 올 수 있었던 것은 예사로운 일은 아니리라 싶다. 이처럼 오랜 기간 동안 숲을 그나마 유지해 올 수 있었던 것은 숲이 주는 혜택을 체험해 온 마을 사람들의 숲에 대한 애정과 이를 지키기 위한 공동체적 노력이 있었기 때문임은 분명하다.

이 숲을 이루고 있는 나무들은 주로 팽나무, 느티나무, 서나무 등인데,(간혹 소나무 등도 섞여 있기는 하지만 이는 일부러 심은 것은 아니고 주변 산에서 씨앗이 날아와 싹터 자란 것으로 생각된다) 이들 중에서 대표적인 나무 종류는 이곳에서 포구나무로 불리는 팽나무다. 그래서, 흔히 당산나무라고도 하는 마을의 정자나무 두 그루도 모두 팽나무들이다. 한 그루는 마을에서 숲이 시작되는 언덕의 길 첫머리, 그러니까 바깥에서 마을로 오게 되면 숲이 끝나고 마을 안으로 들어서는 길의 끝머리에 숲의 어른으로 의연하게 자리잡고 있고, 또 한 그루는 숲을 벗어나 마을 왼쪽 언덕 들판 위에 홀로 우뚝 솟아 있었다.

할머니와 정자나무

그런데 이 정자나무 중에서 마을 숲에 있는 팽나무는 할아버지 등 주로 마을 남자어른들의 쉼터 겸 놀이터이고 마을 왼쪽 팽나무는 할머니를 비롯한 동네 여인들의 쉼터였다. 이 두 그루의 정자나무는 장정 서너 아름에 달하는 둥치의 우람함과 그렇게 큰 몸집의 나무이면서도 마치 우산을 펼쳐 놓은 듯이 균형 잡힌 자태의 아름다움을 가졌는데, 여름 한더위 때도 그 나무 그늘에만 서면 어찌나 시원한지 사람들은 여름 한철을 아예 나무 밑에서 살다시피 했다. 이를테면 마을회관이나 사랑방을 정자나무로 옮겨 놓은 셈이다. 남자들은 장기, 바둑을 두거나 낮잠을 즐기고 여자들은 여자들대로 길쌈을 하거나 무슨 내용인지 하루종일 지치지도 않고 이야기로 보내기도 했다. 또 아이들은 아이들대로 나무에 올라가 매달리거나 가을에 포구(팽나무 열매)가 익으면 그것을 따먹기도 하고 가지 끝을 그네처럼 흔들며 놀기도 했다. 마을에 제사가 들었거나 어른들의 생신이라도 있는 날이면 정자나무 밑에선 으레 작은 잔치가 벌어졌다. 이때면 제일 먼저 술과 음식을 받아 드시는 이가 정자나무였다.

참으로 오래된 팽나무의 넉넉함과 의연함은 마을의 정자나무로, 당산나무로 손색이 없었다. 비록 일제 이후에 마을의 당산제나 마을 굿이 공식적으로 치루어지지 않았다 하더라도 마을 숲과 그 중에서도 특히 정자나무인 두 그루의 팽나무는 마을의 신목(神木)으로써 신령함과 영험함을 잃지 않았다. 마을이 한 성씨(姓氏) 일색의 집성촌(集姓村)인데다가 마을에 신당이나 당집이 없고 대신에 유교식으로 조상을 모시는 사당과 서원이 있던 관계로 마을 안에서 굿을 벌이는 일이 드물기는 했지만, 어쩌다 한번 굿판이 있거나 치성을 드리게 되면 정자나무는 단숨에 함부로 범접할 수 없는 신목이 되었다. 정자나무 밑둥걸에 새하얀 한지를 접어 꽂은 왼 새끼줄을 두르고 바닥에 깨끗한 황토를 깔고 치성을 올리거나 굿판을 열게 되면 정자나무는 마을에서 살아 있는 것 중에서는 가장 신령한 존재가 되었다.

아버지의 아버지가 매달려 놀았던 나무였으

며 그 아버지의 아버지의 생애를 지켜 온 마을의 수호신으로써, 그리고 어머니의 어머니가 치성을 드렸고 그 어머니의 어머니의 소원을 들었던, 해마다 새롭게 태어남을 통해 영원히 소생(蘇生)하는 영험한 신으로써 정자나무는 마을 사람들, 특히 어머니들의 가슴 깊숙이 자리잡은 살아 있는 가장 원초적인 신앙의 대상이었다. 그랬다. 정자나무가 신목으로써 우리들의 조상님들과 함께 살아오면서 그 분들의 삶을 지켜 온 것처럼 유한한 우리의 생이 끝난 후에도 우리 다음에 올 후손들의 삶터 또한 그 신령함으로 돌보아 주실 것임을 믿는 것이다. 잎이 돋고 잎이 지는, 삶과 죽음을 수없이 되풀이하면서도 결코 소멸하지 않는 정자나무의 무한한 생명력을 통해 우주 생명력의 영속성을 깨닫고 자연에 대한 경외감을 가지며 우리 인간 스스로에 대한 겸손함을 배우는 것이다.

뿐만 아니라 이러한 정자나무의 신령함은 또한 그 잎이 피어나는 여러 모양새에 따라 일년 농사가 풍년이 될 것인지 흉년이 될 것인지의 여부를 알아보는 농사점(農事占)과 농사일을 어떤 순서로 해야 할 것인가를 판단하는 자연력(自然曆)의 역할도 함께 했다. 이를테면 정자나무인 팽나무 잎새가 봄에 한꺼번에 싹이 트면 풍년이 들고, 동쪽에서 먼저 싹이 트면 마을 동쪽에 풍년이 든다거나, 잎새가 고르지 못하게 돋거나 아래 잎부터 먼저 피어나거나 하면 흉년이 든다든지 또는 잎새의 돋는 순서에 따라 가뭄이 어떻게 들 것인지의 여부를 판단하는 것 등도 정자나무의 영험함을 드러내는 것 중의 하나였다.

나는 마을 왼쪽의 정자나무를 할머니나무로 불렀다. 할머니들의 정자나무일 뿐 아니라 우리 할머니의 정자나무이기도 했기 때문이다. 호산정(湖山亭), 그것은 할머니들의 정자나무를 일컫는 말이었다. 정자나무 밑에는 사람들이 앉아 쉬고 놀기 좋겠끔 둥그렇고 넓적하게 시멘트로 단을 두르고 앞 편에 계단을 마련하여, 말 그대로 살아 있는 나무로 정자를 세웠는데 그 정자나무 한 켠에 '호산정'이라고 쓴 큰 글 옆에 우리 할머니 이름과 '증(贈)'이라는 글자가 새겨진 표석이 서있었다. 아마도 마을에서 할머니들의 정자나무 쉼터를 다시 만들 때, 아버지께서 그 비용을 맡았다고 세워 준 모양인데 그런 인연(?) 때문인지 할머니께서 돌아가신 뒤에도 한번씩 정자나무 밑을 지나다가 그 표석을 보면 마치 할머니가 정자나무 자락에 쉬고 계시는 듯한 느낌을 받곤 했다.

어쩌면 그것은 단순히 느낌만이 아닐지도 모른다. 사람이 몸으로만 이루어진 존재가 아니라면 비록 눈에 보이는 육신이 없어졌다고 해서 그 존재 자체가 함께 없어졌다고는 할 수 없기 때문이다. 생전에 당신의 말벗들과 함께 지내던 자리이고 또 당신의 이름이 새겨져 있어 더욱 아끼고 돌보던 곳이고 보면 할머니와 정자나무는 누구보다 친숙한 사이였다고 할 수 있고 그래서 육신을 벗어 존재가 한결 가벼워진 뒤에는 정자나무 신령과 더욱 친밀해졌을지도 모를 일인 것이다. 그러나 이 할머니 정자나무가 최근 몇 년 사이에 시름시름 앓더니 마침내 그 수명을 다하고 말았다.

정자나무가 왜 고사(枯死)했는지 그 원인을 나는 모른다. 마을 사람들의 정성과 관심이 부족했기 때문일까. 그러고 보니 마을회관이 새롭게 세워지고 난 뒤로는 할머니 정자나무에 찾아오는 사람은 거의 없어졌던 것 같다. 할머니께서도 저 세상으로 가신 지 오래되었고 전처럼 그렇게 정자나무를 돌보는 사람도 없어져 버린 것이다. 뿐만 아니라 땅에 닿을 듯이 낮게 드리워진 가지를 타고 매달려 놀 어린아이들조차 이제 마을에서 거의 찾아보기 어렵게 되었다. 찾아오는 이 없고 재롱떠는 아이들의 방울같은 웃음소리를 들을 수 없게 된 것, 그것은 이제 더 이상 정자나무로서의 소임이 필요치 않게 되었다는 것이다. 영험한 정자나무가 이런 사실을 어찌 모를 리 있겠는가. 정자나무에게 있어서 이 같은 사실은 감내하기 어려운 상실감과 고통이 아닐 수 없었으리라.

이처럼 상실감과 실의로 앓고 있는 정자나무에게 마을 사람들은 별다른 관심을 보이지 않았다. 정자나무에게 더 이상 고사나 치성을 드리지 않는 것처럼 정자나무의 신령함을 마을의 발전과 연계해서 공동의 운명체로 믿는 마음들이 사라져 갔기 때문이다.

마을굿과 공동체 신명

세상일 가운데 어느 것 하나 온전히 사람의 힘만으로 되는 일은 없는 것이었다. 그 중에서도 특히 농사일이 더욱 그랬다. 농사일이란 하늘의 도움 없이는 사실상 아무 것도 할 수 없는 일이었다. 씨앗이 싹트고 자라고 열매맺고 마침내 우리의 양식으로 되기까지는 온 우주가, 천지 대자연이 인간의 노력과 함께 하지 않으면 안되었다. 농사일이란 물건을 만드는 일이 아니라 자연과 관계해서 생명을 낳고 기르는 일이기 때문에 그랬다. 땅에서 씨앗을 움틔워 가꾸는 일이나 가축을 길러 새끼치는 일이나 모두 이 일을 관장하는 신령들의 도움이 필요했다. 세상을 관장하는 조물주 신에서부터 지신, 산신, 용왕신에 이르기까지, 마을의 길흉화복을 담당하는 당산신이나 성황신 등에서 개인과 집안의 명운(命運)을 담당하는 조상신, 성주신, 조왕신, 삼신 할머니 등등에 이르기까지 비록 그 위계나 신통력에 다름이 있다고 할지라도 어느 신령 한 분이라도 그 도움이 필요치 않은 경우란 없었다.

농사일은 이처럼 하늘의 뜻과 자연의 이치에 따르는 것을 그 본으로 삼았다. 그래서 절기에 맞추어 씨 뿌리고 절기에 따라 거두어 들였으며 이 때를 놓치지 않고 농사 지으면서 그 노력이 풍성히 이루어지기 위해서 함께 일하고 함께 축원했다. 말하자면 농사란 본래 사람들과 함께 두레와 울력으로 짓는 일이며, 동시에 자연과 함께 순응과 조화로 짓는 일이었다. 이렇게 보면 마을 공동체 그 자체가 원시 공동체 최후의 단계인 농업공동체를 바탕으로 이루어진 자연 집단이라 할 수 있는 것이다. 함께 일하고(공동생산), 함께 기원하고(공동제의), 함께 놀고(집단신명), 함께 이용하고 관리(공동재산, 집단소유)하는 마을공동체란 말 그대로 농업을 기본으로 하는 공동의 운명체라고 할 수 있었다.

개인이나 가정의 행불행은 그 대부분이 마을 전체 차원에서 좌우되었다. 이를테면 마을에 돌림병과 괴질 등의 발생여부나 기상재난과 이에 따른 농사의 풍흉 여부에 의해 각 개인과 가정의 행불행이 결정될 수밖에 없는 것이었다. 이처럼 마을 구성원 개개인의 길흉화복이나 집안의 안녕과 마을 전체의 안녕과 풍요는 결코 분리될 별개의 일이 될 수 없기 때문에 마을의 구성원들이 마을의 길흉화복과 대소사를 관장하고 있는 신(국수당, 당산 등)에게 제를 올려 마을의 풍요와 안녕을 기원하는 마을굿은 그 굿의 이름이나 형식의 다름이 어떠하던 간에 마을 공동체의 형성과 유지에 있어서 중심적인 역할과 기능을 담당하는 것은 당연한 일이었다. 그런 의미에서 마을 굿이란 마을 공동의 신앙 대상을 위한 제의(祭儀, 洞祭)에만 머무는 것이 아니라 제의를 중심으로 공동 농사일(두레노동)과 집회(洞會, 大同會議)와 집단놀이(風物, 祝祭)가 함께 어우러지는 내용을 가질 수밖에 없는 것이었다. 이런 구조 속에서는 개인과 공동체가, 일과 놀이가, 인간과 자연이 서로 분리된 별개의 관계가 아니었다. 말 그대로 대동의 판, 모두를 함께 어우르는 한마당이었다.

그때는 신이 났다. 참으로 신바람이 났다. 천지신명에게, 산신과 당산신에게 제를 올려 감사와 축원을 드린 후 술과 음식을 나누어 함께 음복(飮福)하고 북과 꽹과리를 울리면서 온 마을 사람들이 하나 되어 땅을 밟고 뛰놀며 춤추고 놀았다.

우리가 이렇게 술과 음식을 나누고 노래하고 춤추며 뛰노는 것은 이런 우리의 모습을 신이 좋아하시고 즐거워하시기 때문이다. 신이 좋아하시는 일은 우리 인간에게도 좋은 일이다. 한동안 우리들의 춤판을 즐겁게 바라보시던 신은 이윽고 우리들 사이로 들어오시어 이제 우리의 춤판은 신과 우리가 하나되는 집단신명의, 대동의 굿판이 되었다. 우리 모두에게 신이 내려 신명이 솟구치고 신과 우리는 하나되었다.

이 신 지핌, 이 집단신명의 열기 속에서 그동안 우리 사이를 가로막고 있었던 장애들이 사라졌다. 고달픈 세상살이 가운데서 어쩌다 서로에게 맺혀서 풀리지 않았던 응어리들이 한순간에 녹아 내리고 성과 속의 경계가 사라졌다. 인간과 인간의, 인간과 자연의, 인간과 신의 일체감. 이것이 진정한 해방과 구원이 아니던가. 우리들의 신명에 놀라 악귀들과 온갖 부정거리와 재앙들은 모두 달아났다. 춤판이 신명날수록 풍물 또한 신명이 나고 풍물소리가 신명날수록 놀이판은 더욱 무르익는다. 이렇게 신명 오른 몸과 신명 오른 풍물로 하는 농사일 또한 신명 나리라. 풍물을 울리며 두레를 모아 신바람으로 모를 내고 김을 매는데 어찌 농사 또한 신바람 나게 되지 않겠느냐. 어찌 한해 농사가 풍년이 들지 않겠느냐.

마을에서는 당산이나 성황 등을 특별히 모시지 않았기에 마을굿이란 이름으로 이루어지는 행사는 따로 없었다. 일제가 미신이란 이름으로 굿판 등을 몰아내기 전에도 그랬는지는 모른다. 그러나 마을에는 근동(近洞)간에서 최고로 알아주던 마을풍물이 있었고 정월 대보름까지 풍물패는 매구를 치며 놀았다. 마을사람들은 풍물을 친다고 하지 않고 매구를 친다고 했다. 마을풍물패는 사물과 벅구패와 잡색으로 구성되었는데 마을풍물로서 특이한 것은 사물을 잡은 사람이나 벅구놀이를 하는 사람들이 고깔을 쓰지 않고 모두 상모를 썼다는 점이다. 마을풍물패는 특히 벅구놀음를 잘했다. 상모를 휘휘 돌리며 앉았다 일어섰다 하다가 비스듬히 몸을 날려 마당을 획획 가로 뛰는 재주는 어지럽고 눈부셨다. 걸립(乞粒)을 겸해서 이루어지는 지신밟기는 보통 정월 대보름 직전에 이루어졌는데, 마을 집집을 돌며 액을 물리치고 안택(安宅)을 비는 지신밟기를 하기 전에 우선 동네 정자나무에 간단한 문안 고사를 지내고 농기를 앞세운 길놀이를 시발로 지신밟기는 시작되었다. 문굿을 시작으로 성주신과 조왕신뿐 아니라 마당과 우물과 부엌과 뒷간과 외양간에 이르기까지 집안 요소요소에 있는 모든 신들에게 액을 막아내고 집안을 편케 해 줄 것을 축원하는 지신밟기는 그 자체가 마을의 공동축제이자 또 하나의 마을굿이었다.

풍물을 중심으로 한 정월의 축제는 초이튿날부터 시작하여 보름날이면 그 단원의 막을 내렸다. 대보름날은 축제의 정점이었다. 풍물패들이 동사(洞舍)를 중심으로 놀이판을 펼치는 가운데 마을 젊은이들은 아침나절부터 바빴다. 집집을 돌며 볏짚을 추렴하고 소나무와 대나무를 베어와 마을 숲 언덕의 둥근 마당에다 장정 서너길 높이로 커다란 달집을 세웠다. 오후 참 때가 되면 마을 사람들이 모두 숲의 동산으로 모였고 달맞이가 시작되면서 풍물놀이는 절정에 달했다. 활활 솟구치며 타오르는 불꽃과 달집을 엮을 때 옆 기둥으로 세웠던 대나무가 타면서 뻥뻥하고 마디 터지는 소리는 풍물의 자진가락과 어울려 온 마당 사람들을 한층 들뜨게 했다. 어른들은 보름달이 떠오른 위치와 달의 모양과 빛깔로 한해 농사일을 점치고 마을 여인네들은 달을 보며 소원을 빌며, 남정네들은 옷의 동정 깃을 떼어 불에 던져 태우고 아이들은 풍물패를 따라 달집 주위를 정신없이 뛰어다녔다. 달이 높이 떠오르고 달집의 불길이 사그러질 때면 사람들은 한해 농사의 걱정을 접어놓고 아쉬움에 더욱 신이 나게 놀았다. 이러한 마을 풍물이 새마을운동 이후 한때 사라졌던 것을 마을사람들이 뜻을 모아 다시 살려내었다.

마을 동회는 1년에 음력 12월과 7월 두 차례 열렸다. 음력 12월에 열리는 동회는 마을 이장을 뽑고 마을의 각종 품삯, 마을공동 행사를 위한 모곡(募穀) 등을, 음력 7월 백중 전에 열린 동회에서는 주로 마을 대소사에 관련된 일을 의논했다. 지금도 마을 동회는 계속되고 있는데 7월 동회와는 별도로 7월 백중을 '마을의 날'로 정하여 지금은 '민주동산'으로 이름 붙여진 마을 숲에서 온 마을 잔치가 열리고 있다.

아직까지 마을에 남아 있는 동답(洞畓)으로는 서원, 보다 정확히 말하면 전에 서당의 운영을 위하여 마련했던 학계답(學契畓)이 마을 공동답으로 남아 있고 상포계(喪布契), 수반계(隨伴契), 농악계(農樂契) 등이 지금도 운영되고 있다. 이런 것들을 가만히 보면 마을공동체의 결속 여부와 풍물이나 동회, 각종 계 등의 활성화와 신명 정도가 함께 잇대어 있음을 알 수 있다.

이제 마을에서 젊은이들이 대부분 도시로 떠나가고 품앗이보다는 기계에 의존하고 정자나무에 앉아 이야기를 나누는 대신에 안방에서 선풍기 바람을 쐬면서 텔레비전 연속극 보는 것에 더 재미를 붙이게 되면서 마을 공동체가 쇠퇴하고 이에 덩달아 집단신명 또한 사그러들 수밖에 없는 것이다. 이처럼 신명과 활력이 사라진 자리에서 할머니 정자나무의 고사는 어쩌면 필연적인 운명일지도 모른다.

금기의 사라짐과 자연의 파괴

마을사람들의 여름 휴식처이며 공동 사랑방이기도 하고 지나는 길손의 쉼터이며 아이들의 놀이터이기도 한 정자나무는 사람과 가장 가까운 살아 있는 자연이었다. 그러나 이처럼 사람의 곁에서 친근한 관계를 유지하고 있는 정자나무도 누가 그 작은 가지 하나라도 꺾게 되면 그는 목신(木神)의 노여움인 '동티'를 피할 수 없게 된다. '동티'는 신에 대한 인간의 불경을 징계하는 신벌(神罰)인 것이다. 농사의 풍흉뿐 아니라 길흉화복 등 인간사의 행불행에 있어서도 인간의 의지로서만 될 수 있는 것이 아닌 것이며 우리네 삶의 많은 부분이 불확실하고 불안할 수밖에 없는 까닭에 신들의 애정어린 가호와 배려는 인간들의 안정적인 삶의 보장에 있어서 필수적이지 않을 수 없었다. 따라서 농사일과 세상사에 최선을 다하되 항상 삼가고 근신하는 마음을 잃지 않는 것, 그것이 신의 뜻을 거슬리거나 또는 신을 노엽게 하지 않는 일이었다. 이처럼 삼가고 근신하는 마음으로 자연을 볼 때, 모든 만물이 신령한 것으로 인간이 함부로 할 수 있는 것은 없었다. 살아 있는 것, 생명 그 자체가 신비한 것이었고 그런 생명을 낳고 기르고 다시 거두어 가는 자연은 그래서 경외스러울 수밖에 없었다.

모든 만물 속에 신령함이 깃들어 있음을 믿고 그 신령함을 거슬려 함부로 하지 않는 마음가짐, 이것이 인간과 자연이 조화되며 함께 살아갈 수 있는 마음이자 삶의 지혜였다. 이같은 신령함에 대한 삼가는 마음을 지켜가기 위한 노력, 그 행동규범이 곧 금기가 되었다. 그래서 모든 제의 그것이 유교식의 정숙형 제의든 당산굿이나 거리제처럼 떠들썩한 축제형태이든 간에 반드시 시작 전에는 금기, 금제(禁制)가 있었다. 금기는 당이나 당산나무 등 신체(神體)가 있는 장소(神聖空間)에 대한 금기뿐 아니라 제관인 당주의 선출과정에서부터 당주(祭官) 자신의 행동 일체에 대한 금기, 그리고 금기 주간의 설정을 통한 마을 전체의 공동금기에 이르기까지 지켜졌다.

일상적 삶에서도 금기는 지켜졌다. 그것은 신령함에 대한 경외심의 표현이었다. 볍씨를 넣고 장(醬)을 담그거나 혼사를 치루는 일 등 크고 작은 모든 일에, 농사일에서부터 사람들 사이에 서로 살아가는 일상사에 이르기까지 삼가고 근신할 줄 알았다.

모든 것에 감사하는 것, 목숨을 준 것에, 목숨을 이어가게 해 주는 모든 것에, 그리고 무엇보다 살아 있음 그 자체를 감사하는 것. 쌀 한 톨, 푸성귀 한 잎, 물건 하나를 아껴 쓰며 버리지 않는 것, 다른 생명으로부터 먹거리를 구하되 그 종을 이어갈 수 있도록 반드시 씨는 남겨 두는 것, 다른 생명에 대해 결코 모질게 하지 않는 것, 아무리 하찮은 것이라도 어딘가 쓸모가 있는 법이며 세상엔 공짜가 없는 법이니 반드시 그 대가를 치뤄야 하고 잘못에 대해선 반드시 되갚음이 따름을 알아 삶을 감사함과 삼감과 섬김과 아낌으로 사는 것, 이런 마음과 자세가 곧 가난함과 재난 속에서도 넉넉함을 잃지 않고 건강하게 살아갈 수 있는 바탕이 되었다.

할머니는 들판에서 참이나 밥을 나눌 때면 언제나 사람들이 먹기 전에 "고시레"하고 전답을 돌보는 신과 주변의 미물들에게 먼저 드렸다. 밤에 새앙쥐들이 천정에서 부스럭거려 잠을 깨울 때에도 벽을 쳐서 놀라게 하여 내쫓는 대신 할머니는 "서생원님, 밤이 깊었으니 딴 곳에 가서 노세요"하고 쥐들을 가만히 달래 보냈다. 다른 생명들을 놀라게 하거나 다른 생명들에게 모질게 해서는 안된다. 그것이 할머니의 입버릇 같은 말씀이었다. 그래서 뜨거운 물이 식지 않으면 땅에 부을 수 없었다. 참으로, 믿는 것과 사는 일이 둘일 수 없었다.

생태맹(生態盲)이란 무엇인가. 그것은 생명의 소중함, 자연 속에 깃들어 있는 신령함을 자각 못하는 마음이자 금기할 줄 모르는 삶의 자세가 아니겠는가. 지금 금기가 사라진 자리, 자연에 대한 신비와 생명에 대한 외경심 대신 인간의 오만과 눈먼 탐욕이 자리잡은 곳에서 자연은 더 이상 신령한 존재가 아니다. 오로지 자연을 지배하고 관리하고 착취하는 기술과 능력만이 숭상되는 곳에서 숲은 사라지고 새들은 그 노래를 잃었다. 당산이 없어지고 당산나무가 그 신령함과 생기를 잃은 곳에서 풍물소리와 비나리 들리지 않고, 그렇게 신명이 사라진 곳에 사람들은 병들어 가고 마을 공동체 또한 와해되었다. 이제 더 이상 금기가 없고 동티 또한 없다. 오래된 나무는 다만 나이 많은 늙은 나무일 뿐이다. 성장과 개발의 논리에 따라 마을이 해체되듯 당산나무, 그 정자나무 또한 골동품처럼 뽑혀 가거나 그렇게 시들어 가고 있다.

지금 그나마 얼마 안되는 노거수(老巨樹)들이 살아남을 수 있었던 것은 그 나무에 대한 삼가는 마음, 그 금기 때문이었다. 금기의 사라짐, 그것은 인간정신의 해방이 아니라 인간과 인간이, 인간과 자연이 함께 조화되어 더불어 살아가는 삶의 지혜와 신명의 상실에 다름 아닌 것이다. 자연에 대한 신령함과 생명에 대한 외경심과 살아 있음에 대한 감사함을 잃어버린 곳에서 어찌 신명이 살아날 수 있겠는가. 금기가 사라진 곳에서 생태맹이 생겨나고 자연에 대한 도륙(屠戮)이 자행된다.

마지막 별신굿과 숲 살리기

이제 땅은 더 이상 예전의 그 신령한 땅이 아니다. 마을 또한 당산신이나 서낭신이 지켜주던 그런 공동체 마을이 아니다. 전국 어느 곳보다 먼저 공업화가 시작된 고장, 그래서 이 땅에서 근대화의 상징으로 부러움의 대상이었던 울산의 한 마을에서, 땅이 죽고 나무가 죽고 개울이 죽고 이윽고 하늘 마저 병들어 죽어가 모진 생명인 인간조차 살 수 없게 된 그 마을에서 눈물의 별신굿이 열렸다. 인근의 다른 마을들이 모두 떠나갔을 때도 마지막까지 남아 조상 대대로 살아왔던 터전을 지키겠다고 안간힘으로 버텨왔던 그 마을에서 마침내 사람들이 더 이상 견딜 수 없게 되자 집단이주를 앞두고 마을이 흔적 없이 사라지는 안타까움을 달래기 위한 별신굿이 열린 것이다. 마을신인 서낭당에게 고별 인사를 올리는 별신굿이 열렸을 때 이 마을 120가구 5백명의 주민들은 모두 부둥켜안고 울었다고 한다. 이제 마을 사람들이 떠나면 성황당 신 또한 떠나야 한다. 마을이 없는 곳에 마을신 또한 있을 수 없기 때문이다. 마을 주민들만이 고향을 잃은 것이 아니다. 마을의 신 또한 돌아갈 곳을 잃은 것이다.

마을의 오른쪽 백호 맥을 위엄 있게 지켜주던 할머니 정자나무가 고사한 후, 마을의 청룡 맥이 흐르던 자리를 따라 시방 고속도로 공사가 한창이다. 마을에 닿아 있는 산의 용이 흘러온 맥을 따라가면 어디로 해서든 필시 백두대간으로 연결되어 있을 터, 그 신령한 정기가 이어 내리던 산의 용이 이제 무참히 끊어지고 시뻘겋게 파헤쳐져, 숲으로 가려져 있던 마을이 졸지에 그 치마 속까지 들추어진 꼴이 되었다. 머지 않아 고속도로가 다 뚫리게 되면 지기가 흐르는 대신 소음과 매연과 분진이, 쓰레기와 온갖 공해가 마을로 밀려들기 마련인데 마을 숲은 언제까지 지켜질 수 있을까.

숲은, 숲의 정자나무는 이제 마을의 마지막 남은 자연, 마지막 신화이다. 그렇다. 이제 숲은 마을의 마지막 희망이다. 숲이 살아 있는 한 마을 또한 살아남을 수 있을 것이다. 이 숲을, 마지막 남은 이 정자나무를 지켜 낼 수 없다면 마을 또한 지켜 낼 수 없으리라.

숲을 지켜 내는 길, 그것은 무엇인가. 그것은 다시 공동체의 신명을 되찾는 일이다. 공동체의 신명을 되찾는 일, 그것은 다시 숲을 지키는 일에서부터 시작될 것이다. 숲과 정자나무와 마을 공동체, 그것은 하나의 역사 하나의 신명이기 때문이다. 마을 숲에서 다시 풍물을 울리는 일은 그 시작일 것이다. 그래서 1년에 몇 차례, 아니 단 한번만이라도 마을 숲에서 풍물이 울릴 수 있다면 숲은 그 생기를 이어갈 수 있으리라. 3백여 년 이어온 그 끈질긴 생명력으로 그렇게 숲은, 정자나무는 다시 마을을 지켜 갈 수 있을 것이다.

이 여름의 유난한 더위 때문인지 할아버지 정자나무에는 여느 해보다 더 많은 사람들이 모여 지낸다. 정자나무는 사람과 자연이 함께 어울리는 생태적 공동체이자 그 마지막 문화 공간이다. 새로운 문화와 그 숲을 이룰 그루터기이다. 아직도 국도에서 보면 마을은 숲에 가려 보이지 않는다.

이병철은 한국 가톨릭 농민회 사무국장, 우리농촌 살리기 운동본부 기획실장, 우리밀 살리기 운동 경남 부산 본부 상임본부장 등을 역임했으며 현재 한국 귀농운동 본부장, 생협 중앙회 부회장, 환경운동연합, 한살림 감사 등을 맡고 있다. 저서로는 「밥의 위기, 생명의 위기」가 있다.

여서도(麗瑞島) 당집 외 2편

박 희 진

옛부터 여서도엔 당집이 둘 있단다
윗당과 아랫당

언덕 위의 우거진 수풀을 헤치고
들어가 보았으나
아랫당 문은 굳게 잠겨 있다

울울창창한 동백나무 거목들이
둘러싼 이곳
동백꽃은 알지 몰라
해마다 정월 대보름이면
마을 사람 모여들어
서낭신에게 제사 지내는 걸
무병 평온 풍년을 비는 제사
제관은 마을에서
가장 정결하고 신망 있는 사람이
뽑힌다는 사실을

지금 사위는 너무도 적막하다
수목에 가리워져 바다는 안 보이고
마당엔 잡초만 무성해 있다

윗당엔 아예 당집이 없다
아랫당쪽 보다도 수목들 울창한 게
정히 원시림이라고 할 만하다

후박나무 동백나무 팽나무 산벚나무
그런 거목들이
하늘을 가렸구나
그 아랜 이끼 낀 크고 작은 바위들
어떤 바위는 거북등처럼 균열이 지고
어떤 바위는 넝쿨에 덮혀 있다
양치류라든가 시누대 더불어
온갖 약초 난초 어우러져 있는 것이
아연 별세계에 들어온 느낌이다
수북이 쌓인 낙엽 위에 점점이
주홍의 동백꽃들 떨어져 있는 곳도

문득 살펴보니
몇 나무 줄기에 희끄므레 접은 한지
감아 놓은 것이 있다
하 저것들이 당산목 아닐까
아니 바로 서낭신 아닐까
그 앞에서 사람들은
제물을 차려놓고 합장하고 빌었으리

그렇다 이곳에는
당집이 따로 있을 필요가 없다
이곳 전체가 그대로 당집인 걸
나는 그제서야 고개를 끄덕인다
나는 그제서야 이곳에 서려있는
신령스러움을 조금은 알 듯하다

만약 내가 이 섬에 산다면
나는 매일 재계하고
신성한 숲 윗당을 찾으리라
신목 아래 앉아 명상에 잠기리라

순일무잡한 집중의 힘으로
나는 차츰 보이는 것이
보이지 않게 되고
보이지 않는 것이 보이게 될지 몰라
들리지 않는 것이 들리게 될지 몰라
마을 사람 개개인의 길흉과 운명이
환히 꿰뚫려 보일 뿐 아니라
삼라만상이 인연따라 생멸하는
그 실상을 터득하게 될지 몰라
하여 마침내 심신이 탈락하고
무아무위의 경지에 들지 몰라……

나는 갑자기
윗당 밖으로 나가고 싶어진다
자신으로 돌아온다
밖으로 나와 보니 거기 구원처럼
눈 앞에 펼쳐지는 파아란 목초밭
쏟아지는 햇살 받고 황홀한 목초밭이
오라고 손짓한다
나는 그만 그 속에 들어가서
큰 대자로 눕고 만다
푸르름과 하나 된다

靑山島 堂岩

池里 敬老堂
그 옆에 팽나무 느티나무 거목들이
몇 그루 있는데
지금은 잎떨군 앙상한 가지들이
굵고 가는 섬세한 가지들이
사방팔방으로 펼쳐져 있는 것이
하늘에 던져진 어망의 모습이다
하지만 그 아래로
시선을 떨구어라
엄청 크나큰 바위가 있다
그것이 바로 마을의 수호신
堂岩인 것이다
그렇구나 바위에도
신령이 깃들면 신이 되는구나
해마다 지금도 정월 보름이면
제상을 차려놓고 행운을 빈다는
마을 사람들 마음을 본떠
나도 경건히 두 번 큰 절을
올리고 싶어지네

소광리 서낭소나무

한 발 가면 산이 섰고
두 발 가면 물이 쌀쌀
이것이 한국의 山水인 것이다
산은 산으로 이어져 첩첩이요
물은 물로 이어져 바다에 가닿는다
여기 저기 아늑하고 볕바른 평지엔
마을이 이루어져 착한 사람들
평화롭게 살아간다
마을마다 초입에는
마을의 수호신
서낭신 모셔놓은 당집이 있거나
서낭나무 있나니
정월 보름이면 그 앞에 모여
제물을 차려놓고
모두 경건히 제사를 지낸다
소지를 올리며 간절히 기원한다
삼재팔난을 여의게 하옵소서
올해에도 어김없이 풍년 들게 하옵소서

※

경북 울진군 소광리 초입에는
서낭나무로서
소나무 있나니
신령이 깃든 소나무 있나니
뭇 활엽수에 둘러싸인 소나무
群鷄―鶴격의 소나무 있나니
하늘과 땅 사이를 연결하려는 듯
죽죽 곧게 위로 뻗어오른
剛松이 있나니
신성불가침의 거룩한 소나무
밑동엔 紙布 달린 금줄이 쳐져 있다

지금 이곳의 가을은 절경이다
알록달록한 단풍잎을 자랑하는
복장나무 비롯하여
노랑빛 고운 고로쇠나무며
타는 진홍빛 단풍나무들
호위병인 양 소나무 둘러싸다
전체가 하나의 궁궐을 이루다
휘황찬란한 七寶 궁궐을

碧空에선 쉴새없이
은싸락 금싸락이 쏟아져 내리는데
한껏 발돋움한 소나무 자태 보라
홀연 하늘로 상승하고 싶은 눈치……
하지만 안되지 그러면 안되지
이몸은 마을의 수호신인 걸
하고 마음 되돌리며
의연한 자세를 지키고 있구나

박희진(朴喜璡)은 고려대학교 영문과를 졸업하다.
1955년 〈문학예술〉 추천으로 시단에 등단하다.
첫시집 「실내악」(1960)이후 최근의 「동강 12경」에 이르기까지 19권의 시집을 간행하다. 현재
공간시낭독회 상임시인이며 숲과 문화연구회 명예 운영회원이다.

남도의 대보름과 당산제

이 호 신

삼인리 마을의 당산제와 달맞이

우리는 예로부터 해가 바뀌는 설날이면 조상에 대한 감사와 새날에 대한 희망을 펼치고 정월에 이어지는 대보름은 정겨운 민속놀이와 함께 농촌에서는 연중 가장 큰 염원을 간직하는 신성한 날로 지내 왔다.

변산반도의 대보름 축제를 찾아가던 날(1990년 2월)은 잊혀져 가는 우리의 공동체 문화와 농촌의 현실을 접해 보고자 하는데 답사의 의미를 두었다.

이른 시간, 서울을 빠져 나와 여산 휴게소에 이르기까지, 동승한 민속학자는 지역 현장을 찾는 우리의 마음자리부터 살피게 했다. 그의 말인즉 우리의 공동체 문화가 언제부터인가 갑자기 지역 현장에서 사라지고 무대화되어 현장감을 잃은 채 형식만을 보유하고 있다는 것이다. 하지만 변산반도의 대보름 행사는 그나마 명맥을 유지하여 농촌 공동체 문화의 진가를 보여 준다기에 모두들 기대가 대단했다.

차가 신태인을 경유하자 유난히 붉은 빛이 선연한 황토가 호남 지역의 첫인상으로 다가왔는데 마을 동산마다 선조들의 묘가 즐비하고 끝없이 펼쳐지는 김제평야를 보고서는 말로만 듣던 지평선을 실감했다.

논과 밭에는 이제 막 보리순이 돋아나 연둣빛이 아련하게 번지고 객토와 터갈이로 뒤집힌 흑갈색의 흙빛은 오염되지 않은 땅의 시원을 떠올리게 했다.

언덕빼기와 논두렁에 시커멓게 쥐불을 놓은 자리는 마치 내 어린시절 까까중 머리의 기계충 번짐을 연상시키고, 꽃샘 추위도 한풀 꺾인 2월 중순의 따스한 햇살은 다시금 만물의 잉태를 꿈꾸며 이 땅의 대지에 축복을 선사하고 있었다.

흥덕을 경유하여 고창에 이르자 산마루에 검붉은 노을이 걸려 있어 이내 보름달이 기대되는 시간이었다. 숙박지인 선운사(禪雲寺) 앞 숙소에 여장을 풀자 완연한 어둠 속에서 서서히 보름달이 돋아 올랐다.

마당 한가운데 겨울나무 가지 사이에 걸린 천연한 보름달의 자태는 마치 단원 김홍도가 그린 「소림명월도(疏林明月圖)」처럼 깐깐한 갈필로 쳐올린 마른 가지와 담묵(淡墨)으로 우려낸 하늘에 은은한 달무리가 곱고도 유유했다.

그곳 고창군 아산면 삼안리 마을 당산제는 자정이 되어서야 징소리와 장구 소리로 시작을 알려 왔다.

일행과 함께 소리나는 곳을 향해 마을 당산에 오르자 당산에는 할아버지·할머니 당산 나무 두 그루가 마주보며 뿌리 깊은 고목으로 버티고 섰는데 고깔만을 썼을 뿐 제대로 복장을 갖추지 못한 마을 노인이 장구와 꽹과리를 치며 술을 뿌리고 절을 하고 있었다. 밤하늘의 검은 나무는 머리가 잘린 채였으나 짙은 어둠이라 더욱 신성해 보였고, 을씨년스러운 밤 기운을 타고 타오르는 촛불의 기원은 무엇인지…….

이농현상의 심각성을 절감하게 한 마을 노인의 말인즉 과거에는 젊은이들이 풍물을 쳤건만 이제는 떠나고 없어 남은 노인들이 서툰 가락으로 발원하며 당산제를 지낸다 하여 우리를 숙연하게 했다.

일행은 그날 잿불의 음식과 술을 나누어 먹고 달이 기울 때까지 달빛을 밟으며 마을 청년을 대신하여 마을길을 돌아야만 했다.

우동리 반계마을을 찾아서

이듬해(1991년 2월) 대보름 답사는 격년으로 열린다는 부안의 우동리 마을 축제를 찾았다.

전북 부안군 보안면 우동리. 이곳을 '반계마을'이라고 부르는데 그 연유는 이 곳에 살던 실학자 유형원(1622~1673)의 아호가 반계(磻溪)인데 실제 반계라는 냇물의 이름에서 따온 것이라 한다. 유형원은 1670년에 「반계수록」을 완성하였으니 조선 후기 실학의 전적(典籍)이 실질적으로 이곳에서 이루어진 셈이다.

마을 길목에 들어서자마자 가장 먼저 눈에 띄는 것이 거대한 당산나무였고 여느 마을처럼 면소재지에 태극기와 새마을 깃발이 나부끼고 사방에 스피커를 매단 철탑이 한눈에 들어와 농촌마을의 전형을 보는 것 같았다.

나지막하게 마을을 품고 앉은 동산 아래 초원처럼 보리순이 유장하게 펼쳐지고 논바닥에는 당산 나무가 우뚝 솟아 있다.

또한 입석과 새로 깎아 세운 나무 솟대가 함께 하늘을 찌르고 있는 것이 마을의 정기를 모두 끌어안고 있는 듯했다. 나무 솟대는 청동오리 모양의 가지를 매달았는데 선사시대부터 지상의 소망을 하늘에 전하려는 기원의 상징이다. 당산 나무는 한겨울을 나는 동안 잎을 모두 떨군 채 나신(裸身)이 되어 가지만이 살랑거리나 가지 꼭대기에 홀연히 드러난 까치집의 풍정에서는 삶의 보금자리를 보는 듯 신령스러움마저 느껴졌다. 마을 사람에게 물으니 당산 나무는 '팽나무'라고 일러주었다.

농업을 주업으로 하는 우리는 어느 고장 할 것 없이 일년 중 첫 보름날을 가장 신성하게 여겨 오지 않았던가. 아득한 유년시절, 장독대에 올라 연신 두 손을 비비던 어머니의 모습과 누가 볼세라 이웃 누이들이 몰래 달을 치마폭에 감싸 안을 제, 우리는 잘 말린 소똥을 깡통에 가득 담아 가지고 연신 산길을 누볐고 쥐불을 돌리다가 휙 놓아 버리면 여기저기 밤하늘 불꽃은 또 얼마나 찬연했었는지…….

우동리 마을 축제, 줄다리기

그러나 이런 상념도 잠시, 마을을 살펴보니 사람의 발길도 드물어 축제 분위기가 아니라 짚으로 자웅을 틀어 놓은 거대한 줄다리기 줄만이 기력을 잃은 용처럼 마을 길목에 놓여 있지 않은가.

마을 이장은 마을의 내력을 얘기하며 목청을 돋우었지만, 근자의 사정에 대해선 안타까운 현실을 토로하느라 목젖이 파르르 떨렸다. 행사 사정이 어려워 몇 해 전부터 격년제로 대보름 행사를 치르는데 다행히도 우리는 행사를 치르는 해에 찾아갔던 것이다.

어쨌든 우동리 줄다리기 줄은 집집마다 볏짚을 모아 14일 밤에 꼬는데 길이가 50, 60여 미터나 되고 두께는 한아름이 넘는다. 줄은 암줄과 수줄로 만들고 보름날 아침에 줄을 메고 풍물패를 앞세워 마을을 한 바퀴 돈다고 한다. 이러한 의식은 마을의 액 막음을 의미한다.

그러나 그 날은 어찌된 영문인지 줄만 늘어지게 틀어 놓았을 뿐 해가 중천에 이르도록 마을을 돌지 못하고 있었다. 마을 사람 수가 턱없이 모자란 탓이었다. 마침 버스에서 내린 일행이 수십 명이라, 우리는 너나 할 것 없이 함께 줄을 어깨에 메고 마을길을 돌았다.

오색 고깔을 쓴 풍물패도 그제야 힘을 얻었는지 징소리 울려 퍼지고 마을 노인이 깃발을 앞세우며 논둑길을 건너 마을을 돌았다. 우동리 주민들 그리고 서울 일행의 옷차림이 가지각색인데, 남녀노소 할 것 없이 함께 어울려 지신밟기를 했다.

흥이 무르익은 터에 마을 노인들은 옛기운이 살아 오르는지 한참을 놀고서도 지칠 줄을 모른다. 겨우 진정한 후에야 한마당에서 닭죽으로 모두들 새참을 들었다. 지역의 연고를 떠나 웃음꽃을 피우는 모처럼의 시간에 더 들라고 막무가내로 퍼담아 주는 아낙과 막걸리 사발을 건네는 주민들의 눈빛에 정이 가득했다.

점심을 나누었으니 힘을 내어 마침내 줄다리기를 할 차례가 다가왔다. 마을 이장이 여러 번 방송으로 사람들을 불러내자 남녀가 편을 나누어 암줄은 여자가, 수줄은 남자들이 어깨에 메고서 자리를 잡았다.

모처럼 서울 일행이 내려왔으니 이웃 마을 구경꾼도 끼어들고 취재 차 달려온 사진기자들의 몸놀림도 다급해졌다.

우동리 줄다리기의 특징은 '고어름'이라는 것인데 음양을 합하는, 마치 성행위의 모습으로 재현되는 것이 인상적이다. 양쪽 줄 위로 사모관대에 족두리를 쓴 신랑 신부가 올라탔는데, 젊은 사내가 연지 곤지를 찍고 대신 시늉을 하는 것이 여간 우스꽝스럽지가 않다.

'고어름'의 행위인즉 암줄은 수줄은 듯 결합을 거부하며 요동치지만 수줄은 적극적으로 공략하여 암줄의 고 속에 머리를 집어넣으려 애쓰는 장면이 여러 번 되풀이되었다.

나와 일행은 이 생소한 놀이에 구슬땀을 흘리며 어깨가 뻐근하도록 달려들고 피하느라 연신 흥청거려야만 했다.

이내 이 생경한 경험은 다음 줄다리기로 이어졌는데, 항시 암줄이 이기게 되어 있다 하니 필시 생산과 풍요를 암시한 놀이임에는 틀림이 없다.

이제 남은 일은 제상을 갖추어 당산제를 올리고 나무 솟대에다 줄다리기를 했던 줄을 감아 올리는 일이다.

소지를 올리고 잔을 따르며 행사를 함께한 마을 사람, 객지 사람 모두 하나 되어 한 해의 무사와 풍요를 기원하니 그지없이 아름답고 가슴으로부터 우러나는 공경감에 젖어들었다.

제례가 끝난 후 막걸리 사발과 음식을 나누는 그 날의 여정은 볼거리, 놀거리, 먹거리의 삼박자가 완전히 맞아떨어진 날이었다.

잠시 후 풍물을 칠 줄 아는 젊은 일행이 장구며 꽹과리를 낚아채서 한바탕 노는 사이 솟대가 감기기 시작하였다.

모두가 횡대로 마을길에 열을 지어 한아름의 줄을 가슴팍에 안고서 지휘자의 구령에 맞추어 빙글빙글 돌면서 감아 올리는 것이다.

마치 파도가 밀려오는 듯 흥겨운 줄 감기 놀이의 감동은 오롯했지만, 타다 남은 볏단의 연기 속에서 비치는 앞산의 풍광은 아스라이 사위어 가는 시대의 실루엣처럼 느껴졌다.

오늘의 이 어울림이 얼마나 지속될 수 있을 것인가. 잠시 후 떠나야 할 일행이거늘 만일 우리마저 이곳을 찾지 않았다면 저들의 흥이 이와 같을 수 있었겠는가. 마을 주민의 수만으로는 어림도 없는 자웅의 줄을 틀어 놓고 낙담해야 했을 저들을 생각하니 발길이 무겁다.

부안 동문안 당산, 솟대의 꿈

일정상 서둘러 다음 지역을 찾아 떠나 부안읍 원중리에 있는 동문안 당산에 이르렀다.

당산은 돌 솟대로서 높이 3.52미터에 둘레 70센티미터의 화강석주에다 오리형의 새를 얹어 놓은 것이 앙증스럽다. 주변 서외리의 서문안 당산과 다른 점은 당제와 곁들여서 매년 줄다리기를 하여 옷을 입혀 놓은 것이 특징이다.

마침 일행이 도착한 시간, 막 솟대 감기가 시작되고 있었다.

동아줄을 칭칭 감아 올리는데 하늘을 지켜보는 노인들, 사다리에 오르는 이와 솟대 꼭대기에 올라 줄 마무리를 서두르는 주민들은 오늘 대보름날에 기원한 마음 그대로 남은 한 해를 살아갈 것이다. 다시금 기다림과 인내로써 일상을 살고 농토를 일구어 갈 것이다. 나는 마침내 그들의 노래가 '솟대의 꿈'이 되어 내일의 소망을 기리고 있음을 느꼈다.

마을을 떠나기 위해 차에 올랐는데 일행 모두 숙연한 모습에 침묵만이 흐를 뿐 누구 한 사람 거동이 없다. 나 또한 잠시 눈을 감아 보니 많은 생각과 감회가 한꺼번에 떠올랐다. 그것은 다름 아닌 농촌 현실에 대한 바른 직시와 이해, 그리고 공동체 문화의 중요성을 실감하는 일이었다. 따라서 이러한 성찰의 계기를 마련해 준 지역 마을 사람들에게 깊이 감사했다.

어느덧 뉘엿뉘엿 노을이 자취 없이 사그라지고 차가 밀리는 시간 속에서 졸다가 깨어 보니 보름달이 둥실 차창에 매달렸는데 어쩌다 쥐불을 돌리는 아이들의 불빛이 추억처럼 그리움처럼 아득한데 중천의 보름달은 내내 창을 따라오고 있었다.

전북 고창의 대보름맞이

대보름 답사는 연중 행사를 거듭하며 이루어졌는데 1993년에는 전라북도 고창군 일대를 중심으로 길을 떠났다.

전라북도는 자연 지리적인 환경이 노령산맥을 중심으로 동부 산악 지대와 서부 평야 지대로 나뉘는데 동부는 좌도 지역으로 남원, 임실, 순창, 무주, 진안, 장수가 이에 속하고, 서부는 우도 지역으로 전주, 익산, 김제, 부안, 고창, 정읍으로 나뉘니 나는 지금까지 주로 우도 지역을 중심으로 대보름 답사를 해 온 셈이다.

마을 굿은 마을의 전통을 유지하고 신앙 공동체를 형성하는 종교의례이다. 음력 정월 초에 마을 단위로 주민들이 참여하여 마을 수호신에게 공동제사를 지내는 것으로 보통 좌도는 산신제와 탑제, 우도는 당산제로 이루어진다고 한다.

탑제는 조탑이 마을 입구에 위치하여 괴질과 잡귀를 방어하고 쫓기 위해 거행하는 마을제사이다. 이에 비해 당산제는 당제, 동제라는 마을굿으로 당산제 기간에 줄다리기를 하는 풍습이 있다.

당산의 구조는 일반적으로 상당과 하당으로 구분되고 할아버지 당산(윗당), 할머니 당산(아랫당)으로 부른다.

마을 수호신의 대상으로는 마을에서 수령이 오래된 아름드리 나무, 자연 입석이나 와석, 장승, 솟대 등이 일반적이다. 이 중 조형입석(造型立石)이나 석조간(石鳥竿)은 남근석, 석불상, 석탑 양식으로 제작되었는데 석조간은 부안 지역에, 석탑 양식은 이번에 찾은 고창지역에 주로 분포되어 있다.

산림면 무림리 임리 당산제

첫걸음으로 임리 마을을 밟았을 때 첫인상은 나무 솟대의 상징이 보여 주는 아득한 기상이었다. 다가서 보니 10여 미터에 가까운 네 개의 솟대 가운데 하나만 새 것이요, 세 개는 지난해 줄다리기 줄에 아랫부분이 칭칭 감긴 채로 지난 세월을 버텨온 것이었다.

마을 당산제는 정월 열나흗날인데 그 날 저녁에 마을 사람들은 풍물을 치고 노는 사이 젊은 청년 몇몇이 마을 근처 남의 산에 가서 다른 사람 모르게 소나무를 베어 이튿날 아침 소나무 껍질을 벗겨서 오리형의 간두를 만든다 한다. 오리의 날개를 신우대라는 띠대를 사용하여 턱수염처럼 늘어뜨려 놓은 것이 이곳 솟대의 특징이다.

솟대는 매년 대보름 전날 하나의 간목(竿木)만 세우는데 지난해에 세운 것이 있어도 자연적으로 썩어서 넘어질 때까지 그냥 두기 때문에 항상 서너 개의 솟대를 볼 수 있다. 이곳의 오리 형상 솟대는 화재를 막기 위한 것이니 '화재막이 물오리 솟대'인 셈이다. 한편 마을길을 돌다 보니 청색, 적색의 깃발과 금줄이 쳐져 있어 부정한 객지 사람을 경계하여 액막이를 해 놓은 것 같았다.

무엇보다 임리 당산은 마을 뒷산의 천룡제(天龍祭)가 단연 으뜸이다.

그 동안 마을길에서 적지 않은 소나무를 만났지만 임리 당산의 소나무 다섯 그루는 위용이 당당하고 신령스럽게 느껴진다. 바로 이 소나무가 천룡제 신체의 대상으로, 제는 유교식으로 엄격하게 거행되는데 화주는 한 해 동안 궂은 일이 없는 사람, 축관은 생기 복덕 있고 부정한 일을 겪지 않은 사람을 선정한다고 한다.

대보름날 하늘에 용오름이라! 실제 꿈틀거리는 노송의 자태와 표피의 균열은 마치 용의 등줄기를 연상시키고 제단석이 놓인 황토에서 허리를 꺾고 잡초를 뽑는 노인의 모습에서 그 성심을 읽어 낼 법도 하였다.

제단석에 올라 보니 가슴팍까지 내려뻗은 무성한 솔잎과 황토 사이로 이웃 마을과 산자락이 아스라이 드러났다. 나는 정기 서린 이 광경을 서둘러 밑그림으로 담았다.

성송면 사내리 당산제

사내리 길목을 찾은 시간은 이미 땅거미가 밀려든 시간이었다.

마을은 정겨운 솔밭을 여기저기 끼고서 드넓은 농경지만으로 똬리를 틀고 앉았다. 두엄을 내기 위한 짚더미가 일손을 기다리고 미리 쥐불을 놓은 논두렁의 그을음이며 황량한 겨울 논바닥을 밀고 올라오는 그 아련한 풀빛이라니! 산자락이 얕은 사내리는 바람이 거센 편인데 마을 입구 몇 곳에 금줄을 친 댓잎이 꽃샘추위에 떨고 있었다.

금줄의 흰 종이가 펄럭이는 대나무 사이로 보름달이 걸렸는데 마을 논은 솔밭 사이로 파도처럼 밀려오고 아득한 산자락은 겹겹이 물러서며 가물거리니 이는 어느 나라에서 또 볼 수 있는 보름날 밤의 풍정일까 싶다.

사내리의 당산은 논둑에 일직선상으로 네 기의 입석 당산이 있고 마을 뒷산에 여섯 개의 와석 당산이 있다 한다.

제삿날이 다가오면 화주를 선정하여 화줏집 대문에 금줄을 치고 황토를 뿌린다. 화주는 제 삿날 3일 전부터 외부와의 출입을 금하고 마을 주민들도 3일간 부부간의 잠자리를 피하고 당일엔 아예 하루를 굶는다고 하니 어디에 이만한 정성이 또 있을까? 중천에 보름달이 오른 시간, 제를 지낸 제물은 논두렁에 파묻는 행사를 싸리 햇불로 밝히며 쫓아다니다가 늦도록 마을 모정에서 장작불을 피우는 마을 청년들에게 말을 건넸지만 일절 대꾸가 없었다. 어쩔 수 없이 손님 대접으로 불을 피워 주지만 더 이상 딴소리를 늘어놓지는 말라는 듯 농촌의 실정을 묵시적으로 보여주는 것만 같아 착잡했다.

일행이 불을 지피고 막걸리 한 사발을 얻어 먹자 이내 어둠 속에서 보름달이 떠올랐다.

고수면 상평 신평리와 우평리 마을

늦은 밤이었으나 일행은 길을 재촉하여 이제는 상평 신평리로 향했다.

당산굿은 이미 시간을 넘긴 터인데도 지신 밟기에 들뜬 농악과 사물놀이를 들으며 마당으로 들어섰다. 신평리 마을에선 제법 큰 가옥인 듯 싶은데 알고 보니 안내자 한 분의 처가였다.

사위를 맞는 장모 사랑을 자랑할 셈이던가. 미리 준비한 음식과 새로 빚은 술에다가 사위 자랑까지 뻐근하니 보란 듯이 질펀하게 한판 마당놀이 또한 빠질 수야.

또한 마을 모정에 이르러 '들돌'을 들어보려고 안간힘을 쓰던 사내들이 모두 역부족에 한숨만 내쉬고 모닥불 주변을 돌며 밤추위를 씻어내니 보름달이 기울도록 남은 여흥을 불길 속에 마저 던졌다.

이튿날 아침, 몸은 고단하였지만 우평리 마을 '독실 당산제'를 보기 위해 서둘러 떠나야만 했다.

우평리는 전라북도 우도 지역에서는 드물게 쌍줄다리기를 하는 마을이다. 마을 입구에 이르자 할머니, 할아버지 당산 나무가 아랫동이에 지난해의 줄을 감고 마치 마을의 초병인 양 서 있었다.

한편 고목 사이로 펼쳐 보이는 계단식 논두렁과 흰 뱀처럼 꼬불거리며 달려가는 마을 길이 정겨운데 길이 사라지는 양쪽에 산소들이 솔밭 둔덕 아래서 밝은 햇살을 받고 있다.

이승과 저승의 공간이, 삶과 죽음의 형태가 한마을 울타리 하나 사이로 드러나듯 이 땅은 뼈를 묻은 조상의 터이자, 또다시 내일에 물려줄 오늘의 삶터인 것이다.

해가 중천에 오르자 닭죽과 생두부, 그리고 막걸리를 흥건하게 걸친 마을 사람과 일행은 줄을 메고 마을을 돌기 위해 일어났다.

이곳 우평리 줄의 형태는 암줄과 수줄로 제작하는데 수줄의 고는 암줄의 고보다 세 배나 크게 만든다고 하며, 줄길이가 예전엔 100미터였으나 요즘에는 60여 미터로 줄어들었다고 한다.

미신이라고 여긴 젊은이와 노인들의 갈등으로 마을굿을 1978년도부터 3년 동안 중단한 적이 있는데 그러자 해마다 젊은이가 죽어 나가고 마을에 재앙이 일어나서 다시 당산굿을 재개하여 오늘에 이르고 있다고 했다.

나는 풍물대를 앞세워 줄을 메고 떠나는 일행에게서 빠져나와 마을 뒷산으로 향하였다. 범상치 않은 마을 지형과 경관이 마음에 더 이끌려서였다.

아니나다를까. 뒷산에 오르자 능선을 타고 흐르며 한눈에 펼쳐지는 보리밭의 그 유장함이라니.

나지막한 구릉과 언덕은 솔밭을 빼고는 모두 다스려서 일대 경관이 거침없이 시원하고 넉넉한 대지의 숨결이다. 또한 황토에 막 돋아 오르기 시작한 녹두빛 보리순은 생명의 숭고함과 땅에 대한 경건함을 아낌없이 일깨워 주고 있었다.

나는 마침내 산 바람 속에서 스케치북을 펼쳐 들고 한동안 산자락을 응시하며 상념에 젖어야만 했다.

행사를 끝내고 돌아가는 길에 일행은 고창 읍내에 있는 오거리 당산을 둘러보고 고인돌 천국이라 불릴 만한 상갑리와 매산리 지석묘군을 비롯하여 대밭 속에 있는 도산리 고인돌을 마저 둘러보았다.

고인돌을 보면서 이 땅의 과거사와 오늘이 시공을 넘어 찰나인 양 함께 느껴졌다. 아울러 대보름 또한 예나 지금이나 우리 민족 정서와 꿈의 상징이 되어 보름달과 같은 넉넉함과 기원으로 다가옴도 느낄 수 있었다.

남도의 대보름.

언제까지나 가슴 설레는 만월(滿月)의 꿈은 겨레의 숨결 속에서 면면이 살아 있다.

이호신은 동국대학교 교육대학원에서 미술을 전공하고 여러 번의 개인전을 가진 바 있다. 기행미술로서 '그림과 국토기행', '겨레의 숨결과 풍경' 등을 여러 잡지에 연재하였고 저서로서 「길에서 쓴 그림일기」, 「숲을 그리는 마음」이 있다. 현재 한국미술협회, 한국미술사학회, 동방예술연구회에 회원으로 참여하고 있다.

한국 민간 신앙에 나타난 자연

진 교 훈

한국인의 민간신앙의 자연관

유가와 도가의 자연관은 바로 한국인의 자연관의 근간을 이룬다고 할 수 있다. 그러나 이러한 이로정연(理路整然)한 사상체계만으로는 한국인의 전통적 자연관을 다 드러내어 보여준다고 할 수는 없다. 오히려 우리는 민중신앙이나 속신(俗信)에서, 여실한 한국인의 특유한 자연관을 현상학적으로 살펴볼 수 있다.

동아시아의 지리적 여건으로 보아 한국인의 전통적 자연관이 대체로 중국의 전통사상으로부터 많은 영향을 받았다는 것은 누구도 부인하기 어려울 것이다. 특히 중국의 도가와 유가의 자연관은 한국의 식자층(識者層)의 자연관에 깊은 영향을 주었다. 그러나 우리는 무속신앙(巫俗信仰), 도참(圖讖), 풍수지리(風水地理), 신선사상(神仙思想) 등과 한국의 민속불교사상이 한데 어우러진 토속적인 민간신앙이 무엇보다도 대부분의 한국인의 전통적 자연관에서 중요한 역할을 하고 있다고 보아야 할 것이다.

우리는 한국의 민간신앙(민중신앙 또는 민속신앙으로 불리기도 한다)을 무속, 풍수지리, 도참사상, 신선사상, 가신신앙(家神信仰), 속신, 구비전승(口碑傳承)되고 있는 금기어(禁忌語) 등에서 찾아볼 수 있다. 우리는 이러한 민간신앙 속에서 나타나고 있는 자연관에서 한국인 특유의 전승적 자연관을 밝혀 볼 수 있다. 그러나 우리는 민간신앙의 범위와 한계를 엄밀하게 규정하기 어려우며 또 실제로 무속과 풍수와 도참과 신선사상 등은 두루 섞여 있으므로 이를 구분하여 기술하는 것은 더욱 어렵다. 그러나 여기서 우리의 관심사는 한국인의 전통적 자연관을 규명해 보는 것이므로 아래의 서술은 어디까지나 편의상 구분해서 우리 선조들의 자연에 대한 이해가 어떠했는가를 개략적으로 찾아볼 것이다.

필자는 이 절에서 무속신앙의 자연관, 풍수지리사상과 자연존중, 도참사상과 자연보호, 구비전승의 신앙과 자연보호, 신선사상과 자연보호, 한국민속불교와 자연보전, 천재지변과 기우제(祈雨祭)를 다루었다.

무속신앙의 자연관

무속은 종교적 지도자인 무당을 중심으로 하여 민간에서 전승되고 있는 종교적 현상이다. 이 무속은 불교·유교·도교 등 외래종교가 한반도에 들어오기 훨씬 이전부터 한민족 신앙의 기간(基幹)이 되어 왔다. 그러나 한국의 무속도 한편으로는 다른 지역의 샤머니즘과 무관하지 않으나 다른 한편에서는 다른 지역의 샤머니즘과는 구별되는 특유한 면을 가지고 있다고 볼 수 있다. 우리는 여기서 단지 한국 무속이 한국인의 자연관에 어떤 영향을 주는가만을 살펴보기로 한다.

제주도의 무가(巫歌)인 '초감제'나 함경도의 무가인 '창세가(創世歌)' 등은 천지창조의 개벽신화(開闢神話)로서 우주가 생성된 과정을 해명하고 있다.1)

무속에서 나타나는 우주는 천상(天上), 지상(地上), 지하(地下)로 삼분(三分)된다. 천상에는 천신(天神)을 비롯한 일신(日神), 월신(月神), 성신(星神)과 그 시종신들이 살면서 우주를 지배하며, 지상에는 인간, 금수, 그리고 산신(山神)을 비롯한 자연신이 살고 있으며, 지하에는 인간의 죽은 영혼 그 사령(死靈)을 지배하는 명부신(冥府神)이 살고 있다고 사람들은 믿는다.

무속의 신관(神觀)은 그 자연관과 불가분리의 관계에 있다. 무속의 신관은 다신적 자연신관으로서 우주만상의 모든 물체에 정령(精靈)이 깃들어 있다고 믿으며 산(山), 수(水), 초목(草木), 암석(巖石) 등의 자연물이 신성시된다. 종교학적으로 무속신앙은 애니미즘(Animism)이라고 할 수 있다.

무속연구가 김태곤(金泰坤)은 무속의 윤리관에 대해서 이렇게 말했다.

'일찍이 잦았던 전화(戰禍)와 관구(官構) 밑에서 시달리며 춥고 배고픈 생활을 통해 단련된 서민의 의식 속에 고등종교가 강조하는 정신적 윤리성이나 내세적 구원의식이 자리잡을 겨를이 없었던 것이다. …… 무속은 불안의 해소와 나아가 생활에 희망을 주고 …… 종교적 기능을 해왔다.'2)

무가연구가 서대석(徐大錫)도 무가의 윤리적 성격에 대해서 다음과 같이 말했다. '무가에서는 특별한 윤리가 강조되지 않는다. 강조되는 것은 인간들 사이의 도리보다도 신에 대한 인간의 도리이다. …… 집단의 질서나 규범보다도 먹고 입는 생물학적 삶이 더욱 근본적이다. 이런 점에서 무속 나름의 규범을 찾기 어렵다.'3) 조선조의 성리학적 윤리관은 부정되고 있다.4)

이 밖에도 근세 조선의 유학자들의 합리적 사고와 그리스도교의 유일신사상은 가혹하리만치 무속사상을 비판해 왔다. 그러나 대부분의 한국인은 어떤 종교를 믿건 간에 무속신앙에서 염원하는 기복사상(祈福思想)과 증산교에 이르는 한국의 자생적 종교와 그 밖에 민간신앙은 물론이고 유교와 도교와 그리스도교에 이르기까지 실제로 엄청난 영향을 주고 있다. 한국 무속에 대한 연구가 일천(日淺)하고 특히 무속의 윤리적 기능에 대한 연구는 거의 전무하다시피 하나 굿의 사례를 중심으로 그 윤리적 의의를 연구해 보아야 할 것이다. 예컨대 도당굿, 즉 마을굿을 통한 공동체 의식의 함양이나 그밖에 인간평등사상, 권선징악 등 윤리사상을 찾아볼 수 있다. 그러나 필자는 지금까지의 무속 연구에서 환경윤리와 직접 관련되는 자료를 찾아볼 수 없었다.

굿과 무가는 무속의 이해의 관건이 된다. 그러나 지금까지 수집채록된 무가에서 필자는 직접적으로 자연을 아끼고 보호해야 한다는 구절을 발견하지 못했다. 그러나 적어도 무속신앙을 가지고 있는 사람들은 영적 존재인 자연물을 존중하고 함부로 자연을 파괴할 수는 없을 것이다.

풍수지리사상과 자연존중

풍수사상에는 산천을 눈으로 살펴 그 미추(美醜)와 좋고 나쁨의 느낌을 판별하고자 하는 노력이 결집되어 있다고 볼 수 있다. 이 풍수사상은 이미 삼국시대에 중국으로부터 수용된 흔적이 있고 그로부터 근세 조선에서 극성을 이루었고 오늘날에 이르기까지 한국인에게 끊임없이 지속되어 왔다.

---

1) 金泰坤, '巫俗信仰', 「한국민속대관」, 3권, 237~240쪽 : 秦聖麒, 「南國의 巫歌」(제주민속문화연구소, 1968), 866쪽 이하 참고
2) 金泰坤, '巫俗信仰', 「한국민속대관」, 3권, 262쪽.
3) 徐大錫, '巫歌', 「한국민속대관」, 6권, 552~553쪽
4) 앞의 책, 553쪽

풍수 또는 풍수지리는 음양오행설과 지기설(地氣說)에 기초하여 민속적으로 지켜 내려오는 지술(地術)로서, 집터, 묏자리의 방위(성향), 지세와 형국 등의 좋고 나쁨이 사람의 길흉화복(吉凶禍福)에 관계를 가진다고 보는 설이다.

혈족의식과 조상숭배사상을 가진 민족들에게는 지모사상(地母思想)이 있다. 인간은 땅에서 나서 땅으로 돌아감으로 땅은 생명의 모체이고 육체의 고향이며 우리의 신체는 땅(자연)의 일부분이다. 그러므로 인간의 생명이 유구한 조상으로부터 면면히 이어서 혈통을 이루고 연속된다고 보면 부모의 유체(遺體)를 안전하고 지기(地氣)가 왕성한 곳에 안장(安葬)하면 그 지기가 유체에 작용할 것이고 그 힘은 마침내 살아 있는 자손에까지 감응할 것이라는 지기감응설(地氣感應說)이 생겨날 수도 있었을 것이다.

이 풍수지리설은 이미 중국에서 한대(漢代)의 청위자(靑爲子)나 동진(東晋)의 곽박(郭璞)이 저술한 「채경(蔡經)」에서 도참설과 도교 등과 혼합되어 이루어졌으며, 한국에 들어와서는 전래의 명산대천(名山大川)을 숭배하는 토속적인 사상과도 결합되어 복잡하게 발전하면서 중국에서보다 더 그 위세를 떨쳤다. 특히 근세조선에서 묘지풍수설의 피해는 대단히 심해 실학자들의 비판의 대상이 되기도 했다.

풍수지리를 지리학적 연구의 대상으로 삼고 있는 최창조(崔昌祚)는 풍수사상을 다음과 같이 정의한다.

풍수사상은 모든 지리적 요소들에 매우 인간적인 실존성을 부여한다. 추상적이고 기하학적인 공간을 구체적인 삶과 관련된, 상호유기적 관계의 살아 있는 공간으로 만든다. 땅에 인간적 의미를 주어, 이용과 착취의 대상이 아닌 더불어 살아가야 할 삶터로 환원시키는 것이 풍수사상이다. 풍수는 자연의 질서와 인간의 질서를 혼융 조화시키고자 하는 사상이다.[5]

풍수사상은 묘지쟁송(墓地爭訟)이나 의타적 발복(發福)사상 등의 반윤리적 피해가 많았음에도 불구하고, 근본적으로 땅을 생명을 가진 것으로 인정한다는 점에서 높이 평가하지 않을 수 없다. 그러므로 풍수사상을 믿는 사람에게는 땅과 물을 더럽히거나 깨고 부수는 짓을 함부로 할 수 없고 생명의 근원인 땅을 아끼고 사랑하지 않을 수 없는 것이다.

도참사상과 자연보호

세상의 종말과 앞날의 길흉에 대한 예언을 믿는 도참사상은 예부터 우리의 민간신앙으로 끈질기게 신봉되어 왔다. 가령 우리 나라에는 아직까지도 「정감록(鄭鑑錄)」을 믿고 따르는 사람들이 있다.

도참사상은 원래 중국의 주왕조(周王朝)의 혼란기에 민중의 욕구에 부응하여 일어난 사상이었는데 한반도에는 삼국시대에 전래되었다. 이 도참사상은 천문, 풍수지리, 도교, 역운(易運), 음양오행사상, 천인감응설 등과 밀접하게 연관되어 한때는 사회적으로 큰 영향을 끼쳤다. 도참은 인간을 비롯한 사물의 성쇠와 득실에 대한 예언이나 징조를 나타내는 용어이다. 도참은 한자의 은어(隱語)로 표기되며 우리 나라에서는 비기(秘記), 비결(秘訣) 또는 밀기(密記)라고도 불린다.[6]

신라 말기의 도선(道詵, 826~898)은 「도선비기(圖詵秘記)」를 저술하고 '지리쇠왕설(地理衰旺說)', '지리순역설(地理順逆說)' 등을 주장했다. 그는 산형과 지세의 자연적 조건이 인간의 신체와 묘하게도 상응된다고 믿는 풍수설을 체계화했다. 그에 의하면 땅과 자연의 힘은 때로는 성하기도 하고 때로는 쇠하기도 하는데, 지기가 왕성한 곳에 자리를 잡으면 사람이 흥하게 되고 지기가 쇠하는 곳에 자리를 잡으면 사람이 망한다고 한다. 그리고 그는 지리적 조

---

5) 崔昌祚, 「땅의 논리 인간의 논리」(민음사, 1992), 233쪽

6) 朴星來 편, 「한국과학사」(서울신문사, 1984), 19쪽

건이 좋지 않는 자리일지라도 인공적으로 또는 불력에 의해 보완할 수 있는 방법이 있다고 했다.

우리는 여기서 지맥(地脈)이니 수맥(水脈)이니 하는 말이 사람의 몸 속에 있다고 하는 혈맥(血脈)과 상통하는 점을 발견할 수 있을 것이다. 따라서 우리는 여기서 지리적 요소와 인간의 실재성과 상관되고 있으며 인간과 자연의 조화를 엿볼 수 있다.

구비전승의 속신과 자연보호

우리는 한국인의 전통적 구비전승의 속신에서 인간과 자연과의 공생을 찾아볼 수 있다.

1. 4. 1 고수레

한국인에게는 성묘하러 가거나 산놀이, 들놀이, 물놀이에 가서 가지고 간 음식물의 일부를 들짐승이나 벌레와 함께 나누는 관습이 있다. 우리는 이것을 '고수레' 또는 '고시래'라고 부른다. 사람이 음식을 먹기 전에 먼저 음식물의 일부를 "고시래"라고 소리쳐서 자연에 기별을 하고 뿌린다. 이 '고시래'는 좁은 의미의 무속신앙과는 구별될 수 있는 한국 특유의 민간신앙이다. 무당이 굿을 하고 나서 음식물을 먹기 전에 음식물의 일부를 떼어 귀신에게 바치는 것도 '고수레'라고 한다. 그러나 무당의 힘을 빌리지 않고 누구나 할 수 있는 '고시래'는 무속신앙과는 구별되어야 할 것이다. 왜냐하면 필자는 범아시아적인 무속신앙과 한반도 고유의 민간신앙과는 구별될 수 있다고 보기 때문이다. 물론 한국의 무속신앙 중에는 한국에서만 볼 수 있는 특유한 국면이 있다. 이것은 무속신앙의 혼합주의(Syncretism)로 말미암아 한반도 전래의 민속신앙과 결합된 것이라고 볼 수도 있을 것이다.

까치밥

감나무나 그 밖의 과일나무의 열매를 수확할 때 깡그리 다 따지 않고 일부를 까치나 그 밖의 동물의 먹이로 남겨 놓는다. 이것은 인간과 다른 동물과의 나눔을 의미하며 한국인의 자연과의 공생을 의미한다고 하겠다.

금기어(禁忌語)와 자연보호

우리나라의 금기어 중에는 비과학적이고 미신적이며 백해무익(百害無益)한 것도 많이 있으나 동식물을 애호하고 자연을 보호할 목적으로 만들어진 것들이 있다. 금기의 습속(習俗) 중에는 빨리 없어지도록 우리가 계몽해야 할 것도 많으나 오늘날에도 지켜야 할 만한 긍정적인 기능을 가진 것도 있으며 우리의 조상들의 자연보호관을 찾아볼 수도 있다. 동물보호와 관련된 금기어로는 다음과 같은 것이 있다.[7]

까치나 제비를 죽이면 죄를 입는다.
매미를 잡으면 가뭄이 온다.
방안에 들어온 날짐승을 잡으면 화재가 생긴다.

식물보호와 관련된 금기어로는 다음과 같은 것이 있다.

큰 나무를 베는 사람은 쉬 죽는다.
고목이 쓰러지면 흉사가 난다.
나무를 많이 때면 산신령에게 미움을 받는다.
식물이 말라죽으면 집안에 불길한 일이 생긴다.

그 밖에 '땅을 파면 어머니가 돌아가신다'든가 '어린아이가 실없이 땅을 파면 부모가 죽는다'는 금기는 땅을 함부로 파헤치지 못하게 하

---

7) 김성배, '한국어 禁忌語', 「吉兆語」(정음사, 1975) : '禁忌俗語의 現代的 考察, 「金思燁回甲論文集」 (1973) ; '禁忌語・俗語, 「한국민속대관」, 690~719쪽 참고.

는 효과가 있다고 하겠다.

고사(告祀)와 가신신앙(家神信仰)

고사는 가신신앙의 의식으로서 어떤 큰 일을 도모하거나 가족의 안녕을 위해 가신들에게 음식물(주로 팥시루떡)을 바치고 비는 행위를 말한다. 고사음식은 이웃과 반드시 나누어 먹지만 사람들은 동시에 그 음식물의 일부를 집안 곳곳에 있을 법한 귀신과 대문 밖이나 나무 등 자연에게 바치기도 한다.

고사는 가신의 종합제(綜合祭)로서 흔히 지신제(地神祭)라고도 불리며 주부들의 소관이다.[8] 따라서 가신신앙의 수호자는 거의 다 가정주부들이다. 그들은 만유영유론(萬有靈有論, Animatism)을 믿으며 자연을 존중할 줄 안다. 그러므로 가신신앙을 가진 사람들은 자연 '地(지·땅)'를 함부로 파괴하지 않고 자연을 보존하려고 한다. 우리는 가신신앙에서 인간과 자연과의 '나눔'을 찾아볼 수 있다.

가신신앙에는 분명한 교리도 없고 엄격한 형식도 없다. 그러므로 지역에 따라 안택(安宅)의 시행방법과 시기는 차이가 있다. 그러나 그것은 사무치는 정(情)에서 나오는 실질적인 종교로서 일상생활과 밀착되어 있다. 가신신앙의 행사는 흔히 명절이나 식구들의 생일, 조상의 제삿날에 어차피 차려 놓은 음식물을 가신들에게 바침으로 따로 시간이나 별다른 비용 없이도 행할 수 있다. 그러나 가신신앙은 무속과 아주 밀착되어 있기 때문에 실제로 무속신앙과의 구별은 쉽지 않다. 가신신앙은 한국의 민속종교의 핵심을 이루며 오랜 역사를 가져왔음에도 불구하고 가신신앙에 대한 문헌적인 기록이나 연구의 자취가 별로 보이지 않는다.

오늘날 메마른 도시 생활에서는 고사가 점차 사라져 가고 있으나 인정과 자연존중사상을 담고 있다는 점에서 존속할 만한 좋은 민속이라고 하지 않을 수 없을 것이다.

귀신과 자연관

우리 나라의 고대소설과 전설, 민담에는 귀신 이야기가 많이 등장하며 아직도 우리 나라에는 귀신이 있다고 믿는 사람들이 많이 있다.

문헌상으로도 우리 민족은 삼한시대(三韓時代)부터 귀신을 섬기고 제사를 드린 것으로 전해지고 있다. 「삼국지(三國志)」와 「진서(晋書)」에는 삼한에서 귀신을 두려운 존재로 소중히 여기고 매년 5월과 10월에 제사하는 행사가 있음을 기록하고 있다.[9]

이익(李瀷)과 김시습(金時習) 등은 귀신을 음양설로 해석하였다. 이익은 이렇게 말했다. '천지간에는 기가 가득 차 있고 곧 그 기가 정령이며, 음의 정령이 백(魄)이고 양의 정령을 혼(魂)이라 이르며 이 혼백이 합하여 인간의 정신과 근력이 되는 것이다. 그래서 인간이 죽으면 양기가 유산(遊散)되는 것이니 이것은 곧 유혼(遊魂)이 삶을 변하여 죽음으로 되는 것이다. 유산하는 혼 가운데는 그 유산함에서 혹은 오르고 혹은 내리는데 오르는 것은 양이요, 내리는 것은 음이며 오른 것은 신이요 내린 것은 귀(鬼)라'[10] 김시습도 '귀(鬼)는 음(陰)의 영(靈)이고, 신(神)은 양(陽)의 영(靈)(鬼者陰之靈, 神者陽之靈)'[11]이라고 하여 귀신을 음양설로 해석하였다.

사람이 죽으면 혼령은 저승으로 가는데, 저승으로 들어간 혼령은 선령이 되고 원한이 남아 아직 저승으로 못 들어가고 이승에서 헤매고 있는 혼령은 악령이 된다. 선령은 선신(善神)이 되고 악령은 악귀(惡鬼)가 된다. 악귀는 흔히 원귀(寃鬼)를 가리킨다.

한국의 신은 자연신계(自然神系)와 인신계(人神系)로 크게 나누어 볼 수 있다. 우리가 여기서 주목하려는 것은 자연관과 관련되는 자

---

8) 張籌根, '民間信仰', 「한국민속대관」(고려대학교 민족문화연구소편, 1982). 128~129쪽 참조.

9) 「三國志」, 三韓常以五月祭鬼神 歌舞飮酒 晝夜無體其無 數十人 ; 「晋書」, 三韓俗重鬼神.

10) 李瀷. 「성호사설」(현암사), 136쪽.

11) 金時習, '李載浩譚', 「金鰲新話」(乙酉文庫, 1972), 214쪽.

연신이다. 자연신은 천신(天神), 산신(山神), 수신(水神), 지신(地神), 암석신(巖石神), 식물신(植物神), 동물신(動物神) 등이 있고 무신(巫神)과 결부되면 더 많은 종류의 신들이 있다. 예컨대 성신(星神), 방위신(方位神), 화신(火神), 풍신(風神), 역신(疫神), 산신(産神), 문신(門神) 등이 더 보태진다.

이 자연신은 인간의 자연에 대한 외경사상에서 나왔다고 해석될 수 있으며 결국은 인간으로 하여금 자연물을 존중하도록 하는 도덕교육적 효과를 가져왔다고 긍정적으로 해석할 수 있다. 물론 귀신 이야기는 비과학적 내용을 담고 있으며 일종의 환청과 환상 현상에 기인하는 것이라고 볼 수 있으나 그 이야기 속에서 우리는 우리 조상들의 자연관을 엿볼 수 있다.

민속의학과 자연관

우리 나라의 민속의학은 인간이 자연에 속한 생명체로서 자연과 자연물에 상응하여 살아가는 가운데서 건강을 지킨다고 간주하며 자연요법을 가리킨다. 자연요법은 오랜 경험과 속신에 의거하여 대체로 구전되어 오고 있으며 민간요법이라고도 한다.

동양에서는 자연과 인간을 동일시하며 자연계의 운동이 인체에서도 동시에 일어난다고 본다. 사람이 장수무병(長壽無病)하게 산다는 것은 결국 자연계의 변화에 순응해서 생활하는 것을 의미한다. 그러므로 해 뜨는 것처럼 봄, 여름에는 자리에서 일찍 일어나서 활동하고 가을과 겨울에는 자리에서 늦게 일어나야 하며 식생활과 기거(起居)에 절도가 있어야 한다고 한다.12) 이것이 바로 양생(養生)의 기본원리이다.

민담 등에 나타난 동물애호사상

까치나 제비가 보은사상(報恩思想)을 가지고 있다든지, 소도 사람처럼 질투를 함으로 소가 듣고 있는 앞에서 소의 능력을 함부로 비교

평가하지 말아야 한다는 저 유명한 '황희 정승과 소'의 이야기13) 등 우리 나라 전래의 민담을 한국인은 누구나 어려서부터 잘 알고 있다.

우리는 그러한 민담에서 우리 나라 사람들이 동물을 의인화하며 동물과도 의사소통을 할 수 있다고 믿고 동물을 사랑할 줄 아는 것을 찾아볼 수 있다.

우리 조상들은 추운 겨울에 소에게 쇠죽을 끓여 주고 방한용 덮개를 씌워준다든가 농사나 군용으로 부려먹던 우마(牛馬)는 함부로 도살하지 않고14) 사람에게 인정을 베풀 듯이 동물에게도 인정을 베풀어야 한다고 말해 왔다.

말도 조상이 있어 마조(馬祖)에게 제사를 지내는 것을 마제행사(馬祭行事)라고 하는데, 이것은 말의 번영과 무병을 비는 행사이다. 이 행사는 고려초 태조 때에 시작되어 계속 시행되어 오다가 1894년 갑오경장 때에 폐지되었다고 한다.15)

「고려도경(高麗圖經)」에는, '고려의 정사(政事)가 심히 인자(仁慈)하여 불교를 숭상하여 생물을 죽이는 것을 싫어하는 고로 왕이나 고관대작이 아니면 양고기와 돼지고기를 먹지 아니한다.'고 기록되어 있다.

오늘날에도 대부분의 농민들은 짐승의 고기를 많이 먹지 않으며, 일반적으로 한국인들은 육식을 좋아하는 사람을 천하게 보는데, 그것은 육류의 공급이 원활하지 않고 값이 비싸기 때문이 아니라 무의식적으로 동물을 사랑하는 것과 깊은 상관이 있다고 보여진다.

신선사상과 자연보호

김범부가 '신선의 선도(仙道)는 한국에서 발생하였으며, 후에 중국의 도교의 신선사상 형

---

12) 洪元植,「上古天眞論」(高文社, 1972), 13쪽 참고.
13) 李睟光,「芝峰類說」, 卷15, 性行部 蔭德.
14) 「高麗史」卷 39, 刑法 2에 문종, 예종, 충렬왕, 충선왕, 충숙왕 등이 屠殺과 殺生과 屠牛를 禁한 것이 기록되어 있다.
15) 姜冕熙, '畜産',「한국민속대관」, 5권, 453쪽

성에 영향을 주었다'16)고 논한 것을 우리가 받아들인다면, 신선(神仙)사상은 한국의 고유한 전통사상이라고 하지 않을 수 없다. 그렇다면 우리는 이 신선사상이 한국인의 자연관에 미친 영향을 살펴보지 않을 수 없을 것이다.17) 그러나 한국인의 민간신앙으로서의 신선사상과 한국의 도교(道教)는 내용적으로, 특히 자연존중을 두고는 중복되지 않을 수 없다.

김범부에 의하면 仙(선)은 人(인)변에 山(산)자를 쓴 것인데, 이것은 산에 사는 사람, 곧 산인이다. 선의 음이 '센'이나 '새'이라고 하는데, 이것은 무당을 말하는 것으로 경상도에서는 '산이'가 곧 무당이다. 무당은 서로를 '사니'라고 부르며, 지금 우리가 쓰고 있는 사당이라는 말은 '사니당'의 줄인 말이다. 땅재주를 부리는 사람을 '아우구산'이라고 부르는데 아우구산은 강신(降神)하는 데 쓰는 소리이다.

이 '산이' 또는 '센이'의 어원은 샤만(Shaman)에서 온 것이다. 몽고어로 샤만은 곧 무당이다. 막신(幕神)이라고도 부르는 무당을 가리키는 말도 샤만의 약어이다.18) 따라서 무당은 신선에서 연원한다고 추론될 수 있으며, 무교(샤머니즘)와 신선사상은 불가분의 관계에 있다고 할 수 있을 것이다.

화랑을 국선(國仙)이라고 하고 화랑사(花郎史)를 선사(仙史)라고 한 것은 샤머니즘을 계승한 때문이다. 신라뿐만 아니라 고조선 이래 선교(仙教)사상은 우리 나라에 일관되게 전승되어 온 민간신앙이다.

진시황과 한무제가 신선을 동해에서 구하고 또 삼신산불사약(三神山不死藥)을 구하는 등, 모든 신선의 본거(本據)를 요동의 동쪽인 해동에서 구했다. 우리 나라 산에는 신선태(神仙台), 신선바위가 도처에 있다. 입산하여 수도하는 사람을 선(仙), 곧 신선이라고도 하였다. 풍류를 즐기는 우리나라 선비의 신선풍미(神仙風味)나 신선정조(神仙情操)는 어떤 시대에 갑자기 생긴 것이 아니라 아득한 옛날부터 이미 있었던 것이라고 보아야 할 것이다.

한국의 도교의 연원에 대해서는 중국으로부터 들어왔다는 견해도 있으나 신선사상의 원류를 우리 나라에서 찾는 것이 더 설득력이 있다고 보여진다. 이능화도 김범부와 마찬가지로 신선(도교)의 연원을 한반도에 두고 이렇게 말했다.

> 단군 삼대의 신화와 도가의 삼청설(三淸說)은 다 우리 해동이 신선의 연원이라고 국내의 서적들이 한결같이 말하고 있다. 예로부터 신선을 말하는 사람을 누구나 황제(黃帝)가 공동에 있는 광성자(廣成子, 신선의 이름)에게 도를 물었다고 한다. 그러나 동진(東晋)의 갈홍이 지은 '포박자'에는 황제가 동쪽 청구(靑丘, 우리나라)에 가서 자부 선생에게 삼황내문(三皇內文)을 받았다고 한다. 자부 선생은 동왕공(東王公)으로서 그가 동방에 있는 까닭에 세상에서 동군(東君)이라고 이르는 것이다.19)

역사적으로 노장사상을 기초로 한 중국의 도교가 이 땅에 전해진 것은 유불사상이 전래된 세대와 거의 같다고 추측된다. 이것은 「삼국사기」에 기재되어 있다.20) 그러나 적어도 우리나라에 본래 있었던 신선사상과 중국에서 들어온 교단도교가 합해져서 한국의 도교가 오늘날까지 연면하고 있다고 보아도 크게 무리가 없을 것이다. 우리가 여기서 문제삼는 것은 신선사상이 한국인의 자연관에 어떤 영향을 주고 있는가를 살피려는 것이므로, 신선사상과 도교와 무교의 연원에 관한 논의는 일단 중단하기로 하고, 신선사상에 나타난 자연존중사상을 살펴보기로 하자.

---

16) 金凡父, 「풍류정신」(正音社, 1986), 145~146쪽 참고.
17) 진교훈, 이 책의 143~147쪽 참조.
18) 金凡父, 앞의 책, 45쪽.
19) 李能和, 「朝鮮道教史」, 이종은 옮김(보성문화사, 1977), 201~203쪽.
20) 「三國史記」, 이병도 역주(을유문화사, 1980), 318~322, 376쪽 참고.

고려 태조 왕건의 「십훈요(十訓要)」(943)의 2조(條)에 이런 구절이 있다.

> 모든 사원은 모두 도선이 산수의 순역(順逆)을 점치고 개창한 것이다. 도선이 이르기를 '내가 점정(點定)한 곳 이외에 마구 절을 지으면 지덕(地德)을 감손시켜 왕업이 오래가지 못한다'고 하였다. 나는 후세의 국왕, 공후(公侯), 후비(后妃), 신하들이 각기 원당(願堂)을 평계삼아 혹시 더 짓지나 않을까 크게 걱정하는 바이다. 신라 말에 다투어 절을 지어 지덕을 감손케 한 결과 결국은 멸망에 이르렀으니 경계하지 않을 수 없다.21)

우리는 이 구절에서 왕건의 자연(지덕)보호사상을 엿볼 수 있고 오늘날 한국에서의 무수한 사찰(寺刹)과 교회의 난립에도 경종을 울린다고 볼 수 있을 것이다. 우리 조상들은 큰 건물을 많이 짓지 않았다. 우리는 그 이유를 도교의 가르침 속에서 찾아볼 수 있다.

유불선(儒佛仙)은 한국인의 정신세계를 형성해 왔다. 그 중에서도 신선사상은 한국인의 건강과 자연에 대한 이해에 큰 영향을 미쳤다. 우리는 이를 한국의 시(詩), 서(書), 화(畵)를 통해서 얼마든지 찾아 볼 수 있다. 한국 선비의 신선취미(神仙趣味)는 도교적이라고 해도 지나치지 않을 것이다. 선비는 풍월을, 자연을 사랑하지 않을 수 없다. 그러나 이 신선사상은 유감스럽게도 서양의 합리주의사상으로 말미암아 질식되어 가고 있다. 그러나 서양에서도 비합리주의가 교지(巧智)나 논하는 합리주의를 배격하고 동방의 도교에 관심을 쏟고 있음에 우리 한국인도 '자연스러움'이 가지고 있는 그 의미를 다시금 돌이켜 보아야 할 것이다.

한국 민속불교와 자연보전

불교가 한반도에 도입된 이래 한국인의 전통사상에 미친 영향은 그 어떤 종교보다도 막강한 것이었다. 따라서 한국인의 전통적 자연관을 논하면서 불교사상의 자연관을 살펴보지 않을 수 없다.

주지하다시피 불가의 계율에서 불살생(不殺生)이나 살생유택(殺生有擇)은 훌륭한 생명존중사상이다. 불교의 종지(宗旨)인 자비(慈悲)는 자연에도 적용되며 만물의 인연화합사상(因緣和合思想)이나 연기법(因緣法)에서는 상생(相生)의 원리를 엿볼 수 있다. 그러나 우리는 불교사상에서 자연파괴의 원인을 찾아볼 수도 없지만 만물순환론(萬物循環論)이나 제행무상(諸行無常), 허무적멸(虛無寂滅) 등에서 구체적인 자연보존사상을 찾아보기도 어렵다. 다시 말해서 우리는 불교의 경전에서 자연보존과 직접 상관되는 분명한 자연관을 찾아볼 수 없다. 왜냐하면 불교는 자연이라든가 사물에 집착하는 것을 배격하기 때문이다.

불교의 기본적 가르침인 사성제(四聖諦)와 팔정도(八正道)는 환경윤리와는 상관되지 않는다. 우리는 불교의 민속인 '방생(放生)'에서 생명존중사상을 찾아볼 수 있다. 그러나 불가의 생명존중사상은 생명이 있는 개별에 대한 연민을 말할 뿐 생태계 전체와 자연 전체에 대한 사랑이나 존경을 말해 주지 않는다. 불가는 자연 그 자체를 허깨비로 보고 자연에 대한 애착이나 미련을 헛된 것으로 본다.

우리가 불가에서 자연보호와 관련된 의미를 찾아본다면, 만물이 상생연관(相生聯關)되어 있음을 깨닫고 인간이 허망한 자연 착취의 욕심을 버림으로써 간접적으로 자연을 보호할 수 있을 것이라는 것이다. 그러나 우리는 한국의 민속불교에서 자연보전과 관련된 것을 찾아볼 수 있다. 왜냐하면 불교는 한국이 고대 신앙체계인 샤머니즘의 바탕 위에서 수용되었고 한국인의 민간신앙인 민속불교는 애니미즘을 신봉하기 때문이다.

불교가 이 땅에 전래된 이래 한반도의 무수한 토속신들은 불타(佛陀)의 슬하로 들어간다. 홍윤식(洪潤植)은 그의 논문 '불교의식(佛敎儀

---
21) 「高麗史」 2, 太祖26年條.

式)에 나타난 제신(諸神)의 성격(性格)'에서 이 신들을 크게 세 부류로 나누었다. 인도에서 전개된 신은 24종, 중국의 영향을 받은 신은 2종(칠성신(七星神)과 십왕신(十王神)), 우리나라 토속신은 27종이다.[22]

현행 한국불교의식에 나타나는 신들 중에 우리나라의 토속신이 과반수 이상을 차지하고 있다. 우리의 토속신은 일반 신자로부터 강력한 신앙적 의미를 지니면서 불공의 주대상신으로 숭앙(崇仰)되고 있다. 이 토속신의 대부분은 자연신들이다. 산신(山神), 화신(火神), 수신(水神), 금신(金神), 목신(木神), 정신(井神), 정신(庭神), 풍우신(風雨神), 토신(土神), 용신(龍神), 일월신(日月神), 해신(海神), 주강신(主江神) 등.

따라서 한국 서민불교는 무속사상을 비롯한 우리나라 원시종교의 영향을 받아 불교 본래의 교조적(教條的) 의의와는 다른 양상을 지니고 있으면서 자연숭배사상과 일맥 상통하고 있다. 따라서 우리는 한국의 민속(서민)불교에서도 만유영유론(萬有靈有論)을 찾아볼 수 있을 뿐더러 그 자연숭배사상에서 또한 자연이 보호되고 있음을 엿볼 수 있다.

천재지변과 기우제

한반도에는 기원전 4세기 무렵 부여국(夫餘國)이 있었다. 부여국에서는 가뭄이 오래 계속되어 오곡농사의 소출이 적게 되면 그 탓이 왕의 실덕에 있다는 전통적인 관습을 믿었다. 그래서 왕을 폐출시킨다거나 심지어 처형해야 한다고 나섰다는 기록이 전해진다.[23] 이러한 기록은 왕의 부덕함이나 실정에 대해 하늘이 벌을 내린다는 믿음이 강했음을 보여준다. 그 이후 오늘날까지도 한국인은 흔히 천재지변이나 각종 대형 인명사고는 왕이나 통치자의 부덕과 연관시켜 생각한다. 이것은 일종의 천(자연)인 상감설(天人相感設)이라고 할 수 있다.

우리 선조들은 자연에서 발생하는 천재지변을 하늘이 인간의 행위를 심판하고 벌을 내리는 것이라고 생각해 왔다. 아주 못된 짓을 하는 사람을 두고 사람들은 '벼락이나 천벌맞을 놈'이라고 욕을 하는 데서도 우리는 천인상감설을 찾아볼 수 있다. 오늘날 현대인이 저지르는 자연파괴야말로 바로 생태학적 위기로, 하늘이 우리에게 경고하는 것으로 생각해 볼 수 있을 것이다.

현대의 과학기술도 가뭄을 극복하기 위한 특별한 효과적인 대응책을 제시하지 못하며 많은 경우에 속수무책이다. 우리는 관정을 파서 지하수를 퍼올리거나 큰 강으로부터 물을 끌어들이거나 해수로부터 화학적으로 소금끼를 없애는 방법을 사용하여 물을 얻을 수 있다. 그러나 이러한 방법은 엄청난 비용이 들 뿐더러 일시적인 미봉책일 뿐이며 오랜 기간의 가뭄을 극복하는 데 있어서 기술적 조작을 효과적 대응책이라고 말하기 어렵고, 더군다나 옛날 전통사회에서는 거의 불가능한 일이었다. 그러므로 우리나라의 역사에서 가뭄을 해소하는 문제는 항상 매우 심각하고도 중요한 문제였다.[24]

가뭄을 가리키는 한자, 한발(旱魃)은 그 '魃(발)'자가 보여주듯이 귀신(鬼神)의 작희(作戲)라는 뜻을 담고 있다. 여기서 '발'은 중국 남방에 살았던 귀신의 이름으로 전해지고 있다. 또 이 귀신은 한모(旱母)라고 불렸다. 그런데 이 귀신이 나타나서 행패를 부리는 곳에서는 가뭄이 들었다는 것이다. 따라서 가뭄은 귀신에 의해 나타나는 것이라고 믿게 되면 가뭄을 퇴치하는 방법은 그 귀신을 몹시 혼내주어 쫓아버리거나 잘 달래서 내보내는 길밖에 없는 것이다. 그러므로 우리나라의 전통적인 가뭄퇴치법인 기우제는 바로 이러한 것에 의해 정착

---

22) 洪潤植, '佛教儀式에 나타난 諸神의 性格', 〈韓國民俗學〉, 1집(1969) 참고.
23) 이기백·이기동, 「한국사 강좌 1 : 고대편」(일조각, 1986), 53~54쪽.
24) 박성래 편, 「한국과학사」(서울신문사, 1984), 80쪽 참고.

된 것이라고 하겠다.

우리나라의 역사에는 옛날부터 기우제의 기록이 많이 있다. 박성래(朴星來)가 조사한 바에 의하면 기우제의 첫기록은 227년 백제의 동명묘(東明廟)에서 올린 것으로 나타나며 그 다음 253년 신라의 시조묘(始祖廟)와 명산(明山)에서 올린 것으로 되어 있다. 기우제는 불교의 영향 아래에서도 끊임없이 이어져 고려시대에도 중요한 불사였으며 그 일례로 고려 예종 때, 즉 1160년에는 송악에서 불교식 기우제를 대대적으로 지낸 것이 전해지고 있다.25)

조선시대에 들어와서도 초기에는 불교식 기우제가 지속되었고 그 일례로 1482년 흥천사(興天寺)에서 기우제를 지낸 후 비가 내리자 성종(成宗) 임금이 불승들에게 상을 내렸다고 한다. 그러나 조선시대에는 유가사상을 바탕으로 한 가뭄에 대한 새로운 해석이 자리를 잡는다. 즉 한발은 인간의 잘못으로 음양의 조화가 깨지기 때문에 일어나는 현상이라고 여겼던 것이다. 예컨대, 15세기에는 비오기를 비는 방법으로 남문(南門)을 닫고 북문(北門)을 열게 하였다. 여기서 남문을 닫는 것은 양기(陽氣)를 억제하는 것을 의미하고 북문을 열어 놓는 것은 음기(陰氣)를 받아들이는 것을 의미하였다.

다시 말해서 한발현상이란 음양론에 따르면 양기가 지나치게 성해서 일어나는 현상이라고 해석되었기 때문이다. 또 가뭄이 든 때는 시각을 알릴 때도 북을 치지 않고 종을 쳤다고 한다. 왜냐하면 가죽으로 만든 북은 양기를 돋우는 것이고 쇠로 만든 종은 음기를 돋우는 것으로 해석되었기 때문이었다.26)

우리의 전통적 민간신앙 속에서는 바라는 자연현상도 만유영유론 또는 물활론의 영향을 받아 해석되었다. 동양의 전통사회에서는 용(龍)이 비를 만든다고 믿었다. 따라서 가뭄이 들면 흙을 빚어 용을 만들어 기우제를 드렸다. 때로는 도롱뇽을 이용해서 기우제의 의식을 행하였다.

도롱뇽 기우제는 1407년에 행했다는 기록이 남아 있으며, 다음과 같이 이루어졌다고 한다. 우선 물을 담은 항아리 두 개를 마당에 놓고 도롱뇽을 집어넣는다. 그리고 자리를 펴고 향을 피운 다음 푸른 옷을 입고 버들가지를 든 스무 명의 사내아이로 하여금 이렇게 노래를 부르게 했다고 한다. '도롱뇽아, 도롱뇽아 구름을 일으키고 안개를 토하여 비를 퍼붓게 하면, 너를 놓아 돌아가게 하리라.'27)

촌산지순(村山指順)은 1938년 우리나라 각지에서 행하는 기우제를 매우 상세하게 조사해서 보고한 바 있다. 지역에 따라 기우제를 드리는 장소, 방법, 제관(祭官)과 희생제물은 차이가 난다. 가령 전라남도 지방에서는 산, 냇가 또는 용소(龍沼)에서 지내고 전라북도와 경기도, 함경도 지방에서는 모두 산에서 지내며 경상남도에서는 산, 대천(大川), 섬, 시장터에서 지내며 경상북도, 충청북도, 평안도에서는 산에서 지내지만 때로는 냇가에서도 지낸다. 희생제물은 대체로 산에서 돼지를 쓰지만 때로는 개나 닭 또는 드물게는 소를 쓰기도 한다. 북쪽 지방은 기우제를 하루에 끝내는 것이 보통이지만 남쪽 지방에서는 3, 4일 걸리기도 했다.

기우제의 제관은 군수나 면장 등 행정관료가 주로 담당하는데, 이것은 가뭄의 원인이 국왕 자신에게 있다는 재이설(災異設)내지 천인감응설의 영향이라고 하겠다. 또 가뭄의 원인이 암장(暗葬)에 있다고 믿어 여자들이 무덤을 파헤치는 일도 많이 있었다고 한다. 또 희생동물 외에도 흙이나 모래로 용을 만들기도 하고 제단 주위에 나무를 많이 쌓아 놓고 불을 지르기도 했다고 한다.28)

---

25) 앞의 책, 81쪽 참고.
26) 앞의 책, 83~85쪽 참고.
27) 成俔, 「慵齊叢話」, 成樂薰 옮김, 「한국의 思想大全集」.
28) 村山指順, 「釋尊・祈雨・安宅」, 「生活生態祖師調查資料集」, 조선총독부 편(1938), 76~161쪽 ; 金光彥, 「農耕」, 「한국민속대관」(고려대학교, 민족문화연구소), 340~348쪽 참고.

우리는 앞에서 1930년대 우리나라 전역에서 행해진 기우제의 내용을 간단히 살펴보았다. 인공적인 수리시설이 미비했던 시대에는 강우량이 농업생산을 좌우했고 따라서 오랫동안 비가 내리지 않을 때에는 임금은 물론 지방수령과 농민이 하나가 되어 비가 내리도록 비는 제사를 지내는 것은 불가피한 일이었을 것이다. 우리는 기우제에서 자연관의 가장 원초적인 모습을 볼 수 있는 물활론적 자연관의 자취와 자연의 신비와 자연에 대한 외경사상을 찾아볼 수 있다.

우리는 앞에서 무속, 풍수지리, 도참, 속신, 신선사상, 가신신앙, 민속의학, 민속불교 등의 한국의 전통적 민간신앙에서의 자연관을 살펴보았다. 만일 우리가 민간신앙을 고등 종교의 교리와 과학적 사고를 가지고 검토해 본다면, 민간신앙은 그 미신적 요소를 비롯하여 누구나 수용하기 어려운 점을 많이 가지고 있음을 부인할 수 없다. 그러나 우리는 한국인 사고의 기저(基底)에 적어도 자연을 경외하고 존중하는 사상이 깃들어 있음을 부인할 수 없다. 따라서 한국인의 민간신앙에서 찾아볼 수 있는 자연존중사상을 오늘날에도 긍정적으로 수용할 수 있는 여지가 있음을 고려해 보아야 할 것이다.

진교훈은 서울대학교 문리대학 철학과를 졸업하고 오스트리아 빈대학교에서 철학박사 학위를 받았다. 서울대학교 국민윤리학과 교수이며, 한국인간학회 회장이다. 저서로 「철학적 인간학 연구(Ⅰ)(Ⅱ)」 「현대 평화 사상의 이해」 「문학철학」 등 다수가 있다.

파푸아뉴기니아의 숲과 종교

김 재 현

파푸아뉴기니아라고 하는 나라

먼저 본론에 들어가기에 앞서 파푸아뉴기니아(이하 PNG)라고 하는 나라가 우리에게 어떠한 이미지를 주고 있는지 필자가 1993년 2월에 1개월 동안 방문했을 때의 느낌을 돌이켜보고자 한다.

싱가포르를 경유해서 만 하루만에 PNG의 수도 포트모레스비(Port Moresby)에 도착했을 때는 활주로에서 뿜어내는 열기에 내가 열대의 나라에 도착했구나 하는 정도 밖에 실감하지 못했다. 그러나 국내선을 타고 West New Britain의 Hoskins의 공항에 도착했을 때는 사뭇 찹찹한 마음이 들기도 하였다. 비행기의 탑승구에 발을 내딛자 무리를 이룬 주민들이 내는 이상한 굉음이 들렸기 때문이다. 입가에는 붉은 색[1]이 역력한 모습과 함께 들리는 날카로운 괴성을 들었을 때, 의아해 하지 않을 수 없었다. 순간적으로 이들은 외지에서 오는 사람을 이렇게 환영하나 보다 하고 착각을 하였지만, 타고 온 비행기에서 관이 내려지는 것을 보고 추도하는 것이라는 것을 알 수 있었다.

PNG를 이해하기 위해서는 이 나라의 기본적인 특질을 이해할 필요가 있다.

PNG는 열대개발도상국가들 중에서도 개발이 가장 늦은 나라로 국토면적은 4,628만헥타로 우리 나라의 4.6배에 달하며, 이중 3천6백만헥타가 산림이다. 인구는 우리 나라의 10분의 1인 약 4백만명에 불과하며, 대부분 2천미터 이상의 고산지역과 저지대에서 거주하고 있다. 즉, 산림이 분포하는 중간지역에는 일부 정착생활을 하지 않는 부족을 제외하고는 살고 있지 않다. 이들에게는 독립된 국가로서 성문법인 헌법이 존재하고 있지만, 아직도 공동체의 관습법이 성문법보다 존중되고 있다.

PNG는 원주민의 전통적인 토지소유가 인정된 나라이다. PNG에는 7백개 이상의 부족이 지금도 존재하고 있고, 일반적으로 Clan이라고 불리우는 씨족공동체 혹은 Sub-clan이라고 불리우는 Clan을 구성하는 확대가족이 대부분의 토지를 소유하고 있다. 이를 Customary Land라 하고 전국토의 95퍼센트를 점한다. 앞서 말한 추도행렬도 공동체의 구성원에 대한 것이었고, 이러한 씨족공동체는 사회의 질서를 유지하는 기본적인 단위인 것이다.[2] 그리고 One Talk System이란 말에서도 그들의 공동체 의식을 찾아볼 수 있다. One Talk System이란

---

1) 부아이 열매, 조개껍질을 구어 빻은 분말, 콩과식물과 함께 씹으면 알콜성분이 나오며, 이는 붉은 색을 띠게 된다. 일반적으로 남녀노소 구분 없이 일상적으로 씹는 모습을 볼 수 있다.

2) 김재현. 1994. パプアニューギニアにおける森林開發と先住民の土地所有. 〈林業經濟研究〉 No. 125. p84.

같은 언어를 사용하는 사람 즉, 같은 부족을 의미하고 역으로 적이 아님을 나타내는 표현이기도 하다.

또한 같은 공동체 구성원은 공동생산·공동분배의 원칙을 지켜야 하며, 구성원 중의 약자를 보호할 의무를 갖는다. 예를 들어 벌채회사의 급료일이 되면 지역주민 중에 벌채노동자로 일하고 있는 구성원으로부터 임금을 분배

(사진 1) 고산지대의 토지 이용형태

받기 위해 같은 공동체의 구성원들이 회사 문 밖에서 기다린다. 이러한 행동은 공동체생활을 유지하고 있는 이들에게는 부끄러운 행동이 아니며, 너무나 당연한 것이다. 그러나 다른 공동체의 구성원이 자신들의 토지를 이용하거나 구성원에게 해를 끼치게 되면, 이에 대해서는 반드시 보복을 한다. 이를 Feed Back System이라고 하고, 지금도 종종 활과 방패를 들고 전쟁을 하는 것도 이 때문이다.

전체 인구의 70, 80퍼센트가 자급자족 경제에 의존하고 있다. 국민의 대부분이 자급자족 또는 산림개발에 의한 로얄티 수입 등 일부 현금수입을 얻고 있는 반자급 생활을 하고 있다. 우리가 너무나 당연스럽게 받아들이고 있는 화폐경제는 광업(동, 금), 농림업(커피, 코코아, 목재)의 1차 산업에 크게 의존하고 있다.

이러한 특질들을 보았을 때, 우리의 시각에서 이 나라를 이해하려고 하는 것은 많은 무리가 따른다. PNG의 숲과 종교에 관한 이해에 있어서도 마찬가지라 할 수 있다.

PNG의 근대사 개관

외국인이 PNG에 처음으로 발을 내딛은 것은 1526년 포르투칼 사람들에 의해서이다. 본격적으로 외국의 영향을 받게 된 것은 1884년 11월에 독일이 동북지역(파푸아지역)에 대한 보호령을 선언하고, 그로부터 3일 후 영국이 동남지역(뉴기니아지역)에 대한 보호령을 선언한 후부터이다.

1885년에는 독일이 New Guinea Company를 설립함에 따라 코프라, 코코아, 담배 등 대규모 농장개발이 이루어졌고, 그 외 외부자본에 의한 근대화가 추진되었다. 그리고 1910년 이후 New Guinea Company가 화교를 노동자로 고용한 것을 계기로 화교의 이주가 시작되었다.

1920년까지는 수출의 95퍼센트를 코프라가 점했지만, 1926년에 호주의 기업이 브로로강 유역에서 대규모 금맥을 발견함으로서 1930년에는 수출의 대부분을 금이 점하게 되었다. 이와 같은 변화는 외국인의 진출이 그 때까지는 저지대 및 섬들에 제한되었지만, 고산지로 확대되는 계기가 되었다.

제1차 세계대전에서 독일이 패배한 후, 1921년에 영국에 의한 국제연합의 위임통치령이 되었지만, 제2차 세계대전에서 일본이 북쪽 해안의 일부를 점령하였다. 그후 1946년 호주의 국제연합 신탁통치령이 되고, 호주에 의한 천연

〈사진 2〉 저지대의 취락형태

자원에 관한 기초조사가 이루어져 외국기업에 의한 천연자원 개발의 발판을 만들었다. 그리고 1975년 9월에 영연방국가의 일원으로 독립하게 되었다.

한편 일본기업의 PNG에 대한 최초의 투자는 1970년에 이루어졌고, 1979년에는 한국기업도 참가하였다. 1990년대에 들어서면서부터 화교계 말레이시아 자본이 대대적으로 들어와 PNG경제에서 상당한 부분을 점하게 되었다.[3]

PNG라고 하는 국가의 역사를 이야기할 때는 외세와의 관계 속에서 밖에 설명할 수 없다. 왜냐하면 그들의 마음속에는 국가가 존재하지 않고, 공동체만이 존재하기 때문이다. 즉, 그들에게 있어 국가란 외부의 편의에 의해서 선을 그어 놓은 것에 불과하기 때문이다. 그렇지만 이들에게 주어진 국가라고 하는 틀은 받아들여야 하는 숙명적인 것으로 직접·간접적으로 많은 영향을 받을 수밖에 없는 것이다. 지금 그들은 커다란 가치관의 혼란 속에서 살아가고 있으며, 그러한 모습들은 사회 곳곳에서 발견할 수 있다.

PNG에 있어 기독교

종교에 대한 공식통계는 1966년의 센서스뿐이다. 이것에 의하면 기독교가 92.2퍼센트, 고유의 종교가 7.0퍼센트, 기타 종교가 0.1퍼센트, 불명이 0.1퍼센트를 점하고 있는 것으로 나타났다. 기독교는 선진국에 의한 정치적 식민지 통치보다 접촉·침투의 역사가 길다. 특히 교육과 의료면에서는 제2차 세계대전까지 정부보다도 기독교의 미션이 중요한 역할을 해왔다. 그리고 농원경영을 시작으로 하여 경제활동과 기술전파 면에서도 적극적인 활동을 하였고, 좋건 나쁘건 PNG 사회경제에 크나큰 영향을 미쳐왔다.

많은 PNG 사람들에게 있어서는 기독교와의 접촉은 단순한 종교의 틀에서 멈추지 않고, 유럽문명 그 자체와의 접촉이었다. 기독교와의 접촉을 통해서 교육, 의료, 경제활동 면에서 유럽문명을 수용함과 함께 고유의 신앙, 관습, 제례를 지키고, 양쪽을 현실적으로 양립시켜 왔다. 초대수상인 소마레씨는 미션학교에서 교육을 받은 사람이지만, 고유의 신앙, 관습, 제례에 대한 미션의 부정적이면서 공격적인 태도에 대해서는 거절하였다고 한다.[4]

PNG에 최초로 기독교가 전파된 사정에 대해서는 오늘날 명확하게 알려진 바는 없다. 단지 기록에 남겨진 최초의 기독교의 전도활동은 Mailu 출신의 14명의 어린이를 마닐라에 데리고 가 그곳에서 기독교 영세를 받았다고 한다. 그렇지만 PNG에서 지속적인 전도활동이 시작된

---

3) 日本木材總合情報センター. 1995. 木材輸出規制等影響調査報告書-パプア・ニューギニア、ソロモン諸島編-. p2.

4) 谷內 達. 1982. パプア・ニューギニアの社會と經濟. アジア經濟研究所. p26.

것은 그로부터 2세기가 지난 19세기 중반이었다.
특히 19세기 후반 이후 기독교의 미션이 PNG의 근대화에 크나큰 영향을 미쳤다. 1847년의 French Marist Catholics을 필두로 하여, 1874년에 London Missionary Society, 1886년에 German Lutheran Mission 등이 속속들이 들어와 교회와 학교를 설립하였다. 그후 많은 기독교파가 PNG에서 적극적인 활동을 하였고, 그 결과 대부분의 국민이 기독교인이 되었다.5)

PNG에 있어 숲에 대한 인식

PNG 사람들이 숲과는 동떨어진 고산지나 해변에서 주로 거주하는 것을 보면, 그들이 숲에 대해서 어떻게 생각하고 있는가를 짐작할 수 있을 것이다. 그들에게 있어서 숲은 공포의 대상이며, 활동영역을 제한하는 장애물이다. 몇 년전 일본에서 방영된 '게게게의 귀타로(ゲゲゲの鬼太郎)'라고 하는 에니메이션의 스케치 배경이 PNG이었다고 한다. 에니메이션의 장면 장면에 그려진 모든 숲 속의 대상물은 살아있는 악령으로 묘사되고 있다.

시미즈 수녀는 포트모레스비에 있는 국립박물관을 관람하고 "벽 한면의 약간 어두운 빛 속에는 수없이 많은 사람과 새와 악어, 숲 속의 살아있는 생물이 불가사의한 공간을 만들고 있었다. 어떤 것은 서있고, 어떤 것은 앉아 있고. 뉴아일랜드의 토템에는 '사이'라고 하는 새와 사람이 일체가 되어있고, 세픽강의 토템에는 악어와 사람이 일체가 되어 있었다. 가면에도 조각에도 사람과 살아있는 모든 생물이 숨쉬고 있었다. 그것은 우리들이 아주 먼 옛날에 잃어버렸지만 영혼의 저편에서 추구하고 있는 무언가가 인간과 삼라만상(森羅萬象)에 호응하는 깊은 세계였다"6)라고 표현한 것에서 알 수 있듯이 PNG 사람들의 대부분이 기독교인이라고는 하지만 자연을 그들이 지배할 수 없는 토템신앙으로 바라보고 있는 것이다.

그리고 숲(=토지)은 유일한 생산수단이다. PNG에 있어서 토지이용 시스템은 고산지역, 저지대, 중간지역 등 지리적 위치에 따라 다르다. 고산지역과 저지대의 경우 토지생산성이 현격하게 달라 생산공동체의 구성형태나 재배방식 등에 있어 많은 차이점이 나타난다. 본서에서는 1993년과 1995년 조사 대상지역 이었던 저지대를 예로 들어 살펴보고자 한다.

마을 사람들의 주된 식료는 고구마, 카사바, 사고야자, 타로, 코코넛, 어패류, 과일 등이다. 이들 식료품은 주로 여성들에 의해서 재배·채취되어진다. 농업은 화전경작에 의해서 이루어지고, 전통적인 화전경작에는 '마을주변형'과 '내륙형'의 두 개의 형태가 있다. 마을 주변의 경작지는 거주지에 인접한 해안의 경사지에서 이루어지는 것으로 '벌개→소각→경작→수확'의 과정을 거치게 된다. 이곳의 규모는 텃밭 정도이고, 식료의 일부를 얻고 있다.

농업생산으로 중요한 것은 내륙의 경작지이다. 내륙의 경작지는 거주지로부터 거리가 상당히 떨어진 하천주변에 위치한다. 입지조건으로는 접근가능하며, 반드시 음료수가 있고, 우기에도 하천이 범람하지 않아야 한다. 내륙 경작지는 '산림의 벌개→울타리 만들기→소각→경작→수확'의 재배과정을 갖는다. 마을주변 경작지와 비교한다면 야생돼지의 피해를 막기 위해서 높이 2미터 정도의 울타리를 만든다는 점이다. 경작지의 면적은 0.5~1.5헥타로 울타리는 베어 넘어뜨린 목재를 이용하고, 울타리 만들기의 과정까지는 많은 노동력이 필요하기 때문에 Sub-clan을 단위로 이루어진다.

그 외 숲은 생활의 전부라고 해도 과언이 아닐 정도로 많은 것을 제공하여 준다. 주식의 하나인 사고야자의 경우 주민들에게 부족한 단백질을 제공하여 주고, 카누를 만들 수 있는

---

5) 深山 祐. 1988. パプアニューギニア諸島地域におけるメソジスト(合同)敎會の歩み(その1). アジア硏究所紀要 第50號. p23~27.
6) 淸水靖子. 1994. 「日本が消したパプアニューギニアの森」. 明石書店. p78~79.

목재, 집을 짓기 위한 용재, 조개껍질을 아주 높은 온도에서 구울 수 있는 타운이라고 하는 나무 등 이루 헤아릴 수 없을 정도로 많은 것을 제공하여 준다.

따라서 PNG의 숲은 그들의 생존을 보장해 주는 신앙인 것이며, 자연 그 자체가 종교인 것이다.

산림개발과 산림에 대한 인식변화

PNG의 산림개발은 1988년 이후 화교계 말레이시아 자본에 의한 산림개발투자가 시작되면서 가속화되었다. PNG에서 활동하고 있는 화교계 말레이시아 기업에는 Rimbunan Hijau(RH)그룹, WTK, CAKARA 등이 있다.

산림개발 건수는 1988년의 73건에서 1992년 71건으로 감소하였지만, 허가면적은 250만헥타에서 460만헥타로 두배 가까이 증가하였다. 이것은 PNG의 산림개발이 종래의 소규모 임업자본을 중심으로 한 산림개발로부터 말레이시아 자본의 투자를 중심으로 일본계, 한국계를 포함한 대규모 임업자본에 의한 산림개발로 구조전환하였기 때문이다. 하지만 1992년까지 PNG산 원목의 가격이 낮았기 때문에 산림개발권을 확보하였더라도 실제로 조업하지 않은 기업이 많았고, 조업률은 64

(사진 3) 지역주민이 토템 신앙으로 숭배하는 조형물

(사진 4) 산림벌채 현장

퍼센트에 머물렀다. 1992년부터 시작된 PNG산 원목가격 급등은 기업에 개발의욕을 불어넣었다. 1995년 2월에는 조업율이 74퍼센트로 증가하였고, 원목 수출량도 294만입방미터로 1992년과 비교하여 100만입방미터가 증가하였다.

이와 같은 산림개발은 PNG사람들의 숲을 바라보는 시각에 크게 영향을 미치고 있다. 산림개발이 시작되면 무엇보다도 산림소유지의 재확정이 필요하게 된다. 왜냐하면 나무를 벌

〈사진 5〉 수도 포트모레스비에 있는 전통과 현재가 공존하는 건물

채하게 되면 1입방미터당 약 5달러 정도의 로얄티를 받게 된다. 지역주민들에게 있어서 로얄티는 커다란 소득원이 되기 때문이다. 상시적으로 이용하는 산림에 대해서는 경계가 명확하기 때문에 그렇게 큰 문제가 발생하지 않지만, 그간 들어가 본적도 없는 산림에 대해서도 로얄티를 받기 위한 경계를 명확하게 할 필요가 생긴 것이다. 이는 종종 소유권자간에 분쟁의 소용돌이를 일으키는 원인이 된다.

산림벌채를 위해 만드는 임도는 기업에게도 이윤을 좌우하는 중요한 요소이기는 하지만, 주민들에게는 지금까지 이용하지 못하던 토지를 경작지로 이용가능하게 한다는 의미도 지닌다. 그리고 임도주변의 경작방식은 첫째, 임도 주변의 토지는 지금까지 농지로 이용하지 않았기 때문에 토지생산성이 높고, 둘째, 원목운송차량이 교통수단으로 제공되어 지고, 셋째, 임도에는 언제나 차량이 왕복하기 때문에 야생돼지의 피해를 줄일 수 있고, 넷째, 벌채목을 쌓아 놓기 위해 만들어놓은 공지와 빠른 건조를 위해 임도양측을 벌개해 놓은 곳을 경작지로 이용할 수 있기 때문에 전통적인 경작방식과 다르게 운용된다. 그리고 토지이용의 범위가 그만큼 확대되어지게 된다.

그리고 지역주민들의 일부분이 벌채노동자, 즉 임금노동자가 됨으로서 기존의 경제체제에서는 상상도 할 수 없는 변화가 일어나게 된다. 무엇보다도 임금노동자가 됨으로서 임금의 일정 부분은 공동체의 구성원들에게 재분배 하지만, 남은 임금을 저축할 수 있게 되고, 이것을 모아 생산성이 높은 도구들을 구입할 수 있게 된다. 성능이 좋은 도구는 더 이상 공동체적 생산방식을 필요 없게 하고, 결국은 생산단위가 공동체에서 핵가족으로 바뀌게 될 것이다.

고산지역에 있어서는 외국자본이 들어와 커피와 차를 대규모로 재배하고 있다. 커피 수확철에는 시장이 술렁이게 되고, 그곳의 가게 주인의 말에 의하면 평상시의 10배가 넘는 매상을 올릴 수 있다고 한다.

맺으면서

만년 동안 전통적인 공동체 사회를 유지해 온 PNG 사람들에게 유럽에서 건너온 기독교 문화는 그들의 정통성을 무너뜨리는 발판이 되었고, 이어서 들어온 선진국의 군대는 존재하지도 않았던 국가라는 틀을 제공하였다. 그리고 산림개발, 광산개발, 농업개발 등은 삶의 형태를 결정적으로 바꾸지 않으면 안될 요소로 작용하고 있다. 그러면서 그들에게 있어서 숲은 더 이상 토템신앙의 모태이면서 생활 그 자체로서의 존재가 아닌, 언제든지 정복이 가능한 대상이 되어지고 있다.

어느 날부터 종종 이런 생각을 하곤 한다. 석기시대에 살던 내가 비행기와 자동차를 보았을 때, 나는 어떤 반응을 할 것이며 어떻게 살아가야 할 것인가를….

분명 PNG에 살고 있는 사람들도 많은 가치관의 혼란을 겪고 있을 것이다. 이들은 전통사회의 공동체적 규제력의 변혁과 변화의 갈림길에서 방황하고 있을 것이다. 아마도 그들의 숲에 대한 종교적 인식 또한 크게 변질되어 가고 있을 것이다.

김재현은 1991년 서울대학교 농과대학 임학과 석사를 취득하고 일본에서 1996년 쯔꾸바대학 농학박사를 받고 1994~1996년까지 일본 학술진흥재단 특별연구원으로 근무하고 일본 쯔꾸바대학 농림학계 조수로 2년(1996~97)간 종사하고 1997부터 건국대학교 농업생명과학대학 산림자원학과 조교수로 봉직하고 있다.

동강의 성황림

이 수 용

　얼마 전까지만 해도 동네 어귀 마을숲이나 고갯마루 길섶 또는 산록에 위치한 숲에는 대개 큰나무 주위에 무작위로 돌을 쌓았거나 또는 그 나무 아래 1, 2평의 크지 않은 건물을 지은 한 형태의 모습을 흔히 볼 수 있었다. 그러나 지금은 대부분 나무와 건물이 없어지고 무의미하게 눈에 띄는 돌무더기만 남아 있거나 나무만 한두 그루 남아 있다. 이러한 모든 형태를 서낭 또는 서낭당, 성황당이라고 부른다.

　우리나라 건국은 환웅께서 천부인 3개와 무리 3천을 거느리고 태백산 꼭대기(묘향산) 신단수(神壇樹) 아래 내려와 신시(神市)라 이르고 바람 맡은 사람, 비 맡은 사람, 구름 맡은 사람들에게 농사와 생명과 질병, 형벌과 선악을 맡게 하여 무릇 인간살이 360여 가지 일을 주관해 살면서 정치와 교화를 이 나무 밑에서 베풀었다.

　때마침 곰 한 마리와 범 한 마리가 같은 굴에 살면서 항상 신령스러운 환웅께 사람으로 화하도록 해달라고 빌었다. 이때 환웅은 영험 있는 쑥 한 타래와 마늘 스무 개를 주면서 말하기를 "너희들이 이것을 먹고 삼칠일 동안 햇빛을 보지 않으면 쉽사리 사람의 형체로 될 수 있으리라"고 하였다.

　곰과 범은 이것을 얻어 스무 하루 동안 기(祈)를 하여 곰은 계집의 몸이 되고 범은 기를 다하지 못해서 사람의 몸으로 되지 못하였다. 곰계집은 혼인할 자리가 없었으므로 매양 신단수 아래서 어린애를 배도록 해달라고 빌었다. 환웅은 잠시 사람으로 화하여 그와 혼인하여 아들을 낳으니 단군왕검이라 박달나무 밑에서 잉태하였다 함이다. 이는 「삼국유사」에 나타난 건국 신화로 우리 민족의 뿌리가 나무와 밀착되어 있음을 살필 수 있다.

　이렇게 나무를 신성시여기는 정신이 우리 민족 저변에 전통적으로 연연히 맥이 흘러 내려와 큰 나무를 예사롭지 않게 대하는 마음이 뿌리 깊이 내려오며 당집을 지었다.

　여기 신성스러운 나무 밑에 서낭당은 민간이 신앙하는 서낭신의 봉안처인 동시에 서낭신의 거처가 된다. 서낭은 이익의 「성호사설」에 의하면 중국 전래의 선황신앙에 근거를 두고, 이규경의 「오주행문장전산고」에서는 선왕당이 선황의 와전이라고 했으며, 이능화 선생은 「조선무속고」에서 역시 중국 전래의 선황이라고 했다.

　손진태, 조지훈 교수가 서낭신앙은 재래의 고유신앙이고 선황신앙은 중국에서 전래한 것인데 두 신앙이 기능이 비슷하여 복합된 것이라는 견해로 서낭과 선황을 구분하기도 했다.

(사진 1) 마을 어귀의 성황림은 자연적인 외풍을 막아 마을을 지키고, 숲에서 으뜸인 나무를 신목으로 하여 서낭당이 있다.(영월 문산리 그무마을 서낭당)

동강 현지에서는 서낭당, 성황당을 혼용해서, 말하고 위패는 城皇(기화리 위·아랫서당, 덕천리 윗서당), 城隍(문산리 무내리·그무마을) 城隍(가수리 가탄마을)이라 하고 위패가 없는 곳도 있다.

서낭은 민속에서 서낭신이 머물러 있는 곳, 대개 수목을 말하며 서낭신(성황신·선왕·천왕 등으로도 불리운다)을 제사하는 단을 서낭단, 당우를 서낭당, 제사를 서낭제라 한다. 우리가 보통 말하는 서낭당은 지방에 따라서 할미당(전남), 천왕당(경북), 서낭당(경기, 황해), 국사당(평안), 국시당(함남) 등 여러 가지 명칭으로 불려지며 서낭신은 토지의 부락을 수호하는 신으로 불과 얼마 전까지 민초들에 의해 가장 널리 제를 지내던 원초적인 민간신앙이었다.

서낭당이 있는 서낭숲을 지나는 통행인은 나그네길을 안전하게 하기 위해 서낭당 앞을 지나면서 돌을 주워서 단 위에 던지거나 침을 뱉는데, 이것은 도로를 배회하는 악령의 해를 피하기 위함이며 또 이때 자기가 원했던 바를 마음속으로 혹은 소리내어서 기원하는 일도 있는데, 이것은 원시적인 자연발생적인 행위였다. 그러나 현재는 대부분 그냥 지나쳐 가고 있다.

제일(祭日)은 지방에 따라 다르나 대개 음력 보름에 집단적인 부락 공동제로 지내며 혹 재액이 많은 사람은 개인적으로 지내기도 한다. 제물은 청수, 흰 한지, 짚, 떡, 실타래, 명태 등으로 하나 현재는 원시신앙의 대상으로 서낭이 존재할 뿐 별로 관심이 없는 상태로 대개 동민단합을 위한 형태의 축제 분위기로 남아 마을 사람의 공동행사로 치러지고 있으며 특수종교는 이를 배척하고 있기도 하다.

원초적인 숲에 대한 생각

고대의 지구는 대부분 숲으로 뒤덮여 있어 지금보다 훨씬 많은 종의 다양성을 간직한 안정적인 서식처였다. 인류가 집단생활을 시작하면서 숲을 베어내고 그 자리에 거주지와 농경지를 만들어 오늘날까지 수많은 숲이 사라졌다. 이처럼 인류가 숲에서 생활을 시작했기 때문에 숲은 인류의 원초적 고향일 뿐 아니라 지금도 인간에게 안락을 제공하고 인간을 외부로부터 지켜주고 있다.

숲에 대한 인간의 경외적 생각은 수목 숭배와 같은 현상으로 나타나, 만물유신론(萬物有神論)적 가치관이 생활의 전부를 지배하던 고대인의 삶은 일반적으로 토착신앙적 우주관에 기초를 두고 있다. 이 토착신앙 안에서 우주는 지하에서 지상을 통하여 천상으로 연결되는 수직적 구조를 가지고 있다고 생각한다.

중국의 오랜 문헌에서 해가 뜨는 동쪽에 있는 나무를 부상목(扶桑木)이라 불렀고 그곳에 있는 나라가 조선이라 했으나 부상목의 신화에서는 성스러운 대상으로서 해가 나무 뿌리에서 나와 가지를 타고 동쪽 하늘로 오른다. 나무가 고대 종교에서 태양신으로 상징됨은 나뭇가지가 사방으로 뻗어남으로서 마치 태양광선이 사방으로 흩어지는 방사선 모양을 하고 있기 때문이다. 그래서 고대부터 나무는 신, 즉 하늘 또는 태양과 이어진 통로로서 신앙의 대상이 되어 온 것이다.

숲은 우리 생활에 필요한 목재와 연료를 생산하는 곳이지만 숲을 보는 인간은 동화의 따스한 세계로 이끌려 가며, 숲 속의 삶은 청결하고 고요하며 맑은 물과 신선한 공기가 있는 좋은 곳이다. 또 솔바람의 소리를 들을 수 있고 새들의 지저귐도 들을 수 있는 곳이기도 하며, 작은 꽃과 관목의 지킴이기도 하다.

숲을 보는 눈은 동서양이 달라 서양은 숲을 이용의 대상으로 보아 왔고 동양에서는 자연 중심적인 가치관에서 숲을 절대 보호해야 할 대상으로 보아 왔으며, 특히 우리나라에서 인간은 자연의 힘에 의지하거나 자연과 하나가 되는 존재로 생각되어 왔다.

그래서 인간이 사는 마을 근처에 마을숲을 조성하기도 하였으며 열심히 보호해 왔다. 이는 바로 마을이었고 문화, 신앙의 바탕이 되었으며 토착적인 정신문화를 상징하는 대상인 것이다. 최근에 녹지공간 확보라는 차원에서 와 닿는 말이기도 하다.

성황림의 탄생

동양인에게 나무는 땅의 신성한 힘의 표출을 의미하며 이 신성한 힘은 땅에서 나오지만 동시에 하늘에서 받는 것으로 믿기도 한다. 그래서 고대로부터 인간은 이러한 고목들을 신앙적 숭배의 대상으로 보고 보호해 왔으면서도 두려워 할 뿐만 아니라 고목이 위치한 곳은 정기적인 제례의식을 행하는 장소가 되어 왔다.

더군다나 사람들은 자신의 운명을 본인 스스로 어쩔 수 없다는 점을 인식하여 예전부터 자연의 힘에 의지하고 자연을 신으로 간주하여 숭배하는 전통이 있어 왔다. 또 마을이라는 공동체를 유지하기 위하여 정신적인 원동력이 전통적인 제례를 통해 표출되는데 이도 마을숲에서 이루어졌다. 마을숲에서 나무는 신과 관련이 있다고 믿는 경향이 숲 안에 신목(神木)으로 자연스럽게 탄생했고 사람들은 그 대표적인 나무를 신목으로 정하고 서낭당을 지어 마을 사람들의 신성한 숭배의 대상으로 삼았다.

마을의 수호신을 모시는 당집이 세워져 이곳에서 마을의 번영과 재액, 초복 등을 위하여 동제가 행해지고 한바탕의 축제가 벌어지게 되었다. 그리하여 자연스럽게 마을숲은 대부분 마을 주변에서 정경이 빼어난 위치를 차지하게 되었고 개울가, 강가, 백사장, 호수, 산 등과 같이 좋은 자연요소와 결합하여 더 한층 아름다운 숲을 이룬다.

마을 성황림

마을숲은 소나무, 해송, 오리나무, 왕드릅나무, 전나무, 팽나무, 개서어나무, 쉬나무, 말채나무, 상수리나무, 왕버들나무, 이팝나무, 노린재나무, 벚나무, 모감주나무, 무환자나무, 참빗살나무, 곰의말채나무, 물푸레나무, 굴참나무, 털야광나무, 쪽동백나무, 음나무, 느릅나무, 윤노리나무, 합다리나무, 갈참나무, 굴참나무, 잣나무 등의 자생나무나 은행나무, 리기다소나무, 회화나무, 버드나무, 푸조나무, 미루나무, 네군도단풍, 아까시나무 같은 외래수목 등이 나타나지만 마을숲을 이루는 대부분의 수종은 우리나라가 원산지이며 숲과 인접한 지역에서 생장하던 것이나 외래 수종이더라도 그 지역의 기후 풍토 등에 순치된 수목이 대부분이다.

이중 서낭나무로는 소나무, 느티나무, 참나무, 음나무, 팽나무 등이 대부분이나 동강지역은 음나무가 당연히 많고 다음으로 참나무류와 소나무 순이다.

소나무는 풍치수이자 뛰어난 공원수로서 솔잎이 사시사철 푸르고 줄기가 웅장하며 노출된 그루터기가 아름다운 나무이다. 특히 소나무는 생태적으로 극양수로서 군식했을 경우 타수종보다 생장력이 뛰어나 현재까지도 소나무숲이 그대로 남아 있게 된 것이다. 더욱이 소나무는 척박지에서도 생존이 가능해 사람들의 이용으로 지표가 파괴된 나지에서도 잘 견디는 수종이다. 그러나 야생에서는 활엽수와의 경쟁에 밀려 자연 도태되기도 하는 수종이다. 그래서 야생 소나무는 산꼭대기에서만 군집하는 경향이 많다. 야산에 군식할 경우 한국 야산의 부드러운 스카이라인과 조화를 잘 이루어 아름다운 선을 연출하고 있다. 또, 마을 주

(사진 2) 신목이 음나무인 서낭당(정선 덕천리 아랫서낭당)

민의 정성스런 보살핌 속에 잘 가꾸어진 숲을 마을주변에서 볼 수 있고 당산목으로 인기가 제일이다.

느티나무는 우리나라 곳곳에 흔하게 분포하는 매우 오래 사는 나무로서 가지퍼짐이 풍성해 그늘을 제공하고 수관이 알맞는 높이로 넓게 형성되는 특징을 갖고 있다. 주로 토착신앙적인 의미를 갖는 당목이나 당산목 등의 마을숲에 많이 나타나고 있다. 정자나무로 정겨운 시골 모습의 전형으로 마을 주민과 친근하게 공존하고 있다.

참나무류는 목재용으로 많이 쓰이며, 공원과 마을숲을 만드는 데도 이용된다. 일년 내내 참나무 특유의 변화로 우리에게 즐거움을 선사해

준다. 봄에는 연둣빛 새순이 고우며, 여름에는 시원한 그늘이 생기고, 가을에는 단풍과 열매를 맺어 "옛날부터 도토리나무는 들판을 내다보고 열매를 맺는다"는 구황식물로 환영받아 왔으며 별미식품으로 인기가 높다. 어느 곳에서나 잘 성장한다.

음나무는 가시가 무섭게 나 엄하게 보이고, 발음하기가 쉬워 엄나무라고도 부르며 정자목으로도 많이 사용되는 나무로서 잎자루는 길고 잎은 손바닥 같이 생기고 가지에 가시가 많으며 칠팔월에 개화하는 나무이다. 이 나무는 가시가 많은 것이 특징이지만 시간이 지나 나이가 들면 가시가 거의 없어진다. 젊은 시절에는 자신의 몸에 있는 가시로 그 위엄을 뽐내지만 수십 년을 흘러 풍상을 겪은 뒤에는 원만한 기품으로 당당한 모습을 자랑한다. 어린 새싹은 아주 맛이 있어 보호받지 않으면 생명이 위태로울 것이다. 산짐승 먹이, 산나물꾼들에게 남벌되어 쓰러진 나무를 우리는 산에서 흔히 보아왔다. 열매는 새들이 좋아하여 그들의 먹이가 되어 소화기관을 거쳐야 번식을 하게 된다. 특히 동강 변에서 신목으로 많이 선택되었음을 발견할 수 있다.

성황림의 쇠퇴

이렇게 주민과 같이 마을과 주민을 지킨 마을 숲이 망그러져 서낭당이 없어지기는 한민족의 압박시기인 일제시대와 민족의 대시련기인 한국전쟁 혼란기, 새로운 정신과 물질문화를 지향한 새마을운동 기간이라 할 수 있다. 이중에서도 일제치하에서 가장 많이 소실되었는데 일제가 태평양전쟁 중에 전쟁물자 수급을 위해 전국의 숲을 벌목하고 마을의 당제나 동제가 그들의 식민정책에 커다란 불안 요소로 작용하자 발원지인 마을숲을 제거함에 숲과 함께 서낭당이 사라졌다. 다음으로 한국전쟁은 군주둔지나 군사적 목적으로 무참하게 숲이 망그러졌고 끝으로 새마을운동은 농촌 마을에 새로운 도로를 건설하며 이때 마을 어귀의 숲길을 가로질러 도로를 건설함으로 마을숲이 없어지고 미신타파라는 명목으로 마을 서낭당의 전국적인 철거 작업이 행하여졌다. 이로 인하여 그나마 조금 남아 있던 숲의 당산목인 신목이 제거되어 숲이 없어지면서 아름다운 풍속과 단합·화해의 마당인 동네의 두레나 동제마저 사라져갔다. 최근에는 생활이 조금 넉넉해지면서 숲 주변에 음식점, 상가, 유원지가 생기면서 숲이 파괴되고 도로개설과 하천제방공사 등으로 숲이 망그러지고, 얼마 안남은 마을의 공동소유로 보호되어 온 숲조차 점차 개인소유화 되면서 다른 목적으로 소멸되어 보기 힘들게 되었다.

최근에 존재하는 성황림마저 과보호와 환경보존차원에서 숲을 보호하는 명목 아래 둘러쳐진 철책 등으로 변화를 가져와 주민과 접촉이 쉽지 않게 되었으나 동강 주변에서는 외지와 두절된 상태에서 외롭게 살아와 아직도 민중 가까이 있고 주민과 밀접하게 연결되어 있다. 동강의 4개 통로로 접근하면 마을입구나 끝부분, 또는 마을이 번성하여 마을 중심부에 크거나 적은 숲으로 남아있거나, 나무 한두 그루 밑에서도 아담한 당집을 많이 발견할 수 있다.

동강의 서쪽창구 기화리 성황숲

정선 기화리 윗서낭숲

우리가 보통 영월 동강이라고 말하고 있으나 동강은 정선에서 평창을 거쳐 영월로 흘러들고 있다. 그중 제일 쉬운 접근로가 영월이며 동강으로 들어가는 대부분의 사람은 영월 섭새로 몰리고 타지역으로 들어온 사람도 거의 이곳으로 빠져 나오기 때문에 사람들은 영월 동강이라고 생각하고 있다. 그 네 통로 중 동강의 중간 허리이며 서울에서 제일 쉽게 접근하는 평창지역의 진탄나루.

이 지역 입구 기화리는 평창군 미탄면소재지인 창리에서 42번 국도로 정선을 향하다가

수화계곡, 기화분교장 안내판을 보고 우회전하여 창리천 물길을 따라 다리를 3개 건너면 비지정관광지 매표소가 있고 바로 뒤로 자연동굴 터널을 지나야 한다. 무주의 나제통문을 생각하면 될 것이다. 여기부터는 한차선의 좁은 도로가 시작되며 다시 다리를 하나 건너면서 길 따라 소나무, 아까시나무로 어우러진 정이 흠뻑가는 길의 연속이다. 건천과 물길이 번갈아 나오지만 계속 쫒아 내려 가면 물이 넉넉하게 고인 풍성한 내가 나오면서 개울 건너로 돌 징검다리가 껑충거리며 물소리가 요란한 곳이 기화리이다. 용소골에서 물이 쏟아져 내려오는 합수지점이다. 이는 근처 양어장에서 넘쳐 쏟아져 들어오는 물소리로, 이 물길이 창리천과 합류하는 합수머리 좌측으로 물길을 따라 냇가에 바싹 붙어 성황림을 이루고 있다. 맨땅으로 바닥이 드러난 숲은 주민들의 휴식처인 양 평상이 깔려있기도 하다.

(사진 3) 성황당은 대부분 위패만 모셔져 있으나 기화리 윗서당은 여신상을 모셔놓고, 성황숲은 항상 열려 마을 휴식처이다.

　신목은 몇 백년 된 거대한 물푸레나무로 신당이 이 나무 뿌리 위에 다소곳이 앉아 있다. 나무허리에 돌을 끼워 나무 시집 보내기를 한 것으로 보아 여사당임이 분명하며 당집 안에는 머리가 희고 염주에 지팡이를 든 얼굴이 뽀얀 여인상이 모셔져 있다. 배후는 두 여인이 양쪽으로 시립해 있고 앞에는 맹호가 지키고 있다. 이 신상 옆 좌측으로 城皇神位(성황신위)라고 길이로 나무에 먹글씨를 쓴 위패가 모셔져 있다. 단위에는 자기로 만들어진 촛대와 제기가 놓여 있다. 성황림은 개울가로 고로쇠나무가 세 그루, 뒤로 신목인 물푸레가 거창하고 느릅나무, 개오동나무, 매체나무, 횡계(팽갱)나무가 어우러져 있다. 이 서낭당은 1970년대 새마을 사업으로 헐렸으나 장대같은 동네 젊은이가 세 명씩이나 횡사하여 이에 놀란 마을 노인들이 의논하여 다시 지었다고 한다.

　신당은 동북방향으로 창리천을 내려다보고 있으나 예전에는 그 옆자리에 동향으로 자리를 잡고 앉았었다고 한다.
 당집은 함석으로 벽을 두르고 슬레이트로 지붕을 얹었다. 맨 흙바닥에 안쪽으로 두 쪽의 문이 있고 열쇠로 잠겨져 있으며 마을 이화중(73)옹이 관리하여 열쇠로 문을 열어야 신당의 여신을 배알(拜謁)할 수 있다. 길에서 개천 건너로 신당이 들여다보인다.
 장마에는 비 피해 가는 대피소 구실을 할 수 있을 만큼 친숙하며 지금은 성황림이 놀이터처럼 되어 간이화장실까지 설치하고 바로 신당 옆으로 평상이 들어섰다. 바로 발밑 개울가에는 생각 없는 피서객의 고기 굽는 냄새가 진동하여 눈살을 찌푸리게 하지만 그래도 성황림 속에 서낭신과 함께 즐거운 놀이를 하고 있음이리라. 가을철 서리 내릴 때 10월 초면 단풍이 아주 장관을 이루어 더 좋다고 마을 주민 이병우(46) 씨가 친절하게 말해 준다.

기화리 아랫서낭

 아랫서낭은 윗서낭에서 내를 끼고 동강을 향해 더 내려가면 소나무 숲이 산에서 창리천으로 들이미는데, 마을 길이 생기면서 숲이 동강난 바로 이 벼랑 위 숲 속에 있다. 당집은 동네 제일 어른인 김용구(76) 옹이 관리하며, 문을 열고 들어가면 나무판으로 만들고 먹글씨로 내려쓴 城皇之位(성황지위) 위패가 모셔지고, 우측에 정성스레 길이로 곱게 접은 흰 한지와 좌측으로도 한지와 아직도 하얀 실타래가 걸려 있다. 밑으로는 촛대와 향로가 가지런하다. 안쪽 함석벽에는 먹글씨로 찬조금을 낸 명단과 금액을 김 노인이 기록해 놓았다고 확인

(사진 4) 마을 주민과 함께 하는 성황림. 물가 가까이에 있으며 평상까지 준비되어 있다.(평창 기화리 윗서낭)

시켜 준다. 신목으로는 소나무라 하지만 가까이는 어린 나무가 키워지고 금줄이 쳐져 있다. 성황숲은 거대한 소나무가 군락을 이루어 길게 띠처럼 이어져 산으로 올라붙었으나 동강을 향한 남쪽으로는 절개지로 만들어져 밑에 밭을 일구어 양배추가 한참 모양 좋게 자라고 있다.
 이 큰 소나무 숲에 아직 어린 참나무(졸참2, 갈참1)에 금줄을 쳐 외래 침입을 막고 뒤로는 60, 70년 된 잘생겨 미끈한 붉은 소나무 집단이 옹위하고 있어 마을 입구의 찬 강바람을 막아 동네를 지켜주는 고마운 성황숲이다. 이 역시 새마을 사업에 사라졌던 당집을 김용구 옹과 윗마을 이화중 옹 등 원로들이 동네 젊은이의 반대를 물리치고 당시 낙엽송을 조림하던 김 옹이 목재를 내서 지었다고 한다. 동네는 24가구가 살고 서낭 기금도 400만원에 넉넉한 마을 숲이라고 한다. 이제 젊은 관리인을 찾고 있다.

진탄리 서낭나무

 동강의 서쪽 통로인 앞에서와 같이 평창의 미탄에서 동강쪽으로 진입, 기화천이라고도 하

(사진 5) 소나무로 이루어진 성황림, 새마을 도로건설로 숲이 잘려나가 멀리 마을이 들여다 보인다.(평창 기화리 아랫서낭숲)

소리를 들으며 마을을 지켜주고 있다. 당집은 없지만 서낭제는 마을 주민이 정월 음력 14일에 생일을 따져 부정이 없는 사람이 제주가 되어 왔으나 지금은 6가구 주민이 마음과 몸을 정결하게 하여 돌림으로 한다고 한다. 엄나무가 커 어디서나 잘 보이고 가을의 노란 단풍은 더욱 성황림을 돋보이게 한다.

는 창리천을 따라 기화리·마하리를 지나 이윽고 진탄의 동강에서 합류하게 된다. 이 합수점에서 동강을 건너는 진탄나루를 철선인 줄배로 직접 건너야 한다. 비탈길을 올라 이 배 주인이기도 한 동네에서 제일 크게 축산을 하는 유한기(57) 댁에 이르자 동강이 넓게 펼쳐져 보인다. 유씨의 말로 하류쪽 동네어귀 여울가에 서낭림이 있다고 한다. 강을 내려다보며 산 기슭 길을 옆으로 길게 10여분 걸어 하류쪽으로 가다 보면 좌측으로 아주 높게 큰 고목의 검은 숲이 눈에 바로 들어온다. 옥수수 밭을 지나 산쪽으로 들어가면 맨 먼저 산뽕나무가 맞이하며 한기를 느끼는 숲에 거창하고 나이가 많아 이미 한 가지는 썩어 죽어 가고 가슴에는 수많은 버섯이 돋고 이끼를 뒤집어썼으나 그래도 건장한 모습의 엄나무가 굳굳하게 서 있다. 바로 나무 밑으로 단을 쌓고 감실을 만들어 그 안에 흰 한지를 걸어 놓았다. 산쪽에 바로 붙어 있어 산신당을 겸하고 있지 않은가 한다. 동강의 여울가에서 동네 안으로 들어가려면 돌로 높지 않은 담이 마치 성벽을 쌓듯이 산과 강으로 연결되어 있고 오로지 통로가 중앙에 한 곳만이 열려 있다. 이 길목을 먼발치의 물

동강의 관문 문산리 성황림

영월 문산리 무내리 성황숲

동강변에서 최대의 인파가 몰리는 영월쪽 통로인 거운리 섭새는 영월에서 동강을 따라 올라가면 아스팔트 포장도로가 끝나는 지점이다. 동강 탐방객이 모두 집결되는 인파로 뒤범벅을 이루어 혼잡을 이루는 섭새. 이곳에서 거운교를 건너면 거운리 봉래초등학교 거운분교, 앞의 흙탕길이 최근 동강으로 찾아드는 인파로 서둘러 아스팔트 포장을 하여 겨우 차 한대가 갈 수 있는 좁은 길이다. 4.3미터를 꼬불대고 푸른 산길을 씨근덕대고 올라 서면 절은재, 다시 3.4미터를 내려가면 문산나루이다. 고갯길만 시오리를 넘는 오지였다.

문산리는 동강을 중심으로 양안에 귀틀을 틀고 있어 이 마을도 기화리에서와 같이 성황당이 두 곳에 있다.

그중 문산리로 넘어 들어가면서 먼저 만나는 무내리 성황당은, 동강에서 절은재를 향해 1킬로미터쯤 마을로 들어가면 밑으로 담배건조막이 있고 산을 향해 우측으로 꺾어 조금만 가면 끝에 엄정옥 씨 집이 아담하다. 서낭당 같은

아담한 목조건물을 눈여겨보며 고추밭을 지나 밭끝 산자락에는 마을 주민들이 매차나무라 말하는 고목을 비껴 돌축대를 올라선다. 이때 거창한 떡갈나무를 신목으로 하여 벽돌로 쌓아 벽을 치고 슬레이트 지붕 얹은 한 평 남짓한 집이 있다. 내부는 블록단을 쌓은 단 위에 한지를 깔고 뒷벽에 흰 한지를 한장 붙이고 그 앞에 城隍神之位(성황신지위) 나무위패가 모셔져 있다. 바닥은 비닐을 깔고 그 위에 붉은 대추가 여러개 흩어져 있으며 접시 그릇에 흙을 담아 향로로 쓰고 단위 좌우로 촛대가 놓여 있다.

거대한 떡갈나무 신목에는 왕벌과 나비가 시원한 그늘 속에 여름더위를 피하고 겨우살이가 여러 그루 붙어 서식하며 전에도 그 영향을 받은 듯 스트레스를 받아 여러 곳에 큰 혹이 불그러져 근육질이 돋보인다. 당산목 주위에는 졸참나무, 갈참나무가 있다. 밭머리에 제일 나이가 많아 보이는 이곳에서 매차나무라고 불리워지기도 하는 말채나무과의 늙은 고목이 가슴 밑으로 구멍이 뻥 뚫려 있으며 이 나무가 성황숲 문지기 노릇을 하고 있다. 그 고목 밑을 지나 소나무와 상수리나무 사이로 올라 당집에 이른다. 말채나무 밑쪽으로 개복숭아 나무가 열매를 매달고 한 단 밑으로 넓게 잔디를 심고 은행나무와 잣나무가 새로 심어져 있다. 성황숲은 산으로 연결되어 푸르게 숲을 이루고 있는데 검게 푸른 참나무가 거창하여 동네 어디에서고 눈에 잘 들어온다.

성황제는 원래 정월로 하루에 세 번 제를 올렸으나 7년 전부터 정월 대보름 저녁 7시에 한다. 비용은 성황계가 있어 기금으로 마련된 돈과 성황당에 딸린 토지 300평의 소작료로 한다. 특이한 것은 서낭이 素(소)서낭이라 제주가 잔을 올리지 않는다고 한다.

문산리 그무 성황숲

문산나루 이곳을 건너려면 우리 시골 노인같이 소탈하고 넉넉한 이 지역의 터줏대감인 이병현(71) 옹과 유난히 머리숱이 많고 머리가 하얀 자상한 부인 최옥란(71) 뱀띠 동갑내기 부부가 번갈아 줄배로 건너줘 마을에 이르면 그무라는 마을이다. 그무라는 말은 젊은이들이 쓰는 이름이고 원래는 금이(비단錦 옷衣)이라 불러왔다고 한다.

마을길을 들어서면 구멍가게가 있고 다시 마을 앞길을 가로질러 도라지꽃 길을 지나 문산분교 운동장을 휘돌아 그곳에서 복숭아밭을 끼고 다시 돌아 서서히 언덕을 오르면 우측으로 무성한 옥수수밭이 가로막고 강쪽으로 성황림이 길게 강따라 숲을 이루고 있다. 옥수수밭을 헤집고 들어가면 해맑은 원추리가 맞는다. 나무판으로 건물을 짓고 슬레이트로 지붕을 얹었으며 신목으로는 거대한 소나무 다섯 그루가 줄줄이 서있고 큰 밤나무 한 그루가 있다. 성황당 문설주에는 丁未陰八月十日建(정미 음팔월십일건)이라고 쓰여 30여 년 전에 건립되었다고 한다. 성황제는 매년 섣달 그믐(음 12월 30일)에 지낸다고 한다.

문을 열면 맞은편에 단을 만들고 그 위에 한지를 깔고 두 개의 신위가 모셔져 있다. 守符神(수부신)과 城隍神位(성황신위)라고 세로로 썼으며 밑으로 향로 1개, 우측에 초 1개가 놓여 있다. 어린 밤나무와 큰 밤나무를 연결하여 신목인 소나무로 다시 참나무, 어린 소나무를 금줄로 막아 주위 부정을 막고 있다. 이 숲에도 음나무가 강쪽으로 건강하게 자라고 마을쪽으로 큰 소나무 다섯 그루와 하나가 더 있으며 강쪽으로는 소나무, 음나무, 밤나무 숲이며 동강을 내려다보는 언덕 위에 있다. 금줄 통로 입구에는 어린 옻나무가 자라고 있다. 가을이 되어 추수가 끝나면 길에서도 신목인 소나무 밑으로 성황당이 정갈하고 아름답게 보인다. 마을 입구 강을 따라 성황림은 겨울의 찬 강바람을 막고 음습함을 막았으며 그 긴 숲 끝으로 인간이 마지막으로 가는 꽃가마를 보관하는 당집이 성황숲 속에 같이 있기도 하다. 우뚝 선 소나무 군락이 푸르름을 더하고 있다.

신동 덕천리 서낭숲

덕천리 윗서낭

덕천리는 동강의 서쪽 입구인 정선 신동에서 높은 재로 넘어 들어가면서 강원도 깊은 산골의 진미를 맛볼 수 있다. 유일한 통로인 고성터널 위로 새로 난 길을 힘겹게 넘어 내려 동강을 향해 거의 다 내려가다 좌측으로 연포분교장이란 표지판을 따라 차 한 대가 간신히 빠져나가는 좁은 시멘트길을 꼬불대고 한참 들어가면 마을 버스 종점이 동네 가운데 있다. 이 길을 더 따라 실타래처럼 늘어진 물레재를 넘으면 소사마을이다.

이 버스정류장에서 바로 산쪽으로 고추밭이 비탈로 바싹 붙어 있고 이 밭을 따라 소나무 숲을 이루고 있으며 밭가의 서낭당 입구는 주위를 정화시켜 주는 양 독특한 냄새를 풍기는 산초나무와 소나무 사이로 들어간다. 슬레이트로 벽을 쳐서 만들고 지붕을 슬레이트로 얹은 당집이다. 문 없는 안에는 城隍神(성황신)이라고 신주가 합판으로 만든 단 위에 모셔지고 신위 좌측으로 흰 한지와 실타래가 걸려 있고 우측으로는 초와 촛봉지가 여러 자루 쌓여 있다. 바닥은 흙으로 정갈하다. 서낭당 앞으로는 양

(사진 6) 참나무 숲 속에 정갈하게 보존된 정선 가수리 가탄마을 서낭당

(사진 7) 성황당에 모셔진 위패와 현대화한 재물이 이색적이다.(영월 삼옥리 목골 서낭당)

쪽으로 갈라진 신갈나무가 있고, 또 우측 신갈나무 뒤로 엄나무가 성장하고 있으며 주변으로 큰 소나무가 세 그루에 중키의 15여 그루의 소나무가 옹위하고 마을쪽으로 벚나무와 또 그 아랫쪽으로 소나무 군락을 이루고 있다. 당집 주변은 돌너와로 축대를 앞에 조성한 것으로 보아 과거의 영화를 엿볼 수 있다. 현재의 당

집은 15년 전에 한 주민이 때려 부쉈다가 5년 전에 새로 만들어 아직도 쓰고 남은 슬레이트 일곱 장이 소나무 밑에 쌓여 있다. 당제는 1998년 1월 14일에 성황당 가까이 사는 이용균 씨가 맡아 했다고 한다.

덕천리 아랫서낭숲

윗서낭당에서 동강으로 넘어가는 연포분교 길을 계속 따라 물레의 실타래처럼 길고 밋밋하게 뻗어난 길을 올라가면 산마루에 이른다. 재를 살짝 넘어 길 양옆으로 거대한 소나무가 숲을 이뤄 울창하다.

숲 우측으로 길보다 좀 높게 단처럼 이루고 거대한 음나무를 신목으로 하고 바로 뒤쪽으로 졸참나무가, 우측으로 중년의 음나무와 소나무, 좌편으로는 층층나무 그 옆으로 또 음나무가 있다. 작은 음나무는 신목의 자목(자식나무)인 듯 하다. 길 맞은편 밑으로 마차 길처럼 은은한 풀길이 열리고 그 양옆으로 거목의 소나무 열두 그루가 숲을 이루고 그 주변으로 그보다 조금 젊은 소나무가 군락을 형성하여 산마루에 소나무 바람이 유난히 시원하기까지 하다. 이용균 씨 말로는 이 당집도 윗서낭당과 같은 사람이 헐어 냈었다고 하며 주위에 큰 구렁이가 있었다고 한다.

당집은 함석으로 짓고 지붕마저 함석, 두 쪽의 함석문은 우측은 고정시켜 놓았고 좌측은 항상 열려 있다. 당집 안은 두 개의 긴 장대로 가로단을 이루고 한가운데 널판을 놓고 그 위에 동전과 빈 컵이 놓여 있고 우측 구석으로 자연석이 올려져 있으며 밑바닥에는 납작하고 큼직한 돌이 놓여 있다.

단상 위로 줄이 드리워져 있고 우측에 흰 한지와 좌측에도 한지가 걸려 있다. 바닥은 맨 흙바닥이며 비를 피해갈 수 있는 민초들의 쉼터이기도 한 듯 많은 사람이 드나들어 바닥에는 술병이 흩어져 있기도 하다. 산길을 지켜주는 소나무 숲 속의 신목인 음나무가 돋보인다.

정선 가수리 가탄마을 성황숲

동강의 북쪽 출입구이며 동강의 최상류에 있는 가수리는 정선 미탄에서 서쪽으로 42번 국도를 따라 비행기재를 터널로 넘어 내려가면 광하리이다. 이곳의 광하교 밑으로 정선에서 흘러드는 조양강 물길을 따라 곳곳에 파손되어 연결이 끊어지기도 한 시멘트로 포장된 거친 길을 따라 강과 벼랑을 맞이하며 그림같이 아름다운 강변의 솔밭을 지나 내려가면 동강의 최상류인 가수리이다. 이곳에서 조양강과 서쪽에서 흘러드는 동남천이 합치면서 비로소 동강이라 불리워지기 시작한다.

가수리는 7백년 된 느티나무가 당산목인 정자나무가 있는 아름다운 마을로 동강 12경의 제1경으로 등장할 정도이다. 가탄마을은 직선으로 강따라 내려가다 포장길이 끝나고 비포장 길이 시작되면서 만난다. 이 마을의 마을숲은 강가에 바로 붙어 있으며 도로변에 바싹 붙어 있음은 숲을 잘라 도로를 냈음이리라.

서낭당은 여신을 모시고 있어 당집이 정갈하고 깔끔하다. 문짝과 사방의 기둥에 두 개씩 주련을 한지에 써 붙여 놓았으며 처마 밑에 현판까지 三隍詞(삼황사)라고 흰 한지에 횡으로 써 붙여 범상치 않은 당집임이 분명하다. 노끈으로 문고리를 맨 것을 풀고 문을 열면 흰 한지로 내부를 깨끗이 바르고 신 모시는 자리는 닫집처럼 감실을 만들고 역시 흰 한지를 깔끔하게 발라 이곳 주인의 성격을 잘 나타내고 있다. 흰 감실 안에 城隍之神位(성황지신위)라고 모셔져있다. 당집은 나무널판으로 벽을 치고 문을 정성스레 짰으며 측면은 함석으로 외벽을 치고 지붕 역시 함석을 올렸다.

성황림은 갈참나무, 물푸레, 벚나무, 단풍나무 등으로 이루고 신목은 거대한 떡갈나무로 주변이 금줄로 쳐져 있다. 동네쪽으로 고추밭이 있고 이 밭끝으로 금줄이 열려 있으며 당집은 가탄마을과 여울을 내려다보고 있다. 예전에 지붕으로 썼던 것 같은 돌너와가 주변에 흩어져 있으며 동강의 여울물 소리가 요란하다. 당집은 도로에서 자연석으로 이루어진 이끼 낀 돌길을 올라, 거대한 갈참나무류들 사이로 오르는 고추밭까지 숲길이며 고추밭머리를 따라 좌측으로 올라가면 숲이 열리며 당집이 올려다 보인다.

당집 기둥마다 많은 문구가 적혀 있다.

문짝 우측에는 明見萬里(명견만리) 좌편에는 鎭定一洞(진정일동). 서낭신의 위력으로 마을의 안녕을 갈구하는 글이며, 좌측 기둥에는 和氣自生君子宅(화기자생군자택) 밖 측면에는 靑光先到吉人家(청광선도길인가), 우측기둥에는 去滿乾坤福滿家(거만건곤복만가) 측면에 多增歲月人增者(다증세월인증자) 모든 가정에 만복이 넘치라는 좋은 글귀들이 주련처럼 붙어 있다.

위의 글은 동강에 영월댐이 들어서 수몰될 예정지 안에서도 도로 가까이 있는 마을을 조사한 것이다. 이 외에도 많은 마을숲(성황림)이 파괴되고 수장될 위기에 처해 있다.

성황림과 서낭당을 건드러 나라에 동티가 나지 않을 까 걱정을 해보기도 한다.

* * *

동강의 마을과 마을숲, 성황림은 주민과 함께 동강변에 있어야 한다. 이들은 선사시대부터 계속 살아왔기에 그들의 삶은 그곳에 살 권리가 있으며 계속 삶이 보장되어야 한다. 그리고 동강은 여전히 흘러야 한다.

참고문헌

김태곤, 「한국민간신앙연구」, 1983, 집문당
김학범·장독수, 「마을 숲」1994, 열화당
이두현, 「한국민속학논고」, 1988, 학연사
이종철외, 「서낭당」, 1994, 대원사
임경빈, 「나무백과」 1~5, 일지사
장주근, 「한국의 향토신앙」, 1998, 을유문화사
전영우, 「숲과 한국문화」, 1999, 수문출판사
최상수, 「산대·선황신제 가면극의 연구」, 1985, 성문각
최승구, 「강원문화논총」, 1989, 강원대출판사
김재일, '동강의 서낭당', 1999, 〈함께사는 길〉 7월호
장철수, '영월댐 수몰지역의 민속조사', 1998, 민속박물관

이수용은 서울생으로 건국대학교 상과를 졸업하고 산과 자연 그리고 우리 것을 사랑하여 이에 관한 책을 만들며 문화운동을 벌이고 있다. 수문출판사를 1988년에 창립하여 출판을 천직으로 일하며 우이령보존회 부회장직을 맡아 자연보존운동과 자연교육에 최선을 다하고 동강 영월댐 건설 저지운동에 적극 앞장서고 있다. 한국산서회, 테마클럽 창립회원이기도 하다.

주술적 의미로 조명해 본 일본의 나무와 숲

김 상 윤

들어가며

흔히 우리는 나무와 숲의 혜택을 이야기할 때 '아낌없이 주는 나무'라고들 이야기를 한다. 그만큼 나무가 우리 인간에게 베푸는 혜택은 일일이 열거할 수 없을 정도로 다양하며, 그 고마움을 단적으로 나타내 주는 좋은 표현이라 생각된다.

그럼에도 불구하고 숲이 우리 인간에게 주는 많은 문화적 가치들을 일상 생활 속에서 제대로 인식하고 살아가는 사람들은 그리 많지 않은 것 같다. 더구나 나무와 숲이 종교와도 깊은 관련을 맺고 있다는 사실은 대부분의 일반인에게 다소 생경(生硬)스러운 일이라 생각된다.

예로부터 동서양을 막론하고 나무와 숲은 역사와 문화 속에서 사람들을 서로 결속시켜 주는 자연적인 가교(架橋) 역할을 하여 왔고, 이와 더불어 주술적인 신앙의 대상으로 혹은 무속적인 신앙을 하기 위한 장소로서 사용되는 등 많은 종교적인 의미를 부여하여 왔다. 특히 동양 사회1)에 있어서는 나무와 숲이 그 지역의 마을 주민들에게 특별한 주술적인 의미를 갖는 경우가 많았다. 예를 들어 마을 어귀에 심어 마을 전체의 안녕을 기원하며 신령스러운 나무로 모시던 당산나무(혹은 당산숲)나 서낭나무가 그러했고, 천하대장군과 지하여장군과 같은 마을 장승이 그러했다. 이러한 나무와 숲들은 결국 그 마을과 마을 사람들이 크고 작은 어려움에 처했을 때 이를 지켜주는 정신적 지주가 되기도 하였다는 점을 우리는 부인(否認)할 수 없을 것이다.

일본에서도 마을을 지키는 신(神)을 '친쥬신(鎭守神)'이라 칭하고 그 마을의 수호신을 모신 숲을 '친쥬의 숲(鎭守の森)'으로 부르고 있다.

오늘날에 와서도 많은 사찰 주변에는 사찰림(寺刹林)이 조성되어 있고 유교적 공간이라 할 수 있는 서원(書院)들 주변에도 어김없이 숲이 에워싸고 있음을 알 수 있다.

본 고(稿)에서는 일본의 나무와 숲이 역사와 문화 속에서 종교적으로 어떠한 역할을 해왔으며, 주술적으로는 어떠한 의미를 가지고

---

1) 당산나무는 마을을 지키는 수호신이 거주하고 숲의 신령이 깃든 나무를 말하고, 서낭나무는 '신이 내린 나무', '신지핌나무' 또는 '신령스러운 나무'를 일컫는다. 당산나무와 서낭나무는 마을과 마을 사이의 경계에 자리잡고서 액이나 살, 잡귀의 침입을 막는 마을의 신주(神主)로서 주민들의 숭상을 받아왔다.(전영우, 1999)

있었는지를 간단히 조명해 보고자 한다.

주술적 의미로 본 일본의 신도

그렇다면 일본에서는 과거로부터 지금까지 어떠한 관점에서 숲을 주술적 의미로 여겨왔는지를 고찰해 보기로 하자.

일본의 여러 종교 가운데 특히 신도(神道)와 불교는 나무와 숲을 바탕으로 한 전통적인 신앙으로 세간에 알려져 있다.

흔히 우리는 성스러운 장소나 신령스러운 장소들 주변에는 반드시 오래된 아름드리 거목(巨木)과 함께 울창한 숲이 조성되어 있는 것을 쉽게 발견할 수 있게 된다. 마찬가지로 일본의 경우에 있어서도 주술적인 신(神)을 모시는 신사(神社)들 주위에는 반드시 신령스럽고 울창한 숲이 조성되어 있다. 하지만 불교의 사찰인 경우에는 이러한 숲이 없는 곳도 더러 있다고 한다.

일본에서는 농경시대인 야요이(弥生)시대[2] 부터 숲을 벌채하여 경작지로 이용하기 시작하였다. 하지만 이때 무분별한 숲의 벌채를 금지하였던 곳이 바로 '신사의 숲(神社の森)'이었다고 한다. 이러한 역사적 배경에는 조몬(縄文)시대[3] 부터 형성되어 온 일본인의 전통적인 무속 신앙에서 비롯된 것으로 볼 수 있다. 우리나라도 조선시대 때 무분별한 소나무 벌채를 막기 위해 송금(松禁)정책을 실시한 바 있으며, 이를 위해 일부 소나무 숲을 금산(禁山)과 봉산(封山)으로 지정하였던 사례를 생각할 수 있을 것이다.

---

2) 야요이식 토기의 사용으로 특정지을 수 있는 기원전 2, 3세기경부터 기원후 2, 3세기에 걸쳐 금속과 석기를 함께 사용한 농경문화를 가리킴.
3) 일본에서 야요이시대 이전에 주로 새끼줄무늬 토기를 사용하던 선사 시대로 다음 사이트 (http://www.wnn.or.jp/wnn-history/jomon)에서 보다 구체적인 자료를 구할 수 있음.

다시 말해 야요이시대의 개막은 곧 일본에 있어 대규모의 숲 파괴를 불러오기 시작한 시기였다고 볼 수 있다. 경작지와 취락지의 수요 확대로 평야 주변의 숲은 계속적으로 훼손되어 갔으며, 그 결과 이제까지 조몬인(縄文人)의 인식과 의식 속에 내재되어 있던 숲에 대한 가치관, 즉 나무와 숲에 대한 신격화와 숭배 의식을 차츰 잃어가게 된 것으로 해석할 수 있을 것이다.

일본 문화와 종교의 원류를 찾으려면 지금까지도 일본 고유의 전통적인 문화를 가장 많이 수용하고 있는 오키나와(沖縄)와 홋카이도(北海道) 아이누(アイヌ)족 사람들의 문화와 종교를 살펴봄으로써 가능하리라고 본다. 예를 들어 조몬시대 토기의 문양(紋樣)들은 나무가 지니고 있는 정기(精氣)를 표현하고자 한 하나의 주술적 의미를 담고 있었다고 한다. 이는 나무의 정기가 곧 강인한 생명력과 변함없는 영속성(永續性)을 상징하기 때문일 것으로 추론할 수 있을 것이다.

전영우는 나무의 영속성을 달리 '우주의 리듬'으로도 표현하고 있다. 여기서 우주의 리듬이란 태양계의 순환주기에 따라 시간과 절기가 주기적으로 이어지는 현상을 말하는데, 우리 조상들이 수백년 동안 끊임없이 변하는 나무의 속성을 태양이나 달이 우리에게 보여주는 신비로운 리듬으로 비유하고 있는 것이다.

또한 일반적으로 아이누족 사람들은 곰이 죽게 되면 그 영(靈)이 하늘로 되돌아간다고 믿었다[4]. 마찬가지로 인간과 동식물, 심지어는 바위조각조차도 생명을 다하게 되면 그 영혼이 하늘로 되돌아가 하나의 신(神)이 된다고 보았다. 이것은 인류가 이제까지 자연을 숭배하며 이어내려 온 토테미즘적인 종교관과도

---

4) 우리 문화에서도 단군신화에 곰에서 여인으로 화한 웅녀(熊女)가 등장하고 있고, 태백산 신단수(神檀樹)에서 태어난 단군(檀君)을 박달나무의 아들로 신격화하고 있음을 엿볼 수 있다(전영우, 1999).

크게 다르지 않다. 아직까지도 홋카이도의 일부 지역에서는 아이누족 사람들이 곰의 혼령을 승천시키기 위해 벌이는 '이오만테(イオマンテ)'라고 부르는 고유의 전통 풍습이 그대로 남아 있다고 한다.

매원(梅原)은 이 같은 일본의 주술적, 무속적 신앙을 뒷받침할 수 있는 사상으로 '평등성'과 '재생(再生)'의 원리를 제시하고 있으며, 이러한 사상은 후술(後述)하는 일본 불교의 기저(基底)를 이루고 있는 밀교(密敎)의 내용과도 유사한 부분을 보인다. 여기서 '평등성'이란 모든 생명체는 누구나 똑같이 평등하고 고귀한 생명의 존엄성과 가치를 지니고 있다고 보는 환경윤리적 관점을 나타낸다.

한편 '재생'이란 삶과 죽음은 영속적인 순환의 고리를 가지고 있다고 보는 관점이다. 이것은 불교에서 말하는 윤회(輪回)사상과도 일맥상통한다고 볼 수 있으며, 자연 생태계가 끊임없는 순환시스템 상에서 늘 움직이고 변화하고 있음을 의미하기도 한다.

이처럼 일본인의 주술적 신앙의 기저(基底)에는 나무와 숲에 대한 숭배가 바탕을 이루고 있으며, 이를 뒷받침할 수 있는 단적인 예로 신도(神道)의 기본 이념이 생명에 대한 존중과 숭배에 있다는 점을 지적할 수 있을 것이다. 본디 '신도'에는 별도로 신전(神殿)이 설치되어 있지는 않았다고 한다. 왜냐하면 나무와 숲 그 자체가 신(神)으로서의 상징적인 역할을 하여왔고, 아름드리 거목에는 어딘가에 반드시 '신'이 내려 있다고 사람들은 믿고 있었기 때문이다. 이는 우리 조상들의 당산나무와 서낭나무에 대한 주술적 의미의 신격화와 크게 다르지 않다고 본다.

주술적 의미로 본 일본의 불교

일본의 불교는 인간중심주의적 종교에서 자연중심주의적인 종교로 조금씩 변화해 가고 있다. 일본에서는 과거에 우리나라에서 건너간 불교를 수용하여 천태본각론(天台本覺論)이라고 하는 독자적인 불교사상을 만들어 냈으며, 이는 일본의 천태종(天台宗)을 만든 最澄의 '산천초목 실개성불'(山川草木 悉皆成仏)이라는 '실유불성(悉有仏性)' 사상의 의미와도 크게 다르지 않을 것이다. 이것은 인간들뿐만 아니라 자연 삼라만상(森羅萬象)은 모두 다 부처의 성품을 가지고 있어 부처가 될 수 있고, 이것은 모든 깨달음의 근본 이치가 됨을 설명하고 있다.

이러한 몇 가지 사례들로부터 생명의 근원적 평등성을 주장하는 일본의 주술적 기층문화(基層文化)의 이념과 원리가 불교의 사상과 내용을 변화시켰다고 볼 수 있다. 따라서 일본의 이러한 불교를 '숲의 종교(森の宗教)'라고 부르기도 하는 것이리라. 이와 같이 '숲의 종교 사상'이란 살아 있는 모든 생명체는 부처가 될 수 있고 생태계의 순환은 끊임없이 지속되기 때문에 자연적 현상을 종교적 의미로도 해석 가능한 것으로 설명될 수 있을 것이다.*(梅原, 1991)

건조한 인도 북부에서 생겨난 불교가 인도 남서부의 습윤지대에 전래되면서 불교에 주술을 이론적으로 접목하여 오늘날의 밀교(密敎)[5]가 성립되었다고 한다. 이러한 밀교가 일본에 전파되어 일본의 산림 풍토 및 산림문화와 어우러져 '진언(眞言)[6] 불교'가 되었고 이것

---

5) 인도불교의 말기에 등장한 밀교는 금강승으로도 불리우며 후기 대중불교를 대표하고 있다. 힌두교와 마찬가지로 상징적인 세계관과 주술의 실천을 근본으로 하여 발전하였으며, 밀교 경전의 특징은 경을 설(說)하는 주체가 석가모니에서 대일여래로 대체되고 법신의 눈에서는 세계의 일체의 현상은 불(仏)의 세계로 보는 것이 특징이다.(http://dharma. dharmanet.net)

6) 밀교에서는 절대진실한 말로 불보살 및 그들의 작용을 나타내는 비밀스런 말이다. 우리말로는 주(呪), 신주(神呪), 밀주(密呪), 밀언(密言)이라고 한다. 불보살의 본서(本誓)를 나타내는 비밀어이고 주(呪), 다라니(陀羅尼)와 같은 의미이다.(http://dharma.

이 오늘날 일본 불교의 주류를 이루고 있다고 한다. 일본에 있어 종교와 주술을 엄밀히 구분하기 어려운 이유가 여기에 있다고도 볼 수 있다(鈴木).

한 가지 재미있는 사실은 일본의 불상(佛像)들이 전부 목조(木彫)로 이루어져 있다고 하는 점이다. 나라(奈良)시대부터 이 같은 목조 불상이 제작되어 일반 대중에게 불교를 전파하는 중요한 하나의 수단이 되었다고 한다. 여기서 다른 금속 재료나 점토가 아닌 나무를 사용한 이유를 잠시 생각해 볼 필요가 있을 것이다. 일본에서는 예로부터 오래된 나무는 영(靈)이 머무르는 곳으로 인식되어 왔기 때문에 나무 그 자체가 신격화되고 상징화되기도 하였다. 이러한 의미에서 불상(佛像)의 신령스러움을 더하기 위해 나무의 주술적인 의미를 불상에 접목시켜 불교의 대중화를 도모하였다고 유추할 수도 있을 것이다.

도쿄(東京) 근교에 위치한 다카오국정공원(高尾國定公園)에는 나라(奈良)시대 때 행기(行基)라는 스님이 세운 것으로 전해오는 사찰이 있다. 이 사찰은 대략 1천2백년을 넘는 역사를 이어 오면서 사찰림으로서 적극적인 보호를 받아 왔다. 현재 이 숲은 '메이지 숲(明治の森)'으로도 지정되어 있으며, 사찰 주변에는 1457년에 이곳에 치요다성(千代田城)을 구축하면서 수호신으로서 세운 신사(神社)가 마련되어 있어 아직도 많은 사람들이 찾고 있다고 한다.*

맺음말 : 현대인에게 주는 나무와 숲의 종교적 가치

지금까지 나무와 숲을 바라보는 일본인들의 주술적 신앙의 의미를 신도(神道)와 불교의 사례를 통해 살펴보았다.

dharmanet.net)
* 高尾山自然保護實行委員會, 1997

일본인들도 예로부터 우리 조상들과 마찬가지로 나무와 숲을 단지 물질적인 대상으로만 보지 않고 신격화한 사실은 우리에게 매우 흥미롭게 받아들여진다. 나무와 숲은 이웃나라 일본의 역사와 문화에 있어서도 주술적 신앙의 한 대상으로서 뿐만 아니라 인간의 삶과 철학의 원류를 제공하고 있음을 살펴볼 수 있었다.

일본의 몇 가지 종교적 사례에서 엿볼 수 있었던 것처럼 나무와 숲은 상징적인 역할을 통해 우주와 인간, 혹은 자연과 인간을 이어주는 구심체적인 역할과 주술적인 의미를 함께 담고 있음을 이해할 수 있다.

나무와 숲에 담겨진 신성한 모습들이 문명의 발달로 우리의 문화와 의식 속에서 차츰 사라져 가고 있다. 현대 사회의 물질만능주의와 자아상실 현상 속에서 나무와 숲은 우리의 영원한 정신적 안식처이자 마음의 고향이라 할 수 있다. 이 때문에 더욱 신령스러운 나무들이나 숲에 대한 가치 부여가 새로운 시각과 관점에서 다시금 조명되어야 할 필요가 있을 것으로 간주된다.

나무와 숲은 일본인의 주술적 사상에서도 다양한 상징적, 종교적 의미로 표출되었던 것처럼 단지 나무와 숲 그 자체로서의 의미에 머무르지 않는다는 사실을 기억해야 할 것이다. 나무와 숲은 우리 조상들의 인식 속에 내재되었던 그 이상의 주술적 의미와 종교적 가치를 담고 있고, 각박한 도심 속에서 현대를 살아가는 우리들의 정신세계에 있어 눈으로는 직접 보이지 않는 그 무언가를 심어주고 있는 것이다.

참고문헌

달마넷(1999). [on-line] available http://dharma.dharmanet.net
전영우. 1999, 「숲과 한국문화」. 수문출판사. 253pp
전영우. 1999. 「나무와 숲이 있었네」. 학고재. 251pp
岩田慶治(1994). 宇宙樹のコスモロジー. 〈佛敎〉 No.28 : 58~68. 東京
鈴木秀夫(1998). 森林の世界觀と自然觀. 〈森林文化硏究〉 19 :

1~11. 東京
高尾山自然保護實行委員會 編(1997).「わたしの高尾山」. (有) アイ企劃. 112pp 東京
梅原 猛(1991).「森の思想が人類を救う」. 小學館. 238pp. 東京
安田喜憲(1997). 「森を守る文明・支配する文明」. PHP新書. 246pp 東京

김상윤은 경희대학교 산림자원학과를 졸업하고 일본 동경대학교에서 '산림레크리에이션 정책의 사회경제학적 연구'로 박사학위를 받았다. 현재 경희대학교에서 '숲과 문화'와 '산림교육론' 등을 강의하고 있으며, 서울대학교 임업과학연구소 특별연구원으로 일하고 있다.

무속신앙에 나타나는 자작나무의
상징적 의미

전 영 우

머리말

　우리 땅에서 자작나무 천연림을 처음 볼 수 있었던 행운은 지난 5월 금강산을 찾았을 때였다. 남쪽의 높은 산에서 가끔 볼 수 있었던 천연생 자작나무는 단목이나 몇 그루 군상으로 자라는 모습이었지만 한 무더기 숲으로 있는 모습을 볼 수 있었던 기회는 망양대 길목이었다. 망양대에 올라서기 위해서 만물상의 철계단을 힘겹게 올라서서 큰 숨을 내어 쉴 때, 내 눈앞에는 순백의 껍질을 지닌 자작나무 숲이 기다리고 있었다. 해발 1천 미터의 사면에 자리잡은 자작나무 숲을 본 순간 짜릿한 전율이 내 전신을 휘감았다. 급경사를 오르면서 가빴던 숨소리는 어느 틈에 가라앉았다. 그리고 눈은 고정되었다. 길섶에 퍼질러 앉아 능선을 덮고 있는 자작나무 숲의 신록을 아껴가면서 천천히 천천히 가슴속에 담았음은 물론이다. 금강산을 함께 찾은 동료들은 바쁜 걸음으로 대부분 그냥 지나쳤지만 자작나무 숲을 보고 나는 그럴 수 없었다.
　자작나무에 유난히 마음이 끌리는 이유를 나는 정확히 모른다. 대학을 진학하기 전까지는 남해안에서 자란 내 출신 배경 때문에 자작나무는 생소한 나무일 수밖에 없었다. 그런데도 자작나무가 오히려 항상 보아왔던 친숙한 나무인 양 어느 틈에 내 가슴속에 자리잡은 것을 생각하면 신기하다. 아마도 내 핏줄 속에는 평원을 달리던 기마민족의 피가 흐르고 있기 때문인지도 모른다. 그런 연유인지는 몰라도 자작나무에 대한 집착이 강하다. 그런 집착은 자작나무 사진집을 모으거나 우리 문화에 자리 잡고 있는 자작나무의 흔적을 기웃거리는 것에서도 찾을 수 있다.
　자작나무를 직접 접하게 된 계기는 대학시절 숲 속에서 보낸 실습시간에 동료들이 자작나무의 흰 껍질을 벗겨서 마음속으로만 그리워하던 사람한테 순백의 껍질을 종이 삼아 연서를 보내는 것을 옆에서 지켜보면서 시작되었는지도 모른다. 세월이 흘러 배우는 처지가 학생을 가르치는 입장으로 변하면서 자작나무를 보다 구체적으로 생각할 기회가 몇 번 있었다. 특히 우리 문화에 자작나무가 자리잡고 있는 그 깊이와 넓이가 예사롭지 않음을 인식하고는 자작나무에 끌리는 마음이 당연한 것임을 더욱 절실히 인식할 수 있었다.

(사진 1) 자작나무

자작나무의 신성(神性)은 우유빛 수피에서 샘솟고

자작나무는 척박하고 건조한 땅에서도 살아갈 수 있는 소중한 낙엽활엽수다. 활엽수 중에서 가장 강인한 나무의 하나이기에 아이슬란드와 그린란드에서도 살아갈 수 있다. 활엽수가 많지 않은 북방 기마민족에게는 자작나무가 소중한 자원이었다. 스칸디나비아 반도의 북쪽에 사는 사람들에겐 망토와 정강이 받이(각반)로, 노르웨이 사람들에겐 지붕을 이거나 바닥을 까는 재료로, 시베리아 사람들은 가죽을 부드럽게 만들기 위하여 무두질하는데 자작나무의 껍질에 있는 기름성분을 사용했다. 또한 북방 여러 민족들은 자작나무의 수피를 이용하여 대롱, 스푼, 접시와 같은 조리도구를 만들어 사용했으며, 운반도구나 저장 용기로 만들어 사용하기도 했다.

한편 자작나무는 러시아에서 건강의 상징으로 알려져 왔다. 자작나무의 잎과 줄기는 목욕할 때 땀을 내고 때를 벗기는 데 도움을 주는 원료로 전통적으로 애용되었고 고열과 부분적으로 부어오르는 단독을 치유하는 데도 효과적으로 사용되었다. 자작나무의 수액은 결핵 치료제로 사용되기도 했다. 미국 인디언들도 감기나 기침이나 폐질환에 내수피(內樹皮)를 달여서 먹곤 했다. 북방민족은 물질적 유용성 이외에도 자작나무를 신수로 숭배했다. 자작나무는 실제로 북방 기마민족이 섬겼던 신성한 나무였다. 시베리아의 넓은 평원에 흩어져 살아왔던 기마민족들에게는 자작나무가 번영과 건강을 지켜주는 신수였다. 알타이 문화권에 속하는 기마민족이 자작나무를 신수로 섬겼던 이유는 아마도 활엽수 중에서 가장 혹독한 환경에서도 살아갈 수 있는 이 나무의 강인한 생명력 때문일 것이다. 특히 나무가 흔치 않은 한랭한 초원지대에서 나무는 귀한 존재이고, 그러한 곳에서 자랄 수 있는 수피가 흰 자작나무는 성스러운 존재로 보호받았을 것이다.

그런 흔적은 북방민족의 원시종교에서 찾을 수 있다. 자작나무는 시베리아 북부의 원시종교(shamanic) 의식에 애용되었다. 자작나무의 수피는 꿈의 형상을 나타내거나 씨족의 상징을 나타내는 그림을 그리는데 사용되었고 몇몇 부족은 종이 형태로 자작나무 껍질을 제작하여 신성한 그림이나 그림이 있는 글쓰기에 사용하였다.

춥고 긴 북방의 겨울을 이겨내고 새로운 생명을 반복하는 자작나무는 우유빛 껍질 때문에 더욱 성스럽게 보인다. 나무 껍질 중에 가장 평활한 껍질을 가진 나무가 자작나무다. 자작나무의 수피는 나무의 생장과 함께 늘어나기 때문에 다른 나무의 껍질처럼 끊어지지 않고, 매끄럽고 평활한 수피를 만든다. 아주 얇은 층으로 이루어진 자작나무 수피가 흰 이유는 무엇일까? 제일 바깥쪽에 위치한 나무껍질의 세포들은 속이 비어 있으며 겉껍질에 분포하고 있는 수많은 미세 공기 구멍들이 빛을 모든 방향으로 반사하기 때문에 흰색으로 보인다고 한다. 이것은 눈이 흰색으로 나타나는 이치와 다르지 않다.

무속신앙에 녹아 있는 자작나무

무속은 무당을 중심으로 하여 민간층에서 전승되는 종교적 현상을 말한다. 무당의 성격은 신의 초월적 힘을 얻게 되는 신병(神病)의 체험을 거쳐 신권화한 사람이라고 정의할 수 있다. 신병의 체험은 바로 신이 내리는 현상이고, 신 내린 사람인 무당은 신의 영력(靈力)을 얻어서 신과 교유할 수 있기에 종교적 제의인 굿을 주관할 수 있는 자격을 얻는다.

무당은 일반적으로 제의를 통하여 신을 만난다. 제의를 행하는 성스러운 장소(聖所)는 크게 세 종류로 구분하는데, 무당의 집에 신을 모시는 신단, 부락 공동의 수호신이 봉안된 서낭당, 그리고 민가를 들 수 있다. 이들 성소에는 모두 지상과 천계를 이어주는 연결통로를 발견할 수 있다.

서낭당이나 산신당의 경우, 신수(神樹)나 신간(神竿)을 신이 내리는 연결통로라 할 수 있다. 반면에 신수나 신간을 찾을 수 없는 민가의 굿상에서는 지화(紙花)가 신이 내리는 우주의 축이나 천계와 지상을 연결시키는 매개물의 상징으로 나타나고 있다. 굿상의 지화는 보통 2가지 종류가 있는데, 길이 30센티미터 정도의 신간에 백지술을 달고 있거나 또는 50센티미터 내지 1백센티미터 정도의 신간에 채색된 지화 형태로 있다. 이 지화는 신수나 신간의 변형으로 신이 하강하는 통로를 상징하기 때문에 굿상에 없어서는 안될 필수적인 상징물이라고 할 수 있다. 이와 유사한 상징은 무당의 집에 신을 모시는 신단에서도 찾을 수 있다. 당제의 굿을 할 때 사용하는 느름대나 서낭대가 바로 신이 내리는 매개물이라 할 수 있다.

무속에서 지상과 천계를 이어주는 연결통로로 나타나는 신수(지화)와 기마민족과는 과연 어떤 관련이 있을까? 이러한 의문은 시베리아의 샤먼의 제의에서 찾을 수 있다. 시베리아의 원시종족은 나무(우주의 축)를 통해서 영혼이 하늘로 올라간다고 믿었다. 샤먼이 되기 위한 절차의 하나가 나무 위에 올라가 그의 영혼을 천계로 승천시켜 여행하게 하는 것이었다.

시베리아 샤먼의 이런 제의 의식에 착안하여 존 카터 코벨은 북방 기마민족의 집단기억이 우리의 무속신앙에 하나의 상징체계로 나타나고 있다고 해석하고 있다. 「한국문화의 뿌리를 찾아」라는 저술에서 존 카터 코벨은 한민족이 자작나무를 신수로 숭배하던 북방 기마민족에서 유래되었음을 천마총에서 발굴된 신라금관과 천마도장니를 예로 들 뿐만 아니라 오늘날도 무당들이 굿을 할 때, 제단 가까운 곳에 장식하는 지화(紙花)에서 찾을 수 있다고 주장하고 있다. 지화 장식은 흰 종이로 오려 만든 자작나무를 뜻하는 것이고, 이것은 북방 시베리아 무속에서 유래된 것이라는 것이 그녀의 설명이다.

1천년 전의 이야기가 아니라 바로 오늘 우리 주변에서 자작나무를 숭배하던 기마민족의 흔적을 무속신앙에서 찾을 수 있다는 그녀의 주장은 몇 해 전에 읽은 한편의 글을 떠올리게 만든다.

"개마고원의 사람들에게는 시신을 자작나무 껍질로 싸서 땅속에 파묻는 풍속이 있다. 내가 아직 철이 채 들기도 전에 나의 조부님이 돌아가셨을 때도 입관하기 전에 넓은 두루말이 같은 번쩍이는 흰 나무 껍질로 싸는 것을 둘러선 어른들의 다리틈 새로 지켜보며 고모들이 일제히 터트리는 울음소리를 들었었다. 훗날 조금은 철이 들어서 아버지와 함께 조부님의 산소를 찾았을 때 거기 빼곡이 둘러싼 아름드리 자작나무들이 하늘을 찌르듯 늠름히 서 있던 모습들이 오랫동안 나의 뇌리에 깊은 인상을 남겨 놓았다. 쭉쭉 뻗어 오른 줄기며 희뿌연 우유 빛 표피며 구김 없이 아스라이 펼쳐 나간 가지들이 함께 이룩한 자태는 피보다 더 짙게 내 가슴 속 깊이 간직되어 왔다."(《숲과 문화》 창간호에 실린 국민대 주종연 교수의 '자작나무' 중에서)

자작나무는 우리에게 과연 무엇일까? 왜 개마고원의 사람들은 시신을 자작나무 껍질로 싸서 땅속에 파묻었을까? 평소에 가졌던 이런 의문은 그녀의 글로 자연스럽게 해결되었다. 즉 시베리아 무속에서 샤먼은 상징적으로 하늘로 오르는 사다리에 올라, 하늘 높이 있는 신령과 대화하는데, 그 사다리가 바로 자작나무라는 것이다. 시신이 신령의 땅으로 순조롭게 되돌아가도록 자작나무로 껍질로 싼 것은 아닐까?

(사진 2) 자작나무의 수피.

그녀는 불교가 이 땅에 들어오기 전에 만들어진 금제 고배나 금관에 매달려 있는 심엽(心葉)형 장식이 자작나무의 잎을 나타내거나 또는 자작나무 수피로 만든 천마도장니 마구가 모두 북방 기마민족이 지녔던 무속의 영향을 받게 된 것이라고 서술하고 있다. 물론 그렇게 전해진 자작나무에 대한 샤머니즘적인 흔적이 수천 년이 지난 오늘날도 무당의 굿에 사용되는 흰 꽃이라는 것이다.

하나 흥미로운 사실은 우리 무속 신앙에 대한 존 카터 코벨의 입장이다. 그녀는 선사시대 우리 문화에 끼친 샤머니즘을 애써 부정하는 한국의 고고학계나 역사학계는 물론이고 무속 신앙을 창피하게 여기는 우리네 지식인들의 태도에 일침을 놓고 있다. 1천년에 걸친 불교의 영향과 유교통치자들에 의해 5백년 동안 지속된 무속 천대 속에서도 무속 샤머니즘이 한반도 전역에서 오늘날도 살아남을 수 있었던 생명력을 예로 들면서 이러한 현상은 북방 종족의 집단기억에 기인하는 것이라고 주장하고 있다. 한국의 학계나 우리의 대중적 정서와는 달리, 그녀는 샤머니즘을 천한 것 또는 미신으로 낮춰 보지 않고, 오히려 비교종교학자의 입장에서 한 종교로 인식한다고 토로하고 있다. 그리고 일본인들이 그네들의 신토이즘을 자랑스럽게 여기거나 3백여 년 전에 대부분의 영국인들이 그들의 왕을 한 번 만져 보는 것만으로 간질 같은 병을 고칠 수 있다고 믿었던 사실을 이야기하면서 한국인들이 자기 문화를 비하하는데 일침을 놓는다.

존 카터 코벨의 주장과는 별개로 최근에 발간된 몇 권의 책에서도 우리 고대사에 기마민족의 흔적이 녹아 있다는 주장은 찾을 수 있다. 김병모는 「금관의 비밀」에서 경주에서 출토된 대부분의 금관이 나뭇가지와 사슴뿔의 모습을 갖고 그 위에 곡옥(曲玉)과 나뭇잎(樹葉)

을 달고 있는 이유를 신라의 지배층이 북방 기마민족의 후예이기 때문이라고 추정하고 있다. 이렇게 추정하는 근거는 신라 금관의 외형적 상징이 나무를 숭배하는 유라시아의 여러 민족의 민속에서 쉽게 찾아볼 수 있는 유사한 상징체계 때문이며 그 구체적인 사례로 천마총에서 발굴된 천마도 장니나 금관을 들고 있다. 김병모는 신라 금관의 뼈대인 나무 모양(樹枝形)은 기마민족 사이에 유행한 나무숭배 문화인 신수사상(神樹思想)에서 나왔으며 거기에 달린 곡옥(曲玉)은 풍요와 생명력을 상징하는 생명 나무에 달린 과일을 뜻하고, 원형 장식이나 아래 끝이 뾰족한 심엽형(心葉形)의 장식은 북방 한랭한 평원지대에서 자라는 자작나무의 나뭇잎을 상징하는 것으로 해석하고 있다. 즉 자작나무를 신수로 숭배하던 기마민족의 후예인 신라의 지배층이 남겨 둔 흔적이 바로 금관과 천마도 장니라는 것이다.

우리 고대사에 기마민족의 유입에 대한 보다 구체적인 주장은 장한식의 '신라 법흥왕은 선비족 모용씨의 후예였다,「기마족의 신라 통치, 그 시작과 끝」'에서 찾을 수 있다. 장한식은 이 책에서 4세기 중반에 시베리아의 대초원지대에서 말달리던 기마민족인 선비족 모용씨가 한반도의 남쪽 신라-가야땅으로 밀려든 과정을 새롭게 해석하고 있다. 또한 그의 추론은 기마민족 모용씨의 신라왕실이 김씨로 스스로 변신했던 시기가 법흥왕 시기였다고 밝히고 있다.

오늘날까지도 무속신앙에 전승되고 있는 자작나무의 흔적을 시베리아 북방종족의 자작나무에 대한 집단기억에서 유래된 것이라는 존 카터 코벨의 주장은 우리 문화의 깊이를 누구보다 폭넓게 이해한 그녀 자신의 고고학적 창의력 덕분이다. 한민족의 먼 조상이 시베리아 초원을 가로질러 남쪽의 한반도로 이주할 때, 우주수(神樹)로 숭배하던 자작나무에 대한 기억을 고스란히 가지고 왔으며, 수천 년이 흐른

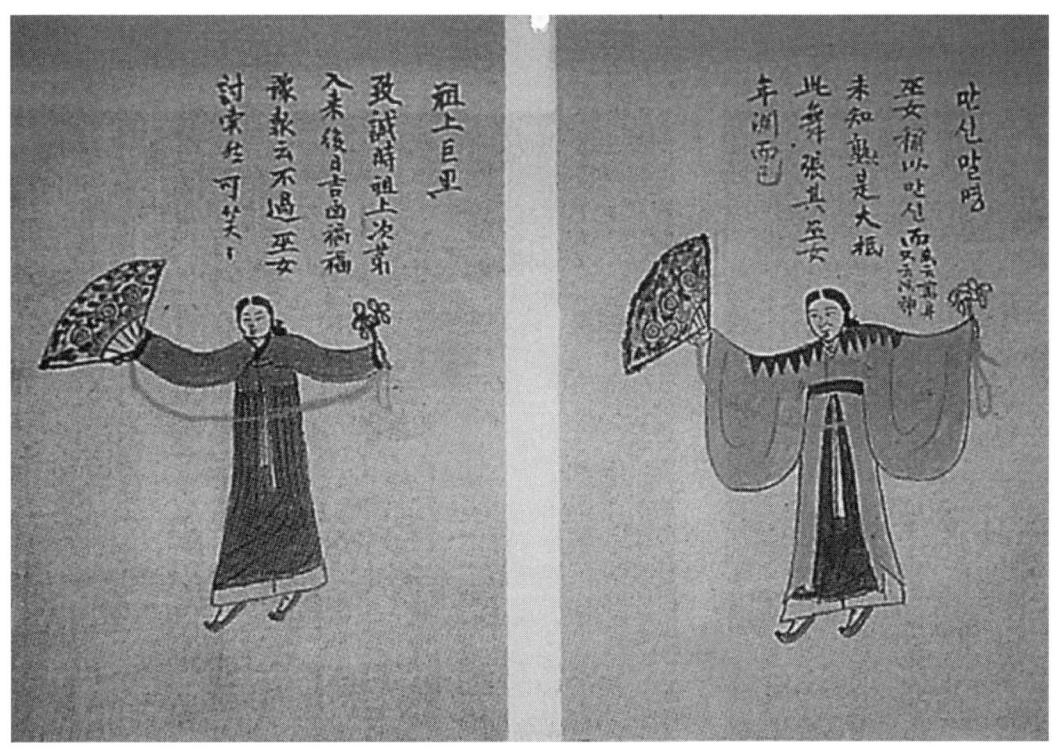

(사진 3) 규장각 소장의「무당내력」에 실린 지화를 들고 있는 무당

오늘날도 그 명맥을 이어가고 있는 것이 바로 토속신앙인 무속이고, 그 흔적이 종이로 만든 흰꽃(紙花)이라는 것에 얼마나 많은 사람들이 동의할지 알 수 없으나 나에게는 신선한 충격이었다.

맺는말

우리 문화 곳곳에서 그 흔적을 나타내는 자작나무에 대한 북방 종족의 집단기억은 분명 신비로운 현상이다. 특히 이 땅의 평지에서는 쉽게 볼 수 없고 높은 산에서나 볼 수 있는 나무가 자작나무임을 상기하면 더욱 그렇다. 천년의 시공을 넘어 자작나무 장니에 그려진 천마도를 통해서 자작나무를 신성한 나무로 숭배했던 천마총의 주인공을 북방 기마민족이라고 상상할 수 있는 것과 마찬가지로 오늘날도 여전히 지화가 장식되는 굿판을 통해서 자작나무에 대한 한민족의 정서적 뿌리를 유추할 수 있다. 시베리아 샤먼의 무속 의식에 사용된 자작나무는 흰 꽃으로 변하여 오늘날도 한국인의 밑바닥 정서를 가장 잘 대변하는 굿판에서 면면히 살아 있는 현상을 과연 어떻게 달리 설명할 수 있을까?

참고문헌

김병모. 1998. 「금관의 비밀」. 푸른역사. 213p
김태곤. 1991. 「한국의 무속」. 대원사. 123p
장한식. 1999. 「신라 법흥왕은 선비족 모용씨의 후예였다. 기마족의 신라 통치, 그 시작과 끝」. 풀빛. 235p
전영우. 1998. 자작나무가 남긴 기마민족의 흔적. 〈산림〉 388호 28~31pp
전영우. 1999. 자작나무에 대한 북방 기마민족의 집단기억. 〈산림〉 400호 26~29p
존 카터 코벨. 1999. 「한국문화의 뿌리를 찾아」. 김유경 옮김. 학고재 414p
주종연. 1992. 자작나무. 〈숲과 문화〉 1: 26p
한국정신문화연구원. 1991. 「한국민족문화대백과사전」. 한국정신문화연구원
Altman, Nathaniel. 1994. 「Sacred trees」. Sierra Club Books. 244p
Johson. Hugh. 1984. 「Hugh Johnson's Encyclopedia of Trees」. Mitchell Beazley Pub. 336p
Sadved. Kjell Bloch. 1993. Bark: the formation, characteristics, and uses of bark around the world. Timber Press, Inc. 174pp.

전영우은 고려대학교 임학과를 졸업하고 아이오와 주립대학에서 산림생물학을 전공하여 박사학위를 받았다. 1988년 이후 국민대학교 교수로 재직하면서 숲의 소중함을 우리 사회에 심기 위해서 집필과 사회 활동에 참여하고 있다. 수십편의 논문이 있으며 「산림문화론」 「숲과 한국문화」 「나무와 숲이 있었네」 등의 책을 저술하였다. 숲과 문화 연구회 운영위원이며 격월간 〈숲과 문화〉의 발행인이다.

2
숲과 동양종교

서구사회의 환경운동과 불교
탁광일

풍류도의 시대적 요청
황인용

향교와 은행나무
송구영

불교와 환경윤리
법 륜

종교화된 생명운동, 녹색화된 종교
유정길

원불교 교서에 출현한 나무와 숲의 의미
전경수

불교와 심층생태학
Daniel H. Henning · 반기민 역

힌두의 환경 보호주의
Christopher Key Chapple · 지기환 역

사찰의 숲과 나무
임주훈

서구사회의 환경운동과 불교

탁 광 일

머리말

1960년대 환경문제에 대한 관심이 크게 일면서 자연과의 지속적이며 조화로운 관계를 찾고자 하는 인류의 노력이 다방면에서 여러 각도로 이루어져 왔다. 경제학자들은 자연을 경제적인 자원으로 보고 가장 효율적인 자원이용방법을 찾아 노력해 왔으며, 과학기술측면에서는 환경오염을 줄이는 기술이나, 천연자원의 효율적 이용기술 개발, 대체자원 및 에너지원 개발 등으로 환경문제에 대처해 왔으며 여전히 엄청난 양의 과학적 지식을 바탕으로 환경개선에 이바지하고 있다. 정책입안자들도 그들 나름대로 각종의 규제 등 법규를 만들고 시행하면서 환경오염과 환경파괴를 막고자 노력해 왔다. 국경을 초월하는 환경문제의 속성 때문에 위와 같은 노력의 많은 부분이 각종 국제환경협약 등에서 볼 수 있듯이 범지구적인 차원에서 이루어지고 있다.

위의 예에서와 같이 각종의 노력들이 각 차원에서 많이 이루어져 왔음에도 불구하고 경제, 과학기술, 정책 어느 분야도 환경문제에 괄목할 만한 지도력을 입증해 주지 못하고 있는 것 같다. 레이첼 칼슨 여사의 「침묵의 봄」을 통해 환경문제에 대한 경종이 울린 지 30여 년이 지난 오늘날 환경문제는 오히려 더욱더 악화되고 있는 것이 현실이다. 과학기술이 더욱 더 발달되고 각종의 법규들이 쏟아져 나오고 있지만 종이 위에 쓰여진 멋진 글일 뿐 개인의 생각과 행동을 바꾸게 만들 수 있는 유효한 것이 되지는 못하고 있다. 인류가 환경문제 해결을 위해 동원할 수 있는 마지막 수단은 아마도 인간과 자연과의 관계를 새롭게 설정하는 노력이 될 것 같다. 이미 이러한 노력은 환경윤리, 생태철학과 같은 새로운 분야를 개척했으며 현재 급속한 발전을 보이고 있다.

이 글에서는 서구사회가 새로운 환경사상을 위한 대안으로 제시하고 있는 불교에 대해 환경윤리의 관점에서 살펴보고자 한다. 이를 위해 불교와 관련된 대표적인 서구인 3명의 아이디어를 중점적으로 소개하고자 하고 이들이 제시하고 있는 것이 우리의 전통가치와 다르지 않음을 제시하고자 한다.

환경운동과 종교

종교는 말 그대로 커다란 가르침이다. 종교의 가르침은 인간의 생각과 행동을 지속적으로 규제하거나 촉진시켜 좀더 평화롭고 이상적인 사회를 구축하는 것을 목표로 한다. 또한 역사를 통해 볼 때 종교는 그 종교가 전파된 지역에서 개인의 행동과 문화에 지대한 영향을 미쳐왔다.

환경문제의 뿌리를 찾는 연구 중 가장 많이 인용되는 문헌 중의 하나가 린 화이트(1967)의 논문이다. 화이트의 주장은 많은 반발과 논쟁에도 불구하고 환경문제의 뿌리를 찾고자 하는 연구에 여전히 많이 인용되고 있다. 린 화이트의 주장은 성경이 동식물, 물고기에 대한 인간의 우위를 부여하고 이들은 신이 인간에 내린 선물이고 축복이므로 인간의 자유로운 이용에 아무런 문제가 없음을 인정했다는 점에서 인간 중심적 자연관의 형성에 기여했으며 이것이 인류가 직면한 환경문제의 뿌리라는 주장이다.

화이트의 논문과 함께 1960년대 환경운동의 출발을 알리는 다양한 고전적 저작(레이첼 칼슨의 「침묵의 봄」, 하든의 「공동체의 비극」, 1949년에 출판되었지만 주목을 못 받았던 레오폴드의 「샌드 카운티 알마낙」 등)이 쏟아져 나옴과 동시에 기독교를 중심으로 한 서구의 가치관에 대한 대안을 찾기 위한 노력이 일기 시작하였다. 이때 새로운 대안으로 등장한 것이 불교, 힌두교, 노장사상 등과 같은 동양의 종교와 사상이었다. 이들 동양 사상과 함께 그 동안 관심을 쏟지 않았던 아메리카 원주민들의 자연관 또한 이때부터 주목을 받기 시작하고 활발한 연구가 진행되었다.(이 부분에 대해선 신원섭 교수의 글 참조) 오레곤 주에 설립된 라즈니쉬의 공동체 마을, 캘리포니아의 명상센타, 선(禪)원 등이 생겨나기 시작한 것도 이때부터이다. 이 중에서도 특히 이 글에서 불교와 관련하여 소개하고자 하는 인물은 환경윤리의 시조로 불리우고 있는 알도 레오폴드와 불교경제학을 주장한 프리츠 슈마커, 시인이자 선불교도인 게리 스나이더 3인이다.

환경윤리의 예언자 알도 레오폴드

환경윤리는 인간중심주의 세계관이 자연중심주의 세계관으로 바뀌면서 인간이 아닌 생물과 무생물에 대한 인간의 책임과 의무의 관계를 규명하고자 하는 윤리학의 새로운 분야라고 할 수 있다. 환경윤리가 지니는 의미는 자연에 대해 인간이 갖는 태도의 변화를 기대할 수 있기 때문에 그 동안 시도해 왔던 어떠한 접근 방법보다 효율적으로 환경문제에 대처할 수 있는 가능성이 높기 때문이다.

환경윤리는 토지윤리의 개념을 정립한 미국의 알도 레오폴드라는 선각자로부터 출발되었다. 그는 환경문제가 일기 훨씬 전인 1940년대에 인간세계에서 통용되는 윤리를 생물공동체 즉 자연세계에까지 연장시켜야 한다는 주장을 했으며 각 생명체가 지니는 고유의 권한을 주장했다. 그의 대표적 저서 「샌드 카운티 알마낙」(1949)의 글 중 죽어 가는 늑대의 눈에서 발하던 녹색의 광채를 보고 느낀 다음과 같은 것은 인간 중심적인 사고에서 벗어나는 계기가 되었다.

> 우리는 늑대 곁으로 다가가자 그의 눈 속에서 꺼져가고 있는 녹색의 광채를 보았다. 나는 그때 그리고 그 이후로 그 눈빛 속에는 내가 모르는 그 무언가 새로운 것이 있다는 것을 발견하였다. 그것은 늑대 자신뿐만 아니라 그 주위의 산들만이 알고 있는 것이었다. 나는 당시 어렸으며 방아쇠를 당기고 싶어 손가락이 근질거리던 때였다. 그래서 늑대 숫자가 적어지면 사슴의 수효는 크게 늘어나고 늑대가 사라지게 되면 사냥꾼의 천국이 될 것이라고 생각했었다. 그러나 그 늑대 눈 속에서 꺼져가던 녹색의 광채를 보고 나서는 늑대나 산이나 그 어느 누구도 내가 가졌던 그러한 생각에 동의하지 않는다는 것을 깨닫게 되었다.

이후 레오폴드는 그 늑대 눈에서 발하던 녹색의 광채의 의미가 무엇인지, 산들은 어떻게 생각하는지, 또 산과 늑대가 인간에게 무슨 의미를 갖는지를 골똘히 생각하게 되었으며 오늘날 환경윤리로 발전한 '토지윤리'나 '자연세계의 시민권'과 같은 파격적인 사상을 제시하였다.

레오폴드와 죽어 가는 늑대의 위와 같은 조우는 여러 가지로 의미를 지닌다. 늑대 숫자가 적어지면 사슴의 수효가 늘어나 사냥꾼들의 천국이 될 것이라는 것은 생태과학에 입각한 매우 인간 중심적인 사고이다. 반면 레오폴드가 늑대 눈 속에서 발견한 알 수 없는 그 무엇은 과학으로 설명할 수 없으며 어느 누구도 거부할 수 없는 늑대와 산들만이 지니는 그들 고유의 가치였으며, 이에 대한 인간의 존경과 의무를 깨닫게 되는 계기가 되었다. 불교적으로 해석하면 모든 살아 있는 생물 또는 무생물이 갖고 있는 불성(佛性)을 깨달은 것이다. 레오폴드의 글에서 그의 다양한 지적 호기심과 함께 다방면의 독서편력을 엿볼 수 있다. 그러나 그가 불교에 심취했었는 지는 알 수 없지만 그가 죽어 가는 늑대 눈빛 속에서 느낀 것은 커다란 깨달음임은 물론 해탈의 경지라고 감히 말할 수 있다.

레오폴드의 이러한 깨달음은 오늘날 환경윤리의 기초가 되었으며 환경윤리의 일부분을 이루고 있는 근본생태학(deep ecology)의 기반이 되기도 하였다. 근본생태학자들은 사냥꾼의 즐거움을 배가시키기 위해 사슴과 늑대의 숫자를 연구하는 것과는 달리 레오폴드가 늑대 눈에서 빛나는 녹색의 광채에서 깨달은 산과 늑대만이 알고 있는 그 무엇, 즉 고유의 가치를 인정하고 존중하는 데서 출발한다.

작은 것이 항상 아름다운 프리츠 슈마커

불교가 일반인들에게 주는 이미지는 매우 비현실적이다. 대부분의 사찰이 물리적인 현실의 세계를 떠나 산 속에 위치한다든지 너무 정신적인 가치에 치중한 나머지 먹고사는 경제적인 문제를 소홀히 다루는 듯한 인상을 주고 있다. 슈마커는 「작은 것이 아름답다」는 저서를 통해 현대 경제학을 비판하고 불교경제학이라는 현실적 대안을 제시하였다. 그는 불교가 참된 삶을 실천하는 것으로 보고 이는 종교적 정신적 가치와 물질적 행복의 결합을 의미하는 것으로 해석하고 이를 실천하기 위한 경제학을 불교 경제학이라고 정의하고 이를 다음과 같이 현대경제학과 비교하였다.

현대경제학에 따르면 고용주는 완전 자동화 등을 통해 인간의 노동력 투입 없이 물건을 생산하는 상태를 가장 이상적으로 보고 있으며, 근로자 입장에서는 가장 적게 일하고 소득을 올릴 수 있는 상태를 가장 이상적인 것으로 보았다. 즉 노동의 부담을 줄여 주는 것은 좋은 일이며 따라서 분업이나 성력화(省力化), 기계화를 긍정적인 것으로 받아들인다.

반면에 불교 경제학은 노동은 인간의 잠재능력을 개발을 위해 필요한 것이며, 다른 사람들과의 공동작업 참여를 통해 이기심을 극복하고 생존에 필요한 재화와 용역을 만드는데 필요한 것으로 보고 있다. 따라서 음식이 신체의 건강에 중요한 역할을 하듯이 노동은 인간의 잠재능력 개발과 정신세계의 활력과 건강유지에 중요한 역할을 하는 것으로 보고 있다.

현대경제학의 성패 여부는 주어진 시간에 달성한 제품의 총 생산량을 기준으로 하고 있다. 불교 경제학은 물질적 복지에 반대하지는 않으나 물질에 의한 속박이 아니라 자유롭고 얽매임 없는 삶을 위한 수단으로서의 물질적 복지만을 필요로 한다. 이점에서 법정 스님이 주장하는 무소유나 텅빈 충만을 통한 자유로움의 추구와 맥을 같이 한다. 현대경제학이 제품 소비의 증가가 개인의 복지 향상에 이바지하고 더 나아가 개인의 행복을 추구한다고 믿는 반면 불교경제학에서는 물질적 소비는 인간복지 향상의 수단일 뿐이며 최대의 행복은 최소의 소비를 통해서 이루어진다고 주장한다.

또한 현대 경제학에서는 일인당 수송량, 수송거리에 비례해 경제발전의 수준을 가늠하는 반면 불교 경제학에서는 수송거리가 먼 것을 불건전한 것으로 간주한다. 즉 자급자족이나 지역경제가 필요로 하는 물품을 그 지역에서 생산하고 조달하여 그 지역의 필요에 부응하는 것을 이상적인 것으로 간주한다. 일인당 수송 거리가 멀고 일인당 수송량이 많다는 것은 그 만큼 외부세계에 의존도가 높으며 따라서 경제의 위태로움이 높으며 건전성이 떨어짐을 의미한다. 마찬가지로 불교경제학에 따르면 출퇴근에 많은 시간을 소비하는 것도 불건전한 경제 행위로 간주된다.

현대경제학은 번뇌를 창출하는 반면 불교경제학은 번뇌를 줄인다. 현대경제학을 바탕으로 발전을 이룩한 대표적인 미국은 세계 어느 나라보다 기계화나 자동화를 통한 성력화(省力化)가 가장 발달한 나라임에도 불구하고 가장 바쁘고 삶의 긴장이 큰 나라다. 노동에 투입되는 시간을 줄이고 여가를 늘릴 목적으로 추진된 성력화가 오히려 많은 번뇌를 만드는 결과를 초래한 셈이다. 불교 경제학적인 면에서 미국의 생활수준은 미얀마나 네팔에 뒤진다고 할 수 있다.

불교경제학은 또한 불교의 비폭력주의를 실천을 추구한다. 고통을 느끼고 표현할 수 있는 동물뿐만 아니라 나무와 같은 식물에게도 존경과 비폭력주의를 실천한다. 동남아 불교 국가의 승려들은 매 수년마다 나무 한그루를 심으며 이들이 스스로 정상적으로 자라날 수 있도록 돌본다. 많은 나라들에 있어서 경제적 실패와 역경은 이러한 나무들에 대한 부주의하고 수치스러울 정도의 무관심에서 연유한다. 이들 국가의 숲과 나무에 대한 무관심은 결국 해외원조나 해외경제의 의존도를 높여주는 결과를 낳을 뿐이다.

결국 슈마커가 불교 경제학을 통해 주장하는 것은 참된 삶, 중용적인 삶, 비폭력적인 삶이다. 이는 좀더 구체적으로 작은 것, 정신적인 것, 비폭력적인 것, 자급자족의 것, 물질적인 속박에서 벗어나는 것을 통해 이룩된다고 주장하고 있다. 이는 환경윤리가 추구하는 바와 크게 다르지 않다.

미국문화라는 암반 위에 불탑을 세운 승려시인 게리 스나이더

게리 스나이더는 1960년대 미국에서 활약하던 일본인 승려 스즈끼를 만나 감화를 받고 일본에 건너가 10년 동안 선불교 스승 밑에서 수행한 후 1970년대 미국으로 돌아온 후 서구문화라는 암반위에 불교의 탑을 세운 불자이자 시인이다. 그는 1960년대 물질문명의 폐해에 따른 대안을 찾으려는 서구사회에 불교라는 동양사상을 가지고 신선한 바람을 불러일으킨 주인공중의 하나이기도 하다. 그는 1975년 그의 시집 「거북섬」으로 퓰리처상을 수상하기도 했다.

스나이더는 서구사회의 물질문명의 폐해를 치유하기 위한 여러 가지 활동을 해왔다. 그는 언론과 방송 및 백화점이나 슈퍼마켓같이 변화해 가는 대학들이 일반인들의 정신을 오히려 오염시키는데 기여하고 있으며, 이들이 양산해 내고 있는 정보나 지식의 쓰레기에 의해 인간의 정신이 오히려 더럽혀 지고 있다고 주장하고, 선이나 명상을 통해 오염된 정신을 맑게 해야 한다고 하였다. 스나이더는 지혜란 우리 마음 속의 자비심과 청정심에 의해 직관적으로 얻어지는데, 이러한 자비심과 청정심은 이기심과 탐욕에 의해 가리어져 있기 때문에 지혜를 얻지 못하고 있다고 말한다. 선을 통해 우리 자신의 마음이 우리의 것이 될 때까지 우리의 마음을 읽을 수 있는 연습을 해야한다고 주장한다.

스나이더는 자연과 우리 몸이 하나이며 모든 것이 서로 관련되어 있다는 불교적 진리를 많은 시를 통해 극명하게 보여 주고 있다. 그는 단순한 먹이의 사슬이라는 생태계의 원리를 초월해, 우리 몸이 자연과 다르지 않다는 것(身土不二)을 자연과의 끈이 식료품가게에까지 밖에 연결되지 않은 현대인들에게 깨우쳐 주고 있다. 그는 모든 생명체를 사람이라고 부른다. 동물뿐만 아니라 나무와 풀도 그에게는 사람과 똑같은 고유의 인격체인 사람인 것이다. 따라서 그는 어떤 사람(동식물 포함)의 식량이 되지 않는 죽음이란 존재하지 않는다고 한다. 또한 어떤 사람(동식물 포함)의 죽음 없이는 어떤 생명도 존재할 수 없다는 것을 그의 글을 통해 보여주고 있다. 서울대 김영무 교수께서 「숲과 자연교육」에 소개한 다음과 같은 '미각의 노래'가 그중 하나이다.

> 풀들의 살아있는 씨앗을 먹으며
> 커다란 새들의 알을 먹으며
>
> 흔들리는 나무들의 정충을
> 에워싼 과육질의 단맛
>
> 목소리 고운 암소의 옆구리와
> 허벅지의 살
> 뜀뛸 때의 양의 탄력
> 획 휘두르는 황소의 꼬리
>
> 흙 속에서 크게 자라난
> 뿌리들을 먹으며
>
> 우주에서 자아내어
> 포도알 속에 숨긴
> 살아있는 빛 송이의
> 생명을 꾀어내며,
>
> 서로 서로의 씨를 먹으며
> 아, 서로 서로를 먹으며,
>
> 애인인 빵의 입에 입맞추며
> 입술과 입술로

스나이더는 이 시를 통해 먹는다는 단순한 행위를 통해 지구상의 모든 문화를 다 포용할 수 있는 만유인력과 같은 진리를 깨우쳐 주고 있다. 먹는다는 것은 생명을 먹는 것이며, 뜀뛰는 양의 탄력을 먹는 것이며, 황소 꼬리의 획 휘두름을 먹는 것임을 보여주고 있다. 자연이란 서로서로 선물을 주고 받는 것과 같은 행위이며, 아메리카 인디언들의 전통처럼 음식을 함께 나누는 의식이며, 예수의 몸과 피를 먹는 성찬식임을 보여준다. 이 세상의 모든 것이 하나이며 우리의 자식이 되고 애인이 될 것이며, 우리 자신도 다른 사람(동식물 포함)을 위한 양식으로 바쳐질 것이라는 단순하지만 범지구적인 진리를 엄숙하게 들려주고 있다.

게리 스나이더는 단순히 승려시인에 머물지 않고, 미국사회에서 이룩한 또 다른 괄목할 만한 업적은 학계 및 정치계에서 말 못하는 자연에 대한 대변자 역할이다. 이는 자유민주주의라는 미국 문화의 암반 위에 불교의 정신을 접목시킨 것으로 해석할 수 있다. 그의 지역구는 야생지이며, 그는 동물·나무·풀·바위와 같은 사람을 자신의 지역구 주민으로 삼았다. 그는 이러한 말 못하는 이 역시, 모든 생명체는 모두 불성(佛性)을 갖고 있으며 인간과 똑같은 인격체로 존중해야 한다는 불교의 가르침을 바탕으로 하고 있다. 그는 이러한 동물·나무·풀·바위·개울과 같은 사람들이 소수 집단으로 현대의 물질문명에 의해 이들의 권리가 유린당해 왔다고 주장하고 대영제국이 유린한 식민지 미국이 반란과 폭동을 일으켰듯이 말 못하는 이들의 권리를 보장하지 않을 경우 이들로부터의 반란을 면치 못할 것임을 경고하였다. 스나이더는 유린당한 생태계가 이미 지구라는 공간에 인간의 거주에 대해 협상 불능의 요구를 이미 제출해 놓은 상태라고 한다. 따라서 이들의 주장과 요구를 정치의 장, 정책 토론의 장에 포함시켜야 한다고 주장한다.

맺는말

위에 소개한 바와 같이 서구의 환경운동의 선각자들 모두가 불교와 밀접한 관련을 맺고 있으며, 오히려 우리의 전통문화 가치와 거의 일치함을 보여주고 있다. 늑대 눈에서 레오폴드가 깨우친 것이나 그의 「샌드 카운티 알마낙」에 소개된 이른 아침 하늘을 무대로 한 멧도요의 춤, 참나무를 톱으로 켜며 참나무가 살아온 일생 속으로 빠져 들어가는 그의 글은 자연과 완전히 하나가 된 무아의 지경이라 할 수 있다. 현대경제학의 폐해에 대한 대안을 불교경제학에서 찾은 슈마커의 주장도 결국 우리의 전통가치와 완전히 일치한다. 작은 것, 정신적인 것, 육체적 노동 등을 통해 현대문명에 따른 번뇌를 줄일 수 있다고 하고 있다. 그 스스로가 승려인 스나이더에 이르면 그의 주장에 훨씬 더 쉽게 공감할 수 있게 된다.

위의 서구사회 환경운동의 선각자 세 사람을 관찰하면서 우리의 현실과 비교해 보면 서글픔이 앞선다. 서구사회가 그 동안 과학, 경제, 기술, 정책, 법률 등 온갖 노력과 시도를 통해 환경문제에 접근해 보았지만 어느 것도 환경문제 해결에 진정한 지도력을 발휘하지 못한 상태에서 대안으로 모색된 불교, 힌두교, 아메리카 인디언들의 전통과 같은 동양사상들이 서구문화의 자유민주주의 전통과 접목되어 환경윤리 또는 근본생태학 등으로 포장되고 윤색되어 우리에게 다시 역수입되고 있는 것 같기 때문이다. 결국 환경윤리는 우리의 가치와 다르지 않다. 환경윤리는 결국 다른 데서 찾을 게 아니라 우리의 전통가치에서 찾아야 할텐데 우리는 오히려 우리의 전통가치를 버리고 수입된 물질문명을 바탕으로 하는 서구가치에 더 환호하고 있지 않은가. 게리 스나이더에 의해 많은 미국인들에게 신선한 충격으로 던져진 신토불이(身土不二)의 깊은 뜻을 우리는 한낱 외국농산물 수입반대구호로밖에 쓰지 못하고 있는 현실이 이를 잘 대변해 주고 있다. 법정 스님의 기꺼이 선택한 무소유의 가치관이나 간디의 자발적인 가난의 실천과 같은 것이 우리 사회의 지배적인 가치관으로 자리잡지 않는 한 스나이더가 경고했듯이 물질문명, 소비주의에 의해 유린당한 자연의 반란과 인간의 생태계로부터의 퇴출을 면치 못하게 될 것이다.

참고 문헌

Barnhill, David. L. 1997. 「Great Earth sangha: gary Snyder's View of Nature as Community」. In. Tucker, Mary E. and Duncan Ryuken Williams (eds.). 1997. Buddhism and Ecology. Harvard University Press.

Carson, Rachel. 1962. 「Silent Spring」. Houghton Mifflin.

Devall, Bill and George Sessions. 1985. 「Deep Ecology」. Gibbs M. Smith, Inc. Layton. Utah.

Hardin, Garette. 1977. 「The Tragedy of the Commons」. In Hardin and John Baden, eds. Managing the Commons. W. H. Freeman, San Francisco.

Leopold, Aldo. 1947. 「A Sand County Almanac」. New York.

Nash, Roderick. 1989. the Rights of Nature. 「A History of Environmental Ethics」. The University of Wisconsin Press.

Schumacher, E. F. 1973. 「Small is Beautiful」. Harper & Row, Publishers, New York.

Tucker, Mary E. and Duncan Ryuken Williams (eds.). 1997. 「Buddhism and Ecology」. Harvard University Press.

White, Lynn. 1967. 「The Historical Roots of Our Ecologic Crisis」. Science 155: 1203~1207.

김영무. 1998. 생태맹 극복의 길. 참인간이 되는 길. 탁광일 (편). 1998. 「숲과 자연교육」. 수문출판사.

탁광일은 고려대학교 임학과를 졸업하고, 캐나다 브리티쉬 콜럼비아대학교 임학박사를 받았다. Russian Far Update 특파원이며, 국민대, 건국대 산림자원학과 강사를 역임했다. 한국합판공업협회에서 근무했으며, 현재는 캐나다에서 School for field Studies에서 교수로 활동 중이다. 숲과 문화연구회 운영회원이다.

풍류도의 시대적 요청

황 인 용

서양의 道(도)는 로고스였다면 동양의 로고스는 도(道)였다.

로고스는 원래 희랍어로 말을 뜻하는 용어였으나 이성 사유 도덕률 나아가 '세계를 지배하는 법칙'의 뜻에까지 의미확충이 이루어졌다.

"태초에 말씀이 계셨다."고 한 요한복음의 말씀도 바로 로고스를 지칭하는 의미였던 것이다. 서양철학이 이성을 중시하는 합리주의 위주였고 현대의 분석철학 또한 언어철학에 다름 아닌 까닭이기도 하다.

반면에 동양에서는 不立文字(불립문자) 또는 "도를 도라고 할 수 있다면 이미 도가 아니다."(「도덕경」)고 하여 말을 초월하고자 했다. 상대적인 말로는 절대의 세계를 인식할 도리가 없음을 깨달았기 때문이었다.

길이란 무엇인가? 그것인즉 목적지에 도달하기 위한 수단일 뿐 그 자체가 목적은 아니다. 다만 길의 실천윤리적인 성격이나 그 지향성은 철저하게 목적의식적이라고 할 수 있다. 바로 서양의 합리주의에 대해 동양의 문화가 합목적적인 이유라고 하겠다.

이러한 동서양 문화풍토의 차이는 결국 어떠한 양상을 빚었던가?

서양의 합리주의는 효율성 즉 방법론(노하우)만을 중시하기 때문에 무엇을 위한 자본이며 기술인지 목적의식을 결여하고 있어 세기말적인 혼돈에 직면해 있는 실정이다.

그러한 반성에서 1970년대에 이르러 비로소 에코페미니즘, 에코토피아. 에코필로소피 등 녹색사유가 싹트기 시작했다. 가부장적인 자본주의 체제에서 억압(수탈)받고 파괴된 것은 여성과 환경이라는 뼈아픈 자각이었던 셈이다.

서양에서는 자본주의 병폐가 본격화하면서 겨우 녹색사유를 할 수 있었으나 우리의 경우 자본주의가 이 땅에 발을 들여놓기 전부터 생태여성론을 들고 나온 사람이 있었으니 얼마나 예지에 빛나는 선각이며 문명비판이었던가?

증산(甑山)! 그렇다. 증산이야말로 단군 이래 가장 뛰어난 풍류도인이었다.

그는 先天(선천)이 끝나고 後天(후천)이 개벽하니 물질의 시대가 끝나고 정신의 시대가 개화하리라고 예언했다. 이는 오늘날 시점에서 보면 자본주의 몰락과 아울러 문화의 시대 도래를 예언한 것이라고 할 수 있다.

더불어 하늘의 시대에서 땅의 시대로 이행이나 모성원리의 시대을 말한 점 등은 에코페미니즘 그대로라고 하겠다. 서양에 지모신(地母神)이 있듯 동양에서도 땅과 어머니는 음(陰)의 범주에 속하기 때문이다.

나아가 증산의 지상선경 건설은 에코토피아와 너무 흡사하다.

그러면 증산이라는 풍류도인이 혜성처럼 등장하지 않을 수 없었던 시대적 배경과 역사적 맥락 및 문화적 풍토는 어떠했던가?

한국사상을 언급하는 학자들은 언필칭 원효나 보조국사, 퇴계와 율곡밖에 운위할 줄 모른다. 이는 한마디로 주객의 전도에 다름 아니다. 고유 사상인 신선도와 풍류도를 제외하고 외래 사상인 불교와 유교를 말함은 철근콘크리트에 철근이 빠진 격이기 때문이다.

풍류도는 그 기원이 신선도에 있다. 고조선(지금의 요동지방)에서 발상한 것으로 추측되는 신선사상은 중국으로 흘러 들어가 도교로, 우리나라에서는 풍류도로 발전하였다. 다만 중국에서는 현실도피적인 경향으로 흐른 반면 우리의 경우 낙천적 현실지향적 성격이 두드러졌다.

중국의 자연친화는 관조의 경지에 머무른 반면에 우리의 경우는 물아일체의 자연동화까지 나아갔다. 인위적인 일본의 자연친화로 말하면 논외라고 하겠다. 세계에서 가장 자연친화의 문화를 지닌 한 중 일 삼국에서 우리가 얼마쯤의 비교우위를 점하고 있는지 자명해진 셈이다.

「환단고기」에 따르면 환웅천황이 천도를 대각하여 삼신(三神)을 숭배하는 신선도를 창설하였다고 한다. 삼신은 천일(天一)의 조화(造化)작용, 지일(地一)의 교화작용, 인일(人一)의 치화작용을 지칭한다고 한다. 이 점 중국의 천지인(天地人) 삼재(三才)사상도 우리와 그 뿌리를 함께 하고 있는 셈이다.

신선도는 풍류도로 발전하는 과정에서 유불선 삼교를 받아들여 구체적 실천윤리를 지닌 생활철학과 종교로 체계화되었음은 최치원이 밝힌 바 그대로다.

풍류는 유습(遺習)을 뜻하는 말이라고 하거니와 이는 자연과 더불어 밝고 명랑하기 그지없는 자연스러운 생활감정과 습관이 하나의 생활규범 즉 관습법, 나아가 문화전통으로 뿌리내렸음을 뜻한다. 그만큼 삼국시대 사람들은 풍류가 생활이고 생활이 풍류인 도저한 풍류를 만끽했던 것이다.

그 삼국시대는 역사상 풍류문화가 가장 난만히 꽃피었던 시대이자 민족혼과 민족정기가 활화산처럼 용솟음치던 시기이기도 하였다. 한마디로 풍류도의 성쇠와 민족의 흥망은 그 운명을 함께 해왔다고 할 수 있는 까닭이다.

그랬던 것이 신라의 삼국통일 이후 모화사대사상에 물들어 가면서 풍류도와 민족정기는 함께 쇠멸의 길을 걸어갔음은 역사가 증언해주고 있는 바이다. 바로 최치원이 노심초사했던 것도 기울어가는 국운과 풍류도의 부활문제였으니까 말이다.

그러한 최치원의 비원을 하늘은 끝내 외면하지 않았다. 최치원의 후예를 자처해마지 않았던 최재우는 호마저 고운(孤雲)을 따라 수운(水雲)이라 하였을 정도였다.

그는 유불선 삼교를 다시금 민족혼에 통합하여 동학을 창시했다. 인내천(人乃天) 즉 만인 평등의 한국적 민주주의를 표방하고 광제창생을 꿈꾸었다.

다만 그 거룩한 뜻에도 불구하고 이상에 치우친 나머지 급진적인 방법론은 현실의 벽 앞에서 좌절하지 않을 수 없었다. 동학혁명으로 말하면 그 필연적인 전개과정이자 비극적인 결말이었다.

동학혁명의 시말을 지켜보면서 세상의 구원과 개혁은 평화적이고 점진적인 방법론에 의지해야 함을 깨달은 사람이 바로 증산 강일순(姜日淳)이었다. 단군에서 비롯된 풍류도는 고운과 수운을 거쳐 증산에 이르러 수미상응 기승전결의 대미를 장식했다고 할 것인지?

단군과 증산을 비교하자면 우선 선천개벽과 후천개벽의 상응 관계를 주목할 수 있다. 단군은 하늘을 열어 이 땅에 하늘의 원리를 베풀고자 했다. 대신에 증산은 땅의 원리 즉 모성의 원리를 펴고자 했다.

역사는 원래 모계사회로 출발했다가 부계사회로 발전해왔다. 증산은 다시금 모성원리의 시대를 예견하였으니 이는 땅의 생식력을 종교적 차원에서 신비화하고 있는 환경신학과 같은 맥락이라고 하겠다.

이러한 점에서 모악산(母岳山)의 존재는 상징적이다. 증산은 만국이 살아날 계책은 남조선에 있는데 그곳은 모악산으로서 세계정부가 들어설 세계의 중심지라고 하였다.

동학혁명의 실패 뒤의 절망적인 상황에서 이처럼 인류와 세계를 구하겠다는 원대한 포부야말로 단군의 개국이념이자 세계경영의 방법론이었던 홍익인간과 이화세계(理化界)의 청사진이었던 것이다.

실로 오늘날 경제계의 화두인 세계경영도 여기에서 이론적 근거를 찾아야 할지니 진정한 한국적 가치가 아닐 수 없으리라. 이 점 이어령 교수가 한국인의 합목적적인 경영방법론(Know What)이 서양의 노하우를 대신해 세계적인 경영방법론으로 각광받을 날이 멀지 않았다고 한 것도 마찬가지라고 하겠다.

이처럼 서양에서 동양으로의 시대 이행을 말한 사람들이 많다.

우선 「밀레니엄」이란 책의 저자인 아메스톤이 있다. 그는 자본주의 멸망 및 환경과 문화의 시대와 함께 동양시대의 도래를 선언했다.

슘페터나 홉스봄도 자본주의 쇠락을 확신했다. 이들은 모두 자본주의 발상지인 영국의 석학들이라는 점은 상징적이다.

미국의 윌 듀란트라는 철학자는 미국이 이미 로마제국 멸망의 초기단계에 들어선 것으로 진단 내린지 오래다. 그리고 그 훨씬 이전에 슈펭글러는 서구의 몰락을 예언한 바 있기도 하다.

최근에 티알 리드라는 학자도 거들었듯 동양시대의 도래는 문명사적인 필연으로서 천명인지도 모를 일이다.

그러함에도 미국을 지구제국으로 상정하고 영어공용론을 들고나온 소설가가 있었다. 그는 IMF도 민족주의 탓이라고 하였으나 이는 한마디로 인과(因果)를 혼동한 탓이다.

무엇보다 IMF는 금융의 파산상태이기 이전에 정신의 공황이 그 본질이다. 즉 주체성의 위기로서 맹목적인 서구 추종이 빚은 근대화 과정의 모순과 그 증후군(한국병)에 다름 아니다. 우리는 정신없이, 아니 남의 정신으로 살아왔으니까 말이다.

그러한 풍토에서 1970년대에 비로소 국학계에서는 우리 문제는 우리의 방법론으로 풀어야 한다는 자각이 싹트기 시작했다. 그렇지만 전반적으로는 국학계는 어떠한 처지에 놓여 있는 것인가?

일제는 식민지 경영의 전략적 기초를 수립하기 위하여 치밀하고도 방대한 조선연구를 정략적으로 수행했다. 그 총체적인 결론이 식민사관임은 재언을 요하지 않는다.

문제는 바로 우리 자신이다. 일제가 파놓은 실증사학의 함정에 빠져서 민족의 뿌리인 단군의 존재를 부정하는 자가당착을 범하고 있기 때문이다.(일제는 민족적인 사료를 깡그리 가져가 버리고 실증사학이라는 족쇄를 채워놓았다.)

그런즉 일제의 조선연구 수준을 뛰어넘기는커녕 그들의 왜곡된 연구결과에 의지하고 있어야 하는 참담한 현실이니 식민사관 극복은 연목구어가 아니라면 무엇이라 싶다.

이처럼 척박하고 몰주체적인 지성의 풍토에 비한다면 증산의 주체적인 시각과 자긍심은 얼마나 돋보이는 경우인가?

신문에서는 에코페미니즘을 곧잘 운위해도 증산이라는 이름은 찾아볼 수 없는데 오히려 외국의 석학들은 증산사상을 세계를 구원해줄 이념으로 깊이 연구하고 있으니 주객의 전도가 심함이 이와 같다고 하겠다.

우리의 살 길은 선진국을 추종하는 맹목적인 세계화에 있는 것이 아니라 고유의 한국적 가치를 세계화하려는 보다 주체적이고 적극적인 전략에 있다.

일언이폐지하여 우리는 우리의 길을 가야만 한다. 그 길은 바로 풍류도라는 이름의 아름다운(우리다운, 너무나 우리다운)길이다. (아름답다라는 말은 원래 나답다, 우리답다는 뜻이다)

일찍이 단군이 열었고 고운과 수운이 행운유수(行雲流水)처럼 걸었고 다시금 증산이 우리에게 가리키고 있는 그 길을 가야만 하는 것이다.

우리가 앞서 걷는 그 길을 세계인들이 뒤따라올 날이 멀지 않았다는 엄숙한 사실……. 가슴 벅차도록 뿌듯하지 아니한가?

그 길은 물론 자연 속으로 나 있는 길이다. 우리의 풍류도에는 새 밀레니엄의 화두라는 환경과 문화가 함께 무르녹아 있는 것이다.

환언하면 풍류도는 자연의 질서에서 인간의 질서를 본받으려 한 것으로 존재와 당위의 일치이자 사실가치와 윤리가치의 합일이기도 하다. 자연을 도덕적 경지로 승화시켰던 풍류도의 참다운 정신이었다고 해두자.

진실로 자연과 더불은 생활은 바람직하면서도 보람있는 삶의 양식이다. 농림업을 중심으로 하는 환경산업의 중요성 즉 생태학적 세계관의 표방인 농자천하지대본을 새삼스럽게 강조하지 않더라도 우리의 풍류 넘치는 전통문화와 예술을 재창조해서 세계화해야 할 필요성은 절실하고 시급하다.

우리는 민족중흥의 역사적 사명을 띠고 이 땅에 태어난 게 아니라 세계를 구원하고 경영해야 할 원대하고도 막중한 천명을 부여받았다는 사실을 꿈에라도 잊어서는 안되리라 믿어마지 않는 까닭이기도 하다.

사족:이러한 관점에서 본다면 동강댐 문제의 결론은 이미 자명해진 셈이다.

개발→환경파괴가 뻔한 자본주의 논리는 환경의 시대에 시대착오적이라면 그 아름다운 자연을 보호해 길이 후손에 물려주어야 할 책무를 우리는 짊어지고 있기 때문이다.

황인용은 전남대학교 농업경제학과를 졸업하였다. 농림수산부, 농업진흥공사를 거쳤으며, 1992년에 동아일보에 입사하였다. 1985년에 민족문화추진회 국역연수원을 졸업하였고, 1991년에 월간 에세이를 통해 등단, 현재 수필가로 활동하고 있다.

향교와 은행나무

송 구 영

서언

향교와 은행나무하면 어떠한 종교적인 자료가 많이 있을 것 같지만 생각같이 많지가 않다.

유교(儒敎)라고 하는 것이 어떤 상징적인 물체나 영에 의한 구원, 구복 같은 사후의 영생을 추구하는 신앙의 종교가 아니고 현실의 삶 속에서 어떻게 하면 인간답게 살 것인가 하는 자기의 수양, 인간에 대한 신뢰, 가족간의 화합, 국가의 흥정(興致) 등 현실 문제를 해결하고 이상 세계를 실현하고자 하는 일상생활의 구체적이고 실천적인 삶의 가르침과 윤리, 도덕, 철학, 사상 그리고 문물제도 등을 집대성하고 체계화하여 이를 바탕으로 인류의 영원한 생에 길잡이를 정립한 것으로 믿음을 강요하는 종교와는 비교할 수가 없기 때문이다.

석가는 보리수 아래서 득도를 했고 예수는 감람나무가 많은 감람산에서 기도를 했다지만 공자는 행단(杏亶)강론을 했을 뿐 어떤 나무와 깊은 관계도 없다. 행단이라고 하는 것이 은행나무가 서 있는 소도와 같은 곳도 아니고 중국 곡부시 공묘의 대성문(大成門)안에 있는 검소하게 지어진 건물을 공자가 인(仁)과 악(樂)과 육예(六藝)를 강의했던 장소일 뿐이다.

그러나 우리나라의 많은 향교에 은행나무가 심어져 있는 것은 무슨 이유일까? 이 글에서는 유교의 교리가 공자가 탄생한 중국의 곡부, 그리고 행단을 알아보고 우리나라의 향교와 은행나무에 관하여 살펴보고자 한다.

유교의 교리

유교는 공자의 도의사상을 종지로 하는 인본주의적 윤리의 교로서 명덕(明德), 친민(親民), 지어지선(至於至善)의 3강령이 기본 이상이다.

사물에 나아가 그 이치가 규명(究明)된 뒤에야 아는 것이 투철해지고 아는 것이 투철해진 뒤에야 뜻이 성실해지고, 뜻이 성실해진 뒤에야 마음이 바르게 되고, 마음이 바르게 된 뒤에야 몸이 닦아지고, 몸이 닦아진 뒤에야 집안이 바로 잡히게 되고, 집안이 바로 잡힌 뒤에야 나라가 다스려지고, 나라가 다스려진 뒤에야 천하가 화평하게 된다(格物, 至治, 誠意, 正心, 修身, 齊家, 治國, 平天下)는 팔덕목(八條目)은 인간의 내적 수양을 거쳐서 외적 덕화(德化)의 과정의 명시하여 그 이상(理想)을 완수하게 하는 단계적 기본 행위를 밝히고 있으며 하늘에는 원향이정(元亨利貞)의 천도(天道)가 있어서 이 천도의 명(命)하는 바에 의하여 사람에게는 인의예지(仁義禮智)의 인성(人性)이 있다는 것이다.

인성이 유일 정순하여 천명을 아는 경지에 이르게 되면 인성은 천도와 합일하게 되는 것이므로 인간 사물이 무위이성(無爲而成)하여 자연적으로 이루어지는 것이므로 유교에서는 그 인성의 개발을 가장 중시하였고 그러기 위하여는 배움에 게으르지 아니하여 극기복례(克己復禮)하는데 주력하고 있다.

유교는 공자, 안자, 증자, 자사, 맹자에게 전수된 정통학파로 하여 고려말 성리학이 우리나라에 들어와 조선왕조에서 도입한 숭유정책에 힘입어 퇴계, 율곡 등 수많은 학자를 배출하여 유교철학의 개화기를 맞이하게 되었고 시경, 서경, 주역, 예기, 춘추와 논어, 맹자, 중용, 대학을 유교의 경전으로 하고 있다.

공자와 행단과 공림(孔林)

공자는 기원전 551년 8월 27일 노나라 창평향 추읍(지금의 산동성 곡부시)에서 아버지 숙량흘, 어머니 안징재 사이에서 태어나 세 살 때 아버지를 여의고 어머니에게 가정교육을 받으면서 어렵게 살았다. 15세가 되면서 배움에 뜻을 두고 공부에 몰두하였으나 뚜렷하게 정해진 스승이 없이 생활 속에서 벌어지는 모든 인간사가 스승이었고 학문의 대상이었다.

공자는 도탄에 빠진 백성들을 항상 걱정하였으며 그들을 위한 배움의 체계를 세워 많은 사람들에게 알리는 것을 임무라고 생각하고 평생동안 이를 위한 노력을 했다.

한 때는 한 지방을 맡아 훌륭한 정치를 베풀기도 하고 노나라의 법무장관직을 맡아 정치를 바로 잡아 짧은 기간내 국가의 기강을 확고하게 바로 잡아 놓자 이웃나라인 제나라가 공자의 뛰어난 능력을 두려워한 나머지 간교한 책략으로 방해했다. 노나라의 왕이 계략에 넘어가 혼란에 빠져 백성을 소홀히 돌봄으로 공자는 야인으로 돌아와 도덕적 타락과 혼돈에 쌓여 있는 천하의 백성들을 생각하고 제자들과 함께 고난과 역경을 헤치며 천하를 돌아다니면서 많은 나라 정치가와 왕들에게 올바른 정치와 백성들을 위한 정치를 하라고 설득했다. 이 때 생명의 위험과 습격을 받는 등 어려움을 겪으며 노력하였음에도 불구하고 많은 사람들이 가르침에 대하여 실행에 옮기려 하지 않음으로 이에 한계를 느끼고 고국으로 돌아와 후세에 유교의 진수를 전파할 제자들을 가르친 분으로 송(宋)나라의 진종 때는 지성문선왕(至聖文宣王)이라고 하였고, 원(元)나라의 무종 때는 대성(大成)이라는 두 자를 가호(加護)하여 대성지성문선왕(大成至聖文宣王)이라고 한 만세의 스승이다.

행단(杏亶)은 중국의 산동성 국부시 공묘(孔廟)안에 있다. 공묘의 영성문을 들어가 성시문(聖時門)을 지나면 좌우로 넓은 광장이 있고 잔디 광장과 수풀 가운데 작고 큰 건물들이 서 있으며 홍도문과 대중문, 규문각, 삼비정을 지나 대성문(大成門)에 이르면 자공이 심었다는 은행나무터가 있고 지금이 자공이 심었던 은행나무의 아들나무인 5백년 생 정도의 은행나무가 있다.

대성문을 지나면 공자가 심었다는 은행나무 옆에 노벽이 있고 바로 옆에 2층 건물로 지어진 행단이 있다. 그리고 또 공자가 제자들을 교수(敎授)하던 강당의 유지(遺趾)에 벽돌을 쌓아 단을 만들어 금(金)나라의 당양영(黨懷英)이 행단이라고 써서 정내(亭內)에 세운 이자비(二字碑)가 있는 곳이기도 하다.

공림(孔林)은 공묘에서 약 30분 거리에 떨어져 있고 그곳에 공자의 묘가 있다. 언뜻 숲이 우거져 있기 때문에 공자의 숲이라는 이름으로 생각할 수 있으나 숲은 없고 공자의 후손들이 쓴 수많은 묘가 산재되어 있을 뿐이다. 행림에 행단이 있었다는 문헌을 볼 수 있으나 공림과는 관계가 없고 공림은 생각대로 밀림의 숲으로 이루어졌어야 했지만 현실은 그러하지 아니하여 깊은 뜻을 알지 못하는 우리로서는 괴리를 느낄 수밖에 없다.

우리나라의 향교

우리나라의 향교는 고구려가 평양으로 도읍

을 옮긴 뒤 각 지역에 설립한 경당(扃堂)에서 비롯되어 유교의 경전을 중심으로 교육이 이루어졌으며 궁술도 가르쳐 문무를 겸한 교육을 하였고 백제에서는 오경박사를 두었으며 신라는 국학을 설치하였으나 교육이 체계적이고 완비된 단계까지는 이르지 못하였다.

향교의 설치는 고려 태조 13년(930년)에 평양에 학교를 설치하여 6부생을 가르치고 문묘를 세워 제사를 지내기 시작한 것이 시초로 성종 6년(987년)에는 전국 12목1)에 학교를 설치하고 경학박사를 배치하였으며 인종 5년(1127년)에는 각 주에 학교를 세우고 교육을 진작시키도록 하였다

고려말 안향 등의 학자에 의하여 수입된 성리학은 유교의 활성화와 대중화를 촉진하였고 이를 토대로 불교의 배척과 유교의 대중화를 위한 교육이 강조되었다.

조선을 건국한 태조는 즉위 원년인 1392년에 학교의 흥폐로 그 지역 수령들의 능력을 평가했고 이어 7년(1399년)에는 성균관의 준공과 더불어 성균관과 병행할 지방교육기구로 향교의 설치를 촉구하여 전국의 행정 단위마다 고루 1개소씩 향교가 설치되어 전국의 향교는 모두 360개로 늘어나 지방 교육기관으로서의 체재와 규모를 갖추고 오늘날의 국립 고등 교육기관에 해당하는 기능들을 완비하여 선성(先聖)과 선현

(사진 1) 유학의 분산지인 성균관에 있는 천연기념물 59호 은행나무

(先賢)에 대한 향기(享祀)의 임무를 맡아 왔고 배우는 사람들은 이들의 덕을 기리며 그 위업을 물려받을 수 있도록 유생들을 모아 경서를 강학하였다.

유림은 배우는 단계에서 머무는 것이 아니라 이를 바탕으로 적극적으로 실천하는 것 이외에도 지방의 풍속을 바로잡고 각종 의례의

---

1) 12목(牧): 양주, 광주, 충주, 청주, 공주, 진주, 상주, 전주, 나주, 승주, 해주, 황주

보급과 전파 등을 통하여 지역사회의 교화에 많은 역학을 하였다. 그러나 임진왜란과 병자호란을 거치며 국가의 재정이 피폐해졌고 정치적인 실정이 거듭됨에 따라 교육기능이 약화되어 가면서 약화된 향교를 보완하려고 사립교육기관인 서원이 각지에 설치되기 시작하여 전국에 378개소나 되었다.

서원은 향교의 기능을 보완하고 향촌사회의 구심이 되는 등 많은 역학을 하였으나 조선말기 서원 철폐 정책은 당쟁의 근거지가 되어 왔던 폐단을 없애주는 한편 백성의 부담을 덜어주는 역학도 하였지만 향교와 더불어 유교교육의 근간을 이루어 왔던 점을 감안하면 이는 커다란 손실이었다. 더구나 일제의 집중적인 탄압의 대상이 되어 국가 이념을 부정하고 민족성을 말살하고자 향교를 교육기관으로서의 자격을 박탈하였고 문묘에 제사를 지내는 기능만을 허용함으로 침체되어 오다가 해방과 더불어 유교를 다시 부흥시키기 위한 노력이 꾸준히 전개되어 지역사회 교화의 본산으로서 본래의 역할을 하고자 지금은 전통문화를 다시 찾고 청소년을 대상으로 하는 충효교실과 지역주민을 위한 예절, 한문, 서예 교실 등을 운영하여 교육기관으로서의 기능과 모습을 찾아가고 있다.

향교와 은행나무

은행나무의 한자이름은 그 씨앗이 은빛이 나고 살구나무의 씨를 닮았다고 하여 은행목(銀杏木)이라고 하고 할아버지가 심어서 손자 때 결실을 본다고 하여 '공손수(公孫樹)', 나뭇잎이 오리발 같이 생겼다고 해서 '압각수(鴨脚樹)'라는 이름을 가지고 있으며 화석의 나무라고도 한다.

은행나무는 낙엽성 나자식물 교목으로 중국 절강성이나 양자강 하류의 지역에서 자생하고 있으며 빙하에 의하여 거의 전멸되기 전까지는 세계 전역에 분포하였으나 빙하기를 거치면서 온난한 중국, 일본, 한국 등지에 남아 3억 년이라는 긴 세월을 살아오고 있다. 은행나무는 오래 살고 단풍든 잎이 아름다워 조경수로 많이 식재되고 다른 나무와 달리 은행나무 아래에는 은행나무가 나지 않는 특성도 가지고 있다.

향교의 은행나무는 해충의 피해가 없고 병에 걸리지 않아 오래 살며 재질이 고와 뒤틀림이 없고 단풍이 아름다운 것 같이 모든 선비들은 탐관오리가 되지 말고 청빈하고 청백하게 하라는 교훈의 상징수이며 그리고 공묘에 공자와 자공이 심었다는 은행나무터가 있고 공자가 강론을 했다는 행단이 있는 것과 같이 우리가 그분[2]들의 위패를 봉안하고 있는 대성전과 유교의 경전인 경서를 배우고 읽던 향교에 은행나무가 있어야 한다는 것은 당연하다.

성균관에 있는 은행나무는 천연기념물 제 59호로 지정되어 있고 조선조 중종 14년에 대사성 윤탁이 심었으며 수고(樹高)가 21미터, 흉직(胸直)이 7. 3미터나 되는 크고 오래된 나무의 하나이고 중국에서 들여온 나자식물의 일종으로 옛날부터 절이나 향교, 그리고 경승지에 심어온 나무라고 안내판에 표기되어 있다.

유학의 본산지인 성균관에 있는 천연기념물의 설명이 이처럼 빈약한 것은 향교와 은행나무가 깊은 관계가 없고 어떤 의미도 부여하려

---

2) 文廟 配亨된 先聖 및 先賢
 • 五 聖 位 : 孔子, 復聖公 顏子, 宗聖公 曾子, 述聖公 子思子, 亞聖公 孟子
 • 孔門十哲 : 閔損, 冉耕, 冉雍, 帝子, 端木賜, 冉求, 仲由, 言偃, 卜商, 顓孫師,
 • 宋朝六賢 : 道國公 周惇頤, 豫國公 程顥, 洛國公 程頤,, 徽國公 朱熹, 新案公 召雍, 眉伯 張載.
 • 東國十八賢 : 弘儒侯 薛聰, 文昌侯 崔致遠, 文成公 安珦, 文忠公 鄭夢周, 文敬公 金宏弼, 文獻公 鄭汝昌, 文正公 趙光祖, 文元公 李彦迪, 文正公 金麟厚, 文成公 李珥, 文簡公 成渾, 文元公 金長生, 文烈公 趙憲, 文敬公 金集, 文正公 宋時烈, 文正公宋俊吉, 文純公 朴世采,

는 노력도 없는 것 같다. 성균관대학교의 마크와 일본 동경대학의 마크가 은행잎을 상징하고 있다는 것은 유교의 나라라는 것과 유교와 은행나무와 깊은 연관이 있다는 것을 뜻하고 있음에도 관련시키지 않고 있는 것이다.

우리나라의 234개소의 향교에 은행나무 현황을 설문에 의하여 조사하였던 바 234개소의 향교 중 103개소의 향교만이 회신되어 충분한 조사가 되지 못하였으나 이 조사에 따르면 은행나무가 없는 11개의 향교는 한국전쟁 때 소실되어 복원된 향교이고, 2, 3주가 있다는 향교가 44퍼센트로 가장 많았다.

은행나무의 수령은 4백년 생 이상이 되는 나무가 16퍼센트, 2백~4백년 생의 나무가 28퍼센트, 1백년 생 이하가 34퍼센트였다. 이것은 공자가 인(仁)과 악(樂)과 육예(六藝)를 강론했다는 행단의 '杏(행)'자(字)가 은행나무의 나무이름을 뜻하는 글자이므로 향교에 은행나무가 있어야 한다는 생각 때문에 심고 있는 것과 같다. 그리고 그 나무에 대한 전설이나 어떤 이유가 있느냐는 물음에는 3개의 향교를 제외하고는 거의 답이 없었다.

맺음

향교의 은행나무는 모든 선비들이 탐관오리가 되지 말고 청렴 결백하게 하라는 교훈의 상징적 뜻과 공자가 행단에서 강론을 했다는 의미를 찾아 조선초기에 전국의 행정 단위마다 향교를 설치하면서 당시 흔하지 않았던 은행나무를 기념식수로 했을 것이다.

그러나 지금 향교를 관리하고 있는 유림들이 그 사실을 알지 못하고 있다는 점을 어떻게 받아들여야 할지 모른다. 그들은 옛것을 찾아야 할 대상이 있음에도 찾지 않고 있는 것이다. 그것은 수많은 책을 필사하고 수많은 문집을 만들면서 일상적인 것은 기록에 남겨 놓지 않았거나 남겨 놓는 것을 찾지 못하는 것 중의 하나이겠지만 문헌으로 남겨진 글을 해석하고 그 시대를 조명하는 것도 중요하지만 몇 백년을 살아온 한 그루의 나무에서라도 역사를 찾아 보존하여야 할 일이 우리들에게 주어진 임무라고 생각한다.

전문성도 없이 설문조사를 했기 때문에 충분한 조사를 하지 못한 것을 부끄럽게 생각하며 앞으로 유능한 전문인 누군가가 향교의 은행나무에 대하여 연구해 주기를 바라는 마음을 남긴다.

참고문헌

성균관 1994 「유림편람」
성균관 1994 「향교관리 지침서」
임경빈 1986 「속 나무백과」 일지사
공석하 1996 「공자를 찾아서」 뿌리
김익달 1967 「세계대백과사전」 학원사
장삼식 1996년 「한한대사전」 교육도서

송구영(宋九英)은 치산녹화 임업직으로 연기군, 부여군, 금산군, 청양군에서 대단위 산지 조림을 하고 충청남도 도청에서 1, 2차 치산녹화(治山綠化)와 산지자원화(山地資源化)를 완수한 후 과장으로 승진하면서 홍성군, 논산군, 천안시를 거쳐 연기군에서 정년을 했다. 지금은 회덕향교(懷德鄕校) 사무국장으로 근무하고 있다.

불교와 환경윤리

법 륜

관념의 세계와 실재의 세계

우리가 등산을 가면 계곡에서 취사를 합니다. 물론 지금은 못하도록 되어 있지만요. 그때 우리가 하는 행동을 보면 계곡의 위쪽에 올라가서 물을 떠먹고, 그 밑에서 밥해 먹고, 또 그 밑 아래쪽에서 발씻고 세수를 합니다. 그런데 그 계곡을 타고 위로 올라가 보면 구비구비마다 모든 사람들이 다 그렇게 행동합니다. 한 구비에서 위쪽이 깨끗한 물이라고 하지만 그 다음 구비의 아래쪽이 더 위니까 발씻은 물 다음에 식수가 되지요. 이것은 자기가 알 수 있는 세계 안에서 판단할 때 이쪽부터 시작이고 저쪽이 끝이라고 사고하는 것이지요. 자신이 생각하는 세계관, 자신에게 당장 보이는 시야 속에서는 시작이 있고 끝이 있는 것입니다. 그러나 실제로 계곡의 물은 시작한 그 앞에도 물이 있고, 계곡의 끝편 더 아래쪽에도 물이 있습니다. 모든 존재는 시작 그 이전에도 존재가 있었고, 끝 저편에도 존재가 있는 것입니다. 그러니까 시작과 끝은 관찰자의 시야 속에서만 존재하는 것입니다.

사물을 총체적으로 보면 시작과 끝은 의미가 없는 것이지요. 그런데 계곡 전체의 구비를 본 사람이라면 아마도 맨 처음 시작된 샘물이 시작인 줄 알게 될 것입니다. 그 첫 샘물이 시작이고 마지막 바다라고 생각할 것입니다. 그러나 바다의 물일 증발하여 구름을 이루고 비로 내려 샘물이 된다는 이치를 안다면, 그것도 시작이라고 볼 수 없는 겁니다.

시간이 지나면 심각한 산성비 오염으로 인해 계곡의 첫 샘물이 오히려 가장 더러운 물이 될 수도 있을 겁니다. 마치 심장은 가장 깨끗한 피와 더러운 피가 만나는 곳인 것처럼 말이죠. 그래서 동양에서는 '창조'니 '종말'이니 하는 것이 없는 겁니다. 직선적인 개념이 없고 돌고 도는 '윤회'의 이치가 자연의 이치라고 생각하는 것이지요.

모든 것은 다 이와 같이 연관되어 있습니다. 석가모니 부처님은 바로 이것을 깨달은 것입니다. 사물은 개체의 단순한 집합이 아니라, 연관된 하나의 총체라는 것이지요. 손가락을 보면 하나하나 떨어져 보이지만 그것은 손에 연결되어 있는 하나입니다. 그리고 왼손과 오른손은 서로 다른 개체가 아니라 몸에 연결되어 있는 하나입니다.

우리는 살기 위해 경쟁하고 있습니다. 내가 살기 위해서는 너를 죽이지 않을 수 없고 내가 이익을 보기 위해서는 다른 사람에게 손해를 끼치지 않을 수 없습니다. 그래서 타인의 불행 위에 자신의 행복을 쌓고 있는 것이지요. 그러나 그것은 마치 엄지손가락이 살기 위해 검지 손가락을 죽이는 것과 같아 자신에게도 커다란 비극임을 모르고 있는 것이지요. 경쟁과 투쟁, 대립은 내가 승리하기 위해서 타인과 자연을 파괴하고 죽여야 한다는 생각인 것입니다. 어쩌면 사상, 과학과 학문이 이러한 논리를 전제로 하고 있고, 오히려 이러한 논리를 강화하고 있습니다. 그리고 종교마저도 마찬가집니다. 어떻게 하면 승리하느냐, 이기느냐는 논리에 편승하고 있는 겁니다.

싯다르타의 고뇌는 바로 여기에서 시작되었습니다. 그는 어느 날 뙤약볕에서 땀흘리며 일하는 농부를 보았습니다. 대단히 고통스러워하는 것을 본 것이지요. 그런데 그 농부의 채찍을 맞고 일하는 소를 보았습니다. 그리고 그 쟁기에 잘려 나가는 벌레를 보았습니다. 그리고 그 벌레를 새가 날아와서 쪼아먹는 것을 보고 엄청난 충격을 받았습니다. 그후 싯다르타는 고뇌에 빠졌습니다. "왜 모든 생명이 함께 행복할 수 없을까?"하는 것입니다. 그 고뇌로 시작하여 싯다르타는 왕궁을 버리고 출가하여 깨달음을 얻은 것입니다. 모든 문제는 서로가 별개라는 사고에서 비롯되었다는 것을 깨달은 것입니다. 그 고정관념을 깨고 돌아보니까 새로운 세계가 열린 것입니다.

상호연관된 존재라면 네가 죽어야 내가 산다는 논리는 나올 수 없습니다. 부처님이 깨달으신 다음 제일 먼저 하신 말씀이 바로 "이것이 있으므로 저것이 있고, 이것이 없으면 저것도 없다. 이것이 생기면 저것도 생기고, 저것이 덜하면 이것도 덜하다"는 연기법입니다.

불생불멸의 이치

남편이 없으면 부인은 없습니다. 인간이라는 존재는 있지만 부인이라는 이름을 갖는 것은 아니지요. 남편이라는 이름도 마찬가지입니다. 또한 수소와 산소가 연관을 맺어 물이 됩니다. 이와 같이 모든 것이 연관되어 존재합니다. 그러나 사람들은 연관의 고리를 보지 못합니다. 그 이유는 첫 번째로 공간적으로 좁게 보고 있기 때문입니다. 연관되어 있지 않고, 단절되어 보이는 것은 사람의 의식이 그렇게 생각할 뿐, 실제 존재가 그러한 것이 아닌 것입니다.

두 번째로는 시간적으로 순간적 관찰을 통해 그것이 전체의 모습인 것처럼 착각하기 때문입니다. 예를 들어보겠습니다. 5개의 구슬을 갖고 노는 어린이가 있습니다. 그중 하나는 얼음으로 만든 것입니다. 그 5개의 구슬을 갖고 놀다가 이 어린이가 밖에서 놀다 와서 보니 4개의 구슬만이 보이고 얼음 구슬이 녹아 물만 남아 있는 것을 보았습니다. 그 어린이는 구슬이 없어졌다고 생각하고, 물이 생겼다고 생각할 것입니다. 그러나 얼음 구슬이 녹는 과정의 전체를 본 사람은, 없어지고 생겼다고 생각하지 않겠지요. 단지 변했을 뿐이라고 볼 것입니다. 얼음의 구조에서 물의 구조로 연관관계가 변했을 뿐이지요. 불교에서는 생기고 없어졌다고 생각하는 것을 생멸관(生滅觀)이라고 합니다. 그것은 잘못된 사고이지요. 존재는 연관이 변할 뿐 사라지는 것도 없어지는 것도 없다고 봅니다. 불생불멸(不生不滅)이라고 하는 것이 바로 그것이지요. 그래서 동양에서는 '창조되었다, 소멸했다, 생성했다'라는 말을 하지 않습니다.

서양의 세계관과 동양의 세계관은 다음과 같은 차이가 있습니다. 조금 거칠게 정리하자면 서양의 세계관에서 병의 치료는 그 부분만 고치고 잘라서 바꾸면 된다고 생각하는 관점에 있습니다. 그러나 동양적 사고에서 병은 몸 전체의 균형이 파괴되고 일그러진 것이라고 봅니다. 조화가 깨어져 발생한 문제라고 생각하는 거지요. 동양의 의사는 이러한 조화가 깨어지고 균형이 일그러진 것을 아는 것입니다. 본래 인간을 포함해서 작은 벌레, 풀 한 포기도 자연적으로는 제 명대로 살게 되어 있습니다. 병이 난 것은 자연적인 것이 아니지요. 서구의 가치관 속에서는 고통과 병을 전체적으로 관찰하지 않고 부분적인 문제로만 보고 있다고 생각합니다.

뱀이 있어야 개구리도 산다.

사고 실험을 하나 해봅시다. 연못이 하나 있

습니다. 그 속에 물벌레와 개구리, 뱀 등이 하나의 생태계를 이루고 있습니다. 그런데 개구리를 중심으로 보자면 물벌레가 많으면 좋고, 뱀이 적을수록 좋다고 볼 것입니다. 따라서 누군가가 뱀이라는 존재를 죽여서 위협만 없애 준다면 개구리는 이 연못에서 천년만년 행복하게 살 것이라고 생각할 것입니다.

그래서 실제 뱀이 죽으면 개구리는 급격하게 증가할 것입니다. 그렇게 되면 물벌레를 많이 잡아먹게 되고, 결국 잡아먹을 물벌레가 적어지면 개구리도 모두 죽게 되는 것입니다. 그렇게 보면 뱀이 존재하는 것이 실은 개구리를 살게 만들어 주는 역할을 하는 고마운 존재가 된다는 것을 깨닫게 되는 것이지요.

불교에서는 물벌레, 개구리, 뱀을 독립된 생명으로 보지 않고 모두 한 덩어리의 생명으로 봅니다. 그래서 그 동물들간의 조화와 균형을 생각합니다. 개구리가 생존할 수 있는 근원은 물벌레만이 아니라 뱀도 개구리를 살리는 역할을 한다는 것입니다. 그래서 뱀도 없어져서는 안될 존재이며, 뱀, 개구리, 물벌레 등이 서로가 서로를 살리는 존재라고 파악합니다. 불교에서 생명을 함부로 죽이지 말라고 하는 이유도 그와 연관되어 있습니다.

그러나 서구적 개념은 개별 생명의 입장에서 바라보고 생존을 위해 투쟁, 경쟁하는 측면을 자연계의 보편적 이치라고 강조합니다. 이것은 다위니즘의 영향이 큽니다. 다윈이 말하는 자연지배의 원리는 약육강식, 자연도태, 적자생존 등이라고 할 수 있는데 자연의 이치가 그러하기 때문에 산업사회가 약육강식의 논리로 보편화된 것 또한 자연스러운 일이라고 판단하는 겁니다. 그러나 개체와 개체의 일 대 일 대응이라는 부분적 관계에서는 맞을지 모르지만 실제 생태계 전체의 근본원리는 상호의존, 공생, 상호연관과 보완의 측면이 더욱 규정하고 있는 사실을 보지 못하고 있는 것입니다.

바람이 일면 살랑대는 푸르른 나뭇가지를 보십시오. 이 나무는 약 수십만 장의 나뭇잎이 붙어 있습니다. 이쪽 가지의 나뭇잎이 떨어지는 것과 저쪽 가지의 나뭇잎이 떨어지는 것이 별개라고 볼 수 있지만, 그것은 줄기로 연결되어 있고 그 줄기는 다시 뿌리로 해서 땅과 연결되어 있습니다. 땅은 고체이고 그 속의 물은 액체이죠. 고체와 액체를 연결하는 것이 바로 뿌리입니다. 그러나 그것만 일까요? 나무를 비닐로 씌우면 살 수 없을 겁니다. 이것은 잎을 통해 허공의 공기에 뿌리를 박고 있기 때문입니다. 또한 검은 비닐을 씌워도 살 수 없는데 나무는 태양에 뿌리를 박고 있는 것입니다. 그것만이 아니지요. 그 나무를 심은 사람이나 씨앗을 날리게 만든 바람과도 연관되어 있습니다. 따지고 들어가면 엄청난 것들과 연관되어 있습니다.

우리 몸은 입을 통해 음식물을 먹습니다. 코로 숨을 쉬고, 귀로 듣고 눈을 통해 보고, 뇌를 통해 생각하지요. 입은 고체와 액체를 연결하고, 코는 기체를 연결합니다. 또한 귀는 장파를 눈은 단파를 뇌는 극초단파를 연결한다고 합니다.

뜰 앞의 나무가 만들어 낸 산소를 마시고 내가 숨을 쉽니다. 그리고 그 앞을 흐르는 샘물을 마시고 내가 살아갑니다. 내 몸의 70퍼센트는 바로 그 샘물입니다. 그리고 내가 살고 있는 근처의 땅에서 나는 채소로 음식을 만들어 먹으면서 힘을 내서 살아갑니다. 그리고 그 채소는 비와 바람, 태양과 땅속의 작은 벌레, 똥과 나무 썩은 것 등 그 모든 것의 힘을 받고 살고 있고 나는 다시 그것을 먹음으로써 힘을 받는 것이며, 죽어서 다시 땅으로 돌아갑니다. 불교에서는 중중무진연기(重重無盡緣起)라고 해서 모든 것이 모든 것과 중중첩첩이 연관되어 있다고 합니다.

가난한 사람들이 우리를 살리고 있다

저는 한국불교환경교육원의 활동 이외에 인

도의 한 불가촉천민 마을에서 약 4년에 걸쳐 기아와 질병과 문맹퇴치를 위한 국제문화사업에 관계하고 있습니다. 그 과정에서 저도 콜레라에 걸린 적이 있습니다. 그곳에서 콜레라로 동네사람 몇 백 명이 한꺼번에 죽을 수도 있는 위험에 처한 경우를 보았습니다. 에이즈는 서구보다 아프리카에서 엄청나게 많은 사람에게 감염되어 있습니다. 그러나 그들을 위협하는 것은 에이즈나 암이 아닙니다. 오히려 그것은 위험한 병 축에도 속하지 않습니다. 콜레라나 기타 페스트 등이 질병은 한번 전염되어 휩쓸고 지나가면 수천 명이 당장 죽는 심각한 질병입니다. 그러나 에이즈나 암은 당장 죽지는 않습니다. 최소한 2, 3년 정도는 사는 경우가 많습니다. 그들에게는 당장 죽어 넘어가는 병이 더 위협적인 것입니다. 이것이 제 1세계와 3세계의 인식의 차이 입니다.

인도에서는 막노동하는 어른의 일당이 20루피입니다. 우리 나라 돈으로 5백원이지요. 이것으로 한 가족이 먹고 삽니다. 그들은 병들어도 간단한 치료밖에 할 수 없습니다. 제가 활동하고 있는 둥게스리는 부처님께서 6년간 고행하신 곳입니다. 그곳 불가촉천민들의 세 마을에는 약 1천3백명이 살고 있는데 초등학교를 다닌 사람이 2명밖에 안됩니다. 1백퍼센트 문맹이지요. 이들의 일인당 국민소득이 50달러 정도입니다. 우리의 소비수준은 그들의 2백배가 되는 셈입니다. 그들에게는 현실적으로 최소한의 필요를 위한 발전이 필요합니다. 그렇지만 그들이 우리 같은 소비수준을 누리며 산다면 어떻게 될까요.

중국은 현재 일인당 국민소득이 3백달러라고 합니다. 우리는 여기에 비해 약 30배가 넘는 정도입니다. 더욱이 유럽이나 선진국의 3만 달러는 중국의 약 1백배가 넘는 엄청난 것이지요. 그러나 인도는 일인당 국민소득이 300달러도 안됩니다. 중국이나 인도의 인구가 12억과 8억이라고 하지만, 실제인구는 약 15억과 10억 정도로 추산됩니다. 왜냐하면 인도 인구의 약 20퍼센트 정도인 불가촉천민은 인간으로 취급되고 있지도 않고, 그래서 통계에 제대로 반영되고 있지 않기 때문입니다. 만약 이들이 최소한 한국의 소비수준처럼 산다면 그것은 지구환경문제에서 보면 보통 큰일이 아닐 겁니다.

이것은 뒤집어 말하면 중국과 인도의 가난한 사람이 그토록 가난하게 살고 있기 때문에 선진국 사람들이 현재와 같은 삶의 방식으로 생존할 수 있다는 말입니다. 인류의 80퍼센트나 되는 가난한 사람이 존재하기 때문에 우리가 생존하고 있는 것입니다. 우리의 이러한 삶이 정당하고 옳다면 전인류가 모두 그렇게 살아야 할 것입니다. 그러나 전인류가 도저히 우리처럼 살 수는 없습니다. 그렇게 된다면 지구환경은 급속히 파괴되어 버릴 것입니다. 이렇게 본다면 우리의 이러한 행복과 풍요는 다른 많은 사람들의 가난과 고통을 전제하고 있는 것입니다.

현재 우리가 풍요를 누리며 생존하는 데는 두 가지를 전제로 하고 있습니다. 첫 번째는 20퍼센트밖에 안되는 선진국의 인구가 전세계 자원의 82퍼센트를 사용하고 있다는 점입니다. 이것은 잘 사는 나라가 가난한 나라 사람이 써야 할 자원을 끌어당겨 소비하고 있다는 뜻입니다. 그렇게 볼 때 잘 사는 나라는 두 가지 죄업을 짓는 것입니다. 하나는 가난한 나라의 것을 빼앗아 쓰고 있다는 것이며, 또 하나는 바로 그들이 가난 덕으로 생존하고 있음에도 자신의 물질적 풍요를 그들에게 돌려주려고 하지 않고, 참회하지도 않으면서 더욱 수탈하고 있다는 점입니다.

두 번째로는 미래세대가 사용해야 할 자원을 끌어당겨 소비하고 있다는 점입니다. 우리가 사용하고 있는 자원은 40억 년의 지구 역사의 누적된 유산인 만큼, 우리도 미래세대를 위해 그들이 사용해야 할 자원을 남겨 두어야 합니다. 그렇지 않으면 시간적으로 공간적으로 다른 인간이나 다른 생명이 대신 그 폐해를 떠맡을 수밖에 없는 것입니다.

'미래세대의 가능성을 훼손하지 않는 범위에서 현재의 개발'이라는 지속 가능한 개발논리가 갖고 있는 허구 중의 하나는 바로 세대간의 평등만을 문제로 할 뿐, 남북간의 평등을 문제삼지 않는다는 것입니다. 시간적 형평만 생각하고 공간적 평등성에 무관심한 것이 바로 선진국 중심으로 환경문제를 볼 때 생기는 심각한 문제입니다. 또 한편으로는 한 국가 내에서의 국민의 경제적 평등이나 남북간의 평등만을 주장한 사회주의는 세대간의 평등을 무시한 개발론 입니다.

환경기술의 개발은 대단히 중요합니다. 그러나 그것이 과연 근본적일 수 있을까요? 당장의 오염은 정화될지 모르지만, 원인이 제거되지 않은 상태라면 결국 5년만에 닥칠 문제를 10년 뒤로 미루는 것일 뿐입니다. 그렇다고 기술개발을 완전히 무시할 수는 없겠지요. 근본적인 문제가 해결되거나 일반화될 때까지 더욱 심각하게 되는 것을 막는 데는 그것이 필요하기도 합니다. 가난한 나라는 환경문제를 생각도 못합니다. 그들은 당장 굶어 죽는 문제의 해결이 급한 것입니다. 너무 살찐 것도 병이지만 너무 마른 것도 병입니다. 살찐 사람은 살을 빼야 하는 것처럼, 너무 마른 사람은 적당히 먹어서 건강을 회복해야 합니다. 우리가 주장하는 것은 무조건의 내핍이 아니라 적당한 건강성입니다.

환경문제가 정말 심각하다고 선진국이 느낀다면 하루라도 빨리 해결하기 위해 자신들이 개발한 환경기술을 무조건 나누어주어야 할뿐만 아니라 오히려 소비수준을 줄이고 한편으로는 제 3세계의 필요를 위한 환경 친화적 개발을 도와주어야 합니다. 그것이 1세계와 3세계의 형평문제를 생각하는 첫 번째 방법입니다.

썩는 것이 아름답다

사람은 그 존재 자체가 지구환경을 파괴하기 때문에 지구상에서 없어져야 할 존재일까요? 그렇지는 않습니다. 예를 들어, 1천평 정도 되는 땅에 아무 것도 없이 풀을 자라게 할 때와 그 풀밭에 소를 한 마리 키울 때 어디에서 풀이 더 잘 자랄 수 있을까요? 물론 소가 적당히 있을 때입니다. 마찬가지로 인간도 환경을 파괴만 하는 것은 아닙니다. 자연계에서 인간이 있는 것이 훨씬 자연을 풍요롭게 할 수 있을 것입니다. 그러나 자연의 재생능력을 벗어날 정도로 소비한다거나 인간중심의 잘못된 사고로 인해 문제가 발생하는 것입니다.

자연계에는 본래 쓰레기란 없습니다. 자연계에서는 버릴 것이 있다는 사고가 오히려 이상한 것이지요. 불필요한 것은 자연계에는 없습니다. 벽돌이 방에 있으면 쓰레기이지만 공사장에 있으면 훌륭한 건축자재가 되고, 냉장고가 부엌에 있으면 훌륭한 가전제품이지만 밭에 있으면 쓰레기가 됩니다. 쓰레기는 있어야 할 자리에 있지 못하고, 사용되어야 할 곳에 사용되지 않기 때문에 발생한 문제입니다.

그리고 지금은 비닐이나 플라스틱 등이 쓰레기 중에 큰 문제가 됩니다. '작은 것이 아름답다'는 말도 있는데, 이제는 '썩는 것이 아름답다'라는 것을 알아야 합니다. 썩지 않게 하려는 것은 인간이 죽지 않으려는 잘못된 욕구를 갖고 있는 데서 비롯된 것입니다. 죽음을 두려워하고 그것을 인정하지 않고 피하려 하기 때문에 유전자 조작이나 노화방지를 위해 위험한 실험을 하고 있는 것과 마찬가지로 사람이 사용하는 것을 썩지 않게 하는 것도, 영구히 쓰겠다는 욕심에서 비롯됩니다. 그러나 그 영구히 쓰겠다는 욕심이 결국 분해되지 않는 쓰레기를 만들어 심각한 지경에 이르고 있습니다.

쓰레기 처리란 말은 잘못된 것입니다. 쓰레기가 올바로 처리되는 것은 자연상태로 분해되는 것을 말합니다. 그러나 지금 쓰레기 처리는 일정 지역에 모아 놓고 쌓아 놓는 것을 의미합니다. 이것은 쓰레기를 운반해놓는 것이지 처리하는 것은 아닙니다.

집착에서 벗어나면 보이는 깨달음의 세계

이제는 과연 우리가 잘 살고 있는가 하는 것에 대해 생각을 해봐야 합니다. 문명의 흐름에 갇혀서 보면, 잘 먹고 풍요를 누리는 것이 굉장해 보이지만 밖에서 보면 그와 같은 삶은 별 대단한 것이 아닙니다. 그렇게 생각하면 아무 것도 못할 것 같지만, 오히려 그렇지 않습니다. 이해관계를 떠나서 바라보면 실제 엄청난 일을 할 수 있는 것입니다.

스님들이 절을 짓는 일로 이해관계에 있으면 그 일이 엄청나게 중요한 것처럼 매달리지만, 한편 마음을 돌려 "득도하겠다고 출가한 사람이 절 하나를 짓는 일로 전생을 바치는 것이 어떤 의미가 있는가"라고 생각하면 전혀 다른 생각을 할 수 있게 됩니다.

모든 문제가 사로잡히면 죽고 사는 문제입니다. 그러나 내려놓으면 아무 문제도 아닌 것입니다. 꿈에서 뱀에 물려 도망가면서 허겁지겁하지만 깨고 보면 아무 것도 아닙니다. 마찬가지로 엄청나게 어려운 문제도 삶을 돌려 다시 관찰하면 해결할 것도 없는 간단한 문제가 됩니다.

간디는 심각하고 복잡한 문제가 있으면 일주일 정도 단식을 하곤 했답니다. 마음을 내려놓으면 이렇게 되든 중요한 문제가 아니라는 판단이 들기 때문이지요.

참선은 깨달음을 구하는 훌륭한 방법입니다. 그렇게 중요하고 대단한 깨달음의 도구를 많은 사람이 자신의 이기심을 위해 건강이나 치료법 정도로 생각합니다. 대단히 한심한 일입니다. 진정한 깨달음은 자기고뇌를 해결하고 인류의 문제를 해결하는 것이어야 합니다. 명상이라는 것이 현대사회에서 자신의 이해관계를 위해 치졸하게 이용되고 있는 것은 명상이 갖고 있는 커다란 의미를 잃게 하는 것이지요. 전지구적 인류의 문제를 해결하는 것으로 안목이 열려야 진정한 깨달음이 되는 것입니다.

법륜은 1969년 12월 15일 경북 경주시 분황사에서 불심 도문스님을 은사로, 동헌 완규선사님을 계사로 사미 십계를 수지하였다. 현재 정토회 의장, 지도법사, 사단법인 한국불교환경교육원 원장, 월간〈정토〉발행인이다. 저서로 실천적「불교사상」,「젊은 불자들을 위한 수행론」,「인간 붓다 그 위대한 삶과 사상」,「미래문명을 이끌어갈 새로운 인간」,「불교와 환경」등 다수가 있다.

종교화된 생명운동, 녹색화된 종교

유 정 길

환경운동은 환경운동이 아니다.

오늘의 진보를 가로막는 적, 과거의 진보

환경위기를 계기로 인류는 그동안의 진보의 개념에 근본적 변화를 강제받고 있다. 어제보다 오늘이, 오늘보다 내일이 더 나을 것이라는 사고가 그동안의 진보였다고 한다면, 전 지구적 위기로 등장하고 있는 지금의 상황은, 오늘보다 내일이 나을 것이라는 보장을 불가능하게 하고 있다. 이제, 역사가 발전한다든가 사회가 진보한다는 과거의 사고로부터 새로운 진보의 개념을 요구받고 있는 것이다.

과거의 진보는 양을 중심으로 물질적 풍요를 추구하는 생산력중심주의라고 할 수 있다. 그러나 환경위기시대의 과거의 진보개념은 오히려 인류를 파멸을 초래한 원인이었다. 더이상 생산력의 증가는 인류를 구원하는 도구가 될 수 없다는 것이다. 이제는 물질이 아니라 정신, 양이 아니라 질, 풍요가 아니라 절제를 중심으로 진보의 중심을 이동시킬 것을 요구받고 있는 것이다.

시장의 실패와 국가의 실패

산업사회를 움직이는 동력은 이윤동기이다. 그러나 이러한 이윤동기는 장기적 이윤보다 언제나 단기적인 이윤추구에 집착해 있다. 환경위기는 바로 여기서 발생한다. 경제는 물론이거니와 사회, 학문, 정치, 문화등 모든 것이 돈의 가치로 환산되어 이윤이 생성 될 때 산업사회에서 행동이 의미를 갖는다. 여기서 종교 또한 마찬가지이다.

환경문제는 장기적 관점과 논리를 요구한다. '지속가능한 개발'이라든가 '미래세대의 가능성을 훼손시키지 않는 범위내에서 현재의 개발'이라는 구호처럼 미래세대를 고려한다는 것은 장기적 안목없이는 불가능한 것이다. 그러나 시장의 논리는 이러한 미래세대의 이해를 얼마나 반영해 줄까? 또한 국가는 이러한 시장논리를 토대로 세워진 체제이다. 시장을 통제하고 조정한다고 하더라도 이것은 시장의 단기적 이윤동기 그 자체를 근본적으로 변화시킬 수 없다. 어쩌면 오늘날 환경운동은 시장과 국가를 인정하고 그 한계 내에서 비교적 선에 가까운 논리만을 요구하는 것이 아닐까? 환경문제를 해결을 외부비용을 경제에 편입시켜야 한다든가, 아니면 법적, 행정적 강제력을 동원할 것을 요구하는 것은 바로 그러한 시장과 국가내에서의 운동이라고 볼 수 있는 것이다.

어쨌든 이러한 단기적 이윤동기의 강력한 마력은, 자신의 이익을 위해서 끊임없는 경쟁을 추구하게 된다. 경쟁은 필연적으로 적(敵)과 아(我)를 구분해야 효율적이다. 그래서 경쟁과 대립, 전쟁과 투쟁의 논리에 깊숙이 빠져 서로가 서로를 파괴하고 승리에 집착하게 된다. 시인 김지하는 이것을 '죽음의 논리'라고 했고, 루돌프 바로는 이것을 '자기절멸주의의 거대한 메가머신'이라고 했다.

그렇다고 한다면 이러한 이윤동기를 넘어서는 운동, 계층상승욕구와 성장지향적 개인의 가치관을 전환하며 욕구의 절제와 청빈, 금욕적 개인과 사회를 만들어 나가는 도구가 있을까? 거의 없는 듯하다. 왜냐하면 어느 하나도 이러한 경제적 풍요의 추구와 이해관계 속에 편입되어 있지 않은 것이 없기 때문이다.

시장을 변화시키고, 국가를 변화시키는 운동

환경문제를 단순히 자원재활용운동이나 수질정화, 대기정화운동 만으로 보는 것은 틀린 것은 아니라 할 지라도 충분하다고 할 수 없다. 환경문제는 메시지이다. 이제까지의 파괴적인 삶을 참회하고 새로운 전환을 요구하는 경고인 것이다. 이렇게 볼 때 환경문제를 통해 우리가 느껴야 할 것은 자연환경을 '보존'하려는 원상회복운동을 넘어서야 한다.

시민운동은 산업사회, 자본주의를 인정하면서 자본주의 시장의 비도덕성, 비윤리성을 감시하고 저항하며 도덕성에 가깝게 나아가도록 하는 역할을 한다. 그리고 시장을 토대로 국가의 비도덕성과 비윤리적 정책에 압력을 가하는 역할을 한다. 이른바 환경문제로 표현되는 생명운동, 녹색운동, 생태주의 운동은 산업사회의 근본에 문제를 제기하는 것이다. 산업사회를 인정하면서도 인정하지 않는 운동인 것이다. 비정한 시장논리의 밖에서 새로운 도덕적 시장을 구축하는 운동, 국가 밖에서 도덕적 단위를 구축하는 운동을 동시에 모색하는 과정을 거쳐야 한다.

이제 환경운동은 파괴된 환경의 실상을 알리고 이것을 원상회복하기 위한 집단적이고 조직적 실천에 머물러 있다고 한다면 생명운동의 반 밖에 알지 못한 것이다. 보다 본질적으로는 환경문제를 발생시킨 인간의 문제, 사회의 문제를 변화시키는 것이다. 환경문제가 정치, 경제에 문제가 있는 것은 사실이다. 그러나 이것만 가지고 문제가 해결될 수 있을까? 이제 사회의 개조와 자기 개조가 동시에 통일되어야만 진정한 변화가 가능하다. 환경문제는 과거 정치운동의 관성을 벗어나지 못하고, '개인의 변화'의 중요성을 말하는 사람을 관념주의, 형이상학이라고 매도하며, 정치적 변화, 입법과 행정적 강제력이 중요하다고 말하고 있다면, 이것은 환경운동의 외피를 쓴 국가주의적 발상이며 사고 자체가 환경주의적이지 않다는 것을 알아야 한다. 환경운동이 문화운동이라고 한 것은 경제, 정치, 사회, 종교, 개인의 가치관과 생활양식 등 모든 문제를 포괄적으로 변화시켜야 한다는 것을 의미한다.

현실의 과잉, 사상의 빈곤

우리나라의 환경운동이 전국적으로 확산된 것은 1992년 브라질 리우에서 있었던 유엔환경회의였다. 이렇게 볼때 우리나라의 환경운동의 역사는 내발적인 과정을 통해 고양되었다기보다는 당시의 전세계적인 환경인식의 고양에 힘입은 바가 크다고 볼 수 있다. 이것은 지금껏 환경운동이 재활용운동이나 수질, 대기 보존, 자연보존 등 자연환경문제에 대한 관심으로만 집약되어, 보다 근본적인 환경철학과 사상, 윤리의 문제에 대한 사고로까지 확대되지 못하게 된 원인이 되기도 했다.

그리고 현재 환경운동이 고양되고 있는 상황에 대해 주의해 볼 필요가 있다. 1990년 이후 사회주의권의 몰락과 그 이념에 대한 퇴조, 한국사회의 경제적 풍요가 어느 정도 달성된 데에 따라 과거와 다른 사회구도로 변화되고 있는 시기였고, 대선과 총선을 거치면서 군사독재정치로부터 일정정도 벗어나 민의에 의한 민간통치로의 변화되었으며, 과거 사회운동의 퇴조로 시민운동론의 등장 등이 기간의 사회적 변화라고 볼 수 있다. 특히 시민운동적 논의의 부상과 전세계적 환경운동의 요구가 일치되는 시점이 현재의 환경운동의 성격을 규정하게 만든 변수였다고 판단된다.

얼마나 근본과 일치하는가
그리고 얼마나 현실과 일치하는가

과거의 변혁운동은 이상적 사회에 대한 목적의식적 비젼에 집착한 나머지 현실을 자신의 희망에 근거하여 자의적으로 평가해 왔다는 특징을 갖고 있다면 시민운동은 이상주의적 사회에 대한 논의보다는 현실적 필요에 충실한 형태로 운동을 펼쳐왔다는 특징을 갖고 있다. 그러다 보니 오늘날의 환경운동은 대안사회에 대한 비젼과 장기적 방침과 원칙보다는 현실에서 상대적으로 덜 악한 것, 조금 나은 것을 대안으로 선택하는 경우가 많았다. 이러한 상황에서 환경운동은 현실적으로 엄청난 녹색열풍과 환경운동붐을 지도해야 한다는 부담 속에 철학이나 윤리, 사상에 눈 돌릴 겨를도 없었던 것이다.

그러나 환경운동이 지속적 운동으로서 성공하기 위해서는 상황을 장기적 안목에서 파악하는 명확한 이상주의적 비젼을 갖고 있어야 한다는 것은 말할 것도 없다. 그렇기 위해서는 서구의 다양한 논의와 내용을 주체적으로 흡수한 뒤 우리만의 특징적인 환경 사상과 운동의 방법을 개발해 나가야 할 필요가 절실히 요청된다고 본다. 최근의 전세계의 변화는 이념과 사상에 있다. 다양한 논의를 불러일으켜 왔다. 과거와 같은 종교와 과학의 단선적 배타성에서 종교와 과학의 보완관계의 필요성, 과학기술에 대한 새로운 평가, 유물주의적 사고의 지양과 형이상학적 사고의 중요성, 과학을 중심으로 하는 이성적 사고에 대한 회의, 그리고 신비주의적 경향에 대한 관심의 고조, 산업사회와 문명의 전환에 대한 다양한 견해들이 논의되고 있는 실정이다.

종교의 환경운동의 성격과 의의

운동의 종교와 종교의 운동화

그동안 산업혁명 이전 시기는 봉건시대로 사상적 암흑시대라 할 정도로 이성과 과학은 신학과 종교에 복속되어야 했다. 그러나 산업혁명 이후 근대사회는 오히려 선후가 도치되어 과학과 이성이 신앙을 압도하고 있다. 종교와 신앙으로 대표되는 형이상학을 배제한 것이다. 또한 과학적검증을 거치지 않은 것은 진리로서 인정받지 못할 뿐 아니라 사실이 아닌 것으로 치부되었다. 더욱이 신의 존재 또한 과학적인 증명을 강요받는 시대인 것이다. 과학적으로 증명된 신은 과학이지 종교일 수 없다.

현재 생명과 환경위기는 인간이 종교라는 위치에 과학이라는 인간의 합리적 자신감을 대치시켰고 형이상학으로서 종교를 주변화시켰다. 이성과 과학주의라는 인간의 오만함과 교만함은 바로 위기이자 절멸이라는 환경위기를 초래했다. 그러나 환경위기를 극복하기 위해서 인간은 새롭게 형이상학의 복권을 추구하기 시작한 것이다. 관념론과 유물론의 대립과, 유신론과 무신론의 대립은 사업사회의 생산력주의의 논리이며 이분법적이고 유물주의적인 논리인 것이다. 인간을 소외시키고 자연을 착취한 사상의 연장인 것이다.

과학주의는 인간은 자연을 해석하고 최종적으로 분석할 수 있으며, 조작과 창조 할 수 있다는 교만과 맹목적 자신감을 만들어냈다. 그것이 위기의 시작이었던 것이다. 종교는 그러한 인간에게 겸손할 수 있는 여견을 갖도록 만들었고, 자연과 생명앞에 미미한 존재임을 깨닫게 해주는 것이었다. 그러나 과학을 배제한 종교는 맹목이 되기 쉽다. 또한 종교를 배제한 과학은 오만하게 되는 것이다. 환경위기시대 과학은 종교이 슬기롭게 결합되어야 한다. 유물론과 유심론은 실제 나뉠 수 있는 게 아니라는 것은 수많은 생태학자들은 깨닫고 있는 것이다.

과학적으로 해명되어야만 존재하는 것이라고 사고하는 것은 과학적인 사고같지만 실은 대단히 비과학적인 사고이다. 왜냐하면 현실세계에서 과학이 검증한 부분은 언제나 일부분이었기 때문이다. 확인된 일부분으로 진리와 비진리를 가린다는 것도 어불성설이지만, 과학적 증명을 넘어서는 것을 존재하지 않는다고 판단하며, 비과학적이라고 비판하는 것이야말로 비과학적인 자세이기 때문이다.

종교는 근본을 성찰하는 것이며, 겸손해지는 것이고, 현실 속에 천착하는 것이 아니라 초월하는 것이다. 환경문제는 인간의 성찰적 생활양식을 강제하고 있다. 또한 자연 속에서 겸손해야함을 가르치고 있다. 그리고 물질적인 천박성보다는 정신적 초월과 생태적 감수성을 요구한다. 위에서 언급한 생태감수성은 그래서 종교성과 유사성이 있는 것이다.

또한 산업사회의 모든 가치는 경쟁과 대립이며, 생존경쟁과 약육강식의 정글법칙이 지배하고 있다. 그러나 생태위기는 바로 이러한 비정한 논리를 뛰어넘어 작게, 적게, 천천히 살 것을 요구하는 메시지인 것이다. 그러나 욕구를 확대하고 결핍감을 자극하는 현대사회의 광고와 산업사회의 논리를 거스를 것은 아무 것도 없는 것처럼 보인다.

그러나 이러한 지점에 종교가 있는 것이다. 산업사회를 거스르는 유일한 메시지이며 그 메시지를 수행하는 조직화된 수행집단이 바로 종교인 것이다. 바루 한 개와 가사 한 벌로 살아가셨지만, 인간이 도달할 수 있는 최고의 경지인 부처가 된 싯다르타와 가난한자가 복이 있다고 하고, 부자가 천국에 가는 것이 낙타가 바늘구멍에 들어가는 것과 같다는 말씀, 저마다 십자가를 지라는 이야기 등 종교의 교의는 산업사회를 정면으로 거스르는 것이다. 그래서 어쩌면 산업사회의 유일한 초월자는 종교밖에 없다고 할 수 있다. 그래서 환경위기를 해결할 집합적 세력도 종교나 종교화된 운동가들일 수밖에 없는 것이다.

문제는 자발적인 청빈과 주체적인 가난을 실천하지 않고 산업사회의 이기심에 예수님과 부처님을 팔아 이용하여 돈을 벌려는 추악한 종교심, 경쟁사회에 예수와 부처라는 백을 등지고 이익추구에 협력해달라고 기도하는 사람들의 탐욕이 문제인 것이다. 오늘날 엄밀하게 불교, 기독교, 천주교, 원불교… 등등, 진정한 의미의 종교는 없다. 단지 '돈'의 종교에 추종하는 사교집단만 있을 뿐이다.

진정한 종교성의 회복은 바로 생태적 사회의 중요한 요인이 된다. 철저하게 종교적일수록 생태적이며 생명적일 수 있다는 점을 잊어서는 안될 것이다.

한국의 종교와 평화

한국은 기독교, 불교, 천주교 등 전세계의 메이저 종교가 각자 라디오와 텔레비전 방송국을 갖고 있는 유일한 나라이다. 사회주의가 무너진 지금, 앞으로 인류의 분쟁요인은 종교간의 대립이라고 말하는 사람이 있다. 한국은 바로 전세계의 대표적인 종교가 모여 각자 교세를 확장하며 발전하고 있다. 이것은 선진국의 다른 나라와 대조적인 형태라고 볼 수 있다.

그것은 어쩌면 큰 불행인지도 모른다. 종교가 진리에 대한 배타성을 권력화하기 시작하면 그것이 대립의 씨앗이 되기 때문이다. 실제 모든 종교는 평화를 구한다고 주장하고 있지만 전세계 전쟁 중 40퍼센트는 종교로 인한 전쟁이라는 점은 매우 슬픈 일이 아닐 수 없다.

한국은 또한 민족과 민족의 통합을 커다란 과제로 두고 있는 전세계 유일한 분단국가이다. 이것은 단순히 남과 북의 재통일이라는 정치적 관점이 아니라 남과 북의 정서와 문화적 통일을 전제로 하고 있다. 그러나 현재 한국은 지역간의 대립, 종교간의 대립이라는 현실의 문제를 해결하는 과정 속에 통일을 위한 문화적인 경험이 쌓여 나갈 수 있을 것이다.

서로 다른 것과의 공존, 차이를 인정하고, 나아가 그것이 오히려 소중한 것으로 인식하고 공동점을 확대시키고 차이점을 소중히 하는 것이 바로 평화를 구하는 자세일 것이다.

한국의 종교간의 대화와 평화는 그러한 차원에서 대단히 중요하고 소중한 것이다. 현재 한국의 종교환경운동은 공통점을 확대시키는 중요한 기재중의 하나인 것이며, 이러한 연대의 토대가 향후 종교간의 평화와 남북간의 평화, 그리고 환경문제를 실질적으로 해결하는 토대가 될 것이다.

이윤 동기를 뛰어넘는 기재로서의 종교운동
환경 문제는 '사회개조와 자기개조의 통일'을 이루어 나가야 하는 운동이다. 그렇다고 한다면 오늘과 같은 이윤추구의 사회에서 자신의 이윤을 포기하라고 할 수 있는 세력이 있을까? 그것은 종교밖에 없다. 산업사회의 이윤동기는 근본적으로 악의 원인이다. 개인주의, 경쟁과 갈등, 전쟁과 파괴, 대립을 조장하는 모든 것은 개인의 이익, 집단의 이윤, 국가의 이익을 위해서이다. 그러나 종교는 집단적으로 선의지를 표방하고 있다. 탈이윤적 삶을 요구하고 있는 것이다. 그리고 수행과 수양이라는 훌륭한 자기변화기재를 발달시켜 놓고 있다. 종교라는 하드웨어는 그 자체로 보수적일 수밖에 없다. 그러나 소프트웨어는 언제나 진보적이었다. 종교운동이 모든 것을 할 수는 없다하더라도 종교내 환경운동이 담당할 수 있는 영역은 대단히 중요한 부분인 것이다

대안적 생활양식으로의
집단적 전환을 가능케하는 종교운동
환경운동에 있어서 파괴된 자연을 회복하는 운동과 나아가 자연을 파괴한 인간에 대해 새로운 변화, 새로운 가치관 각성 운동, 생활양식 전환운동 또한 대단히 중요하다. 그리고 이 두 가지는 환경운동이 동시에 펼쳐나가야 할 중요 영역이다. 실제 사회주의 몰락 이후 인간의 문제가 중요한 논의 중 하나로 떠오르고 있다. 아직 생활양식의 전환이라는 중심논의는 활발하게 운동내용으로 사회화되지는 않았지만 중요한 영역이라고 본다면, 종교운동, 특히 종교환경운동은 커다란 의미를 띤다고 볼 수 있다.
개인의 이익과 이윤동기에 의해 자연과 인간이 파괴되고 황폐화되었다면 환경운동은 이익과 이윤동기를 뛰어 넘도록 하는 운동인 것이다. 그러나 자본주의 산업사회에서 집단적으로 이러한 이윤동기를 조정할 수 있는 영역이 있을까? 아마도 그것은 시민운동의 영역이라고 볼 수 있으며, 보다 중요하게 종교만이 자신의 이윤동기를 극복하도록 할 수 있으며 집단적인 선의지를 조직화 할 수 있는 좋은 기재가 된다.

종교의 환경운동은 유물주의적 사고를 근간으로 하는 제반 사회운동과는 달리 형이상학에 대해 풍부한 경험과 이해의 토대를 갖고 있어 다양한 논의가 풍부해 질 수 있는 조건을 갖고 있다.

우리나라에서 가장 큰 조직은 종교조직이다. 따라서 하나의 운동이 가장 크게 사회화되는데 좋은 조직적 통로를 갖고 있다는 특징을 갖고 있다. 그러나 가장 배타적 집단은 종교집단인 것도 사실이다. 더우기 우리나라는 다른 어느 나라와는 달리 세계에서 가장 큰 종교가 비슷한 세력으로 자리잡고 있는 독특한 종교분포국가이다. 배타적 집단끼리의 평화로운 공존을 유지하는 것은 남북통일과 지역갈등의 시대에 큰 모범이 될 수 있다고 보여진다. 그래서 종교환경운동은 중요한 영역을 차지하고 있으며, 또한 종교환경단체간의 연대는 더욱 중요한 의미를 갖고 있다고 볼 수 있다.

과거의 종교운동은 운동이 발전할 수록 종교성 자체가 부정되는 과정을 겪었다. 아마도 이것은 종교성과 운동성이 외형적으로는 통일되었다고 할지라도, 실제활동과정과 내용적으로 명확히 일치하지 못하기 때문일 것이다. 그리고 종교적 이념을 현실적 과제를 해결하기 위한 사회이념과 습합함으로써, 종교가 운동 속에 왜소화되어 단순한 외피로서의 의미로 축소되는 과정을 밟아왔던 것이다. 이것은 현실적 과제를 실천하는 것과 종교적 신앙사이의 괴리에서 발생한 모순인 것이다. 그리고 개인적으로 종교성보다는 운동성에 대한 집착이 상

대적으로 종교성을 희박하게 만든 요인이 된다고 볼 수 있다. 실제 운동하는 개인에게 있어서도 운동의식이 강화될 수록 종교심은 희박하게 되는 현상이 있었다. 또한 다른 운동과의 통일전선적 연대를 강조하는 과정에서 종교성은 실제 장애가 되는 요인이 되었기 때문일 것이다.

그러나 환경문제는 획일적인 통일성을 요구하는 운동이 아니다. 다양성, 순환성, 영성이 요구되는 운동이며, 위기로서의 환경문제를 해결하는데 오늘날 종교적 신앙을 대단히 중요한 의미가 있는 것이다. 영적인 경건과 탐욕에 대해 절제, 선택한 가난, 주체적인 청빈, 그리고 천박한 유물주의로부터 탈피할 것을 요구하고 있는 오늘의 환경운동 과제는, 그것이 그대로 종교성을 의미한다고 볼 수 있다. 환경운동에서 운동성과 종교성을 전혀 모순되지 않을 뿐 아니라, 오히려 보다 철저한 종교적 수행과 경건, 절제와 신앙심이 환경위기시대에 윤리적으로 일치한다. 과거의 종교운동은 종교의 정치화와 종교의 순수성사이에서 부단히 갈등이 있어왔지만 종교의 환경운동은 종교 그 자체를 사회적으로 윤택하게 만들어 주기 때문에 교단적으로 적극화하려고 하고 있는 것이다.

종교단체의 환경연대운동

종교단체간의 환경연대운동이 본격화된 것은 한국종교인평화회의(KCRP)가 주최하여 93년 5월 31일에 있었던 '환경윤리 종교인선언대회'가 기점이 되었다. 당시 환경윤리 종교인선언대회는 우리나라의 환경운동역사상 처음으로 공식적인 '환경윤리'의 문제를 제기한 것이다. 이는 전지구적 위기로 닥친 환경문제를 통해 앞으로 모든 가치판단의 척도로 자리잡아야 한다는 의미에서 새로운 사회윤리로서 환경윤리를 종교인들이 선언했다는 의미가 있었다.

이날 환경윤리선언은 종교인들에게만이 아니라, 아직 윤리의 문제가 관심이 되지 못하고 있는 우리나라의 환경운동상황에서 윤리의 문제를 거론했다는 것 자체가 커다란 의미를 갖고 있는 것이라고 판단된다.

그 내용으로서는

첫째 : 물질의 집착에서 벗어나 정신적 풍요를 소중히 여기는 삶이 되어야 한다.

두번째로는 인간중심적인 사고에서 벗어나 자연과의 조화를 먼저 생각해야 한다.

세번째는 지역에 한정된 생각에서 벗어나 범세계적 사고로 전환해야 한다.

네번째는 우리세대만의 생각에서 벗어나 후손의 삶을 함께 생각해야 한다.고 선언했다.

이후 매월 모임을 갖고, 격월로 '푸른대화마당'이라는 이름으로 종교단체간의 포럼을 개최하기로 했으며 이를 통해 점차 연대의 수준을 높여 공동의 실천 가능성을 확대시키기로 하였다. 각 종교별로 이미 일반 사회환경단체와 같은 수준으로 자원재활용운동이나 수질, 대기, 기타 자연생태계보존운동, 환경교육운동을 벌이고 있었고 이를 토대로 종교환경단체의 특성에 맞는 환경운동으로서 생활양식과 가치관 전환운동을 중심으로 활동을 펼쳐나가기로 하였다.

1993년 12월에 있었던 첫번째 푸른대화마당은 '생명의 가치관과 새로운 생활양식'이라는 주제로 김지하 시인의 발제와 각 종교단체의 토론자가 모여 대화를 벌였고, 이후 '생태적 조직과 연대'라는 주제로 2회에 걸쳐 대화모임을 가졌다.

그리고 1994년 7월 환경윤리 종교인 선언대회 1주년 기념 푸른대화마당은 아카데미 하우스에서 1박2일로 각 종교환경단체, 환경전문가, 환경운동가 약 50명이 참석하여 '환경운동의 사상적 토대와 윤리의 문제'라는 주제로 집중적인 토론을 벌였다. 이것은 내년 지방자치운동과 환경운동의 결합, 환경운동의 사상적 토대의 고양을 필요성과, 각 종교와 환경단체간의 연대를 도모하기 위한 자리로 마련되었다.

글을 맺으며

사회운동에서 종교운동은 많은 신자들로 구성된 대중이 조직화되고 있다는 점과 아울러 종교가 갖고 있는 이상주의가 신앙과 결합되어 비젼과 꿈을 만드는 운동으로 수렴되고 있으며 다른 운동을 이끌기도 하고 영향을 주기도 한다.

위에서 언급한 것처럼 종교운동은 오늘날 산업사회의 부도덕성에 도덕과 윤리의식을 고양시킬 수 있는 기재이다. 또한 종교환경운동의 발전은 바로 이러한 생명운동의 이념과 그것의 실천을 현실화하고 구체화하는 과정에서 더욱 풍부한 사례가 만들어지며 새로운 비젼이 창출될 것이라고 판단된다. 그리고 보다 근본적인 환경문제의 인식을 현실 속에 구체화하며 환경운동전반에 큰 방향을 만들어나가는 역할 또한 중요한 부분인 것이다.

앞으로 각 종교마다 자신의 정서와 특성에 맞는 환경운동을 어떻게 내부에 확산시킬 것인가가 가장 큰 과제일 것이다. 그리고 각 종교의 환경운동과 다른 종교단체와의 교류와 연대를 통해 종교간의 화합과 평화를 도모하고, 보다 연대의 질을 높여나가, 다른 환경운동에서 보여주지 못하는 새로운 가능성을 확인시키는 것이 큰 과제일 것이다.

유정길(柳淨拮)은 현재 사단법인 한국불교환경교육원 사무국장으로 민간환경정책회의 위원, 녹색서울시민위원회 정책분과 총무, 한국환경사회단체회의 위원 등으로 활동하고 있으며 번역서로는 「아리랑고개의 여인」이 있고 공저로는 「환경논의의 쟁점」이 있다.

원불교 교서에 출현한 나무와 숲의 의미

전 경 수

머리말

종교 속에서 나무는 신성한 존재이다. 기존의 종교뿐만 아니라 우리의 생활 문화에서도 나무와 숲은 신성시되어 왔다. 또한 무당이나 샤만 등도, 우리나라뿐만이 아니라 세계 종교사에서도 태초 신앙의 대상은 나무였다. 그만큼 숲은 인간에게 있어서 생활의 터전이면서도 인간의 길흉화복과 생로병사를 관장하는 신의 존재였다.

특히 나무만이 가지는 특성인 장구한 수명, 강인한 생명력의 영속성인 우주적 리듬의 재현, 매년 수많은 열매를 맺는 다산성, 다른 어떤 생명체가 갖지 못하는 거대한 몸체의 의미가 고대 인류의 표현, 감정, 애정, 신념과 종교, 두려움, 미신에 대한 상징으로서 발달했을 것으로 생각한다.

오늘날에도 각양각지의 큰 나무들은 그 마을의 수호신으로서의 역할을 하고 있어 고대에서 현재에 이르는 동안 인간과는 뗄 수 없는 관계임을 입증해 주고 있는 것이다. 특히 인간의 정신영역을 관장하는 종교 속의 나무와 숲이 지니는 의미는 특별한 것이다.

이에 본고에서는 신흥종교 중의 하나인 원불교 교서(教書)에 나타난 나무와 숲에 부여된 의미를 이해하고자 한다.

원불교의 이해

원불교란?

원불교(圓佛敎)는 '모두가 하나인 세계' 탈종교화 세계를 지향한다. 우리의 교리를 확실히 깨달아 원래가 하나인 세계를 알자는 것이다.

1984년 전 전라남도 영광군 백수읍 길룡리 영촌 마을에서 소태산(少太山) 박중빈 대종사(大宗師)는 20여 년간의 구도 끝에 우주의 대소유무(大小有無)와 인간의 시비이해(是非利害)를 밝게 아는 대각(大覺)을 이루게 되었다.

대종사는 11세 때부터 삼밭재라는 마을 뒷산에 올라 기도를 하였다. 숲의 신령스런 기운과 더불어 당신의 인생과 우주에 대한 의심을 풀어보고자 하였던 것이다. 그의 구도과정에서나 법을 펼 때, 기운을 모을 때에는 산에 오르곤 했다.

원불교에서는 법신불 일원상(法身佛 一圓相)을 신앙의 대상, 수행의 표본으로 삼고, 우주 만유의 본원이요, 제불제성(諸佛諸聖)의 심인(心印)이며, 일체 중생(衆生)의 본성이라고 설명을 하고, '만유가 한체성이며 만 법이 한 근원이로다. 이 가운데 생멸 없는 도와 인과응보 되는 이치가 바탕하여 뚜렷한 기틀을 지었도다' 라는 일원상 진리의 깨침을 설하였다.

'물질이 개벽되니 정신을 개벽하자'라는 개교 표어와 '무시선(無時禪), 무처선(無處禪), 처처불상(處處佛像), 사사불공(事事佛供) 등의 진리적 신앙과 사실적 수행의 표어들을 말씀하고, 구체적인 실천 강령과 조목들을 밝혀 주었다. 평등세계와 낙원세계를 위한 일원세계(一圓世界) 건설이라는 목표로 원불교의 교리는 종교의 '생활화, 대중화, 시대화'를 실현할 수 있게 되었는데, 이러한 교리의 근원이 법신불 일원상인 것이다.

원불교와 숲의 관계

원불교의 교조인 소태산 대종사의 대각 일성이 '우주 만유는 한체성'이다. 종교와 문화와 그 모든 것이 다 다른 것 같으나 결국 뿌리는 하나라는 의미이다.

우리 인간의 몸은 지수화풍(地水火風)으로 모였다가 지수화풍으로 다시 흩어지기 때문에 나는 곧 흙이고, 물이고, 불이고, 바람이므로 내 주위에 있는 모든 것이 곧 '나'라 하였다.

특히 숲은 우리의 생활에 없어서는 아니 될 존재이다. 그것은 숲이 우리에게 막대한 영향을 미치는 것보다 숲은 곧 내 자신이기 때문이다. 숲은 진리이고, 진리는 우리에게 은혜를 베풀어주는 존재이기 때문에 우리가 보호해야 할 대상이다.

그러므로 자연을 살리는 것은 멍청하게 내 일을 하지 않고 다른 어떤 것을 도와주는 것 같으나 원래 내 일을 하는 것이고, 어떤 사람은 나무를 토벌하고 숲을 망가트리면서 자기의 즐거움을 한껏 누리는 것 같으나 결국은 자기 자신의 죽음을 자초한 것이라고 볼 수 있다. 현실적으로 우리가 숲으로부터 많은 혜택을 받고 사는 것은 누구나 다 아는 사실이다. 그러나 이러한 사실이 잘못인 줄 알면서도 숲을 파괴하고, 자행자지(自行自知)로 행동을 함부로 한다. 그래서 법률로 그들의 행동을 제재하는 것이다.

대종사는 아홉 봉우리가 병풍처럼 둘려져 있는 영산(제1의 성지)에서 태어나 대각을 이루고, 변산(제2의 성지)에서 새 회상을 맞이할 법을 다시 준비하였다.

대종사, 변산 시절 제자들에게 설법한 법문들은 모두 자연 속에서 비유를 끌어낸 쉽고 간결한 말씀들이다. 때문에 변산 곳곳은 바로 산경전이요, 대종사의 포부와 경륜을 느낄 수 있는 곳이다. 대종사 법설하던 그 자리에서 법문을 새겨 보면 대종사의 말씀을 해석하는 것이 아니라 그대로 가슴에 스며들어 자연스럽게 체득됨을 느낄 수 있다.

핵심 교리와 숲

원불교 교서는 원불교 교전(教典)과 정산종사 법어(鼎山宗師 法語)로 이루어져 있고, 교전에는 정전(正典)과 대종경(大宗經)으로, 정산종사 법어에는 세전(世典)과 법어로 구성되어 있다.

원불교는 일원상을 최고 종지로 하고, 교리의 강령은 삼학(三學) 팔조(八條)와 사은(四恩) 사요(四要)이다. 원불교 교서에 나타난 나무와 숲에 관련한 내용을 표1에 정리하였다.

표1에 나타난 바와 같이 원불교 교서에 출현한 나무나 숲이 다양하지도, 출현회수가 많지 않았다. 그러나 나무 또는 숲과 관련된 단어들은 대체적으로 생명의 개념과 가꾼 만큼 거두어들인다는 인과응보, 자연존중의 이념을 내포하고 있음을 알 수 있다.

처처불상 사사불공(處處佛像 事事佛供)

곳곳이 부처이고, 일마다 불공하라. 곳곳에서 불공을 드려야만이 혜복을 받을 수 있다.

〈표 1〉 원불교 교서에 나타난 나무와 숲

구 분	세부내용	출현회수	부여된 의미	비 고
수목	소나무	4	아름다움, 절개, 장수	
	감나무	2	인과응보(수확)	
	무궁화	1	변치 않음, 무궁함	
	살구나무	1	인과응보(후세에 덕)	
	대나무	1	절개	
	초목(식물)	5	인과응보, 자연의 순환원리	
	기타	20	인과응보, 자연사랑, 만물의 근본, 왕성함, 미인박명, 확산, 보시 재료	노거수, 나무(15) 과수, 과실(5)
산	금강산	8	아름다움, 보살도량	
	계룡산	1	희망 세계	
	지리산	1	웅대함	
	계곡(물)	2	만법귀일, 효용	
	산 또는 숲	10	수양(무상대도)공간, 정결함, 조용함, 안정감, 부동	
야생동물	멧돼지	1	동포	
	기러기	1	질서	
	기타	3	동기연계, 소탐대실(밀렵)	금수곤충
기타	버섯	1	음양의 분별	
	공원·환경	2	공적개념(무소유), 환경의 동물	
	잡초	4	끈기, 근성, 인과응보	
	농작물	3	인과응보,	
	휴양	2	영원한 세상, 재충전	
계		73		

모든 인간사가 공을 안들이고는 이루어지는 것이 없다. 공을 들이면 그만큼 나에게 돌아오는 것이다. 그렇게 하기 위해서는 그 원리를 알아야만이 공들이는 것이 쉽고 빨리 목적하는 바에 도달할 수 있는 것이다. 즉, 그 근본을 알아야 하고, 그것을 어떻게 궁글려야 나에게 혜복이 돌아올 것인가를 알아야 한다.

비유하기를, 나무를 심고, 숲을 가꾸는 일에도 정성을 다해야 좋은 결실을 얻을 수 있다는 사실이다. 따라서 나무가 잘 자랄 수 있는 환경을 만드는 데에도 많은 공을 들여야 하고, 공들인 만큼 우리가 다시 은혜를 입는다.

삼학(三學)

삼학이란 마음을 닦는 법을 말한다. 즉, 일체생령을 건지기 위한 구체적 내용을 '정신수양', '사리연구', '작업취사'로 보고 있다.

인간은 보고 듣고 배우고 하여 아는 것과 하고자 하는 것이 다른 동물에 비해 몇 배 이상이 되므로 아무 생각 없이 그 욕심만 채우려 하다가 결국에는 큰 고통을 받게 된다고 지적

하고 있다.

그렇기 때문에 정신수양을 길러서 사리연구를 통해 알고 작업취사로 실천해 나가야 한다고 말한다.

특히 정의는 기어이 취하고, 불의는 기어이 버리는 실행공부를 하여 싫어하는 고해는 피하고, 우리가 원하는 낙원을 맞이하자고 호소한다.

소태산은 지금 진행되고 있는 우리들의 생활모습을 반조하여 보라며 자신의 일시적 편리를 위해서 우리는 어떻게 하는가? 우리 주위에서 한번 쓰고 버려지는 것을 생각해 보아야 한다. 자기 자신의 우선적인 실천을 바탕으로 구조적인 모순을 해결하려고 할 때만이 근본적인 해답이 찾아질 것이므로 검소와 절약은 이제 더 이상 소극적이고 일시적인 형태가 아니어야 한다고 하였다.

그러므로 우리는 조각종이 한 장, 도막 연필 하나, 소소한 노끈하나라도 함부로 버리지 아니하고 아껴 쓰는 정신을 길러야 한다며 산림자원의 보전을 생활화해야 함을 강조하고 있다.

사은

대종사는 대각을 하고, 이 세상은 네 가지 큰 은혜로 되어 있음을 말씀하고, 천지가 없고, 부모가 없고, 동포가 없고, 법률이 없고도 내가 형체를 보전하여 살 수 있을 것인가 생각을 해 보라며, 모든 생령이 존재하기 위해 없어서는 안 될 천지은(天地恩), 부모은(父母恩), 동포은(同胞恩), 법률은(法律恩) 즉 사은을 설하였다.

천지은: 여기서 천지란 하늘과 땅뿐만 아니라 우주 전체를 말하며, 그것이 작용하는 이치도 포함이 된다.

숲에서 생산, 정화되는 맑은 공기가 있으므로 호흡할 수 있고, 땅의 바탕으로 인해 형체를 의지하고 살게 되었으며, 일월(日月)의 밝음으로 인해 삼라만상을 분별하여 알고 풍운우로(風雲雨露)의 혜택을 적절하게 조절하여 만물이 자양되어 그 산물로써 우리가 살게 되었다고 한다. 이와 같이 사은에 의해 피은된 바를 정확히 알고 보은하는 것은 인간으로서 너무도 당연한 일인 것이다.

그렇기에 산림이라는 배경과 맑은 공기, 물, 햇빛 등을 포함하여 이 모두가 천지은의 범주이다.

따라서 현재 벌어지고 있는 모든 지구적 환경 파괴의 현상은 바로 천지배은의 결과에 제시된 것으로 설명이 가능하다.

그러나 대부분의 사람들은 이런 천지의 은혜를 모르고 그냥 살고 있다. 천지가 없다면 이 세상에 있는 모든 만물들도 또한 사라진다는 것을 알고 있을 텐데…. 그래도 아직은 희망적이다. 인간의 자각 소리가 높아지고 있기 때문이다.

부모은: 부모란 나를 낳아 길러주신 부모뿐만 아니라 생령을 낳고 길러주신 모든 부모님을 함께 말한다.

숲에 의지하며 사는 모든 생명에는 각기 부모가 있다. 아무리 조그마한 생명이라도 부모 없이는 나올 수 없다는 것이 부모은인데 부모도 숲에 의존해 살게 된다. 생태계라는 것은 사전적 의미로 일정한 지역의 생물공동체와 이들의 생명 유지의 근원이 되는 무기적 환경이 서로 복잡한 상호 의존 관계를 유지하면서 균형과 조화를 이루는 자연의 체계인데, 그 중에 생물 공동체라는 것이 바로 동포은이다.

동포은: 동포란 사회에서 일반적으로 자주 쓰이는 말은 아닌데, 사람이라는 틀을 넘어 전 생령을 다 포함하는 것이다. 삼세(前生, 現生, 來生)가 있기에 모든 생령을 현재의 모습으로만 보지 않는다. 지은 업(業)에 따라 사람도 될 수 있고, 동물도 될 수 있다고 본다.

자연을 '없어서는 살 수 없는 관계'라고 표

현하고 있다. 자연을 한갓 우리에게 예속된 것으로 보지 않고, 우리와 공생하는 동포로 본 것이다. 바로 자연이라 함은 인간이 부려쓰는 것이 아니라 인간과 자연이 함께 더불어 살아가는 것이라고 본 것이다.

이처럼 인간만이 동포가 아니라 금수 초목도 동포에 포함됨으로서 우리가 소홀히 하지 말아야 함을 강조하고 있는 것이다. 이 세상에는 모든 것이 내 것일 수도 있고 내 것이 아닐 수도 있다. 모두가 공유하는 것이다.

법률은: 법률은 말 그대로 법과 규율이다. 가정, 사회, 국가 및 세계에는 그에 맞는 법률이 있어 질서를 유지하고 살 수 있는 것이다. 때를 따라 세상에 출현하여 인도정의를 깨우쳐 주는 성자들의 종교와 도덕도 법률이다.

비록 먹이사슬에 있는 관계라도 숲이라는 울타리 안에서 함께 있기에 숲의 운명, 한 개체의 운명에 따라 나머지 개체들도 운명을 함께 할 수 있다는 말이다. 그러한 서로 간의 관계라든가 일원의 변화, 사시 순환과 같은 자연의 법칙을 보아다가 인간 뿐 아니라 전 생령이 다 같이 사는 길을 밝힌 법(또는 질서)이 법률은이다.

기타

그 밖의 나무나 숲과 관련된 내용을 정리해 본다.

숲은 우리의 본래 마음처럼 맑고 고요하고 푸르기 때문에 우리의 세속에 찌든 마음을 깨끗하게 정화시키는 장소이기도 하다. 그래서 절간이 산에 있는 것이다. 그만큼 자신의 수행에 도움을 많이 주기 때문에 선(禪)의 장소로도 그만이다. 또한 재충전을 위한 휴식과, 요양과 즐거움을 얻을 수 있는 장소로써 숲을 권하고 있다.

누구나 숲이 있는 곳을 가면, 자신도 모르게 선정에 들고 싶은 욕구를 가지게 된다. 또한 나무들처럼 차분해지고, 그냥 그 자리에서 자신의 일만을 충실히 할 뿐 어떤 것도 바라는 것이 없다. 나무들과 함께 하면서, 이런 진리를 배워가게 되는 것이다. 선을 하고, 명상을 하고, 진리를 찾는 것도 모두가 자연과 하나되기 위한 것이다.

그리고 법당의 건축물 자체의 재료도 그러하거니와 또한 자연 풍치가 수려한 곳에 위치하고 있음을 쉽게 알 수 있다. 그리고 일원상을 모셔 놓은 법당은 거의가 나무마루로 되어 있으며, 목탁, 죽비, 경상, 불단 등 대부분의 불구(佛具)도 나무로 만들어져 있다. 그것만 봐도 나무와 함께 어울려져 있음을 알 수 있다.

한편, 대종사는 사람이 죽어 땅에 묻힘에 있어, 많은 산림의 훼손으로 인하여 인간에 도리어 화가 될 수도 있음을 일찍이 예견하고, 묘지의 매장문화를 갑자기 버릴 수는 없으므로 화장문화를 병행함이 사은에도 합치한다고 말씀하였다.

또한 환경문제가 대두된 원인은 인간본위의 생활태도에서 기인하기 때문에 인간행동을 규제하는 종교적 이념(원불교에서는 은(恩) 사상)에서 이 문제를 해결할 수 있음에 기본적인 가치를 적용하고, 실천하도록 한다. 즉, 환경교육 그리고 환경운동이 이루고자 하는 것은 결국 죽음과 죽임의 문화를 극복하고, 생태계의 생명은 물론 인간의 공동체를 회복할 수 있는 새로운 삶의 방식을 찾고 실천하는 일이라는 것이다.

맺음말

원불교에서는 자연을 동포의 개념으로 정립하고, 생명의 개념으로 받아들이고 있다. 이렇듯 교조의 구도과정도 그렇거니와 교리에 나타난 지극히 자연존중의 이념을 대사회에 구현해야 한다.

2대 종법사인 정산종사는 동기연계(同氣連繫)라 하여 모든 우주만물은 하나의 기(氣)로서 움직인다고 하였다. 자연현상이 우리의 삶을 떠나 존재하지 못하며, 인간, 동물, 식물이 모두 하나임을 다시 한번 강조한 것이다.

종교와 나무는 뗄 수 없는 관계임이 자명한 사실이며, 특히 자연환경이 파괴되어 가고 있는 시점에서 원불교적 자연관이 절실히 필요하다. 자연과 우리가 둘이 아니고 하나임을 느끼고 알아 갈 때 자연은 더 이상 훼손되지도 않을 뿐더러 우리와 함께 공생해 가는 존재가 될 것이다.

종교적 관점에서는 숲을 신앙과 수행의 대상으로 삼고, 직관적 감성적으로 대하려는 태도를 견지하고 있음을 확인할 수 있다.

"물질이 개벽되니 정신을 개벽하자"

참고문헌

金三龍. 1994. 「少太山大宗師와 圓佛敎思想」. 圓光大學校 出版局. 911p.
圓佛敎正化社. 1992. 「圓佛敎 敎書」. 圓佛敎出版社. 21-704p.
圓佛敎. 1999. On-line, available http://won.wonbuddhism.or.kr/

전경수는 충청남도 부여출생으로, 원광대학교 임학과를 졸업하고, 경희대학교에서 농학박사 학위를 받았다. 현재 원광대학교 산림자원학과에 재직 중이며, 공원 및 휴양림의 운영관리 분야에 특별한 애정을 가지고 공부 중에 있다.

불교와 심층생태학
아시아에서 천연열대림에 대한 영적·문화적 가치의 보전

Daniel H. Henning · 반기민 역

열대림과 영성

국립공원과 야생동물 보호지역, 그리고 아시아 열대림은 풍부한 생물종 다양성이 존재하고 있고 앞으로도 이들 생물종 다양성이 계속 존재할 수 있도록 영구적인 보호 지역으로 남아 있어야만 한다. 그러나 아시아에 있는 대부분의 지역들은 이미 불법적인 벌목, 농업적 잠식, 밀렵 그리고 pithing(나무 내부에 불을 놓는 것)에 의하여 심각한 파괴에 놓여 있다. 이러한 파괴적 행위는 불교를 국교로 하는 나라이건 아니건 불문하고 양쪽에서 일어난다. 불교국에서는 이들 파괴의 흔적 대부분이 불자수도원 (사원, 절 또는 탑) 근처에서 일어나고 있다. 외국 원조, 정부 프로그램, 법률, NGO, 과학·기술, 조림, 그리고 법적 규제와 같은 노력들만으로는 현재의 아시아 열대림과 이들 보호 지역들의 파괴를 막을 길이 없다. 명백하게, 어떤 새로운 대안이 요구되고 있고 필요하다.

이에 대한 해답은 바로 영적 믿음과 환경과 세계에 대한 상호 접목이다. 이와 같은 영적 해결책은 변화하는 가치와 사고하는 방법 그리고 인간중심에서 모든 살아 있는 생물은 가치가 있다고 생각하는 생태 중심적이라고 행동하는 것을 포함할 수 있다.

불교

불교는 모든 살아 있는 것에 대해 서로 밀접한 관련성, 단일성, 자애, 동정을 통한 자연의 지각과 깨달음을 가르친다. 불교는 종종 고통을 절멸시키는 것으로서 요약되며, Dhamma나 Dharma(자연의 법과 가르침) 또는 불교의 자연 지향은 심층생태학과 관련한 많은 가치와 원리들을 가지고 있다.

불교에서는 모든 것은 변화하고, 모든 것은 끊임없이 성장하고 사라진다는 중요성에 기초하고 있다. 불교는 무지와 탐욕을 통해 어떤 것들이 성취되는 것으로부터 기인하는 고통을 절멸시키는 것에 초점이 맞춰진다. 불교는 또한 자연에서 중요성을 인식한다. 또는 모든 것은 변화하거나 변화의 과정에 있고, 따라서 한 장소에 영원토록 존속하는 가치는 없다고 믿는다.

불교는 기본적으로 부처의 가르침에서 모든 생명체에 적용하는 자연의 법칙을 내포한다. 부처가 가르치는 한 예는 동정과 자애이다. 따라서 불교는 모든 생명체에 대한 경의와 같은 모든 존재하는 것에 대한 존중과 동정과 자애를 가지고 그들에게 접근하는 것이다. 불자의 기원은 "모든 존재하는 것은 행복하소서" 그리고 "모든 존재하는 것은 평안하소서"라고 종종 말한다.

불교에서는 기본적으로 인간과 다른 살아 있는 존재의 본질을 중시 여긴다. 이것은 또한 자연의 이치를 중시 여김과 상통한다. 많은 Dhamma나 Dharma로부터 가치와 법은 심층생태학과 관련지을 수 있다. 많은 아시아 나라들의 종교와 철학에 있어서, 불교가 영향력 있는 사람과 그들의 생각, 가치 그리고 심층생태학을 지향하는 열대림 보호에 대한 행동에 큰 잠재력을 가지고 있다. 그러나 이들 잠재력은 아직 개발되어지지 않고 있으며, 또한 많은 수도승들, 비구니들, 그리고 평범한 사람들이 본질적으로 심층생태학을 지향하는 것은 아니다.

심층생태학

심층생태학은 환경운동의 영적 차원을 포함한다고 생각할 수 있다. 그것은 '장소' 뿐만 아니라 이슈들 뒤에 숨어 있는(무지와 탐욕과 같은)실제적인 이유들을 밝히는 윤리적 사고, 생태학적 한계 등등의 더 깊은 질문을 요구한다. 심층생태학은 다른 많은 식물·동물들, 그리고 그들의 상호 관계성과 함께 생태계나 우주의 원초적 모습으로서의 인간(Homo sapiens)을 인식한다. 이 심층생태학적 인식의 본질은 영적인 것에 기초한다. 이 지구에서 다른 삶의 형태들의 본질적인 가치와 고유의 가치는 사람에게 유용한 것과 상관없이 존재한다고 심층생태학은 믿는다. 게다가 인간 존재 인식은 인간중심에서 생태중심으로 이동하는 패러다임에 대한 세상과 생명체와 사명의 테두리 내에서 단 하나의 특별한 요소이다. 사람들이 생각하고 행하는 방법이 변화하는 것에 대한 심층생태학과 그의 영적인 사명은 이들 새로운 영적이고 가치 있는 기대를 포함한다.

Arne Naess와 George Sessions의 생태심리학자가 제시한 심층생태학 강령은 다음과 같다.

1. 복지 그리고 지구에서 인간과 인간 이외의 생물의 번성함은 그 자신의 고유한 가치를 가진다.
2. 풍요함과 생활 형태의 다양성은 이들 가치와 그들 자신 안에 있는 가치를 인식하는데 도움이 된다.
3. 인간은 이 풍요와 다양성을 감소시킬 권한이 없다.
4. 오늘날 인간은 인간 이외의 세계에 간섭하는 정도가 지나치고 그 상황이 빠르게 악화되고 있다.
5. 인간의 생활과 문화의 번성함은 인간 집단의 상당한 감소와 함께 양립한다. 인간 이외의 생명의 번성함은 그런 감소를 요구한다.
6. 방법은 변화되어야만 하는 것이다. 변화하는 방법들은 기본적으로 경제적, 기술적 구조에 영향을 미친다.
7. 이상적인 변화는 주로 질적으로 높이 평가된 삶(본질적인 가치의 상태에 거주하는 것)이지만 오히려 삶의 표준이 더 높이 증가한다는 것을 고집하는 것은 아니다. 크고 작은 사이의 차이를 깊이 인식 할 것이다.
8. 앞서 말한 요점들을 지시한 사람들은 필요로 하는 변화를 실행하기 위한 시도에 참여할 직·간접적인 의무를 가지고 있다.

불교와 심층생태학 양쪽은 생태 중심적이고 영적 접근 수단을 가지고 있다. 이들 양쪽이 문제를 규정하는 것은 무지와 탐욕에 의해서 만들어지고, 인간중심적 지향에서 생태중심적 접근방법에 기초한 영적인 것으로의 움직임에 의해 문제를 해결한다. 불교와 심층생태학은 기본적으로 변화에 관심이 있다. 그들은 열대림 보호를 위한 패러다임, 태도 그리고 행동에서 긍정적인 변화를 위한 영적이고 전체론적 원리에 기초한 가치와 기대를 사용한다.

그러한 변화는 불교와 심층생태학 내에 포함된 확실하고 실제적인 방향에 의해서 기초되었다. 불교와 심층 생태학은 매우 비슷하고 그 방법에서 더 큰 잠재력을 위해 현재 열대림 파괴와 붕괴에 의해 나타나는 문제들에 대해서 전체론적, 영적, 그리고 가치 지향 접근방법을 결합시킬 수 있다. 이것은 열대림과 보호지역을 관련시켜 영적이고 문화적인 가치의 보호를 포함한다.

천연열대림과 가치들

열대림은 지구에서 가장 풍요하고 가장 다양한 생명의 표현이다. 열대림은 복잡하고 깨지기 쉬운 생태계인 다양한 식물과 동물, 그리고 살아 있지 않은 환경 사이에 서로 의존하는 상호관련성을 가진 연결망으로 되어 있다. 열대림은 전 세계적으로 대략 백오십만 종의 생물을 포함하고 있다.

이런 열대림이 사라지고 있다. 대부분 열대림은 다양하게 보호되거나, 스스로 재생할 수 있는 지속적인 생산을 기초로 해서 관리해야 한다. 열대림을 손대지 않고 보전하는 것은 폐쇄된 자연상태에서만 가능하다. 자연보호지역이나 자연 국립공원 그리고 야생동물의 피난처는 남겨진 열대림과 함께 풍부한 생물 종 다양성을 영구적으로 보호하는 방법이어야 할 것이다. 그러나 많은 보호지역들은 최근 생태학적으로 심각할 정도까지 심한 붕괴를 겪고 있다. 오늘날 많은 사람들은 열대림 파괴는 국제적인 활동과 지원을 요구하는 급박한 전지구적 문제로 부각되고 있다고 보고 있다.

가치는 우리가 중요하고 바람직한 무엇인가를 측정하는데 사용하는 집합적인 개념이다. 그래서 가치는 좋고 나쁨, 그리고 옳고 그름이 무엇인가에 대한 판단과 믿음을 동시에 포함된다. 그러므로 가치는 열대림을 보호하거나 파괴하는데 인간의 행동에 중요하게 영향을 줄 수 있다. 본래 가치란 개념은 매우 복잡하다. 인간 중심적인 것과 생물 중심적 가치를 내포한 열대림에 있어서는 더욱 그러하다. 열대림의 무형적 유형적 가치를 정량화하고 정의 내린다고 하는 것은 사실상 불가능하다.

이들 가치들은 생물학적 다양성, 유전학적 다양성, 종 다양성, 농업적(유전적 재료들), 의학적, 산업적, 열대림 주민들, 기후적, 물의 보호, 토양 보전, 야외휴양, 교육, 생태관광, 창조성, 문화적 그리고 미래 세대에 대한 가치 등 수없이 많은 형태로 나타낼 수 있다

영적 가치들

자연과 열대림에 대한 영적인 접근은 단일성, 관련성, 모든 살아 있는 것, 생태학적 지향에 기초한다. 열대림에서 생존 형태의 상당한 다양함은 능력 있는 영적 환경을 창조하고, 자연세계에서 모든 불가사의한 것처럼 끝없이 다르고 긴장감이 넘친다. 이 영적인 반응은 사실상 모든 인간에게 그들의 종교, 사회, 문화적 배경에 관계없이 중요한 영향을 가진다. 열대림에 대한 이 반응과 영향은 특히 불교의 창시자인 부처에 의해서 경험되어지고 주목되었다.

2천5백년 이전에 Gauthama Buddha는 숲에서 탄생했다. 그가 젊었을 때 Jambo 숲 밑에서 명상했고, 뱅골 보리수에 있는 동안에 공부했으며 큰 Buddhi tree 밑에서 깨달음을 얻었다. 이후 45년 동안 숲에서 거주하였으며, 그는 그의 제자들에 둘러싸여 양쪽에 사라수 나무 밑에서 죽었다. 불교는 열대림과 같은 위대한 생명 형태의 동반과 보호로 태어나서 발전했다. 그래서 불자들은 자연과 산림에 대한 강한 관심과 함께 생태학적 윤리를 가르치는 근원이 되었다. 그들은 오히려 자연을 정복하는 것보다 자연과 공존의 중요성을 강조했다.

Gauthama Buddha에 대한 Silva의 글을 인용하면, "마치 어머니 자신의 인생처럼 그녀 자신의 상처로부터 보호하고, 그녀는 단지 어리고, 내 생명의 모든 것에 대한 깨달은 생각을 행하라." 모든 생명의 보호는 불자들이 차용한 것이다. 수도자들의 첫 번째 맹세는 "나는 생명을 파괴하는 것을 삼간다."이다. 감각이 있는 존재, 혹은 감정 혹은 지각하는 의식에 능력이 있는 살아 있는 존재임에도 불구하고,

감각 있는 존재에 관련될 때 몇몇 불자들은 동물계와 식물계에 포함된 것으로 종종 관련하여 연상한다. Thompkin의 "The Secret Life of Plants"와 몇몇의 식물연구에서 확실히 식물의 삶은 감정에 반응한다고 제안한다.

불교는 생명에 대한 존경, '단일성'과 같은 모든 생명의 상호의존 인식에서 시작된다. 자연보호에 대한 불자의 가장 실례가 되는 영향의 하나는 재생의 교리이다. 이 교리는 사람이 죽어서 동물로 태어나거나 동물이 죽어서 사람으로 태어난다고 생각한다. 그러므로 이것은 다시 윤회 사상 하에 다른 살아 있는 생명들의 보호에 초점을 맞추는 것이다.

부처의 모든 살아 있는 존재에 대한 가르침은 고통의 정지, 생사의 수레바퀴에서 해방되는 해탈에 도달해야만 한다. 대승불교는 서력기원의 시작된 내내 불교에서 근본적인 개심 운동이 전개되고 존재하는 것들의 많은 이에게 해방의 가능성을 강조했다. Gaia의 관점에서, 혹은 살아 있는 유기체로서의 지구는 지각이 있는 존재로 생각하고 있는 것이다.

매우 자연스런 아름다움의 환경에서 시민사회와 불자인 수도승, 비구니, 평신도들은 Dhamma나 Dharma 혹은 자연과 영감의 많은 역동적인 측면에서 발견되는 닫힌 감정에서 교란되어지지 않은 고독 그리고 평온함을 제공하는 열대림 압력으로부터 자유로와 진다. 이들 경험, 특히 불자들의 명상, 숲, 행성 그리고 우주의 자연적인 계획에 대한 누군가의 역할 혹은 본분의 깨달음을 제공한다. 숲, 사원들 혹은 탑들에 살아가는 수도원의 곁에는 열대림에서 풍부한 경험을 한 그룹들과 불교에 숲과의 풍부한 관계성 있는 많은 불자 수도자들이 홀로 장시간을 걸어서 여행을 떠난다.

열대림 속에서 고독과 수도생활을 하는 불자들은 주변의 자연과 Dhamma나 Dharma에 의해 영향을 받고 교육되어진다. 예컨대, 태국으로부터 온 한 불자 수도자인 Phra Prachak는 어린 숲, 중령림 그리고 죽거나 고사한 숲의 관찰에 의해 숲에서 자연이나 Dhamma의 다른 법칙뿐만 아니라 중요성 혹은 변화를 깨닫는다고 말한다. 그는 또한 끊임없는 흥망성쇠와 같은 단목(單木)에서 성장하고 죽어 가는 잎을 통해서 Dhamma를 깨달을 수 있다고 한다.

자연에서 열대림과 Dhamma 원리들의 상호작용에서 많은 불자들은 그들이 둘러싸고 있는 자연에서 일체성의 지각을 알고 그들과 부딪치는 모든 것과 상호관련성과 상호의존들을 인식할 수 있다는 것을 알 수 있다. 숲에서 육체적, 정신적인 기초뿐만 아니고 영적인 변화인 '단일성'과 상호 연결됨의 감각을 얻는다. 이것은 또한 환경 또는 심층생태학에 대한 영적인 철학을 제공하거나 열대림의 신성함을 인식하고 그들에게 행해지는 손상을 반대로 요구하는 것뿐만 아니라 그들 안에서 인간 존재의 겸손한 역할을 인식한다.

문화적 가치들

불교는 국가나 문화에 영향을 끼친다. 불교 문학에서는 25명의 부처가 믿음의 자연적 산물로서 숭고와 보호의 정신을 가지고 계몽운동을 달성시킨 21 수종의 나무가 있다. 스리랑카에서 불교는 식물상과 동물상을 3백년 동안 보호하는데 가장 큰 영향력을 가지고 있다.

John Seed는 강조하여 말하기를 "스리랑카에서 신성한 작은 숲은 전통적으로 사원이나 성소로 둘러싸여 있다". 사원 숲 또는 Aranya는 2백년 이전에 불자들의 불경에서 언급되었다. 최근 스리랑카에 있는 신종합연구센타(NSRC)의 연구에 의하면 많은 지역에서 사원 숲은 또한 생물다양성의 마지막 피난처로 증명되었다.

가치를 깊게 인식하고 그에 대한 공적인 수용 없이는 정부가 열대림 보호에 성공할 수 없다. 태국에서 국립공원에 대한 연구들은 대규모의 불법적인 벌채와 밀렵 등이 심층생태학과 관련된 불자들의 가치를 가질 때 중요 요소로서 인정될 수 있다는 것을 발견했다. 태국에서 자연과 모든 살아 있는 것들에 대한 대단한 관심을 가진 불자 수도승들은 이들 지역에서 열대림의 보호에 대한 가장 강력한 목소리를 내고 있다.

불자의 숲에 있는 수도원들은 본질적으로 산림 보호에 대한 관심이 도시 지역의 수도원들보다 많다. 태국의 예를 보면 숲에 있는 수도원들이 대략 7백개가 있다. 이들 수도원들은 종종 마지막 남아 있는 산림지역에 위치해 있는데 여기에는 그들이 지역 주민을 고려하고 숲에 대한 강한 지각을 가지고 있다. 몇몇은 국립공원과 야생동물 피난처에 아주 가까이 위치해 있다. 지난 세기를 넘어 이들 수도원들의 영향 없이는 이들 지역에는 숲이 거의 남지 않았을 것이고, 열대림 보호지역 대한 원조는 생각도 못했을 것이다.

RukkahSutta에서 부처는 나무의 아래쪽에 앉은 사람을 존경했다. 그 사람은 은둔을 갈망하고 욕심을 거의 갖지 않은 사람이다. 이들 가르침은 그의 제자들을 숲의 생활로 이끌고 파괴된 숲으로부터 그들을 예방하는데 격려가 되었다. 불자 공동체들은 우선적으로 산림거주자들로 구성되어 있다. 그래서 이 회원들은 그들의 거처를 기초로 해서 산림보호를 위해 주의깊이 사고하고 행동하여야만 한다. 공동체 회원들은 그들이 들어가서 접촉한 각각의 나무들을 존중한다.

한 유명한 불자는 수도승이 어떠한가를 이야기한다. 한 Davida(신)의 거처를 수리하기 위해 나무를 베었다. Davida는 '혼자 살 거처를 만들기 위해' 그에게 나무를 베지 말 것을 강조했음에도 불구하고 그 수도승은 하여간 일을 진행했다. 그 과정에서 그는 수도승의 아들의 팔을 부러뜨렸다. Davida의 이야기는 어리석은 행위로서 나무를 자르는 것을 묘사하고 있다. 그것은 다른 것들의 평화를 방해하고 그들 야생동물의 자연적인 서식처를 빼앗는 것이다. 이는 또한 그 이후 숲 속에 거주하는 것으로 숲에 의존하는 수도승들은 배은망덕한 행위를 깊이 생각했다.

불자의 나라로서 태국의 왕 Bhumibol Adulyade는 그의 65번째 생일인 불기 2537년 (1994년) 12월 5일에 산림보호에 대한 잇따른 선언을 하였다. "숲을 울창하게 만들기 위해서 나무 한 그루 더 심는 것을 요구하지 않는다. 더 중요한 것은 나무 스스로 자라도록 하고 그들에게 간섭하지 않고 숲을 유지하는 것이다. 단지 그것을 충분히 보호하고 훼손하지 않는 것이다."

왕의 언급은 불자 수도승들과 협력하여 태국 북부에 사는 농부들의 조직에 의해서 운동으로 번졌다. 수백만 나무 숲의 보호 필요성에 대한 각성을 이끌어 냈다. 태국에 국립공원과 야생동물 서식지에서 단순한 천막으로 그들이 거처를 정하여 사는 불자 수도승들을 보는 것은 이상한 것이 아니다. 이 수도승들은 수도원 가까이 있어서 일반적으로 정부 대행자로서 뿐만 아니라 마을 주변에 좋은 영향을 끼친다. 수도승들은 종종 영적으로 마을 주민들을 상담하고 충고하고 나쁜 영향을 끼치는 보호지역들에 대한 다른 문제들을 해결해 준다.

또한 실제로 공원 직원들의 습관에는 그들이 그날의 일을 시작하기 이전인 아침 일찍이 불교의 명상이 있다. 태국의 Lsmsarng 국립공원 관리자인 Somboon Wangpakdee는 그의 직원들의 마음가짐을 확실하게 훈련시키고 공원 보호를 위한 정상적인 노력을 위해 그들을 격려하였다. 불교는 또한 보호지역과 관련한 공무원들의 훈련 계획을 통합했다.

불교는 삶의 모든 형태와 보호를 기초로 할 뿐만 아니라 태국과 같은 아시아 나라들의 문화를 위한 철학과 종교의 기초를 제공한다. 절들은(사원, 탑) 행정대리자로서 공적 참여에 대한 가교로서의 지원뿐만 아니라 보호지역 가까운 지역 주민들에게 환경교육을 제공하고 있다. 불자 수도승, 비구니 그리고 평신도들은 그들의 활동 참여에 대하여 공적으로 천연 열대림의 생물학적 그리고 생물다양성의 가치를 영적으로 이끄는 지도력과 감화를 제공할 수 있다.

이런 의미에서 불교는 보호를 향한 영적 가치뿐만 아니라 열대림에 대한 환경교육자로서 역할을 충실히 수행한다. 이것은 열대림 파괴와 훼손 없이 열대림을 보호하기 위해 생각하는 도덕과 가치를 포함하는 잠재적이며 특별한 심층생태학의 방법이고, 영적 패러다임과 문제에 대한 해결 방법을 제공한다.

열대림은 직접적으로 문화의 지식, 전통, 그리고 가치 전체의 범위에서 다양한 영향을 통하여 열대지역에 사는 주민들의 문화에 관련한다. 아시아 불교는 태국, 스리랑카, 캄보디아와 라오스와 같은 나라들에서 발견되는 주민들과 열대림 사이에 유일한 통로이다. 불자들의 숲에 수도원, 사원 혹은 탑의 시설들은 특별히 이러한 유일한 통로의 한 부분과 천연열대림 부근에 필요하다. 따라서 천연열대림의 보호를 위한 관심을 가져야 한다.

열대 아시아 나라들과 국민들은 열대림 없이는 그들의 문화와 국민성의 많은 것을 잃는다. 이것은 확실히 불교와 관련된 유형적 무형적인 가치들을 포함한다. 따라서 불교와 생태학적 연구를 통한 열대림의 보호는 불교의 보호로 이어진다. 이것은 숲 속 수도원들이나 사원들에게 더욱 특별한 사실이다. 문화적 연구를 포함하고 있는 열대림의 가치는 모든 생명에 대한 실체이기 때문이다.

결론 : 미래 세대를 위하여

천연열대림에 대한 관심과 책임은 현세대뿐만 아니라 미래의 세대까지 이어져야 한다. 왜냐하면 이처럼 위협받는 생태계들은 영적, 문화적, 생물 다양성과 모든 생명체의 생존과 질을 위한 다른 가치들과 선택을 잃어버린 결과에 의한 피할 수 없는 현상이나 파괴적인 감소에 아주 민감하기 때문이다.

불교와 심층생태학은 우리가 인식하고 있거나 인식하지 못하는 모든 종류의 동식물들의 미래 세대를 위하여 열대림을 보호하기 위한 도덕적인 의무나 책임을 인식하고 있다. 이런 것들은 인간중심적인 기초보다는 생태중심적인 미래를 위한 천연열대림의 필수적 보호책으로 인식되고 있다.

모든 생명체는 미래 세대들을 위해 자연적 상태로 보호되어야 한다. 불자를 포함한 인류는 그들이 가진 정신적 문화적 가치를 포함한 열대림을 필요로 한다. 열대림은 인간의 존재나 훼손이 없다면 충분히 잘 지속될 수 있다. 그러나 이것은 원시적 상태에 있을 때 열대림 환경은 다양화되고, 상호 의존하는 열대종들은 그들의 생존과 진화를 위한 경쟁을 이어나갈 수 있다.

그러므로 현재의 국립공원과 야생동물의 서식처를 위한 생태적 보호구역의 계속적인 보호와 아시아에 있어 천연열대림의 보다 많은 보호지역들의 지정과 유지가 필요하다. 이것은 생존과 질적 향상을 위한 천연열대림이 가진 모든 생명체의 현재 그리고 미래에 필수적이다. 불교는 특히 심층생태학의 적응 아래에서 정신적, 문화적 그리고 천연열대림의 미래를 유지하기 위한 가치들의 보호과정에서 매우 중요한 역할을 하고 있다.

반기민은 충북대학교 대학원 임학과를 졸업하고, 동대학원 임학과 박사과정을 수료하였다.
Daniel H. Henning Montana State University의 Public Administration and Environmental Affairs의 명예교수로 「Buddism and Deep Ecology」(Gibbs-Simth Publisher, Layton, UT, 1988)의 저자이다.

힌두의 환경 보호주의

과거와 현재의 방책

Christopher Key Chapple · 지기환 역

다른 종교 이상으로 힌두교는 장소의 개념과 밀접한 관련이 있다. 힌두교는 인더스(Indus) 그리고 갠지스(Ganges)강의 강둑에서 비롯되었으며, 최근의 기억으로는 힌두교는 바다를 건너 인도대륙을 떠나면서 그 종교적 위치가 퇴색되었다. 힌두교는 인도의 산악지역, 강, 신성한 나무들을 신봉하며, 이러한 것들은 개인의 영혼(*jiva*)에 영향을 미치게 하며, 모든 만인의 의식[1](*brahman*)에 지배적인 것으로 간주된다. 그 종교적인 암시는 지속성과 상호관계를 의미하며 또한 시간의 순환 개념은 창조의 정지된 순간을 허용하지 않을 뿐만 아니라 멸망하는 마지막 지각변동의 어떠한 순간도 예언하지 않는다.

인도의 대부분의 지역은 아직도 농업 사회의 형태를 나타내고 있다. 그 생산물들은 전통적으로 전혀 생태학적인 위험을 초래하지 않는다. (시골) 마을의 현자들은 쓰레기가 이 자연을 구성하는 데 없어서는 안될 요소임을 인지하고 있다. 사람들은 쓰레기를 생명 순환의 일부분으로 통합시키기 위해서 일하고 있다. 천한 것은 귀한 것을 떠받치는 것으로, 그리고 그 둘은 상호 의존적인 것으로 간주된다. 지위가 낮은 사람들은 인도의 어디에서나 쉽게 발견할 수 있는 소들의 똥을 모아서 그것들을 동글납작하게 만들어 취사용 연료로 판매한다. 또다른 사람들은 쓰레기장 주위에 모여 쓸모 없는 물건들을 값어치 있는 것으로 바꾸는 작업을 한다. 전근대적으로만 보이는, 인도인들의 이러한 관행적인 쓰레기 재활용 풍습은 생태학적인 삶(ecological living)의 이상적인 모델을 제시한다.

포장이 안돼 덜컹거리는 인도의 시골길을 차량으로 장시간 이동한 후에, 나의 동료 중의 한 명이, 버스에서 급히 내리자마자, 주위에 있는 주민에게 다가가, "가까운 화장실이 어디있죠?"라고 다급히 물었다. 그 주민은 손을 크게 흔들어 사방을 가리키면서 "우리가 살고 있는 이 세상이 모두 화장실이죠."라고 말하고는, 허둥거리고 있는 내 동료를 가까운 수풀 지대로 떠미는 거였다. 인도에서는 쓰레기와 자연을 따로 구분해서 생각할 수 없다. 인도의 대지(大地)는 모든 것을 받아들여서 재처리한다.

---

[1] Brahman : 바라문·인도의 사성(四姓) 중 최고위의 승려계급.

산업 경제 부문에 있어서, 인도는 세계에서 가장 빠른 성장을 보이는 국가 중의 하나로써, 환경 보호론자(environmentalist)들에게는 특별한 도전 및 방편(challenge와 resource)을 제공한다. 인도인들은, 한편으로는 1950년대의 미국인들이 지녔던 열정만큼이나 현대 물질 문명의 편이성을 추구하면서도, 또다른 한편으로는 그들의 영혼과 자연 환경으로부터 너무나 많은 것을 빼앗아간 기술 만능주의의 망령에 대항하며 그들만의 전통적인 세계관을 버리지 않고 있다. 이 전통적인 세계관과 현대 사회의 현실은 서로 동떨어진 개념으로 상호 연결시키는 데는 무리가 있다. 하지만 나는 이 글을 통해서, 환경 도덕율(environmental ethic)을 제정하는 데에는 힌두교의 개념적 방편(conceptual resources)을 들춰보는 것이 인도인들 뿐만이 아니라 서방 세계의 사람들에게도 큰 도움이 될 것임을 알리고자 한다.

힌두 환경주의의 전통적인 자원

인도 역사의 가장 이른 시기의 계급에서, 우리는 자연의 순리와 조화되면서 또한 그것을 존중하는 도시 문화의 증거를 찾는다. 인더스 계곡에 위치한 도시인 모헨조다로(Mohenjo-daro)시와 하라파(Harappa)시의 인상에는 명상에 잠긴 사람의 모습이 묘사되어 있는데, 몇몇 학자들은 이를 싱싱한 초목에 동물들이 평화롭게 거니는 모습을 배경으로 시바2)(Siva) 신을 가장 먼저 표현한 것이라고 생각하고 있다. 아리안(Aryan)족이 북서쪽으로부터 인도로 진출했을 때, 그들은 대지의 힘과 경이로움을 찬양하는 노래를 지었다. 리그 베다3)(Rig Veda)는 여러 가지 자연의 힘에 격찬을 아끼지 않았으며, 그들을 신격화해서 숭배할 가치가 있다고 생각했었다. 강들(Ganfa, Yamuna, Sarasvati, Sidhu)도 숭배할 가치가 있다. 대지(Prthivi)는 남성 신위로 불려졌다. 이러한 가장 초기의 성가에서, 인간의 모습이 나타나, 우주의 탄생 시에 인간과 자연의 사이에 연속성을 보았다. 프루사 숙타(Purusa Sukta)는 다음과 같이 적고 있다:

> 달은 그의 마음에서 태어났고,
> 그의 눈이 태양을 잉태했으며,
> 인타라4)(Indra)와 아그니(Agni)는 그의 입에서 나왔으며,
> 그리고 바람(Vayu)은 그의 숨결에서 태어났다.
> 그의 배꼽에서 공중이 솟았고,
> 하늘은 그의 머리에서 올라갔으며,
> 발에서는 땅이, 귀에서는 방향이 생겨났다.
> 그래서 그것들이 세상을 구성하게 되었다.

이러한 문구에서, 외부 세계와 인간 자신의 사이에 동일성과 상호 연관성이 선언되었다. 이러한 원견은 인간과 그를 둘러싸고 있는 환경 사이의 친밀감에 관해 말한다. 어떤 알려지지 않은 작가가 우리의 생각을 달과, 우리의 눈을 해에, 그리고 승리와 불의 힘을 인간의 입에 비유한 적이 있다. 우리의 육체 스스로는 그 뿌리를, 하늘로 치솟아 있는 대지에서 찾는다. 유대 그리스도 이야기에서, 신은 그 자신의 모습에서 남자와 여자를 만들었다고 한다. 창조주로써의 신을 포함하지 않는 이 시원의 이야기에서 우주를 구성하는 힘은 인간의 육체에서도 또한 발견된다.

이러한 자연과의 연속성 의식은, 나무와 인간의 사이에 유사함을 나타내는 Brhadaranyaka Upanisad에서 또한 발견된다.

> 숲의 나무로써,
> 그것은 분명히 남성이다.
> 그의 머리카락은 잎이며,

---

2) Siva : 브라마·비시누와 함께 힌두교 3대신을 이루고 있는 파괴의 신 또는 구원의 신.
3) Rig Veda : 시편베다·인도최고의 종교문학, 바라문교의 성전의 하나.
4) Indra : 인타라·천둥이나 비를 다스리는 신.

그의 피부는 나무 껍질이며,
그의 피부와 혈액에서
껍질에서 나온 수액이 흘러나온다.
그로부터, 그가 관통될 때,
하나의 흐름, 두드려 맞았을 때 나무로부터 처럼
그의 살덩이는 나무의 기초이다.
섬유질은 근육처럼, 강하다.
뼈는 나무 안쪽이다.
뼈골은 척수를 닮도록 만들어졌다.

이러한 인간 육체의 모든 이미지는, 존재의 비인간적 범위에 대한 고유의 존경을 수용하는 세계관을 나타내며 인간과 자연계 사이의 강한 유사성을 세운다. 아유르베다(Ayurveda)로 알려진 인도의 전통 약제의 근원인 아타르바 베다5)(Atharva Veda)는, 대지의 은혜와 그에 보답하는 보호에 대한 맹세를 요청하며 대지에 대한 찬양의 문구를 포함하고 있다. 아타르바 베다(Atharva Veda)에 적혀 있기를, "대지는 어머니이다, 그리고 나는 그 대지의 아들이다!"(12:12) 작자는 모든 부를 대지의 덕으로 돌리고, 대지가 관대해 지기를 호소한다.

> 대지는 여기 저기 비밀 장소에 보석을 두네, 돈, 보석, 그리고 금은 나에게 주어야 하네, 자유롭게 부를 수여하는, 다정한 여신이여, 부는 우리에게 수여되어야 하네!(12:44)

대지의 은혜로부터 수혜를 입고자 하는 이러한 열망에도 불구하고, 작가는 대지를 다치지 않게 하려는 욕망을 품고, 읊조리기를, "아! 대지여 나는 너를 파내니, 빨리 다시 자라야 한다. 아! 순진무구한 것이여, 나는 너의 중요한 부분을, 그리고 너의 심장도 꿰뚫지는 않을 것이니!"(12:35) 이러한 탄원은 대지에 대한 존경과 사랑을 나타내며, 화자(speaker)가 대지를 다치지 않게 하겠다고 말한 것을 들었는 지에 대한 우려를 표현하고 있다. 또다른 구절에서 화자는 말하기를,

> 그대의 눈 덮인 산 정상, 그리고 그대의 숲, 아! 대지여, 우리에게 절하여라! 인타라(Idra)가 보호하는 갈색, 검정색, 빨간색, 여러 가지 색깔의 단단한 대지, 내가 머무르디, 억압되지도, 살해되지도, 상처입지도 않으리. (12:11)

대지의 풍요함을 인지하면서, 아타르바 베다(Atharva Veda)는 대지가 인간의 간섭으로 피해를 입지 않는다는, 대지의 힘에 대한 찬양과 확신, 모두를 제공한다.

인도 — 유럽의 침략자들에 의해 적혀진 베다6)(Veda) 문학에서 그것의 주요한 권위를 찾는 힌두 전통은 생태학적인 감응도를 촉진시키는 데 사용될 수 있는 다양한 개념적 자원을 제공한다. 베다의 성가에서, 우리는 자연과 인간 사이에 친밀한 관계가 있음을 보게 되는데 이것은 대지, 물, 뇌우, 등등의 의인화에 의한 것이다. 베다의 종교 의식은 그 대부분이 아직도 거행되고 있으며, 자연 그대로의 절대적인 힘을 염원한다. 삼캬(Samkya)의 전통은 대지, 물, 불, 공기, 그리고 공간을 5가지의 위대한 요소(mahabhuta)로써 숭배하며 자연의 실체를 이루는 데 있어서 중요한 것으로 여긴다. 우니파샤드7)(Upanishad)와 후기 베단타 철학 형성 이후부터, 형체를 갖춘 모든 것(saguna)들은 본질적으로 보편적 의식, 또는 궁극적 현실과 본질적으로 다르지 않는 것으로 여겨진다. 형태를 가진 모든 것은 형태를 초월하는 브라만(Brahman)으로 기억될 수 있다. 일원론의 힌두 모델에서, 인간의 질서는 자연의 질서에 완전히 의지하는 그 확장의 일부로써 여겨진다. 베단타8)(Vedanta) 언어에서 브라만은 그것의

---

5) Atharva Veda: 아타르바 베다・바라문 교의 성전의 하나.

6) Veda: 베다・바라문교의 성전 — Rig Veda, Yajur Veda, Sama Veda, Atharva Veda의 4교전으로 이루어 진다.

7) Upanishad: 우파니샤드・고대인도의 철학서, Veda의 일부.

개별적 현시에서 분리할 수 없다. Bhagavad Gita에 적혀 있는 것처럼, 지식을 가진 사람은 "교육을 받은 브라만(Brahman), 소, 코끼리, 개, 또는 부랑자 간에 어떤 차이가 있는 지를 알지 못한다." 우리 스스로와 다른 것들과 근본적인 차이가 없다. 그 둘은 모두 브라만이라는 공통적인 토대에 의해 단단히 묶여 있다. 또다른 생명체를 더럽히는 것은 브라만 자체를 더럽히는 것이다. 이 민족 정신은 삶의 형태 사이의 조화에 깊은 우려를 낳으며, 천연 자원의 최소 소비를 옹호하는 데 사용될 수 있다.

힌두교에서는, 전통적으로, 종교 의식과 행사에서 무수한 자연의 현시(manifestations of nature)를 찬양(찬미)한다. 신앙심이 깊은 사람들은, 일종의 성지 참배의 성격으로, 신성한 지역을 여행하는 데, 이 신성한 지역으로는 산의 정상과 강의 합류점을 들 수 있다. 매일 일상적으로 행하는 그들의 종교 의식에서, 그들은 반드시, 그 4가지 요소를 찬양하고 그 4가지 요소의 힘(power)을 격찬하는 고대의 성가를 암송한다. 식사를 위해 가족들이 모였을 때도, 새들에게 음식을 나누어주기 전에는 식사를 시작하지 않는다. 새들은 열려진 창문을 통해 들어와서 그들에게 제공되는 음식을 먹는다. 또한 몇몇 특별한 나무들이 숭배의 대상이 된다. 석가모니가 그 밑에서 깨달음을 얻었다는 보리수나무와 크리슈나 신과 밀접한 관련이 있어서 사람들로부터 사랑을 받는 Tulsi 나무가 이에 해당된다. 이러한, 그리고 그 밖에도 무수한 다른 예에서, 그들이 인간 세계와 자연 세계의 사이에 연속성(continuity)이 있다고 생각하고 있음을 알 수 있다.

간디의 경제 철학

원래 자이나 교[9](Jainas)를 통해 배움을 얻었으며, 톨스토이와 영국 채식주의의 영향을 받은 마하트마 간디는, 환경 친화적 경제 체제를 주장하며 인도의 독립을 위한 캠페인을 주도했다. 그는 비폭력과 무저항의 원칙을 정하고, 마을 경제의 활성화를 제안했다. 간디가 벌린 캠페인의 목적은, 각 마을들이 자체적으로 충분한 자원을 갖추고, 서로 협력하여 상호 교역함으로써 외제품의 수입을 막자는 데 있었다. 이를 위해서, 그는 각 마을마다 자체적으로 옷감의 방적과 직조가 가능하게 하고, 각 마을별로 각기 고유의 토착 기술(기능)을 부흥시키고, 이런 토착 기술을 학교의 교과 과정에 반영하려고 하였다. 이런 프로그램의 목적은, 영국에 의해 인도에 몰아닥친, 의존적인 식민지 경제 체제를 타파하자는 데 있었고, 간디 자신은 산업화 자체에는 반대한 적이 없음에도 불구하고, 그가 주장한, 자연계에 내재된 에너지의 보존 정책은 미래의 세계에 제기될 몇몇 환경적 위험에 대항하는 데에 효과적으로 활용될 수 있다.

간디는 산업화와 연합된 도시모델은 인도의 복지를 해칠 거라고 경고하였다:

> 광범위한 산업화는 부득이하게, 경쟁 및 시장 원리의 도입으로, 능동적이건 수동적으로건 각 마을의 개발을 유도하게 된다. 그러므로, 우리는 스스로 억제하는 마을들에 집중해야만 한다.

간디는 자체적으로 충분한 자원을 갖춘 마을들의 거대한 네트워크를 만들어, 상품이 각 지방별로 생산되어 소비되는 체제를 구상했었다.

> 간디가 말하기를, "마을 분리에 대한 나의 생각은 각 마을을 하나의 완전한 공화국 형태로 만들어, 그들이 가장 필요로 하는 것들은 스스로 자급 자족하나, 그밖의 물자에서는 많은 다른 마을과 상호 의존하도록 하는 것이다. 그러므로, 모

---

8) Vedanta:베단타·철학, 인도철학의 한 파로 관념론적 일원론.

9) Jainism:자이나교·기원전 6세기에 인도에서 일어난 종교, 불교와 비슷하며 성자와 동물을 숭상.

든 마을 단위에서 최우선적으로 관심을 두어야할 것은 그 마을들 각각의 식량 공급을 위한 농작물과 의복을 만들기 위한 목화의 생산이 될 것이다. 이러한 나의 경제적 신념은 기존의 관념으로는 아주 터부시되는 것이다. 이는 곧, 우리가 우리 국가 내에서 자체 공급할 수 있는 상품을 수입하지 않겠다는 것을 의미한다.

비록 인도의 무역 정책이 최근에 바뀌어서, 대부분의 분야에 대해서, 특히 식량과 의류와 관련된 분야에서 거대 외국 자본의 투자를 허용하고 있긴 하지만, 아직도 간디의 권고는 지켜지고 있어서, 아주 적은 기본적인 품목에 대해서만 수입이 이루어지고 있다.

간디는 우스꽝스러운(비꼬는 듯한) 예언자적인 목소리로, 인도 사람들은 그들의 국토에 대한 신성 불가침성을 명심하고, 그들의 국토가 도시화되어 가는 추세에 대항해야 한다고 강조했다. 간디가 말하기를,

"우리가 살고 있는 이 땅은, 한때는 신의 거주지였다고 알려져 있다. 하지만, 제분소 굴뚝의 연기와 공장의 소음으로 끔찍하게 변해버렸으며, 도로 위에서는 차량이 살인적인 속도로 질주하거나 또는 교통 정체에 막혀 거북이 걸음을 하고 있고, 거리에서 북적거리는 사람들은 대부분 자신들이 무엇을 위해 살고 있는 지를 알지 못하거나, 또는 일부는 그저 멍청한 상태로 거리를 거닐고 있으며, 콩나물 시루처럼 불안한 상태로 빽빽이 들어서 있어 그들의 성질(성격)을 순화하지 못하며, 그리고 전혀 모르는 낯선 사람들의 사이에 끼여서, 할 수만 있다면 상대방을 쫓아내려고, 또한 마찬가지로 그 상대방도 할 수만 있다면 낯선 주위의 사람들을 쫓아내려고 하는 이런 땅에서 신이 거주하리라고는 상상하기조차 힘들다. 내가 이런 말을 하는 것은, 그들(물질 만능 주의자)이 이러한 것들을 물질주의적 진보의 표상으로 간주하기 때문이다. 하지만 이런 것들은 우리가 행복한 삶을 영위하는 데, 전혀 도움이 되지 않다.

간디의 말에 따르면, 개인의 욕구와 그 욕구를 충족시키는 데 소요되는 자원을 최소화함으로써, 인간은 잠재적으로 더 행복해질 수 있게 되는 것이라고 했다. 이러한 생활 방식은 현대의 환경 보호주의(environmentalism)에서 없어서는 안될 중요한 한 요소이다.

현대 힌두교의 환경 보호주의

1981년 인도의 케라라(Kerala) 주를 여행하면서, 나는 여러 화학 공장에 의해서 야기된 극심한 환경 오염에 경악하였다. 우리는 중세의 위대한 힌두 철학자들 중의 한 사람인 산카라차야(Sankaracharya)의 출생지를 버스로 탐방하고 있었다. 그런데, 싱싱한 녹색의 자연 경관을 창밖으로 내다보면서 가는 중에, 갑자기 초목이 말라죽은, 갈색의 황량한 지대가 나타났다. 향기로운 열대의 공기가 화학 물질로 인한 악취로 채워져 버렸다. 뉴저지, 또는 나이아가라 폭포에서나 볼 수 있는 최악의 상태였다. 우리 일행은 그 화학 공장에 도착했으며, 시무룩한 표정의 일단의 근로자들로부터 '환영'을 받았다. 그들은 그런 큰 공장에서 일하고 있는 것을 기쁘게 생각하지도 않고 있는 듯이 보였다. 공장을 나와 차량으로 이동 중에 나는 우리를 초대한 사람들 중 한 명에게 오염이 심각한 것 같다고 하면서 말을 걸었다. 그는 태평스럽게, 인근에 아무도 거주하지 않아서 다행이라고 대답했다. 그러나, 버스가 모퉁이를 돌자마자 건설 공사 현장이 시야에 들어왔다. 그들은 그 악취가 심한 지역 내에 공장 근로자를 위한 주택을 신축 중이었다. 버스가 그 공장 지대를 벗어나 자연 환경이 보존된(쌀, 인력거와 코코넛이 있는) 지역으로 나오면서, 전혀 통제 받지 않고 있는 이런 산업화가 장기적으로 인도에 어떤 영향을 미칠 지에 대해 공포감까지 느끼게 되었다. 불행하게도, 몇 년 후, 이런 내 예감이 맞아떨어지는 사태가 벌어졌다. 1984년 보팔(Bhopal)에서 발생한 '유니온 카바이드 참사(Union Carbide disaster)'는 인도 중

부에서 3천8백명이나 되는 고귀한 인명을 앗아갔다.

나는 당시 여행 중에 새롭게 싹트고 있는 산업화의 영향으로 초래된 환경에 대한 무차별적인 파괴 행위에 충격을 받은 바 있다. 그러나 놀랍고 또 한편으로는 통탄스럽게도 인도인들의 환경 보호에 대한 인식도는 아주 낮았다. 하지만 그 '유니온 카바이드 참사'가 발생한 이후로는 주목할 만한 변화가 있었는데, 그것은 거의 모든 신문에서 거의 매일 일상적으로 환경 관련 기사를 다루고 있다는 점이다. 보팔(Bhopal)의 '유니온 카바이드 참사' 이후, 주로 환경 문제에 관한 정보 센터로서의 역할을 하는 2개의 기관이 설립되었다. 뉴델리(New Delhi)에 소재한 '과학 환경 센터(Centre for Science and Environment)'는 환경과 생태학에 관련된 기사를 인도의 여러 신문사에 제공하는 뉴스 서비스를 비롯해서 여러 활동을 하고 있다. 아메다바드(Ahmedabad)에 소재한 '환경 교육 센터(Center for Environmental Education)'는, '네루 발전 재단(Nehru Foundation for Development)' 건물 내에 입주해 있으며, 1984년에 설립되어, 환경 문제에 대한 일반 대중의 인지도를 높이기 위한, 일련의 프로그램을 수행하고 있다. 이 '환경 교육 센터'에서는 매년 1만 명이 넘는 교사를 대상으로 세미나를 열고, 관련 교재를 제작하여 나누어주고 있다. 이 센터에서는 또한 '뉴스와 특집 기사 제공 서비스(News and Features Service)'를 실시하고 있는데, 이는 '과학 환경 센터'에서 제공하는 서비스와 유사하다. '환경 교육 센터'에서는 인도의 오염되지 않은 자연의 파괴를 막기 위한 농촌 교육용 프로그램도 시작하였다. 또한 다양한 도시용 프로그램을 시행하고 있는 데, 취사용으로 연기가 없는 chulba나 또는 목탄 연소형 스토브의 사용에 대한 홍보 활동도 이에 포함된다. 1986년에는, 뉴욕주 사라쿠스(Syracuse)에 소재한 뉴욕 주립대학교의 임업대학(School of Forestry)과 공동으로, 갠지스강 오염 인식 프로그램(Ganga Pollution Awareness Programme)을 시작하였는데, 이 프로그램을 통해서 일련의 유아용 환경 관련 영상 자료를 제작하였다.

인도에서 벌어지고 있는 이러한 환경 운동들은 대부분, 환경에 대한 일반의 관심을 끌기 위하여 직접적이고 공격적인 방향으로 벌여 지고 있다. 우타르 프라데쉬(Uttar Pradesh)에서 벌어지고 있는 '끌어안기 운동(Chipko Movement)'은 그 지역의 여성들이 주도가 된, 개발로부터 나무를 보호하기 위해 나무를 끌어안자는 취지의 운동이다. 인도의 시골 문화에서는, 전통적으로, 나무가 신성시되어서, 땅과 그 땅에 살고 있는 사람들의 생존에 나무가 밀접히 관련되어 있는 것으로 여겨져 왔다. 이 '끌어안기 운동'의 옹호자이자 대변인인 반다나 시바(Vandana Shiva)는 이 운동과 관련하여 다음과 같은 말을 했다.

이 '끌어안기 운동'은 히말라야에서 시작하였으며, …갠지스 강의 발원지로서, …갠지스 강은 어머니신(mother goddess)으로, 여기에는 그녀가 대지로 내려오는 것에 대한 기원이 담겨 있다…. 하지만 그녀는 이 대지 위로 내려 올 수 없는데, 왜냐하면 그녀의 힘이 너무 강력하여 만약 그녀가 이 대지 위로 내려온다면 그녀는 이 대지를 바로 파멸시킬 것이기 때문이다. 몬순 기에 엄청난 양의 비가 내리는 것은 이런 의미에서 아주 상징적이다. 비는 너무 강하고 너무 강력해서, 만약 우리의 대지가 숲으로 덮여 있지 않다면, 산사태와 홍수가 나고 말 것이다. 그래서, 우리는 시바(Shiva)신에게 갠지스 강이 대지로 내려오는 것을 도와 달라고 요청한다. 그러면, 시바신은 그의 덥수룩한 머리카락을 펼쳐서 갠지스강의 사나운 물줄기를 가라앉힌다. 많은 인도인들은 이 시바신의 머리카락을 히말라야의 초목과 수풀에 비유한다.

이는 인도인들이 지속적으로 가지고 있는 일종의 관념이다. 그래서 그들은 숲이 베어지는 것을 보면 시바(Shiva)신의 머리카락이 더럽혀 진다고 생각하게 되는 것이다. 갠지스강이 댐으로

막히는 것을 보면서, 그들은 그들의 성스러운 강이 더럽혀지고 있다고 생각하게 된다. 이 '끌어안기 운동'이 장기간 계속되면서, 인도인들의 마음 속에는 이러한 관념이 뿌리깊게 자리잡고 있다.

이 '끌어안기 운동'의 기원은 1913년으로 거슬러 올라가는데, 당시에 숲지역을 보호하기 위한 거대한 운동이 벌어졌다고 한다. 이 운동은 1977년에 히말리아 지역에 사는 일단의 여성들에 의해 부활되었으며, 그녀들은 나무들이 베어지는 것을 막기 위해서, 나무 주위를 성스러운 끈으로 둘러싸고 체인을 걸었다. 숲에 사는 여성들은 천년여에 걸쳐 나무와 관계를 맺으면서 살아왔다. 나무는 사료, 비료, 음식, 물, 그리고 연료를 제공한다. 상업 작물 재배를 위해 숲을 제거하는 것은 이러한 생태학적인 균형을 파괴하여 인도 전역에 걸쳐 자연을 크게 황폐화시킨다. 비록 남성들도 이 '끌어안기 운동'에 동참하고는 있지만, 나무를 보호하는 일에 있어서만은 예전부터 여성의 역할이 강조되고 있다. 반다나 시바(Vandana Shiva)는 힌두교의 시각에서 다음과 같이 말했다.

> 모든 자연의 신들은 항상, 여성이다. 왜냐하면 힌두 우주론에서 그 모든 신들이 여성주의로 간주되기 때문이다. 또한 그 모든 자연의 신들은 자녀를 양육하는 어머니와 같은 역할을 하기 때문이기도 하다. 나무가 당신을 양육하며, 강이 당신을 양육하며, 땅이 당신을 양육하는데, 당신을 양육하는 모든 것은 어머니이다.

반다나 시바(Vandana Shiva)는 광활한 숲을 파괴하고 들어설 채석장의 건설에 반대하여 투쟁한 한 여성에 대해서 이야기했다. 건설업자는 2백명이나 되는 사람을 고용하여, 때리고 돌팔매질을 해도 해산하지 않는 시위 군중을 괴롭혔다. 반다나 시바(Vandana Shiva)에게 "그러한 행패에 맞설 힘이 당신의 어디에서 비롯된 것입니까?"라고 물었을 때, 그녀는 다음과 같이 대답했다.

> 이 모든 풀들이 자라는 게 보이는가? 우리가 매번 와서 잘라 주어도, 이 풀들은 매년 다시 자란다. 그 풀에 내재된 생명력이 내 내면의 힘과 같다. 이 나무들이 자라는 게 보이는가? 이 나무들은 2백살이나 먹었다고요. 매년 우리는 덤불을 잘라서 우리 가축에게 먹이고, 또 가축에게서 나온 우유를 우리 아이들에게 먹여서, 우리 아이들이 자라게 한다. 그리고, 덤불은 계속 자라서, 우리의 아이들도 계속 자라게 된다. 그 덤불의 생명력이 내 내면에 잠재되어 있는 것입니다. 이 강물이 흐르는 게 보이는가? 매년 비가 와서 물이 차지만, 그 물은 매년 마른다. 하지만, 이 나무들은 비가 온 후에도 오랫동안 생생해서, 우리를 먹일 수 있는 것이다. 이 맑은 생수는 도시에서 당신들이 얻을 수 있는 그 어떤 것보다 귀한 것으로, 나는 이 물을 생명수라고 부른다. 당신들이 도시에서 마시는, 수도꼭지에서 나오는 물은 죽은 물이다. 이 생명수가 내게 생명력을 주는데, 이게 바로 저의 내면의 힘이다.

이 이야기에서 우리는, 도시화와 서구식 개발 모델에 의해서 위협받고 있는, 자연 친화적이고 생태학적인 생활 방식의 단순한 아름다움을 볼 수 있다.

반다나 시바(Vandana Shiva)는 서구 모델에 맞춰 전세계의 획일화를 이루려는 흐름을 막자는 감명적인 호소가 들어가 있는, 그녀의 저서 「살아남기(Staying Alive)」에서 제 3세계 개발 계획의 의도를 맹렬히 공격했다. 여성의 입장에서 환경 파괴 행위에 대해 냉철한 비판을 가한 것 이외에도, 그녀는, 또한, *prakrti*와 *shakti*에 근거하여, 인도의 토착적인 개념적 방책(conceptual resource)을 활용한 자연 보호론을 주창했다. 그녀가 말하기를, 개발 정책은 종종, 주로 여성에 의해 수행되는, 자연 전체의 조화를 깨뜨리지 않는, 생태학적으로 건실한, 생계형의 농사에서, 남성이 주도하는, 과학 기술을 활용하는, 환금 작물(시장용 작물)의 단일 재배로의 이전을 수반한다고 지적했다. 그녀는 이러한 개발 관행을 '불완전 개발'로 칭하면서, "그것은 남성과 여성의 공동 작업 관계가 와해되고, 남성이 여성주의를 잃고, 자연과 여성 위에 군림하거나, 또는 그와 별개의 개체로 남겨지게 한다. 자연과 여성은 수동적 개체가 되어, 강력해진 남성의 통제 불가능한 욕구를 채우기 위한 수단으로 착취당하게 된다."라고 말했다. 그녀는 인간을 제외한 모든 사물을 데카르트 학파의 과학 기술적 모델(Cartesian-scientific-technological model)에서 인지되는 것으로써 바라보는 prakrti의 실증적 즉시성을 대조했는데, 거기서 그것들은 오직, 소비재로 바뀌었을 경우를 가정한, 그것들의 잠재적 가치로서만 인정된다. 그녀는 종자의 조작과, 인도 생태계에 잠재적인 위협이 될 수 있는 무기질 비료의 개발을 비난하였다.

여러 가지 면에서 현재의 인도의 생활 방식은 환경적인 면에서 밝은 미래를 예상할 수 있는 요소들을 포함하고 있다. 대부분의 사람들은 스쿠터(scooter)로 출근할 수 있는, 또는 걸어서 도보로 출근할 수 있는 거리에 직장을 두고 있다. 인도에서 소비되는 음식물은 재래 시장에서 포장되지 않은 상태로 매매되는 곡물로 구성되며, 그 곡물은 수레를 끌고 거의 모든 인근 지역을 하루 종일 돌아다니는 이동식 채소 장수로부터 구입한 야채와 함께 요리된다. 음식 쓰레기는 수집되어 비료로 사용된다.

하지만, 인도의 이러한 생활 방식은 이제, 어떤 측면에서는 긍정적으로 또 어떤 측면에서는 부정적으로 변화되고 현대화되어 가고 있다. 예방 접종이 실시되고, 위생에 대한 의식이 고양되면서 인도에서 전염병이 사라지고 있다. 하지만, 현대화로의 진행이 불합리한 결과를 초래할 수도 있다. 미국에서 육아 과정에 대해 가장 심각한 생태학적 논쟁을 불러일으킨 것 중의 하나가 일반 기저귀를 사용하느냐, 아니면 1회용 종이 기저귀를 사용하느냐 하는 문제였다. 일반 기저귀의 세탁에는 다량의 물이 사용된다. 1회용 기저귀에는 나무와 섬유 자원이 낭비되며, 쓰레기 양이 증가한다는 문제가 있다. 내가 이전에 인도를 방문했을 당시만 해도, 이런 것들은 문제조차 되지 않았다. 인도 대부분의 가정집 바닥에는 단단한 타일이 깔려 있어서, 아기들이 아장아장 걸어다니다가 바닥에 실례를 하더라도 쉽게 치울 수가 있었으며, 또한 어린이들은 어렸을 때부터 화장실을 사용하는 방법을 배우고 있었다. 그러나, 최근에 인도를 방문했을 때는, 인도에 광고 산업이 새로이 싹트면서, 이런 간단한 일들이 새로 문제시되기 시작했다. 뉴델리와 방갈로(Bangalore)에서는, 누구나 쉽게 엉성하게 도색되어 끈에 걸어 높이 걸려 있는 기저귀 광고판을 볼 수 있는데, 거기에는 1회용 기저귀를 입고 그 자태를 뽐내며 웃고 있는 오동통한 아이의 그림과 함께, "벗은 모습은 더 이상 아름답지 않다(Nude is no longer in style)."라는 문구가 적혀 있다. 이밖에도, 잠재적으로 그리고 실제로 환경의 질을 떨어뜨릴 또다른 징후가 나타나고 있다. 뉴델리의 음식점에서는 요구르트가 1회용 플라스틱 용기에 담겨서 제공된다. 인도 전역에서 자가용의 차가 급격히 증가하고 있다. 소비자 경제 시대의 도래로, 생태학적으로 건전한 형태로 개발을 추진할 수 있는 가능성이 점차 희박해지고 있는 것처럼 보인다. 인도의 산업화와 기술 혁신이, 미국인의 기준으로 보면, 아직 뒤쳐져 있는 것일 수 있으나, 중산층으로 합류하는 인구의 수가 급격히 증가하는 것을 보면, 서구 사회가 발전될 당시에 서구인들이 저질렀던 실수를 피해가기가 어려울 것으로 보인다. 자동차를 예로 들면, 인도는 현재, 소형차를 자체적으로 생산하고 있으며, 점점 많은 수의 사람들이 이 소형차를 소유해 가고 있다. 알려진 바에 따르면(그리고 개인적인 경험에 의하면) Dehi 지역의 대기가 아마도 이 세상에서 가장 오염되어있을 것이라고 한다. 그러나 새로 생산되어 나오는 자동차에는 전혀 배기 가스에 대한 기준이 없으며, 뿐만 아니라 그런 기준을 마련하기 위해 정부에 압력을 가하는 데 관심을 갖는 사람들도 없는 것 같다.

하지만 환경 파괴에 대한 일반인의 인식이 높아져 가고 있는 것으로 보아, 최선의 해결책은 국민 각자가 그들의 생활 방식을 바꾸는 방법일 것으로 생각된다. 미국에서는 적은 노력으로 이것이 가능하겠으나, 인도에서는 많은 노력이 필요할 것이다. 지금 미국인들은 가정용 화학품에서부터 핵무기에 이르기까지 그들의 그 놀라운 기술력을 사용하지 않고 살아가는 방법을 교육시키고 있다. 인도의 어느 가정 주부에게서 이런 말을 들었다. 그녀의 가정에는 현재 냉장고가 들어와 있지만, 그녀는 그것을 사용하지 않고 있는 데, 왜냐하면 매일 매일 신선한 식품을 구입하고 있기 때문이라고 했다. 그녀는 또한, 그녀의 가정에서는 차량의 구입을 고려하고 있지 않은데, 그것은 대중 교통이 상대적으로 더 값싸면서도 편하기 때문이라고 말했다.

전통적으로 힌두 사회에서는, 인간은 땅과 떨어져서는 살 수 없다고 한다. 인간들이 그들을, 현재 진행 중이며, 우리 생활 깊숙이 파고 들어 있는 삶과 죽음의 순환에서 떨어져 있는 것으로 생각하는 것은 터무니없는 일이다. 지금 인도는 현대화, 과학 기술, 소비자 중심주의, 그리고 과학 기술적 황폐화의 도전에 직면하고 있다. 요컨대, 이 세상과 한 개인의 관계가 소원해지고, 그 둘이 서로 대상화되면서 혼수 상태에 빠져 있는 것이다. 만약 인도가 보팔(Bhopal)의 참상에서 교훈을 얻고, 통제 불가능한 산업화의 유혹에 저항하며, 소비의 최소화를 주장했던 현자들의 충고에 따른다면, 그들의 내면에 뿌리 깊이 토착화되어 있는 환경 윤리가 그 모습을 드러내게 될 것이다.

참고문헌

Rig Vega 10:190, 13-14, trans. Antonio T. De Nicolas, *Meditations through the Rg Veda*: Four Dimensional Man (New York: Nicolas Hays, 1976).

Brhadaranyaka Upanisad 3:9, 28, trans. Robert Ernest Hume, in The Thirteen Principal Upanishads (London: Oxford University Press, 1921).

Hymns of the Atharva Veda, trans. Maurice Bloomfield (1897; reprint, New York: Greenwood Press, 1969), 200; the verses quoted in my following text appear on pp. 204, 203, and 200, respectively, in this edition.

Bhagavad Gita 5:18, trans. B. Srinivasa Murthy(Long Beach, Calif.:Long Beach Publication, 1985).

M. K. Gandhi. *The Village Reconstruction*(Bombay: Bharatiya Vidya Bhavan, 1966), 43; hereafter, VR, with page references cited in the text.

Kartikeya V. Sarabhai, 'Strategy for Environmental Education: An Approach for India,' 12,a paper presented at the Annual Conference of the North American Association for Environmental Education, Washington, D. C., 1985.

'Centre for Environment Education Annual Report, 1987-88,' Nehru Foundation for Development, Ahmedabad.

Information on this movement is included in the periodical publication *Worldwide Women in the Environment*, P. O. Box 40885, Washington, D. C., 20016.

Ann Spanel, 'Interview with Vandana Shiva,' *Woman of Power* 9(1988): 27; thereafter, 'Interview', with page references cited in the text.

Vandana Shiva, *Staying Alive: Women, Ecology, and Development*(London: Zed Books, 1988.)

지기환은 충북대학교 대학원 임학과를 졸업하고, 캐나다 뉴브룬스윅대학교 임산경영학과 박사과정을 하고 있다.

Christopher Key Chapple은 Loyola Manymount Univ.의 교수로 재직중이다.

사찰의 숲과 나무

임 주 훈

국토를 좀 쓴 사찰?

사찰이 국토를 좀 먹었다고 표현한다면 모든 불교신자들이 도끼눈을 뜰 것이다. 그러나 자연의 입장에서 보면 확실히 '좀'과 다를 바 없다. 대부분의 사찰이 숲 속에 들어앉음으로써 자연히 숲의 일부를 파괴하여 건물을 짓고 길을 닦았기 때문이다. 삼국시대 때 이차돈의 순교로 신라마저도 불교를 받아들이면서 수많은 사찰이 지어졌다. 특히 신라가 삼국을 통일한 후에는 통일신라를 유지하기 위하여 중앙정부뿐만 아니라 지방정부도 불교를 통한 종교적인 융화 정책을 폈기 때문에 사찰은 더욱 많아졌을 것이다. 그럴 법하게도 전국의 어느 지역·어느 산엘 가나 사찰 없는 곳이 없고, 또 어느 사찰에 가나 원효와 의상대사 아니면 자장율사의 흔적이 남아 있다. 자연의 입장에서 보면 사찰이 없어지기 전에는 — 아마도 인류 멸망의 시기겠지만 — 거의 영원한 틈(gap)이 형성된 것이다.

국토를 보전하는 사찰

전국 방방곡곡에 퍼져 있는 사찰은 숲을 부분적으로 파괴하였지만 사찰 소유의 숲을 보전함으로써 우리 국토를 숲이 있는 땅으로 지켜냈다. 그래서 우리 눈에는 어느 사찰에 가나 황량한 곳은 한군데도 없고 성숙한 숲, 거대한 나무들로 둘러싸여 괜찮은 느낌과 고요하고 엄숙한 분위기를 준다.

사찰의 숲

사찰을 품고 있는 숲은 다양한 공간으로 나뉘어 제각각 그 역할을 해 낸다. 우선 사찰 입구를 보면, 정문이 나타나기까지는 수백 또는 수천 미터에 이르도록 우거진 숲길을 이루고 있다. 그 길은 인공적으로 식재한 나무들로 치장되었을 수도 있고 자연적인 숲으로 에워싸였을 수도 있다. 오대산 월정사의 전나무 숲길, 치악산 구룡사의 소나무 숲길, 고창 선운사의 인공 식재한 은행나무·단풍나무 숲길, 소백산 법주사나 합천 해인사의 소나무에서 활엽수로 이어지는 인공과 자연이 혼재한 숲길, 해남 대흥사, 구례 화엄사의 자연적인 활엽수 숲길 등 다양한 형태의 숲을 통하여 사찰에 들어갈 수 있다.

정문을 지나서부터는 전혀 다른 형태의 숲이 존재한다. 그렇게 화려할 수가 없다. 연꽃, 파초, 배롱나무, 불두화, 작약, 반송, 비자나무, 대나무 등 갖가지 자태와 색깔, 향기를 뽐내는 나무들로 구성되어 있다. 불국사의 경우, 정문을 들어서서는 잔디밭 한가운데 반송이 있는가 하면 길 왼편으로 단풍나무 숲이 있고 담장 너머엔 삼십 미터에 달하는 양버들이 자란다. 호숫가의 능수버들이 바람난 봄처녀를 희롱하는

(사진 1) 합천 해인사 입구의 숲길

가 하면 배롱나무의 붉은 꽃이 여름을 보다 정열적으로 만든다. 그야말로 '별천지'에 온 느낌이다.

불국의 세계가 가까워지면 화려함은 단순하며 고풍스러운 품격의 나무로 대치된다. 불국사의 경우, 다리 하나를 건너 백운교·청운교 가까이 다다르면 숲이 갑자기 차분하고 단아한 느낌으로 변하여 다가온다. 소나무 숲이다. 활엽수 한 두 그루가 끼여 있지만 독특하게 튀지 않아 소나무와 잘 어울린다. 청운교·백운교를 지나면 불국의 세계라고 하는데 그 앞의 숲조차도 세속과 불국을 갈라놓는 탈속의 여과 장치 역할을 한다.

불국의 세계에 도달하면 나무가 없다. 석가탑과 다보탑이 있는 곳이 소위 불국(佛國)인데 회랑 너머 사찰 밖에는 소나무 숲이 병풍처럼 둘러쳤지만 정작 회랑 안으로는 한 그루의 나무도 보이지 않는다. 뒤편 다른 구역에는 은행나무, 당단풍 등 여러 가지 나무가 담장 모퉁이마다 서 있는데 유독 이곳에는 아무런 나무도 없다.

사찰의 나무, 풀

숲 보전에 미친 사찰의 역할이 막대한 것 못지 않게 사찰은 또한 운치 있는 나무와 풀의 보고(寶庫)이다. 승려들은 숲을 파괴한 것 이상으로 숲을 잘 보전하였기 때문에 각 지방의 기후풍토에 맞는 숲을 유지하여 국토를 푸르게 하는데 공헌하였다. 또한 문익점이 목화 씨앗을 들여 오듯이 외국으로부터 파초, 불두화, 배롱나무 등을 들여와 보급하였다. 선운사의 상사화는 가장 화려한 꽃을 가진 풀의 하나로서 그 대표적인 예라 할 수 있다.

은행나무

사찰이나 서원, 향교 등지에는 은행나무를 한두 그루씩 식재해 놓았다. 경내가 아니더라도 인근에 은행나무를 심어 은행도 따고 노란 단풍도 즐겼으며 모기와 같은 곤충을 쫓는 방충의 역할도 얻었을 것이다. 용문사 은행나무나 충청북도 영동의 영국사 은행나무 뿐만 아니라 경기도 광릉 입구 운악산 봉선사에도, 경기 남양주의 운길산 수종사 올라가는 길목 마을과 수종사 바로 옆에도 은행나무 노거수가 있다.

은행나무의 잎과 열매, 뿌리 등은 생약으로 사용했다. 잎에는 진코플라본 글리코사이드(Ginkgoflavon glicocide)가 많이 함유되어 있어 혈관 수축작용과 콜레스테롤 분해작용, 혈압 강하작용, 동맥경화 등의 치료예방에 효능이 높다. 은행(백과)에는 지베렐린(Gibberellin), 사이토키닌(Cytokinin), 빌로볼(Bilobol)과 진콜산(Ginkgolic acid)등을 함유하고 있어 결핵균, 대장균, 디프테리아균 등에 항균작용을 가진다. 따라서 폐결핵의 치료제와 천식, 오줌소태 등의 치료예방제로 쓰인다. 뿌리(白果根)에는 진코라이드(Ginkgolide)의 성분을 가지고 있어 허약한 체질을 보강하고 기를 돋우며 유정(遺精)의 치료제로 쓰인다. 껍질(白果 樹皮)은 탄닌시키미산을 함유하고 있어 이를 태워 재로 만든 다음 기름에 섞어 소(牛)의 버짐 치료제로 쓰였다. 이러한 이유 때문에 사람이 많이 모여 사는 사찰에 필요하였던 것은 아닐까.

은행나무는 이식이 잘 되므로 비교적 큰 나무도 옮겨 심을 수 있다. 야생의 은행나무를 중국 양자강 하류 천목산(天目山)에서 발견하여 우리 나라에 있는 것은 중국에서 들여온 것이라 한다. 은행나무는 맹아력이 있어서 늙은 나무의 뿌리 부근에서 흔히 많은 움가지가 돋아나고 이것이 큰 나무로 되기도 한다. 그래서

(사진 2) 이른 아침 스며드는 햇살을 받으며 연인과 걸을 오대산 월정사의 전나무 숲길

'공손수(公孫樹)'라는 이름이 붙었다고 한다.

암수 딴그루이고 오래된 나무는 대개 암나무이다. 대부분의 사찰이 스님들의 거주처인데 그곳에서 자라는 나무는 암나무라는 사실이 흥미롭다. 전라북도 김제 금산사의 지장보살은 은행나무로 조각한 것이라는데 큰 나무를 잘라 이용하였을 터이니 암나무가 아닐까 싶다.

전나무

이른 아침 투명한 아침 햇살을 받으며 오대산 월정사 입구의 숲길을 걸어본 사람이라면 치솟은 전나무의 도열에 희열을 느끼지 않을 수 없었으리라. 장마철 어느 비 개인 날 오후 북대사 올라가는 길목 축대 위에서 구름이 감싸다 지나가는 상원사 쪽 숲을 바라본 사람이라면 활엽수 위로 높게 치솟은 전나무의 웅장함에 경외감(敬畏感)을 느낀다. 전라북도 부안의 능가산 내소사에도 일주문과 천왕문 사이에 심겨진 전나무 숲길이 아름답다. 경기도 남양주의 운길산 수종사에도 커다란 전나무가 한 그루 서 있다.

오대산 상원사나 설악산 백담사에는 빙 둘러 활엽수림 속에 수고(樹高, 나무 높이) 30미

(사진 3) 소나무 숲으로 둘러싸인 오대산 월정사

터에 달하는 거대한 전나무가 나타난다. 가지가 조선시대의 사모관대처럼 수평으로 쭉 뻗어 끝이 뭉툭하게 뭉친 듯 보이는 단정한 모습으로.

표고(標高) 1천2백미터 이상의 고산지대에 자리잡은 오대산 북대사에는 전나무 대신 분비나무가 나타난다. 신갈나무숲에 주목, 마가목 등과 함께 산생(散生)하는 모습에서 서민 속에서 고고한 자태를 드러내는 선비의 모습을 볼 수 있다.

소나무

소나무는 장수와 절개를 나타낸다고 한다. 그래서인지 사찰숲의 기본은 대개 소나무이다. 기와 지붕 너머를 녹색으로 장식하되 너무 어둡지 아니하고 또 너무 밝지도 않아 청결하고 산뜻한 느낌을 주는 것이 소나무이다. 매끈하게 뻗어 올라간 갈색의 줄기와 부드러운 침엽(針葉)으로 장식된 수관이 까만 물고기 비늘 모양의 기와 지붕과 그렇게 잘 어울릴 수가 없다.

절 뒤편에 병풍처럼 쳐진 소나무뿐만 아니라 한 그루의 소나무가 사찰의 명성을 드높인 곳도 많다. 가장 대표적인 것은 속리산 법주사의 정이품송일 것이다. 또한 전라북도 고창 선운사에서 넓은 계곡을 거슬러 올라가 도솔암에 다다르면 진흥굴 앞에 홀로 서있는 가지가 우산살처럼 퍼진 '장사송'이라는 이름을 가진 소나무가 있는데 그 자리에 있음으로서 도솔암의 명성을 한껏 드높인다.

소나무는 단지 관상의 대상으로서 역할만 수행하지는 않았다. 스님들이 새벽길을 나설 때 이슬 맺힌 솔잎을 공양으로 하였고 '윤사월'의 송홧가루는 송화다식의 원료로서 좋은 먹거리가 되었으며 줄기껍질을 벗겨 내면 나타나는 속살은 흉년을 견디는 구황식물(救荒植物)의 역할을 했다.

목재는 대웅전의 기둥과 대들보감으로 이용되어 경상남도 고성의 벽발산 안정사(碧鉢山 安靜寺)는 금송패(禁松牌)를 하사 받아 진입로와 부도밭 주위를 메운 운치 있는 소나무를 보전하였다.

소나무에서 떨어진 낙엽이나 낙지(落枝), 솔방울조차도 온돌에 불을 지피기 위한 땔감으로 소중한 가치가 있다. 또한 지역에 따라서는 송이를 얻을 수도 있었으니 얼마나 귀중한 나무였겠는가.

잣나무

중부 지방에 많은 잣나무가 남행(南行)을 하여 전라북도 김제의 모악산 금산사에 와송(瓦松)을 떨구고 전라북도 남원의 지리산 백장암(옛 실상사) 앞산에 수를 놓았다. 금산사 경내에 있는 잣나무(와송)는 외줄기이나 윗부분이 늘어져 반송처럼 옆으로 퍼져 있기 때문에 독특한 형상미를 준다. 설악산 봉정암 오층석

탑 밑에는 잣나무가 예불을 하는 모습으로 허리를 굽히고 있다. 가장 굵고 큰 잣나무가 있는 사찰은 만해(卍海)와 일해(日海)가 묵은 것으로 유명한 설악산 백담사이다. 두 아름에 가까운 거대한 나무들이 20미터 가까운 높이로 자라고 있는데 가장 큰 것은 1980년대에 쓰러졌다고 한다.

느티나무

활엽수 중에서 오래 사는 나무를 꼽으라면 당연히 느티나무가 일등이다. 그래서인지 대부분의 사찰에 느티나무가 한두 그루 거목을 이루고 있다. 경기 과천의 관악산 연주암은 느티나무 그늘에 자리잡은 요사채 마루에 걸터앉아 공양을 먹을 수 있었다. 강화의 정족산 전등사나 충청남도 예산의 수덕사, 부여의 만수산 무량사, 대구의 팔공산 동화사, 전라남도 구례의 지리산 화엄사에도 느티나무가 크게 자라고 있다. 흔히 회(檜)나무나 괴목(槐木)이라는 이름으로 불리고 있으며 숲 속에서는 수피(樹皮)가 더 희게 보이기 때문에 느티나무임을 알지 못하는 경우가 많다.

벚나무

섬진강 맑은 봄물을 받아 화개장터에서 쌍

(사진 4) 봄단풍이 아름다운 예산 수덕사의 느티나무

(사진 5) 졸참나무 숲으로 둘러싸인 풍기 부석사의 무량수전

계사(雙溪寺)에 이르는 십리 길에 연분홍빛 꽃을 흐드러지게 피우는 벚나무는 사찰 진입로를 화려하게 장식하고 있다. 전라북도 진안의 마이산 탑사로 들어가는 입구의 벚나무 숲길도 도로 양쪽에 심은 벚나무의 수관이 맞닿아 터널을 이루고 있다.

전라남도 해남의 두륜산 대흥사 근처에는 육지에서는 최초로 왕벚나무를 발견하여 벚나무가 우리 나라에서 일본으로 확산되었음을 증명해주어 사찰의 숲이 생물 다양성의 보고(寶庫)임을 한껏 뽐낸다.

동백나무

전라북도 고창의 선운사 배경을 이루는 늘 푸른나무인 동백나무는 다른 나무들이 감히 엄두도 못 낼 엄동설한(嚴冬雪寒)에 빠알갛고 화려한 꽃을 피워 스님들의 장삼을 수놓는다. 전라남도 강진의 만덕산 백련사 입구나 경상남도 하동의 지리산 쌍계사에서도 새빨간 동백꽃이 피고 또 피어 더 이상 필 수 없게 만개(滿開)하면서 낙화암에 궁녀 떨어지듯 꽃잎을 떨어뜨리며 봄을 재촉한다.

상사화(相思花, 石蒜)

전라북도 고창의 선운사 풍경을 이루는 송악이 덮인 바위 밑으로부터 단풍나무 숲길 옆 개울을 따라 올라 사찰의 배경이 되는 동백나무숲에 이르기까지 바닥에 상사화(석산)가 지천으로 깔려 있다. 또한 경남 고성의 벽발산 가섭암(迦葉庵)에도 상사화가 피고 있다.

꽃은 잎을 못 보고 잎은 꽃을 못 보아 '상사화'라고 하는데 새빨간 꽃의 화려함과 길게 뻗은 빨간 암술·수술의 휘어짐이 매우 아름다운 풀이다.

기타

사찰 경내에 흔히 심고 있는 나무로서 피나무(전남 장성의 백양사), 배롱나무, 서어나무(충남 서산의 상왕산 개심사), 비자나무(전북 부안의 우금산 개암사), 참나무류(풍기 부석사의 졸참나무), 수국, 불두화, 파초 등이 있다.

전설이 있는 나무

용문사 은행나무

천연기념물 제30호로 지정되어 있으며 키가 62미터로서 우리나라 나무 가운데 가장 높은 키를 가지고 있으며 세종 때에 정삼품 보다 높은 당상 직첩을 하사 받기도 하였다. 수관(樹冠)은 동으로 14미터, 서로 13미터, 남으로 12미터, 북으로 16미터 퍼져 있으며 줄기의 가슴 높이 둘레가 14미터나 된다.

나이는 1천1백년에 달하는데 신라 마지막 임금 경순왕의 세자였던 마의태자가 나라를 잃은 슬픔을 안고 금강산으로 가는 길에 심었다는 전설도 있고 신라의 고승 의상대사가 짚고 다니던 지팡이를 꽂은 것이 자라 이 은행나무가 되었다는 전설도 있다.

1천1백여 년의 세월을 거치면서 이 나무는 갖가지 화를 당했는데 특히 정미년에는 일본군대가 의병을 진압한다고 절을 태웠으나 이 나무만은 화를 면했다. 사천왕전이 불 탄 뒤에는 사천왕상을 대신하여 이 나무를 천왕목(天王木)으로 삼고 있다고 한다.

그 밖에도 많은 이야기가 전해 온다. 고종이 승하하였을 때에는 큰 가지 하나가 부러져 떨어졌다고 하며 나라에 큰 변고가 있을 때마다 소리를 내어 그것을 알렸다고 한다. 그래서 신령스런 나무로 인정받아 숭배의 대상이 되고 있다. 또 어느 날 한 사람이 이 나무를 자르려고 톱을 대는 순간 톱 자리에서 피가 쏟아지고 하늘에서는 천둥이 일어났다 하며 그 곳에 커다란 혹이 생겼다고 한다.

오래된 은행나무에는 혹이 많이 생긴다. 서울 성균관대학교 교내에 위치한 명륜당 앞 은행나무는 앞으로 휘어진 가지에 50~60센티미터나 되는 세 개의 유주(乳柱)가 자라고 있어 밑으로 늘어진 유주는 항상 사람 때가 묻어 있다. 또 경상남도 의령군 유곡면 세간리 마을 끝에 서있는 은행나무(천연기념물 제302호)도 남쪽가지에 2개의 짧은 가지가 마치 여인의 유방처럼 자라고 있어 젖이 잘 나오지 않은 출산부가 여기서 치성을 드렸다는 전설이 있다.

청량사 유리보전앞 소나무

낙동강 상류에 위치한 청량산 중턱에 청량

사가 있는데 그곳 유리보전(琉璃寶殿) 앞에 매우 운치 있는 노송이 있다. 이 소나무는 뿔이 셋 달린 소가 죽어서 된 것이라 하여 소나무가 있는 자리를 삼각우총(三角牛塚)이라 한다.

옛날 봉화군 명호읍 부곡리에 뿔이 셋 달린 송아지가 태어났는데 어찌나 사납고 힘이 세었던지 부릴 수가 없었다. 이 소문을 들은 청량사 주지가 이 소를 시주하라고 하자 주인은 선뜻 내주었다. 소는 이상하리 만큼 스님의 말을 잘 들어 암자를 짓는 돌과 재목을 잘 날라주어 암자 짓기가 쉽게 끝났다. 그 소가 죽으매 절 앞에 묻었더니 그 자리에서 소나무 한 그루가 자라는데 가지가 셋으로 뻗었다. 그리하여 삼각우총이라는 이름이 붙게 되었다.

마곡사 법당의 참나무 자리

충청남도 청양의 마곡사는 대한민국 임시정부의 주석이던 김구 선생이 피신했던 곳으로 유명한데 그 곳 법당에 참나무 각편(刻片)으로 만든 자리가 있다. 백여 년 전 어떤 앉은뱅이가 부처님께 불구를 치료해 달라고 기도하며 백일에 걸쳐 자리를 짰는데 일이 끝나자 다리가 나아 걸어서 법당을 나갔다고 한다.

기타

상원사에서 적멸보궁으로 가는 길목에 있는 중대 사자암에는 70여 년 전 방한암 선사께서 쓰던 지팡이를 뜰 앞에 꽂은 것이 무성한 단풍나무가 되었다고 한다. 경상북도 영주의 봉황산 부석사 조사당 추녀 아래에는 의상대사가 꽂은 지팡이가 골담초가 되어 지금껏 자라고 있어 '선비화(禪扉花)'라 불린다. 충청남도 금산의 진락산 보석사에는 조구(祖丘)화상이 제자 5인과 심은 6그루의 은행나무가 엉겨붙어 자라는데 나라에 큰 이변이 있을 때엔 24시간 운다고 한다.

숲은 사찰, 사찰은 숲

숲 속에는 사찰이 있고 사찰은 숲을 갖고 있다. 숲이 있어 종교가 있는 것인지 종교가 있어 좋은 숲이 있는 것인지 알 수 없지만 사찰은 숲을 유지·관리하는데 있어 커다란 역할을 했음이 분명하다. 왜 사찰(종교)이 숲에서 비롯되는 것일까. 태초에 인간이 이 지구상에 나타날 때 숲이 가장 무서운 존재였기 때문에 그것을 극복하려고 살신성인(殺身成人)의 구도로서 일부러 숲 속에 들어앉은 것은 아닐까.

결국 사찰은 숲을 파괴함으로써 숲을 보전하는 기작(機作)을 하였으며 생물 다양성을 유지하고 유전자원을 보전하며 외국의 희귀한 초목들을 가져다 심어 전파하는 시험장이었음이 분명하다.

참고문헌

박희진. 1999. 「백사백경」. 불광출판사. 333쪽.
임주훈. 1994. 은행나무의 삶과 기쁨. 〈숲과 문화〉 3(6):16~19.
전영우. 1993. 안정사의 금송패. 〈숲과 문화〉 2(1):5~8.

임주훈은 고려대학교 임학과 및 동 대학원(산림생태학 전공)을 졸업(농학박사)하였다. 독일 프라이부르크대학교 조림학연구소에서 방문연구원으로 근무하면서 산림식생 및 입지학을 연구하였으며, 현재 임업연구원 산림생태과 산불연구실에 근무하고 있다. 숲과문화연구회 운영회원이다.

3

숲과 서양종교

성서의 생태학적 감수성
김영무

기독교 신앙과 숲
이정호

광야의 신, 숲의 신
정홍규

성경 종교와 나무
남대극

성서 속의 숲과 나무
이천용

안식일의 환경 신학
오만규

성서의 생태학적 감수성

김 영 무

린 화이트 2세(Lynn White Jr.)가 '우리의 생태위기의 역사적 뿌리(The Historical Roots of Our Ecological Crisis)'라는 획기적인 논문을 발표한 지 한 세대 남짓한 세월이 흘렀다. 기술의 역사 및 중세문화 전공자인 그는 오늘날 우리가 겪고 있는 생태 위기의 근원을 땅에 대한 인간의 지배와 정복을 정당화하고 있는 기독교 전통에서 찾고 있다. 1967년에 이 논문이 발표된 이래, 많은 사람이 화이트식의 주장에 공감하면서 서구의 합리주의 전통과 기독교 전통이야말로 지구파괴 생태계 위기의 주범이라고 목청을 높이고 있다. 이에 대한 반론도 만만치 않아서, "자식을 낳고 번성하여 온 땅에 퍼져서 땅을 정복하여라"라는 창세기 1장 28절의 말씀은 땅의 보살핌과 관리를 명령한 것이지 착취와 학대를 권장한 것이 아니라는 반박이 나오고, 또는 시편이나 예언서의 어떤 구절이 혹은 복음서의 어떤 대목이 얼마나 자연친화적인가를 들춰냄으로서 기독교에 씌워진 비난에 응수하는 노력이 이루어지고 있다. 이런 변호가 부질없는 것은 아니겠으나 기독교 사상의 생태론적 성격을 규명하는 본질적인 노력은 다른 각도에서 이루어져야 할 것으로 생각된다.

우선 제도로서의 기독교와 성서를 구별할 필요가 있다고 생각된다. 신앙행위의 실천에 관련된 제도로서의 기독교는 성서에 대한 신학적 해석에 따라서 그 강조점이 역사적으로 달라지기 때문이다. 지금까지 주류를 이룬 신학적 해석은 구원신학이라고 할 수 있는데, 영과 육, 생과 사, 천상과 지상 등을 첨예하게 구별 대립시킨 구원신학은 반생태주의와 인간중심주의로 기울어진 혐의를 벗기 어렵다. 그러나 인류의 타락과 원죄(Origianl Sin)를 강조하는 구원신학이 주류를 이루는 가운데서도 삼라만상을 기쁨으로 창조하신 하느님 앞에서의 만물의 평등과 신성함 즉 원축복(Original Blessing)을 부각시키는 또 다른 성서 해석인 창조신학이 마이스터 에크하르크 같은 수많은 기독교 신비가들에 의해 주창되었음을 우리는 기억한다. 프란시스코 성인도 그 대표적인 경우라 할 것이다. 프란시스코 성인이야말로 그리스도를 가장 가깝게 닮은 크리스챤이라는 주장에 동의한다면, 기독교 사상이 환경 오염과 파괴의 근본 원인제공자라는 비난은 성립되기 어려울 것이다. 그렇기는 하지만 자본주의 발달과 프로테스탄티즘을 긴밀히 연결시킨 막스 베버의 통찰이 아니더라도, 영혼과 영원한 생명과 천상적인 것을 끝없이 드높이고 육신과 죽음과 지상적인 것을 전면적으로 업신여긴 구원신학을 지배담론으로 채택한 역사적 현실로서의 기독교 사상이 오늘날의 생태위기에 일단의 책임이 있다는 진단은 여전히 유효하다.

그러니까 성서 자체가 친환경적이냐 아니냐가 문제가 아니라 성서가 전하려고 하는 한없이 풍요로운 이야기를 우리가 맑은 마음과 밝은 귀로 제대로 알아듣는 일이 중요하다 할 것이다. 이런 관점에서 볼 때, 성서의 어떤 책이 혹은 어떤 구절이 어떤 삽화가 생태론적 성질의 것이냐 아니냐를 따지는 일 보다는, 말씀의 육화라든가 성만찬이라든가 삼위일체설 같은 기독교 신앙의 핵심적 관심사들이 생태계의 위기가 가장 중요한 세기적 담론이 되고 있는 인류사의 현단계에 어떻게 연관되는지를 우리나름대로 새롭게 검토하는 일이 훨씬 긴요할 일이라 하겠다.

누가복음이 전하는 바에 따르면, 구세주 예수 그리스도는 외양간에서 태어나 구유에 눕혀진 것으로 되어 있다. 세상을 구원하시러 온 분이 외양간에서 태어났다는 전언은 개천에서 용이 났다거나 영웅은 흔히 비천한 곳에서 유래한다는 낯익은 유형의 설화와 닮았으면서도 본질적인 차이를 드러낸다. 외양간 혹은 마구간 태생이라는 것은 아기 예수가 온전히 사람에게만 속하는 것이 아니라 마소를 비롯한 온갖 짐승의 일원으로 이 세상에 왔다는 엄청나게 귀중한 함의를 지닌 것으로 읽을 수 있다. 예수 탄생에 관계된 수많은 그림에 목동들과 동방의 박사들과 더불어 여러 짐승들이 함께 경배를 드리는 모습이 나오는데, 이것이야말로 예수 탄생설화의 핵심적 비전이다. 또한 동방의 박사들이 가져왔다는 황금과 유향과 몰약은 구세주의 귀한 신분을 암시하는 것이면서 동시에 동물 뿐아니라 광물과 식물 등 삼라만상이 구세주의 탄생에 함께 참여한다는 우주적 의미를 갖는다. 동방의 현자들의 길을 인도한 빛나는 별빛과 목동들을 겁나게 한 천사들의 등장 또한 이런 문맥에서 이해되어야 한다.

구유에 담겨 있는 핏덩이 갓난아기의 모습은 하느님이 몸소 비천한 인간의 몸을 입고 태어났다는 놀라운 신비 못지 않게 깊은 생명의 진리를 암시한다. 짐승 밥통에 담겨진 살덩이로, 밥그릇에 담긴 밥으로 구세주는 이 세상에 태어난 것이다. 이는 내 몸이다, 받아 먹어라, 이는 내 피다, 받아 마셔라. 이렇듯 예수 탄생은 성만찬(영성체)의 신비와 하나로 연결되는 것이다. 우주만물은 창조주 하느님의 몸과 피를 먹고 마심으로써 생명을 얻는다는 성서의 비전은 인간중심주의적인 것도 반생태적인 것도 아니다. 우주만물 삼라만상의 근원적 평등성, 자율성, 상호연관성을 생태론의 핵심이라고 본다면, 예수 탄생과 성만찬의 이야기는 삼라만상이 살과 피를 서로 나누어 먹음으로써 비로소 상생공존하는 원리의 실천적 계시라고 할 수 있다.

말씀의 육화와 성만찬이라는 성서의 핵심적인 이야기를 맑은 눈으로 제대로 살펴보니, 이것들이 생태론에 친화적이라고 해서, 성서가 곧바로 생태론의 교과서가 되는 것은 아니라는 주장이 있을 수 있다. 성서 이야기의 기본적인 흐름이 무엇일까 생각해 보면, 구약의 주요 플롯은 선택된 백성으로 하여금 뭇 잡신들이 아니라 오직 야훼만이 유일한 창조주임을 깨닫게 하는 데 초점이 맞추어져 있고, 신약에서는 죽음을 물리쳐 이기고 영원한 생명을 얻는 일이 하느님께서 예비하신 인간 역사의 뜻이라는 것으로 모아진다고 볼 수 있다. 선택된 백성의 이야기나 죽음을 물리쳐 이기는 이야기에서 공통되는 것은 이것들이 모두 우주 삼라만상 가운데서 특별한 예외적인 지위를 지향하는 소망의 발로라는 것이다. 짐승과는 다른 특별한 인간의 지위, 인간 중에서도 뭇 민족과는 달리 특별히 선택받은 백성의 지위를 탐하여 만물 위에 지배적인 위치에 서겠다는 선민사상도 문제려니와, 삼라만상 공통의 운명인 죽음으로부터 면제되어 영원한 생명을 누리겠다는 소망은 정말로 문제적이라는 것이다.

그런데 죄와 벌, 축복과 저주, 악과 선을 기본 축으로 삼고 있는 이러한 구원신학이 기독교의 주류 전통이고, 이런 전통의 근원도 성서에 있는 것이라면, 성서를 손쉽게 생태론의 교과서로 끌어들일 수 없다는 주장이다.

영원한 생명의 획득을 최상의 목표로 설정하는 구원신학이 인간의 궁극적인 적으로 몰아

세운 죽음에 대해서 창조신학은 경청할만한 해석을 제시한다. 엄밀한 의미에서 죽음(Death)의 반대말은 생명(Life)이 아니다. 죽음의 진정한 반대말은 낳음(Birth) 즉 탄생이다. 낳고 죽는 일 모두를 포함하는 광의의 개념이 삶 혹은 생명인 것이다. 탄생과 죽음이야말로 삶이 스스로를 전개하는 방식으로서, 죽음이 없이는 진정한 삶은 성립되지 않는다. 앞에서 살펴본 성만찬의 참뜻이 낳음과 죽음을 함께 아우르는 이러한 삶의 변증법을 잘 말해주고 있는 것이다.

어거스틴 신학과 같은 구원신학이 선과 악, 죄와 벌, 축복과 심판을 엄격히 구별하고, 죽음과 육체를 지나치게 부정적인 것으로 몰아붙인 것은 사실이지만, 빛과 어둠, 선과 악의 싸움이 구체적인 삶의 현장의 엄연한 현실인 한에서, 이른바 창조신학이 전통적인 구원신학을 반생태적이고 인간중심적이라고 일방적으로 비판하는 것은 기독교 신앙의 본질적인 이해를 위해서도 바람직한 것만은 아니다. 구원신학이 투철하게 인식하고 있는 빛과 어둠, 선과 악의 싸움의 문제는 창조신학이 귀하게 여기는 낳음과 죽음의 변증법적 생명력이라는 원리에 비추어서 새롭게 강조되어야 할 것일지언정, 매도의 대상은 아니라고 본다. 왜냐하면 세상만물의 현실적 존재양식에는 언제나 불평등 현상이 나타나기 때문이다. 그리고 바로 이런 불평등과 불의 때문에 하느님의 강생과 십자가에서의 죽음이라는 기독교의 핵심적 사건이 있는 것이다. 선악의 싸움은 언제나 현실이고, 이 싸움에서 억울하게 당하는 가난한 자, 억눌린 자를 우선적으로 구원하기 위해서 구세주는 강생한 것이다. 구유에 누워 삼라만상의 경배를 받는 아기 예수의 이미지를 피에타—성모의 품에 안긴 그리스도의 시신—로 완성하고 있는 것이 기독교 신앙이 아닌가.

숲과 문화연구회가 마련한 1999년도 학술토론회의 주제, '숲과 종교: 숲은 신성한 성전입니다'라는 말마디도 지금까지 논의한 생태신학적 관점에 비추어 볼 때 그 진정한 의미관련이 드러나는 것이다. 숲은 삼라만상이 깃들어 있는 그윽하고 깊고 그야말로 신적인 거룩함이 느껴지는 곳, 절대자의 모습이 감지되는 곳이기에 신성하다고 한다면 현대적인 문맥에서는 특별한 호소력이 없다. 생태계의 위기가 세기적인 화두가 되고 있는 오늘날의 관점에서 숲이 거룩한 성전인 까닭은 숲이 바로 박해받고 버림받고 십자가에 못박혀 죽은 그리스도의 또 다른 모습이기 때문이다. 도구적 이성을 바탕으로 한 반생명적 근대과학이 낳은 자본주의적 소비주의를 우상으로 섬기는 인간들에 의해 숲과 자연은, 온갖 좋은 것을 인간에게 다 내어준 숲과 자연은 십자가에 못박힌 것이다. 그런데 인류의 구원은 십자가에 못박혀 죽은 바로 그분이 삼라만상의 하느님이심을 믿는데서 비롯된다는 것이 기독교 신앙고백의 내용이다. 우리가 박해하여 십자가에 처형한 숲과 자연이야말로 인류 및 모든 생명의 구원의 원천이라는 이런 값진 가르침을 성서의 생태론적 상상력은 우리에게 전해주고 있다.

우주만물이 형제와 자매라는 창조신학적 비전이 낭만적 꿈이 아니라 현실적인 의미를 가지려면 이런 공동체적 친교를 해치는 모든 행위 즉 악과의 싸움이 전제되지 않으면 안 된다. 이런 까닭에서 우리는 전통적 구원신학의 중요성을 쉽게 간과할 수 없는 것이다. 구원신학과 창조신학을 삼위일체론에 비추어 통합한 생태신학적 이해야말로 성서에 대한 올바른 이해라는 것이 필자의 생각이다.

삼위일체라는 매우 기묘한 가르침은 생태론적 상상력으로 투시할 때 그 신비로운 진면목의 일단을 언뜻 훔쳐볼 수 있을 듯하다. 만물에는 어떤 근원이 있지만, 개개의 삼라만상이 단지 근원의 부속품인 것은 아니고 자신만의 고유한 독자성을 지니며, 근원이 갖는 근원 나름의 독자적 고유성과 개개 만물의 독자성이 만나 관계를 맺을 때 생기는 관계성은 또 다른 제삼의 독자적 고유성을 얻는다. 이렇듯 세 개의 서로 다른 고유성은 자율적으로 작용하지만 동시에 한 근원에 뿌리가 닿아 있는 일치와 친교를 특징으로 한다. 「생태신학」(서울:가톨릭출판사, 1996) 에 피력된 해방신학자 레오나르도 보프의 설명을 빌리면, 삼위일체론은 차이의 수용을 전제로 한다: '사랑에서 중요한 것은 우리가 서로 다르다는 것이지 하나로 용해되어 있다는 것이 아니다 …나(성부)와 너(성자)가 마주 봄으로 충분치 않다. 왜냐하면 상호 도취에 빠질 것이기 때문이다. 제3자가 둘의 고립을 극복하는 것처럼, 나와 네가 우리(성령)에서 만나는 것이 결정적으로 중요하다. 이런 형태로 완벽한 변증법을 구성한다. 즉 두 극단의 변증법이 아니라서로 다르나 항상 서로 얽혀 있는 셋의 변증법이다' (163쪽). 자율적이고 고유한 존재들이 서로의 다름을 인정하는 가운데서 성취하는 친교를 삼위일체의 본질이라고 이해할 때, 이는 다름아닌 생태론적 상상력의 핵심인 삼라만상 친교공동체 의상생공존 및 공생이라는 근본 원리와 일치하는 것이다. 이런 맥락에서 구원신학과 창조신학을 함께 아울러 삼위일체적 통합을 이룩하는 새로운 생태신학에서 성서의 메시지는 참모습을 드러내는 것으로 볼 수 있다.

생태학적으로 이해한 성서가 오늘날 우리가 당면한 생태위기의 극복을 위하여 어떤 지혜깊은 가르침을 주는지 가늠하기 위해, 졸작시 한 편을 인용하면서 이 글을 맺는다.

조선교회에 보낸 예수님의 셋째 편지
—금강경의 어법을 본따서

착하고 착하다 김대건 안드레아여.
내가 사랑하는 조선땅의
선남자 선여인들에게 이 편지를 띄운다.
요사이 낙동강물이 썩고 또 썩어
사람이 마실 수 없는 죽음의 물이 된 것 바라보면서
내 마음이 참으로 많이는 아팠느니라.
어디 낙동강물 뿐이겠느냐.
핵발전소 이웃한 대동강은 어떻고
한강은 어떻고 청천강은
또 영산강은 어떠하냐.
목마른 사람은 다 내게 와서
마르지 않는 생명의 물로 목을 추기라고
내가 말했을 때, 이는 한낱 비유에 머무는 것 아니노라
나는 말 그대로 맑고 깨끗한 물,
맹물이 변하여 포도주 되는 생명의 물이니라.

나는 포도나무요 너희는 가지라고 말할 때,
나는 푸른 하늘이 알알이 들어와 박히는
포도나무 자체인 즉,
너희가 포도나무 찍어 낸 자리, 할미새 대신
골프공만 하늘 날을 때,
겨자씨 하나가
발암물질 독극물로 오염될 때,
하늘나라 생명나라가
죽음의 나라 되는 것 아니겠느냐.
공중의 새들 날아와 가지에 둥지 틀고 새끼치는
커다란 나무 될 겨자씨 하나 못사는 땅
거기가 곧 해골의 나라가 아니고 어디겠느냐

착하고 착한 안드레아여
행여 개천의 벌레들
뜨거운 물에 데일세라
개숫물도 식혀서야 버렸던
아낙네들 살던 곳
거기가 조선 땅 아니더냐
나의 이름 몰랐어도 귀 밝고 눈 맑아
바늘귀 속으로도 능히 드나들던
이 작은 여래 (如來)의 씨앗들
그들이 바로 너희들 믿음의 조상이었느니라

삼라만상 그 속에 하늘의 문이 있어

사닥다리 오르내리는 천사, 선녀들 거기 보이고
천하만물 하나 하나에
하눌님의 지문이 찍혀 있어
지렁이 몸뚱이 쟁기에 두 동강 날 때
우주질서에 까마득한 심연 열리는 것
밝히 깨달은 선남자 선여인들이 살던 땅, 거기서 조차
흙 죽고 강물은 썩어
천 길 땅 속 샘물도 말라
뽕나무 기어오르는 장수하늘소 마저 비실비실—
십자가에 매달린 것은 나뿐이 아니구나

아름다운 초록별 지구가 지금
십자가에 못박혀
신음하는 저 소리,
저 소리가 들리지 않느냐

엘로이, 엘로이 레마 사박타니!
하눌님, 하눌님, 어찌하여 나를 버리시나이까!

보아라, 낟알 속에 타오르는
내 생명의 저 푸른 등잔들—
그 불씨 살리는 자, 더욱 많이 받아
큰 수확 거둘 것이나
그 불씨 꺼뜨리는 자, 나를 잃어
가진 것 마저 빼앗기리라
착하고 착하다 안드레아여, 네 생각이 정녕 어떠하냐.

김영무는 서울대학교 영문학과를 졸업하고 미국 뉴욕주립대학교에서 영문학으로 박사학위를 받았다. 현재 서울대학교 영문학과 교수로 재직 중이며, 문학 평론과 시를 발표하고 있다. 숲과 문화연구회 명예 운영회원이다.

기독교 신앙과 숲
― 숲문화적 환경윤리를 향하여 ―

이 정 호

한 사람의
생태적, 지적, 신앙적 환경

아이들이나 어른들이나 '로빈 훗(Robin Hood)'이라는 말을 들으면 무엇인가 그에 대해 아는 것 같이 느낀다. 케빈 코스트너 주연의 동명의 영화가 한국의 문화대중에게 준 재미는 누구도 부인할 수 없기 때문이다. 그런데 로빈 훗이 그의 적 영주와 대립되어 스릴만점의 활극을 벌이는 '장소'에 대해서는 잘 주목하지 않는 것 같다. 그곳이 영국의 동중부지방(East Midland)의 중소도시 노팅햄(Nottingham)이라고 해도 영화 속의 이미지에 영향받은 선입견만이 머리 속에 연상되는 것은 어쩔 수 없다. 장소보다는 사람이 먼저이니까.

로빈 훗과 그 일당의 활동장소는 '셔우드 숲(Sherwood Forest)'으로 알려져 있다. 로빈 훗은 우리나라의 홍길동과 같은 전설적인 의적(義賊)이다. 따라서 소설이나 시나리오 작가에 의해 여러 형태로 여러 문체로 각색되었다. 그런데 현대의 노팅햄에는 노팅햄 성(Castle) ― 러다이트(Luddite)들에 의해 파손되었지만 복구되었다 ― 이 있고 셔우드 숲에는 전설적인 참나무 ― 영국의 왕목(王木) ― 도 건재하다. 영국 프로축구 일부 리그(Premier League)에 소속될 정도로 뛰어난 축구단 '노팅햄 포리스트(Nottingham Forest)'의 전용 잔디구장도 있다.

시의 중심에서 얼마 떨어지지 않은 곳에 노팅햄대학(University of Nottingham)이 있다. 따로 캠퍼스가 없이 소도시의 가로변에 다른 민가나 상가와 어울려 있는 캠브리지(Cambridge)나 옥스퍼드(Oxford)와는 크게 차이가 난다. 2차 대전 종전 이후에 확충된 대학으로 퀸즈메디칼센터(Queen's Medical Center)와 자기공명영상(Magnetic Resonance Imaging)연구소, 그리고 유전공학된 토마토의 개발자가 있는 것으로 유명하다. 니체와 함께 서구의 지적 전통을 뒤흔든 것으로 평가받는 로렌스(D.H. Lawrence)가 배출된 학교이고 북쪽에 낭만주의 시인 바이런(Byron)의 생가가 있다. ― 숲으로 둘러싸인 귀족의 집, 뉴스테드 애비(Newstead Abby)

그런데, 영국 전역에서 가장 아름다운 캠퍼스 대학에 다니는 것을 자랑하고픈 필자가 아끼는 공간이 있다. 뭐니뭐니해도 '그림 같은' 캠퍼스와 각종 새들이 사는 호수와 작은 동물들이 뛰노는 숲으로 구성된 '대학공원(University Park)'이다. 학위논문책을 마무리한 1999년 초여름의 필자에게는 매일 적어도 한번은 캠퍼스나 대학공원을 산책하거나 걸어다니는 것이 일과가 되었다. 숲과 호수, 새와 동물들을 보고,

즐기는 시간. 어줍지 않은 철학적 생각의 편린들, 여러 가지 글들의 주제, 그리로 저절로 나오는 시(詩)의 시어 선택과 자연적 대상들에 대한 시적, 자연사적 관찰, 이 모두가 산책과 그에 동반된 사색에서 나온다. 좋고, 건강하고, 아름다운 생태적 환경의 중요성을 실제로 체험하는 것이다. 가끔씩 기도와 찬송과 같은 신앙적 여유도 동반되기도 한다.

외람되지만 필자는 상당한 지적 편력을 경험하였다. 산림학과 화학을 학부전공하고 '산림유전학 및 생태학'으로 석사학위를 한 후 유전학이라는 정체성을 유지하지만 연구대상은 사람으로 바꾸어 노팅햄대학에서 '인간분자유전학'으로 박사학위를 했다. 아마 이러한 밥벌이 분야를 뭉뚱그리면 '생물학' 정도가 될 것이다. 하지만 생물학의 역사와 철학에도 관심이 있어서, 학문적 관심을 가지고 상당량의 공부를 해 왔다. 〈숲과 문화〉에 몇 편의 글을 발표할 정도여서 "순수한 아마추어는 아닌 것이야"라고 해도 무방할 것이다. '약간' 전문적인 환경윤리학도, 생물철학 및 역사학도이다.

부모를 잘 만나서 필자는 유치원 교육도 받았다. 카톨릭 성당 내에 설치된 유치원을 다닌 기억이 있어서 성당의 분위기를 잘 안다. 추첨에 의한 배정에 의해 다닌 고등학교는 양산 통도사의 주지스님이 이사장인 학교라서 일주일에 한 시간씩 교법사 선생님의 '불교' 수업을 받아야 했다. 참선(參禪)도 배우고 반야심경(般若心經)도 그때 설법 받았으며 암송해야 했다. 연등회에도 마지못해 참석했어야 했다.

그러나 현재의 나의 신앙을 이야기하라고 한다면 서슴지 않고 기독교라고 이야기한다. 이웃집 할머니에 이끌려 다니기 시작한 재림교회 — 세칭 안식일 교회 — 는 필자의 신앙적 정체성이다. 한국의 무지한 개신교인들이 이단이라는 별로 달갑지 않은 닉네임을 붙이지만, 필자는 기독교인이고 개신교인이며 재림교인이라고 강조하여 말한다. 유신론적(有神論的) 전통의 신앙 가운데 기독교적 믿음을 가지는 사람을 '기독신앙인(Christian)'이라 할 수 있을 것이다. 필자는 기독신앙인이다.

필자는 한국사회가 견지하는 '평균적 잣대'를 싫어한다. 개인적인 지적 환경을 더욱 상술하면 '철학을 살리고 하는' 기독신앙인 정도 된다. 물론 밥벌이 과학(생물학)은 필수적인 전제인 것이다. 또 필자는 이제 전문적으로 생명윤리학을 연구해 보려는 유전학자라고 자처한다. 로마시대의 그리이스 아테네에서 만난 에피큐러스 학파와 스토아 학파의 지식인들에게 자신의 철학적 신앙을 담대히 조리 있게 변증했던 '바울의 철학적 태도'를 따르려 하는 사람이라고 하면 되겠다.(사도행전 17:16~32) 동양철학 중에서 유가(儒家) 특히 신유학(Neo-Confucianism)의 대가인 퇴계 이황과 율곡 이이를 열심히 공부하고 숭앙하려는 기독신앙인.

이렇게 생태적, 지적, 신앙적 환경을 밝히는 이유는 필자가 '기독교 신앙과 숲'이라는 주제를 다루는데 별로 적합하지 않은 것 같다는 생각에 이끌려 혹시 필자의 생태적, 지적, 종교적 환경이 글에 짙게 묻어 나오거나 편견과 오해에서 비롯된 부분을 발견하더라도 양지(諒知)해 주십사 하는 마음에서이다.

이 글은 기독교적 견망(見望, Perspective) 하에서 숲에 대해 공부한 결과물이다. 근래에 나름대로 한국어에 대한 천착, 특히 한국어 어의론(語義論) 연구를 해 본 결과 한국철학적인 글을 쓰는 데에는 이런 분야가 더없이 중요하다는 사실을 발견하였다. 한국어 성경에 나오는 한자

노팅햄대학교 로고. 최근에 과거의 구닥따리 문장(門章)에서 현재 사용하는 로고가 채택되었다. 노팅햄 성의 망루(望樓)를 상징하는 것이다. 학문 분야별 지방화가 잘 이루어진 영국에서 노팅햄대학의 유전학과(Department of Genetics)는 알렉 제프리로 유명한 레스터대학과 전통의 강호 캠브리지대학의 동명학과들과 함께 최고 3개학과로 평가되었다.

어, 순우리말에 대해서도 이런 접근을 해 보았다. 물론 다른 국어 문헌들에도 이러한 접근을 시도했고 영문으로 된 서적 및 논문들에도 어의론적(semantic), 해석학적(hermeneutical) 이해[1]를 시도해 보았다.

평생 기독교 신앙인 철학자, 과학자이기를 소망하는 한 사람의 '도스림글'[2]로 어여삐 보아주길 바란다.

순탐적 읽기와 개념 정리

기독신앙인이 숲을 바라보는 데에는 남다른 시선이 필요하다. 유신론적 전통은 이슬람교에도 있고 샤머니즘, 동학 등에도 있는 것으로 안다. 그러나 기독교적 전통선상에 있는 한 사람으로서는 온 세상 만물을 초월해 있는 신(神)을 전제해야만 한다. 그리고 온 세상만물을 조물(造物)한 창조주로서의 신(神)과 인간의 관계는 창조주 — 피조물인 것은 두말할 나위도 없다 그러면 환경(Environment)이나 숲은 어떻게 자리매김해야 하느냐 하는 문제가 남는다. 물론 숲이나 유기적, 무기적 환경도 피조물이라고 하면 그만이지만 그것이 어쨌다는 말이냐는 의문에 직면하면 궁구(窮究)해야 할 것들이 너무도 많다는 고백을 해야 한다.

숲을 기독교적으로 '철학하기'위해 방법론적 목적에서 정의해야 할 용어들이 있다.

어떤 전체적 배열이나 경관(Landscape)을 바라보는 지적, 학문적, 철학적 시각이나 수준을 견망(見望, Perspective)이라고 정의한다. 그런데 이 전체적 배열이나 경관은 견망의 대상인 것이 자명하고, 실제로 물리적 공간에 있는 사물이나 인간의 마음에 있는 사색의 대상들, 또는 한 개인적 독자(Reader)가 읽는 한 문장, 단원, 서적, 논문 등의 본문(Text)도 견망의 대상이 될 수 있다.

숲을 대상으로 견망할 때 필요한 창틀이 있는데 이를 선념(先念, Precept)으로 정의한다. 이 글에서는 '기독교적 신앙'이라는 선념이 사용되었고, 이 기독교적 신앙은 필자가 현재 잠정적으로 가지고 있는 이해의 수준과 한계를 벗어나지 못한다. 불교의 참선시에는 화두(話頭)가 주어져서 명상의 단초나 실마리를 제공한다. 필자가 본 글을 쓰기 위해서 순탐(巡探)한 '자재공간(Logistic Space)'은 다양다기한데, 지적순탐에 필요한 에너지원이 기독교적 신앙이라는 선념이었다. 순탐한 자재공간은 1)견망적 성서읽기와 그 산물, 2)문헌검색과 읽기와 필기, 3)사색, 산책, 노래하기 및 사색 조각들의 필기, 4)라디오 및 잡지 읽기 및 자유로운 생각, 5)산책길에 보았던 숲과 나무, 새와 동물

---

[1] 어의론적, 해석학적 이해를 위해서 이용하고 참고한 공구도서는 다음과 같다.
Robert Audi(ed.)(1995) 「The Cambridge Dictionary of Philosophy」.(Cambridge University Press; Cambridge, UK)
남주혁 外 옮김(고든 M 하이드 편) (1996) 「성경해석학 심포지엄」.(삼육대학 부설 신학연구소 : 서울)
Gerhard F. Hasel(1985) Biblical Interpretation Today: An Analysis of Modern Methods of Biblical Interpretation and Proposals for the Interpretation of the Bible as the Word of God Biblical Research Institute, Washington DC
Ian Barbour (1990) 「Religion in An Age of Science」.(Harper Collins; New York)
Jean Grondin (1995) 「Sources of Hermeneutics」. (State Univ of New York; Albany)
Jean Grondin (1994) 「Introduction to Philosophical Hermeneutics」.(Yale Univ Press; New Haven)

[2] '도스림'글은 전문글을 의미하는 순 우리말로 필자가 정의하였다. '이정호(1999) 숲을 통해서 본 한국문화:전영우의 「숲과 한국문화」를 읽고, 〈숲과 문화〉, 1999, 8권 4호'
이에 대비하여 대중글이나 잡문(雜文), 에세이 수필 등은 '바탕글'이라는 말을 만들었다. 지식대중의 문화에 대한 분석은 바탕글과 도스림글 모두를 대상으로 진행되어야겠지만 중심추는 바탕글에 있어야 한다는 것이 필자의 생각이다.

들 등등이었다. 이렇게 자재공간 속에서 경험한 것들, 발품하거나 취재한 것들을 조직화(Systematization), 담론화(Discourse-Making)하면서 몇 가지 중요한 '개념(槪念, Concept)'들을 정리, 창출해 낼 수 있었다. 지적, 철학적 발품이나 취재는 동물, 식물, 광물을 수집, 표본하던 자연사가(Naturalist)들의 연구방법론에서 힌트 받은 것이다. 이들은 자신의 재료들을 동정(同定)하고 분류하고 정확히 기술(記述)하려고 노력한다. 본 글을 쓸 때의 필자의 '삶 세계(Life-World)'는 거의 대부분이 기독교 신앙과 숲이라는 주제에 집중되어 있었다.

숲을 정연(整然)하게 정의한다거나 살피(경계)짓기는 매우 어렵다. 공간[3]이라는 개념으로 숲을 바라보고 정리한다. 주로 삼차원인 공간으로 한정하면 물리적 공간으로서의 숲이 드러난다. 그러나 시간의 장구성(長久性)이라는 차원을 적용한다든지 문화적, 역사적 시각을 적용시킨다면 숲이라는 공간에는 또 다른 차원들이나 층위들이 생겨나기 마련이다. 숲문화라는 잣대를 이용하여 한 소절의 공간분석을 시도했다.

도시화가 진행되기 이전의 인간 삶의 공간은 농촌공간이 주된 공간이었다. 그러나 그 이전에는 농촌공간 이외의 숲과 들판과 같은 야생공간이 주류를 이루었을 것이다. 농촌공간은 문명을 대표하고 야생공간은 자연을 표상했을 것이다.

현대인은 주로 도시공간에서 산다. 현대인의 집인 지구는 숲과 같은 야생공간과 농촌공간 그리고 과학기술에 의해 조직화된 도시공간이 혼재되어 있는 장소이다. 현대인의 일상적 시간·공간경험이 대부분은 도시공간에서 진행된다. 물론 식량이라는 삶의 필수품은 농촌공간에서 오는 것이 자명하다. 농촌공간도 과학기술의 영향에 의해 기계화, 산업화의 영향을 벗어날 수 없지만 그래도 자연이라는 요소가 도시공간 보다는 많다. 주거의 중심이 기계화, 산업화된 영상매체와 컴퓨터가 판치는 도시공간에 있다 보니 현대인은 심각한 갈증에 시달리고 있다. 휴양(Re-Creation)과 자아실현의 욕구가 바로 그것인데, 인위화된 분출구를 찾아서 일부 해결하지만 야생공간에 자리하고 싶은 내면적 갈증은 어쩔 도리가 없다. 원시적 야생지던 문화적 야생지던 야생지의 중요성, 한국적 토양에서는 숲의 중요성은 이러한 공간적 욕구의 충족과 맞닿아 있다. 물론 이런 욕구가 있는 지도 몰라 '생태맹(Ecological Illiterate)'[4] 신세를 계속 면하지 못하는 사람들이 부지기수이다.

숲은 하나의 생태계(Ecosystem)라고 볼 수 있다. 숲 생태계는 육상생태계에서 가장 넓은 단위의 삼차원적 공간을 구성하고 있다. 전체 지구 생물권을 지지, 보속하는 데에 중요한 기능을 수행하는 생물적, 무생물적 요소들의 복

---

[3] '공간(空間)'이란 용어가 가지는 의미와 자재성(logisticity)은 대단히 농축되어 있다고 할 수 있다. Yi-Fu Tuan (1974) Topophilia : A Study of Environmemtal Perception, Attitudes and values (Prentice Hall: Englewood Cliffs)과 Raymond Williams(1973)
The Country and the City(Chatto and Windens; londin)에서 사용된 전통적, 고전적 범주들 - 도시, 교외(郊外), 농촌 등 - 을 사용하여 물리적 공간을 구분하였고, 이렇게 경계짓고 구획하는 가운데 생태적 자재성이 분석과 해석에서 드러나도록 하였다. '자재성'은 어떤 물건, 생산물, 문화, 사회, 지식, 학문 등을 만드는데 필요되는 근본, 재료, 토대, 기초, 자재(資材)가 되는 성질로서, 이용, 적용, 효용창출하는 주체(subject)나 과정(process)에 따라 보급성(補給性, suppliability)이 생기게 되어 있다. 자재성은 급원성(給源性)과 동계어이다.

[4] '생태맹'에 대한 논의는 탁광일 편(1999) 「숲과 자연교육」(수문출판사:서울)에 나타난 도스림글과 바탕글들을 참조하면 된다.
전영우(1999), 「숲과 한국문화」(수문출판사:서울)속의 바탕글 '생태맹 극복의 지름길, 숲을 찾자'(pp.159~173)은 상당히 잘 정리된 글이다.

합체이다. 인간의 매만짐과 상호작용, 인간활동이 미치는 영향이라는 측면을 강조하면 역사적, 경제적, 사회적, 인문적 차원이 생태계라는 물리적 공간에서 노정(露呈)된다. 인간이 숲 생태계를 이용하거나 향유하는 양식에 따라 시대구분을 시도해 보았다. 인간사상 발달의 세 단계를 네덜란드의 철학자 코넬리우스 반 퍼슨 (Cornelius A. Van Peursen)은 1)신화론의 시대, 2)존재론의 시대, 3)기능론의 시대로 나누었고 이에 상응하게 하바드대의 신학자 하버 콕스는 1)부족의 시대, 2)촌락의 시대, 3)기술도시의 시대로 사회학적 범주로 전환시켜 사용하였다.[5] 이와 조응하도록 1)시원생태시대, 2)농경생태시대, 3)과학기술생태시대로 나누어 볼 수 있었다. 이러한 시대적 생태구분은 선념적 성서읽기에서 비롯되었고 다음절에 상술되어 있다.

숲 생태계는 인간이 향유하고 이용한다. 그런데 인간은 생물학적 종명이 '슬기사람(Homo Sapiens)'이다. 인간은 생물학적인 삶을 영위하지만 문화를 일구어 내는 '지혜성(Sapientiality)'도 가지고 있다. 선념적 순탐에서 얻어낼 수 있었던 중요한 개념이 인간이 슬기, 곧 지혜성을 가지고 있다는 것이었다. 따라서 생물학적 삶을 영위하는 인간의 측면에 밀접한 연결성을 보이는 지혜성을 상정하면 슬기사람의 의미가 한층 더 함의적(Implicative)이 된다.

좀 많이 배우거나 스스로 지성적 활동을 하는 사람을 지식인(Intellectual)[6]이라고 하는데, 지식인은 대체로 진리에의 탐색(探索)을 하는 사람이라 정의할 수 있다. 학자나 교수라는 모델이 지식인에게 어울리는 인간형일 것이다. 반면에 슬기사람[7]은 자신의 '삶 세계'를 구성하고, 영위하면서, 환경과의 조화를 모색하는 사람으로 지식인보다는 더욱 구체적이면서도 윤리적이고 역동성을 보이는 사람을 뜻한다. 진리보다는 '슬기에의 순탐'이라는 길을 걷는 사람을 의미한다. 현자(賢者)나 성인(聖人)이라는 모델이 슬기사람의 추구에 더 어울리는 것 같다.

선념적 순탐에 의해서 담론화된 세 가지 개념을 정리하면 1)문화적 생태 공간으로서의 숲, 2)생태시대적 구분, 3)슬기사람이라는 인간관 정도가 된다.

숲 생태시대 그리고 슬기사람

시원생태시대

'생태계로서의 숲'이라는 개념을 가지고 성

---

5) 고트프리트 우스터왈(1997) 세속화 과정 52~74. 이정호 옮김(홈베르트 라시, 프리츠가이 편집). 「세속적 정신과의 만남: 재림신앙적 견해들」. (ACT출판부(시조사):서울)
    Harvey Cox (1968) 「The Secular City: Secularization and Urbanization in Theological Perspetive」.(Penguin: London)
6) 앨번 퀴람 (1997) 「현대 지식인」. 75~88. 이정호 옮김, 세속적 정신과의 만남: 재림신앙적 견해들

7) 슬기사람이란 어구에서 '슬기'는 기독교적 환경윤리에서의 지혜서들의 중요성을 역설한 글에서 생각을 얻었다. '슬기사람'이란 용어는 체질인류학 (physical anthropology)에서 자주 사용된다.
[Robert K. Johnson (1987) 「Wisdom literature and its contribution to a Biblicalenvironmental ethic」. 66~82
(In: W. Gramberg-Michaelson (ed.), Tending The Garden : Essaya on the Gospel and the Earth, Eerdmans : Grand Rapids, Mith)
'지혜성(sapientiality)'이란 낱말은 지혜신학에 관한 고전적 논문에서 변환시켜 얻을 수 있었다.
[Walther Zimmerli (1964) The place and limit of the wisdom in the framework of the Old Testament Theology. Scottish Journal of Theology 17:148~158]
지혜성은 이성(reason)이 드러내는 권력, 권위, 조절의 뉘앙스와는 대비되는 상호성이나 신뢰를 함축(含蓄)하고, 좀더 경험과 삶에 밀착된 특이성과 개방성을 내포한다.

서를 읽기 시작하면 기독교신앙의 기본 전제들인 창조와 타락의 서사(Narrative)가 여실하게 드러나는 창세기를 그냥 지나쳐 갈 수가 없다. 신과의 관계에 이상이 생겨나는 타락 이전의 인간상으로 이야기할 수 있는 부분이 잘 나타나 있기 때문이다.(창세기 1~11장)

히브리말로 아담은 사람을 의미한다고 한다. 하와 혹은 이와는 여자를 의미한다고 하는데 아담과 하와 모두가 사람들이고 한자어로 표현하면 인간(人間)이다.

조물주 신(神)에 의해 창설된 지구, 그리고 특히 최초의 인간들이 살도록 만든 환경을 살펴보면 생태계로서의 숲이 여실하고 정연하게 드러난다. 숲을 구성하는 가장 뚜렷한 요소는 나무인데 에덴동산으로 이름 붙여진 '시원적 생태계(Genesis Ecosystem)'에도 여러 종류의 나무들이 생육하고 있었던 것 같다. '아름답고 먹기 좋은 나무'와 '생명나무'가 범죄에 의한 타락의 실마리 '선악(善惡)'을 알게 하는 나무와 함께 자리하고 있었다.(창2:8, 9) 기존의 기독교 교리는 이 선악을 아는 능력과 타락 그리고 죄(罪)문제를 아주 두드러지게 강조해 온 것 같다. 선악을 아는 능력에 관련된 나무는 동산 중앙에 있었던 것으로 전해지지만 에덴동산 전체의 생태계는 그 나무 이외의 많은 물리적 대상들을 보유하고 있었다고 해석할 수 있다. 먼저 동산에는 여러 가지 광물과 보석이 드러나 있는 지표면을 흐르는 4개의 강(江)이 있었다.(창2:11~14) 동서고금을 통해서 기억과 생각을 돋우어 주는 원천이 강이었고 흐르는 물이었다는 사실을 주목할 필요가 있다. 이러한 무생물적, 무기적 환경에 더하여 들짐승과 날짐승이 최초의 인간들과 같이 생활했다는 점에 유의해야 한다.(창2:19, 29) 시원적 생태계에는 인간 주위에 있어야 하는 유기적, 무기적 환경요소들이 원초적 조화의 관계를 유지하며 존재해 있었던 것 같다.

이 시원적 생태계에서 생존한 최초의 인간들의 시대가 얼마나 오래 지속되었는지는 누구도 결정할 수 없다. 그러나 인간의 의식 속에 이러한 낙원(樂園)에 대한 신화적 신앙을 깊이 간직한 채 같은 부족의 일원들로 살아갔던 시대는 분명히 있었다. 아마도 촌락이나 성읍이 형성되고 신화적 신앙에서 한 차원 더 복잡해지면서 체계화된 믿음의 체계를 형성한 '완숙된' 농경시대 이전 낙원에 대한 향수가 크게 드리워진 인간삶이 시원적 생태계 속에서 이루어졌을 것이다. 별로 수고하지 않아도 채취, 경작, 목축을 할 수 있었던 시대를 '시원적 생태시대'라고 부를 수 있을 것이다.

하나님이 인간을 만들 때 혹은 인간이 사람으로 생겨날 때 이미 땅의 만물, 곧 지구 위의 생물과 무생물과의 조화로운 관계를 유지하는데 알맞은 '슬기(Wisdom)' 혹은 '지혜성(Sapientiality)'이 주어진 것 같다.(창1:26, 28) 최초의 인간 혹은 인간의 원형은 창조주인 신(神)과 이야기(대화)하고, (곧 말하기도 하고 듣기도 하고) 스스로 생각하고, 판단하고, 오감(五感)을 사용하고 감지(感知)하는 등의 총체적, 전일적 '슬기'를 보유하게 되었다. 다시 말하면 선악과를 따먹고 타락하기 이전에 왜곡되지 않은 슬기가 인간에게 있었다. '이름짓는'인간으로서의 아담(사람)의 역할을 주목해야 한다.(창2:19, 20) 나무로 대표되는 식물과 보석으로 대표되는 광물, 짐승으로 대표되는 동물 모두를 아울러 갈래 짓고 이름 붙이는 슬기사람의 역할은 서구적 전통의 '자연사(Natural History)'에 포괄되어 있다.[8] 창세기의 해당

---

8) 서구적 전통의 '자연사'에 대한 설명과 논의는 이정호(1997) 숲을 보는 자연사적 시각(숲과 문화 6(2): 31~36)을 참조할 것.

N Jardone, J. A. Secord, ane E. C. Spavy(eds.)(1996) Cultures of Natural History (CambridgeUniversity Press: Cambridge UK)는 서구문화 속에서의 자연사의 위치를 여러 시각과 층위에서 가늠할 수 있게 해 준다.

자연사는 아리스토텔레스의 동물사(Historia animalium)로부터 시작되어 19세기 '생물학(biology)'라는 영역 재 설정이 있기까지 동물, 식

구절은 인간이 지각성(Sentient) 생물들인 동물들에게만 이름을 붙인 것 같이 기술하고 있지만, 그 언어적 특성까지 유추하면 생태계 구성 요소 모두에 대해 '슬기작용' 혹은 '슬기과정(Sapiential Process)'이 적용되었을 것으로

물, 광물의 세 왕국을 모두 아울러 수집, 표본, 관찰, 분석하던 활동을 일차적으로 의미한다. 이러한 학문적, 지적, 문화적 활동의 산물로 인해 생성되는 산물은 동물원, 식물원, 자연사 박물관, 대학의 학과목 등의 물리적 공간과 함께 린네에 의해 객관적 논조의 과학글의 전형이 생기기 이전에 유행하고 우점했던 '자연글(nature writing)'과 같은 문서적 공간이 있다. 지식 대중에게 다가갈 수 있었던 자연사 서적들이 자연글 장르에 속한다. 물론 전문가들끼리의 '도스림글'들은 전문 학술지(journal)에 모아진다.

생물학, 지질학, 고생물학 등의 전문화 이후에도 자연글과 자연사는 지식 대중들에 의해 사랑받고 즐겁게 향유되었다. 한때 귀족이나 중상류 계층의 덕선가(virtuoso)나 호기가(curioso)에 의한 고급문화의 성격을 띠고 있었지만 현재에는 많은 지식대중의 호응을 받고 있는 우수한 서구 문화이다.

과학적 방법에 대해 이후 세대에게 크게 영향을 미쳤던 프란시스 베이컨의 경험론적 접근법은 단연코 '자연사'적 방법론이라 할 수 있다. 자연철학자(natural philosopher) 뉴튼에 대비되는 자연사가(naturalist)는 다윈이다. 다윈을 지칭하지 위해 조어된 낱말이 '과학자(scientist)'인데, 과학(science)이라는 명칭의 기원도 되짚을 수 있는 단초도 자연사이다. 잘못 번역된 박물학, 박물학자라는 낱말들은 보는 족족 자연사, 자연사가로 치환(replacement)시켜 문장을 읽는 것이 좋다.

자연사의 철학적 의미들은 A. Ross Kiester (1980) Natural kinds, natural history and ecology. 345~356, In: Esa Saarinen (ed.), Conceptual Issues in Ecology (D. Reidel : Dordrecht, Holland)같은 논문이나 Scott Atran (1990) Cognitive Foundations of Natural History : Towards an anthropology of science (Cambridge University Press; Cambridge UK) 같은 책을 참조하면 좋다.

볼 수 있다.

슬기와 인간삶에 관련하여 살펴볼 수 있는 다른 측면은 최초의 인간 혹은 원형적 인간들의 먹을 것, 곧 식량은 나무의 실과(實果)였던 것 같다. "동산 각종 나무의 실과는 네가 임의로 먹으라"(창2:16)는 조물주의 명령적 배려에 기초한 생각이다. 타락을 가져온 행위는 선악을 알게 하는 나무의 과일을 '따먹은' 것이었다. 곧 인간의 3대 욕구 중의 하나인 식욕(食慾)과 관련된 슬기의 또 다른 측면이다. 시원적 슬기는 인간의 모든 욕구와 관련되어 있었다고 할 수 있겠다. 선악판단 이외의 지적 욕구는 이미 시원적 슬기 속에 내재해 있었던 것 같다.

이러한 분석에서 끌어낼 수 있는 것들은 몇 가지 된다. 첫째는 시원적 생태계라는 환경 내에서 삶을 영위한 최초의 인간들은 그들의 삶의 영위에 필요한 슬기를 가지고 있었고 그 슬기는 시원적 생태계에 적합한 것이었다. 둘째는 글이나 문자 이전의 선사시대의 인간 삶을 '원시적'이라는 부정적이고 천박성을 고려한 형용사로 묘사해 버리는 경우가 많은데 좀 더 긍정적인 의미를 부여하기 위해 '시원적'이라고 부를 필요가 있다는 것이다. 셋째는 문화(文化, culture)는 농경문화적 인간에 의해 비롯되었다는 통념이 지배적인데, 글이나 문자 이전의 언어의 선재성과 선사시대의 인간삶을 제대로 축조한다면 '시원문화'라는 슬기적 세계를 상정해 볼 수 있다는 생각이다.

시원적 생태계로 바라본 에덴동산은 하늘, 인간, 땅 3재(才)가 모두 잘 어우러진 조화로운 공간을 메타포해준다.

농경생태시대

타락으로 인해 죄(罪)가 세상에 들어오게 되면서 변화를 입은 것은 한 두 가지가 아닌 것 같다. 죄를 하나님으로부터의 소외(Estrangement or Alienation)로 보는 인간중심주의적 시각에서 약간 벗어나면 하나님과 인간의 관계, 사람과 사람의 인간관계 이외에도 변화되고 왜곡되어 버린 관계가 있다는 것을 발견하게 된다. 곧 인간과 환경의 관계이다.(창3:23) 환경에 대해 '시원적 관계' 곧 마냥 조화로운 관계를 유지하면서 살면 되던 인간에서 환경을 순치화(Domestication) 해야만 식량을 얻을 수 있는 상태로 변환되었다. '땅을 갈아야 했'던 아담(인간)(창3:23)이라는 구절에서의 땅이 의미하는 바를 무기적, 유기적 환경으로 확대해야 할 여지는 다분하다. 원형인간, 아벨은 '목축하는 인간'의 첫 모델로 볼 수 있다. 아담에서 가인과 아벨로의 계승(繼承) 및 분화(分化)는 문화의 유전성(遺傳性, Inheritance)과 분화성을 생각해 보게 한다.

성서상으로는 땅이 지구환경 전체를 의미하던 것에서 계속 분화되고 진화되어 일정한 면적의 표면 위에 펼쳐지는 공간을 의미하는 '토지(土地)'로 귀착된 것은 이스라엘 민족의 이집트(애굽)탈출 역사와 가나안 땅을 정복하는 가나안 전쟁 사이에 일어난 것 같다. 이러한 시기에 그들의 문화에 계류(繫留)된 것 같다. 물론 아브라함이라는 부조(父祖, patriarch)가 이미 토지라는 공간적 실체에 대해 이해하기 시작한 것 같지만 환경적 실체, 생태적 실체로서의 토지 이해는 모세 5경 중의 레위기와 신명기 때에 확실해진 것 같다.

농경이라는 일년 단위의 싸이클에 맞춘 '땅의 안식년(Sabbath year of land)'의 제시(레25:2~7)나 일주일 단위의 싸이클에 맞춘 안식일의 준수가 가져올 '땅의 평화'(레26:1~11)에 대한 약속 등이 확실해진 토지이해를 입증한다. 안식년은 인간-토지 관계에서 인간이 토지에게 베풀어야 할 배려를 여실히 보여주고, 안식일의 준수가 가져올 토지의 평화는 하나님-인간의 의로운 관계가 초래하는 하나님의 토지와 인간에 대한 배려가 잘 나타나 있다. 언약(Covenant)으로 대표되는 하나님-인간 관계의 뒤틀림이 초래하는 결과는 재앙이나 저주로 묘사되는데, 이는 성문란이나 풍기문란이 가나안인들의 재앙을 가져왔다는 전제(레18:~23)하에 이 때문에 가나안의 땅이 '더럽혀졌고' 따라서 땅도 그곳 거민(居民)들을 '토해 냈다'(레18:24~30)는 묘사가 반복된다. 성문란을 인간관계의 왜곡된 한 형태로 본다면 인간관계에만 끝나지 않고 인간-토지의 관계에까지도 영향이 미쳐진다는 사상을 내포하고 있다.(신29:15~29도 마찬가지의 사상)

여기에서 주의 깊게 보아야 하는 것은 에덴동산 이후의 토지(생태계)는 인간의 생존을 위해 순치화(馴致化)되어야 하는 공간으로 완연히 변질되었다는 점이다. 이 '인위화'에는 경작, 과수재배, 목축에 의한 식량 얻기와 양잠, 제사, 면포생산, 제련, 벌목 등에 의한 생활재료 및 자재의 조달이라는 산업적, 문화적 인간행위가 포함된다. 생태계 요소들의 '인위적' 이용이 농경적으로 이루어진다는 말이다. 이러한 생태적 환경을 유지한 시대를 '농경적 생태시대'라고 부를 수 있다. 과학혁명, 산업혁명이 일어나기 이전까지의 주된 생태계 유형이 이러한 생태계이다.

농경생태적 시대에는 인간삶이 시원적 생태계에서의 사람의 생활과는 다른 요소들로 분화되고, 복잡하고 다양한 체계화가 이루어진 문화적, 생태적 환경 속에 자리하게 된다. 이런 환경에 처한 슬기사람들의 지혜성 자체는 어떻게 되었을까? 인간은 불완전하고 제한적인 존재라는 말을 많이 듣는데 이런 환경에 처해 있는 인간의 슬기도 불완전하고 제한적이며 허점 투성이인 것은 자명하다. 기독교 신앙의 측면에서는 하나님과 세계와의 관계가 왜곡된 것이 왜곡된 슬기와 상응하는 것으로 보면 된다. 죄는 인간의 슬기에도 관입(貫入)된 것이다. 그러나 하나님과의 지속적인 관계개선을 통해서 인간의 제한성의 살피(경계)는 무한히 확대, 심화될 수 있음을 주지해야 한다.

더욱이 환경과 관련하여 '자연슬기(natural

wisdom)'를 논의할 수 있다. 이는 고대근동의 문화를 복원하려는 고고학적 발굴과 그 문서들의 해독에서 전거를 찾을 수 있다. 고고학적 발굴과 고대 이스라엘을 위시한 앗시리아, 바벨로니아, 이집트 등지의 동시대적 문헌을 비교하면 잘 드러난다고 한다.9) 구약성서의 정경에는 채택되지 않았으나 상당한 수준의 자연슬기 학문이 이스라엘에 존재했다고 한다. 자연슬기가 있다면 인간슬기와 하나님슬기도 있다고 해야 할 것이다. 성서, 특히 구약에는 슬기문학, 지혜서라고 하는 책들이 포함되어 있다. 대체로 잠언과 전도서, 그리고 욥기 정도를 지칭하는데 잠언과 전도서는 이스라엘의 3대왕 솔로몬의 저작이다. 삶슬기(life wisdom, 인간슬기, 하나님 슬기)의 측면에서의 성경 읽기는 최근까지도 주류신학에서 이루어지던 일이고 자연슬기의 관점을 견지하기 시작한 것이 얼마되지 않은 것 같다.

출애굽기와 가나안 전쟁을 약 3천5백년 전 곧 청동기-철기 전환 시대로 추정하면 이때는 농경문화가 정착되기 시작한 성읍국가시대인 것을 알 수 있다. 농경적 경제와 문화가 주를 이루는 촌락들이 인간삶의 단위를 이루던 시대이다. 체계화된 종교, 사회, 경제가 인간삶을 관영하고 있는 시기 약 1천5백여 년이 지나 그리스도 예수가 나타나기 이전까지의 시대에서 '슬기사람'의 전형을 보이는 인물이 있는데 그는 솔로몬이다. 솔로몬시대(B.C. 959년경)에 이스라엘이 가장 강성하고 문물이 풍부하였다고 전해진다. 솔로몬은 타락 이후의 인간이 보여주는 인간적 의미의 슬기사람의 최고봉이라 할 수 있다. 그의 실패와 단점은 차치하고 환경과 슬기사람의 관계를 이룬 면을 살펴본다.

농경생태에서의 인간삶은 생태적 요소들 중에 인간이 인위화할 수 있는 것은 인위화해서 이용하고 그 이외에는 자연 그대로를 자원화 재료로서 이용하는 인간-토지(환경) 관계에 기초된 것이었다. 농경적 연장과 도구로 환경을 이용한 것이다. 이런 환경이용의 입장에서 보아 솔로몬에게서 두드러지는 부분은 바로 그의 성전 및 궁궐 건축이다. 출애굽 시기에 계속 같이 다녔던 셰키나 영광은 성막(聖幕)에 있었는데, 이제 솔로몬이 수도 예루살렘 성(城)에 성전(聖殿)을 지은 것이다. 돌의 문화, 대리석의 문화라고 꼬집을 수 있는 서구적 성서읽기가 간과한 부분을 이 성전 및 궁궐건축에서 먼저 찾을 수 있다.

하나님의 성전 건축을 위해서 솔로몬은 두로 왕 히람(Hiram)에게 기별을 보내어 건축에 필요한 목재를 공급해 줄 것을 부탁한다.(왕상 5:2~10) 히람은 레바논에서 백향목(cedar)과 잣나무(pine)를 벌목할 것이며 이 역사(役事)에 동원될 역군(役軍)을 일으킬 것을 확약한다.(왕상5:7~9) 고대근동의 역사에 정치적 헤게모니를 획득한 군왕들이 삼림을 벌채하는 행습(行習, habitus)이10) 다분했다고 한다11). 그리고 성전과 같은 큰 건물에 소요되는 목재와 석재를 위해서 약 15만의 사람이 교번하여 일

---

9) Robert K. Johnson(1987) Wisdom literature and its contribution to a Biblical environmentalethic, 66~82
  (In : W Gramberg-Michaelson(ed.), Tending the Garden)

10) 프랑스 사회학자 피에르 부르디외(Pierre Bourdieu)의 '아비투스(habitus)' 개념을 옮길만한 한국낱말은 민수기 22:30에서 '행습(行習)'이 문맥적으로 적확(的確)한 것으로 찾았다.
  [Pierre Bourdieu(1991) Outline of a Theory of Practice Cambridge University Press: Cambridge]

11) Victor(Avigdor) Hurowitz(1992) I Have Built You An Exalted House: Temple Building in the Bible in Light of Mesopotamian and North West Semitic Writings. (JSOT(Journal of the Study of the Old Testament) Press; Sheffield UK)에는 솔로몬의 성전 건축에 관계된 문서들의 양식비평 뿐만 아니라 그와 관련된 고대 근동의 산업과 문화를 고고학적 발견물들의 해석과 분석을 통해 제시되어 있다.

하게 했다는 기록(왕상5:4~16)으로 보아 인적, 물적 동태가 상당했음을 알 수 있다. 솔로몬의 성전은 B.C. 966년 4~5월에서 B.C. 959년 10~17일까지 만 7년 6개월 동안에 건립되었다고 한다.

솔로몬은 수도 예루살렘 성내에 자신의 궁궐도 건축한 것 같다. 그 이름이 '레바논 나무궁'(왕상7:2, 10:17, 21)인데 영문 국제역 성경에서 직역하면 레바논 숲 궁전 혹은 레바논 산림궁(the palace of the Forest of Lebanon)이 된다. 레바논의 백향목이 성전과 궁궐 짓는데 필요한 주요 건축자재였던지 — 따라서 목조와 석조가 혼합되었지만 목조 건물로 볼 수 있는 건물이었을 가능성을 배제하지 못한다 — 아니면 최소한 다른 용도로도 쓰였기에 가장 중요한 자원이었던 것 같다. 고대 근동 왕조사회에서 나무와 숲의 중요성은 휴로워즈의 연구에서 잘 드러나 있다.

레바논 나무궁 내부에는 정원과 동물원(나아가 도서관이나 문서고)이 존재했을 것으로 추정할 수 있다.(전2:4~6) 레바논 백향목이 주된 수종이었을 정원은 솔로몬이 "초목을 논(論)하되 레바논 백향목으로부터 담에 나는 우슬초(hyssop)까지 하였다"는 구절(왕상4:33상단)에 기초할 수 있다. '잔나비(원숭이)와 공작을 실어'오게끔 했다는 구절(왕상10:22)과 "짐승과 새와 기어다니는 것과 물고기를 논(論)했다"는 구절(왕상4:33하단)로서 동물원의 존재를 추정할 수 있다.

여기서 한 단계 더 나아가 '자연슬기'적 문헌의 존재성을 살펴볼 수 있다. 바벨론, 이집트, 메소포타미아에도 자연슬기문헌이 존재했다는 사실이 고고학적 발굴에 의해 밝혀졌다고 한다. 그런데 이들의 자연슬기문헌은 사전적으로 자연물을 나열하는 형식과 바짝 메마른 논조로 기술하는 내용을 담은 목록집(cataloguing compendium)들이었다고 한다. 소위 열거과학, 나열학문(enumerative)에서 생산된 소산물이었다. 솔로몬 시대적인 혹은 고대 이스라엘적인 자연슬기문헌은 이러한 나열학문을 전제로 하여 하나님 여호와를 경배하는 데에 바쳐지는 시가적 형식(poetic form)을 담고 있었던 것으로 추정된다[12]. 시편 104편이 좋은 예인데 창세기 2장과 같이 비교하면서 읽으면 여러 가지 현저한 생태적 측면이 드러난다. 산의 샘이 짐승, 들나귀, 공중의 새들에게 물을 공급하고 휴식처를 제공한다는 구절(시104:10~12)이나 새들이 레바논 백향목에, 학이 잣나무(소나무)에 깃들고 집을 짓는다는 구절(시104:16, 17)은 아주 정치한 관찰에서 비롯된 생태적 묘사이다.

한국의 목재이용은 단연코 '소나무'중심이었고 따라서 한국문화에서 가장 중요한 문화요소임에 틀림없다. 그런데 솔로몬을 기축으로 전후 천년 정도는 이스라엘이 '백향목 문화'를 견지했던 것 같다.

레바논 지역, 곧 이스라엘 북쪽의 현재의 레바논 및 시리아 일부 지역의 산지나 평지의 임상(林相)이 대단히 뛰어났던 것 같다. 솔로몬 자신의 궁전 이름이 백향목 숲을 연상시킬 정도였고 시편에 모여진 시가들에 자주 레바논 백향목이 등장하는 것(시편 104편; 92편; 에스겔31:1~9)은 별로 놀랄 만한 일이 아니다. 이와 같은 맥락에서 농경목축의 공간이 지배했던 문명권의 슬기사람의 환경가꾸기 일면을 볼 수 있는 것도 레바논 백향목과 관련되어 있다. 솔로몬이 예루살렘성 내에 "백향목을 평지의 뽕나무(sycamore-fig tree)같이 많게 하였다"(왕상10:27)고 한다. 인간이 거주하는 공간주위에 백향목과 같은 나무들을 식수한 것은 현대의 조경사업을 상기시키는 환경 가꾸기가 아닌가?

솔로몬은 '자연슬기'적 학문에도 대가였던 것 같다. 식물과 동물을 자연슬기적으로 논(論)했던 슬기사람이었다고 할 수 있다.(왕상

---

12) Robert K. Johnson(1987) Wisdom literature and its contribution to a Biblical environmental ethic 이란 논문 내에 있는 문헌들 참조하면 구약성서 학자들의 견해와 증거자료 이용을 볼 수 있다.

4:33) 아리스토텔레스를 근대적 자연사(natural history)의 조종(祖宗)으로 받드는데, 솔로몬은 아리스토텔레스보다 6백년 내지 7백년은 앞선다. 단점은 솔로몬의 자연슬기적 문헌이 소실된 채이거나 어느 구석에 아직도 묻혀 있어서 확인할 수가 없다는 것이다. 알렉산더가 고대 근동을 제패하면서 수송해준 문헌과 동물, 식물표본에 근거하여 자신의 자연학을 발전시켰던 아리스토텔레스. 상상의 날개는 솔로몬의 문헌도 아리스토텔레스가 읽지 않았을까 하는 데까지 달려간다.

지각성 생물, 곧 동물에 대한 솔로몬의 탁월한 관찰과 묘사를 보면 재미있다. 짐승과 인간의 공통점으로 '호흡(呼吸)', 숨, 기(氣)가 있는데 이것이 끊어지거나 멈추어지면 '흙'으로 돌아간다고 했다.(전3:18~20) 여기에서 호흡으로 번역된 히브리어는 전도서 8:8에 '생기(生氣)'로 옮겨진 '루악'이다. 이 히브리 낱말은 생명의 호흡이나 생명의 의미를 가진다. 지각성과 운동성을 모두 갖춘 짐승들과 인류와의 유사성 내지는 공통점이 잘 드러난다. 이러한 통찰이 다른 고대 근동 국가의 문헌에서도 있었는지 모르지만 솔로몬으로 대표되는 당시의 지식체계 내에서 솔로몬의 통찰은 상당한 권위를 보인 것으로 기록되어 있다.(왕상10:1~10; 전1:16; 2:9) 1900년 전후에 미국의 재림교단형성에 크게 이바지한 겸손한 신앙인 엘렌 화잇은 그녀의 책 「선지자와 왕(Prophets and Kings)」[13]에서 솔로몬의 자연슬기, 자연사적 지성을 다음과 같이 표현했다. '솔로몬은 자연사(natural history)에 특별한 흥미를 가지고 있었으나 그의 연구는 어느 일 분야의 학문에 국한된 것이 아니었다. 생물과 무생물, 양면의 모든 피조물들을 부지런히 연구함으로 창조주에 대한 분명한 개념도 얻었다. 자연의 힘과 광물계와 동물계와 모든 수목과 화초 가운데서 솔로몬은 하나님의 지혜의 계시를 보았고 그가 더욱 배우고자 노력할 때에 하나님에 대한 그의 지식과 그의 사랑은 끊임없이 증가하였다.'

솔로몬의 슬기적 학문과 실제 지식은 잠언과 전도서의 집필에서 잘 드러나 있다. 잠언적 문장 '3천을 말했다'(왕상4:32)는 구절은 이를 뒷받침해 준다. 흥미를 끄는 것은 잠언 8장에서 '지혜'로 표현된 인격적 실체에 대한 착상이다. 영문에서는 이 지혜를 여성 대명사로 받는데 신약선서 요한복음 1:1~14의 '말씀(word, loges)'인 그리스도 예수의 묘사와 상당한 유사성을 보여주는 부분이다. 구약전서의 '지혜'와 신약전서의 '말씀' 사이의 상관관계에 대해 주목해 볼만하다.

농경생태시대에 땅 혹은 토지에 대한 조절과 경영은 그 문화적 테두리 안에서 이루어졌다. 이스라엘의 토지경영에 대한 단초는 모세가 탐지(探知)하라고 보낸 가나안 땅에 대한 조사 항목들을 분석하면 드러나기 시작한다.(민13:18~24) 인구통계학적, 지리학적 탐지에 더하여 토양, 수목, 과수의 상태를 조사하도록 하고는 과실을 증거로 가져오게 한다. 실제로 정탐들이 포도, 석류(pomegranates), 무화과(fig) 같은 과실을 가져온다. 이와 같은 맥락에서 솔로몬의 예루살렘 도시 계획 및 단장도 자연슬기적 개념 혹은 자연사적 지식에 기초하여 '생태적'이었을 것으로 결론 내릴 수 있다. 그의 농업에 대한 지식도 "땅의 이익은 뭇사람을 위하여 있나니 왕도 밭의 소산을 받느니라"(전5:9) 같은 구절이나 술람미 여인과의 사랑을 노래한 '아가서'의 무대 중의 하나가 포도원인 점 등은 당시의 농경문화 전체를 파악하고 있었던 솔로몬의 슬기를 되새기게 한다.

이러한 측면을 고려하면서 레바논이나 이스라엘의 산림에서 대대적인 벌채가 있었던 것에 미루어 보면 고대근동의 환경사(environment history)에 대한 관심을 조용히 잠재울 수가 없다. 가나안 전쟁 말기의 전쟁터가 종려나무 성읍(the City of Palm)이었으며,(삿1:16) 사

---

13) Ellen G. White(1917) 「Prophets and Kings (Pacific Press Publishing)」 시조사간(刊) 국문 번역판 도 있다.

울에게 쫓겨다니던 다윗의 은신처가 들,(삼상 2:24) 헤렛 수풀(the Forest of Hereth)(삼상 22:5)이었던 점. 또한 소년 — 청년시대의 다윗이 양을 치던 생태계는 사자와 곰이 서식했을 것이다.(삼상17:34~36) 이는 들판과 산림에 서식했을 가장 높은 단계의 포식자 동물의 존재를 암시한다. 포식자 동물의 존재는 들판과 산림의 종다양도(species diversity)의 수준을 가늠하게 해준다.

솔로몬은 생태적, 문화적으로 '귀(貴)함의 공간'을 살다간 슬기사람이었다. 역사적으로 이스라엘 민족의 최고융성기를 구가하던 사람이었는데 사회적 지위도 천하에서 자기보다 높은 지위에 있는 사람을 찾아보기 힘든 위치에 있었다. 천여 년 후에 이와는 대조적인 역사적, 사회적 공간으로 태어난 슬기사람이 있는데 이름은 예수였다. 여기서는 그의 신(神)적인 측면은 잠시 덮어두고 인간으로서의 예수를 바라보고 슬기인간으로서의 족적만을 되짚어 본다. 그는 분명히 '천(賤)함의 공간'속에서 대중과 호흡하다가 살고 간 인물임에 틀림없다.

숲문화를 통해서 살펴보는 슬기인간 예수의 생애와 족적도 새로운 측면들을 제공해 준다. 그리스도라는 그리이스어 낱말을 한문으로 음차(音借)하면 기독(基督)이 된다. 히브리어로는 메시야라고 하고, 구원자, 원의미는 기름 부음을 받은자(the anoiuted)이다. 시대를 통해 소망되던 그리스도(메시야)가 예수라고 믿는 신앙이 기독신앙이다. '그리스도인(Christion)'이란 말은 바울이 섬기던 안디옥 신성을 이야기할 때는 그리스도(기독)라는 말로 부르는 것이 적합하다.

그런데 기독교신앙에서 — 유대교나 이슬람교도 마찬가지 — 중요한 신앙적 행위 중의 하나는 기도(Prayer)이다. 예수라는 슬기사람이 기도했던 시간이나 공간은 모든 기독교신앙인들에게 중요한 전범(典範)이 된다. 그런데 여기에 숲이라는 생태요소, 생태계가 자리하고 있다.

작고 낮은 언덕이나 산, 작은 숲으로 정원보다는 조금 넓고 큰 공간을 지칭하는 우리말에 '동산'이 있다. 예수라는 슬기사람은 새벽, 오히려 미명(未明)에 동산에 나가 영적호흡 혹은 기도를 하는 습관을 가지고 있었다. 기도처, 기도공간으로서의 숲의 효용이 드러난다. 조용하고 평화스럽고 거침이 없는 하나님과의 영적 대화의 장소인 것이다. 겟세마네 동산(요18:1)은 십자가 죽음 이전에 전 인류를 위한 중보기도를 한 장소로 유명하다.(요한복음 17장)

동산이나 푸른 언덕은 기독교 신앙적 교육의 장소이기도 하였다. '팔복'을 위시한 중요한 신앙 원칙들을 풀어헤친 '산상설교(마5~7장)'도 이스라엘 지역의 나즈막한 산에서 행해졌을 것이다. 제자들과 자주 가던 교육의 장소로 감람원(橄欖園)이 있다.

솔로몬의 백향목 궁전과 성전은 예루살렘의 모리아산 — 아브라함이 이삭을 제물로 바치려던 산(창22:1~19) — 에 세워졌고 그 이전의 다윗의 궁궐과 성막은 시온산에 있었다.(대하3:1; 대상15:1; 왕상8:1) 이는 모세가 십계명이 담긴 두 돌판과 성막의 식양을 계시받은 호렙산(시내산)(출24~31장)이 하나님과 인간이 만나는 대화와 계시의 공간으로서의 산이라는 개념을 지속적으로 이어주는 것이었다. 기도와 성전의 모티브가 동산으로 이어진다.

슬기사람 예수가 살다간 시대도 역시 농경문화적 생태계가 주류였던 때였다. 천년 전 솔로몬 시대와는 비교할 수 없을 정도로 순치화(인간화)가 깊숙이 진행되었을 것이다. 대중과 호흡하기 위해 '천(賤)함의 공간'에서 슬기활동을 했던 예수도 농경문화적 생태에 대한 자연슬기를 보여준다. 예수의 하나님/인간슬기는 기독교 신앙에서 가장 상위를 우점한다.

예수의 자연슬기는 솔로몬적 자연슬기와 비슷하지만 더욱 신앙적 적용을 강조한 것으로 보면 된다. 주로 '비유(parable)'라는 형식을 이용하여 대중에게 다가간 그의 자연슬기적 가르침은 당대의 생태적, 문화적 요소들을 제재로서 취했다. 대표적인 예는 씨뿌리는 자의 비유, 양과 목자, 어린양과 같은 농업, 목축업적 비유와 상징을 사용했다는 점이다. 좋은 토양, 좋은 환경에서 식물이 잘 자라난다는 생물학적 지식을 종교적 교훈으로 승화시킨 것(마13:3~8; 24~30)도 특이하다. 숲문화적으로는 겨자나무(막4:30~32)나 포도나무(요15:1~17)등을 꼽을 수 있다. 특히 이러한 식물의 씨가 발아하여 유묘가 되고 그 이후에 결실하는 나무, 과수, 곡식이 되는 전 과정을 생태적 가독력, 자연사적 시각으로 통찰하고 있었던 슬기사람 예수를 발견할 수 있다. 천한 목수의 아들로서 주위의 농업과 목축업의 실상을 세세히 지식하고 있었던 사람. 그것을 다시 종교적 슬기로 심화, 승화시킬 수 있었던 천재.

솔로몬과는 달리 대중성, 민주성을 선양하는 현시대의 필요한 특성은 예수라는 슬기사람이 더 많이 가지고 있다. 그러나 실제 사회정책이나 지적활동에는 신앙적 원칙과 방향성 제시에 예수의 자연슬기보다는 솔로몬의 자연슬기가 더 구체적인 전범을 제시한다. 자연슬기에서 비롯될 수 있는 '환경 혹은 생태적 양심'은 예수의 자연슬기에서 더욱 강하게 도출될 수 있을 것 같다.

삶슬기와 자연슬기 모두가 범죄와 타락 이후에 어떠한 변화를 입었는지에 대해서는 자세하고 면밀한 신학적, 해석학적 검토와 연구가 더욱 요구된다. 이는 가인과 아벨 이후로 솔로몬이나 다른 많은 인간 군상(群像)들의 실례들에서 볼 수 있는 바 인간의 죄 되고 타락한 본성에 대한 문제가 결부되어있기 때문이다. 이러한 문제에 대한 실마리는 예수의 형제 야고보의 저작으로 일컬어지는 야고보서에서 단초를 찾을 수 있을 것 같다.(약3:13- ;약1:5) 야고보서에서 '위로부터 난 지혜'와 '그렇지 않은 지혜'에 대한 대조가 확연하게 나타나기 때문이다. 올바른 지혜, 진정한 슬기는 "첫째 청결하고 다음에 화평하고 관용하고 양순하며 긍휼과 선한 열매가 가득하고 편벽과 거짓이 없"다고 하면서 "화평케 하는 자들은 화평으로 심어 의(義)의 열매를 거두느니라"(약3:17, 18).고 언표하고 있다. 이는 지혜성 추구에도 인간적 한계, 실존적 한계가 있음을 시사한다. 기독교 신앙인에게는 그리스도 예수는 이러한 왜곡된 슬기와는 다른 온전한 슬기의 표상으로 신앙된다.

과학기술생태시대

농경적생태시대가 그려주던 공간이 기술도시(technopolis)가 인간삶의 중심이 되는 동적 역학관계의 공간으로 변모한 것은 기계화와 산업화의 영향이다. 16, 17세기에 일어난 과학혁명, 산업혁명의 여파로 과학기술이 그 추진력인 사회구조와 경제가 형성된 것이다. 이에 따라 기술도시적 환경에는 야생공간, 농촌공간, 도시공간 모두가 혼재하지만 이 모든 공간이 고밀도, 고집적도 인위화되어 있다. 농촌공간과 도시공간의 좋은 점만 살리려는 서구형 교외(郊外) 공간(suburban space)도 있다. 무엇이든 그것이 작동하는가 혹은 어떻게 기능하는가 하는 질문이 가장 우선시 되는 기능적 사고의 시대. 관조적으로 따지고 생각하기보다는 우선 '경험'하려고 하는 정향성이 보이는 시대라고 할 수 있다.

이러한 현대적 정서와 정신성향에 조응하는 '과학기술적생태'는 기계화되고 산업화된 수단과 방법들을 동원하여 이용하는 유형의 생태계일 수밖에 없다. 1900년대 초반에 성립을 보기 시작한 생태학(Ecology)은 이제 자연과 인간과의 관계를 이야기할 때 빼놓을 수 없는 필수불가결한 생활용어가 되어 버린 듯 하다. 과학적 학문으로서의 생태학에서 넘어서서 이제 인간 삶 전체를 조망하는 세계관이나 인식틀의 차원에까지 이르고 있다. 이를 '생태주의(ecologism)'라고 부를 수 있다.

기술도시가 사회, 경제의 변동을 주도하는 시대의 생태는 물리적 공간의 인위화, 기계화

정도와 수준에 따라서 도시공간, 농촌공간, 야생공간으로 구분 가능하다. 흙이나 잔디를 전혀 밟지 않고도 하루 일상의 생활이 가능한 도시생태계, 농업기계를 사용하지만 인간 이외의 동식물 종이 주위에 생존하는 농촌생태계, 휴양이나 여행을 위해 다녀올 수 있는 야생생태계로 대별할 수 있다. 인위와 기계화의 정도와는 별도로 세 갈래로 구분된 공간에서는 인간이 얻어내는 기능들과 효용들이 모두 다르다. 세 갈래로 구분된 생태계들에는 공통점이 있는데 세 생태계 공히 분화된 과학기술의 분야들이 상응하는 지적, 산업적, 문화적 행습을 진행시키고 있다는 점이다. 따라서 전체 생태계를 '과학기술생태'라고 지칭할 수 있는 것이다.

과학기술생태시대에 있어서는 역사적 순서상으로 두 가지의 생태인식을 나열할 수 있다. 첫 번째는 인간사회의 진보에 대한 믿음을 뒷받침한 '자연정복적' 생태인식으로서, 전지구적 자연생태계를 사회와 역사적 발전에 필요한 원자재와 자원급원으로 간주하는 관점이고 추동력이다. 과학기술의 발달은 거의 무제한적으로 생태계를 변형시키고 생태계 내의 비인간적 생물종들을 고갈, 멸종시킬 수 있으며, 심지어는 '생물학적 인간' 자체에 대한 제한적 변형까지도 시도할 수 있는 단계에 와 있다. 그러나 화석연료와 같은 에너지원의 고갈, 인구폭발, 식량난 등에 대한 해결가능성에 대한 회의, 의문 등으로 인간진보에 대한 믿음은 제한받고 있다. 두 번째는 환경위기에 대한 인식으로부터 파생된 '자연친화적' 생태인식으로, 보속적(保續的) 혹은 지속가능한 발전이라는 개념에 의거한 생태계 이용을 모색하는 움직임의 배후에 자리잡은 추동력이다. 국소적 공해나 오염의 차원에서 이제는 오존층 파괴, 지구 온난화, 이상적 기후변화, 전세계적 생물다양도 저하의 저변에 있는 이유와 원인에 대한 사회구조적, 경제적, 철학적 분석과 함께 대안을 찾고 있다. 이러한 생태주의적 행습의 형성은 새로운 천년을 바라보는 현재의 슬기사람들의 창신(創新, innovation)이라 할 수 있다. 그러나 자연착취적 경제가치들이 헤게모니를 행사하고 있는 구조적 환경에서 생태주의적 가치들이 넘어야 할 장애들은 다수이며 그 길은 험난하기만 하다.

숲생태계도 이전까지는 주로 벌목에 의한 산업적 이용에만 초점을 맞추어 왔었다. 전통적 임업(forestry)의 가까운 목적은 원자재의 공급이었다. 이를 위해서 조림(afforestation)도 무육(nurturing)도 수행되었다. 수원(水原)의 공급처로서의 기능이나 사냥지, 약간의 에너지원(장작공급)으로서의 기능도 알려져 있었다. 이후에 대기나 수질 환경정화 내지는 조절기능이 부각되었다. 수리적 경제학에만 경도되어 있었던 최근까지도 물량적 가치들만이 숲생태계에도 적용되었었다. 환경경제학도 계량경제 분석적 기법에 의한 경제비용이나 수익계산에만 경도되어 있었다. 계수가능한 가치만이 인간삶에서 가장 중요하다는 암묵적 전제가 만들어 낸 과학기술적 생태인식이다.

금액으로 환산할 수 없는 숲의 가치는 숲생태계를 문화적 의식을 가지고 바라보는 슬기사람들에게서 선양(宣揚)되었다[14]. 숲이 존재함으로서 생겨나는 문화적 가치는 막대한 것이다. 과거의 선대(先代)가 유전시킨 신화와 설화, 문학, 음악, 미술 등이 숲생태계의 여러 요소들에 의해 당대(當代)에 재음미되고 재해석되고 이해되면서 얻어지는 정신적 만족은 금전적 부자들이 쉽게 얻을 수 없는 어떤 것이다. 숲생태계를 온전히 보전(保全)함으로서 차대(次代)에 전달, 계승해 줄 수 있는 것은 숲이라는 삼차원 공간의 생물학적 복합체뿐만이 아니라 산업적 이용에 의한 경제적 자본과 당대가 선대에게서 물려받고 부가하여 일구어낸 문화자본까지다. 유럽대륙 철학적 시각에서 학문

---

14) 전영우(1999) 「숲과 한국문화」(수문출판사:서울)를 참조하면 된다. '숲에 대한 문화적 인식'이란 쪽글에서 '숲의 문화적 가치'와 '문화적 보속성을 유지하는 환경(culturally sustainableenvironment)'을 제시하였다.

(과학)문화과학(Geistes Wissenschaft)과 자연과학(Natural Wissenschaft)으로 구분하는데 이 구분이 없어진 하나의 과학이라는 입장이 적용될 수 있는 대상이 숲생태계이다. 숲생태계는 다양다기한 이용을 가져다줄 수 있는 능력이 있으며 자기 스스로 재생(regeneration)하는 현상을 보이는 군집체(community)이기 때문이다. 관건은 인간들이 이 생태계를 얼마나 적절한 면적으로 남겨 두고 어떻게 관리, 경영해 나갈 것인가 하는 것이다. 이제 숲은 인적이 드문 장소의 숲과 도시속과 같은 공원숲, 동산숲을 어떻게 할 것인가 하는 문화 공간적 구분에 따라 관리해야 할 대상이 되어 버린 것이다.

산업적 구분에 의한 숲경영은 이제 옛말이 되어 버리기 시작하는 듯하다.

과학시술생태시대의 슬기사람은 어떠해야 하는가는 자명하기도 하고 불분명하기도 하다. 소위 '생태의 시대(Age of Ecology)'15)로 규정되기도 하는 현대를 살아가는 슬기사람은 분명히 생태적 의식이 투철할 것이며 생태적 양심(ecological conscience)16)이 살아 있는 사람일 것이다. 그러나 이 생태적 의식과 양심이 인식하고 슬기해야 할 대상이 단순하거나 간단하지 않고 복잡하고 엄청난 규모를 가져서 개인이 실천할 엄두를 쉽게 내지 못한다는 데에 딜레마가 있다. 그 대상은 인간삶을 구조화하고 있는 물리적, 경제적, 사회적, 역사적 추동력 전체이기 때문이다.

생태주의적 기독교신앙

개방적이고 다원화된 과학기술생태의 시대를 사는 기독교신앙인은 숲과 환경을 어떻게 지식하고, 슬기해야 하는가? 초자연적 실재에 대한 믿음을 가진 사람으로서 인간의 삶을 영위하는 전체로서의 토지(땅)를 어떻게 매만져야 하는가? '기독교 환경윤리가 실제로 작동되고 기능되는 인간삶'이란 어떤 삶 세계를 구성할까? 이런 질문들은 자신의 생태적, 지적, 신앙적 환경을 밝히면서 자신의 지적 소산물을 다시 견망하는 필자가 자신에게 던지는 화두이다. 아마 기독교 신앙을 견지하는 다른 많은 사람들에게도 던질 수 있는 질문들일 것이다.

기독교신앙인들은 먼저 창조주로서의 신(神)이란 개념에 보속주(保續主, Sustainer)로서의 하나님이라는 생각을 가미해야 한다. 어떻게 되었든 현재로서는 지구촌이 보속되고 있지 않은가? 이 전지구적 보속성은 완전하다거나 영원할 것이라고는 하고 싶지 않다. 단지 진정한 기독교 신앙인은 하나님의 이러한 보속적 배려(care)에 참여하는 신앙인이 되어야 한다. 자신 주위의 환경도 이웃이므로 이웃을 내 몸 같이 사랑하라는 '말씀'(요1:1~14)과 '지혜'(잠언 8장)를 따라야 한다. 이것이 하나님의 청지기(steward)17)라는 기독교적 전통을 온전

---

15) Donald Worster(1994) Nature's Economy: A History of Ecological Ideas 2nded. (Cambridge University Press; Cambridge, UK)은 '자연의 경제'라는 단위관영을 중심으로 생태적 생각들의 역사를 다룬 역작이다. Anna Bramwell (1987) Ecology in the 20th Century A History(Yale Univ Press: New haven)도 참조하면 좋다.

16) '생태적 양심'에 대해서는 미국 환경윤리학의 대부 알도 레오폴드의 저작들을 참조하는 것이 좋다. 그는 '토지윤리(land ethic)'로 유명하고 현재의 많은 미국 환경윤리학자들에게서 환경성자(聖者)의 모델로 간주받는다.

　그의 저작 '모래현의 연중기(A Sand Country Almanac)'가 "모래땅의 사계"(윤여창, 이상원 옮김 (1999) 푸른숲:서울)라는 제목으로 최초로 국역되었다. 책 내부에 제 3부 귀결(Uoshot)편에 철학적, 윤리학적 에세이들이 포함되어 있다.

17) 기독교 신앙에서 '청지기 인식(stewardship consciousness)'은 주로 십일조나 헌금, 시간, 그리고 지구전체를 대상으로 하는 것이 보통이었다. '환경'에 대한 청지기라는 의식은 William Dyrness(1987) Stewardship of the earth in the

히 복권하고 강조하는 삶이 된다.

창조된 산물로서의 세계에 대한 올바른 관점을 확립하는 것이 좋다. 기독교 철학적으로는 초월(transcendance)과 내재(immanence)의 문제인데 현재적으로는 범신론(pantheism)과 세속주의(secularism)로 변환되어 있다[18]. 만물에 신(神)이 '내재적으로' 존재하는 것이 아니라 조물주의 손길이 각인되어 있는 것이다. 초월적 타자(他者)의 존재를 부정할 수 없는 사람이 기독교 신앙인이다. 이에 관련된 것은 사람은 초월적 신(神)이 아니며 지각성과 운동성만을 갖춘 단순 동물도 아니다. 이러한 문제들에는 중용적 중심을 견지하는 자세가 필요하다.

숲은 기독교 신앙인들에 있어서 여러 가지 종교적 효용을 가져다주는 공간이다. 영혼의 호흡인 기도와 찬송의 장소, 그리고 조물주의 손길을 확인하고 경외심을 수여받는 자연사, 자연슬기의 장(場)이다. 숲이 주는 문화적 가치와 정신적 가치가 중요하다고 인식한 신앙인은 피조된 존재로서 느끼는 경관미나 형승미가 종교적 심미성(審美性)으로 쉽게 전화(轉化)될 것이다. 기독교적 세계관에 의해 자주받은 숲 문화인은 자신의 생태적 가독력(ecological literacy)[19]의 증진에 크게 노력할 것이다. 생태맹이나 생태색맹(ecological color-blind)[20]인 신앙 공동체의 일원들은 자연슬기의 길로 인도할 것이다. 자연슬기가 발달해야 그 동안 편파적으로 강조되어 왔던 '삶슬기'만의 신앙생활이 더욱 온전해질 것이다. 이렇게 구분된 두 슬기가 전일적(holistic)슬기로 성장할 때 '그리스도와 같은' 슬기사람들로 성화될 것으로 생각한다. 이는 시원적으로 존재했던 '하나님의 형상(창1:26)'의 회복은 올곧은 생태주의적 기독교 신앙에 의해서 이루어질 것으로 보기 때문이다. 높고 뻔지르르한 교회건물에 자긍심을 가지는 신앙과는 달리 나무와 꽃이 있어서 아름답고 조화로운 교회가 다니고 싶은 기독교신앙이 필요한 때이다.

이제까지 전지구적 환경과 숲에 대해 생태

Old Testament, pp50~65(In: W.Gramberg-Michaelson(ed.), Tending the Garden)을 참조하면 된다. 생물학자, 생태학자들의청지기 의식은 Paul R. Ebrlich and Anne H. Ehrlich(1992) The Value of diversity, Ambio21:219~226을 참조하면 좋다.

인간 자신의 몸이 '하나님의 성전'이라고 생각하는 의식있는 기독교 신앙인은 음식물이나 기호 식품에 대한 절제와 관리를 적절히 하는 '몸의 청지기'일 것이다. 하나님이 지식의 근본이라고 의식하는 '배움사람(Homo academicus)' - 피에르 부르디외의 사회학책 제목이기도 하다 - 은 자신이 '지식의 청지기'라고 인식하고 삶세계를 구성하려 들 것이다.

18) 범심론과 세속주의에 대한 양비론(兩非論)은 Humberto Rasi(1991) Fighting on two fronts: an Adventist response to secularism and neopantheism. College and University Dialogue 3;4~7, 22~23와 Fernando Arsnda fraga(1997) Postmodernism and New Age: the Subtle connections.College and University Dialoguen 9:10~12을 참조하면 좋다.

19) '생태적 가독력'은 포스트모던적 사상가들군(群)에 속하는 데이비드 오어(David W. Orr)의 책 Ecology Wirld 1992, (State Univ of New York Press: Albany)에 잘 다루어져 있다.

이정호(1999) 레오폴드 읽기 숲과 문화 8(3):20~30에는 알고 레오폴드와 관련하여 생태적 가독력 증진에 대한 논의가 약간 다루어져 있다.

20) '생태색맹'은 생태적 의식이 전혀 없거나 나이브한 수준인 경우를 지칭하는 '생태맹'과는 다르다. 생태적 지식이나 의식이 상당하지만 잘못된 상식이나 통념에 사로잡힌 채 고집을 피우는 유형의 사람이다.

생태적 가독력 증진에 필요한 개방성이나 상호성이 결여된 상태이다.

(Susan Flader(1974) Thing Like A Mountain: Aldo Leopold and the Evdation of an Ecological Attitude toward Deer, Wolves and Forests(Univ of Wisconsin Press: Madison)에서 생태맹이란 단어가 사용되었음

주의적 기독교신앙인이 가져야 할 '생태신학(ecological theology)[21]을 생각해 볼 수 있었다. 물론 윤곽만이 제시되었고 선념적 읽기에 있어서 가장 중요하게 취급해야 할 자재가 성경속의 말씀이라는 것은 자명하다. 그런데 과학기술생태시대를 사는 생태주위적 기독교 신앙인의 실천적 행동과 사회적 실천은 어떠한 모습을 가져야 할 것인가에 대한 문제가 남는다.

선념적 성서읽기에 의해서 짜임새와 꾸밈새가 갖추어진 시원생태시대, 농경생태시대. 과학기술생태시대에서의 슬기사람의 학문과 문화와 삶의 유형들이 현대의 기독교 신앙인들의 실천의 절대적 기준은 될 수 없다. 그러나 실천적 행동과 사회적 실천에 대한 깨달음과 의식은 제시한다고 본다.

첫째 시원, 농경, 과학기술 생태시대의 자연슬기에 대한 학습과 연구를 현재까지보다는 더욱 강조할 필요가 있을 것이다. 17, 18세기에 자연사, 자연철학(natural philosophy)에 대응되는 자연신학(natural theology)에 대한 재성찰과 재해석이 그 한 예가 될 것이다. 현대에는 과거의 자연신학대신에 '자연의 신학(a theology of nature)'을 정립하려는 노력이 경주되고 있다. 기독교적 자연사 문화의 배경에 이 자연의 신학이 있어야 할 것이다.

둘째 특히 농경생태시대 때의 사회적 실천들에 대한 예를 성서에서 풍부하고 풍요하게 도출할 수 있다는 것을 필자는 앞에서 제시하

---

21) 과거의 자연신학(natural theology)과 현대의 자연의 신학(theology of nature)은 의미 구분해야 한다. 현대의 '자연의 신학'을 '생태신학'으로 부를 수 있을 것이다. Ian Barbour(1990) Religion in an Age of Science(Harper Collins; New York)의 책과 논문 Larry L. Rasmussen(1987) Creation, church and Christian responsibility pp.114~131, In: W.Gramberg-Michaelson (ed.) Tending the Garden: Essays on the Gospel and the Earth(Ferdmans: Grand Rapids, Mich)을 참조하면 된다.

고자 하였다. 국가단위나 전지구적 문제에 참여하고 기여하는 기독교신앙인들에 대한 지침들은 역시 견망적 성경연구에서 얻어지리라 본다. 솔로몬시대의 예가 많은 시사점들을 준다고 본다. 정부나 비정부 단체나 기관에서 역할을 하는 사람들에게 적용되는 부분이다.

셋째 일반 대중들에 대한 교육이나 계몽에 있어서 자연슬기적 접근법과 방법론에 대해서도 어느 정도 제시하였다. 그리스도 예수의 '듣는자 지향적' 교육방법을 모델로 하는 것 정도만 이야기해도 된다. 기독교식의 생태적 가독력 증진법의 개발과 대중화에 대한 실마리도 선념적 성서읽기와 해석에서 비롯될 것이다.

넷째 나무를 심고 숲을 조성하는 일의 중요성과 함께 이를 앞장서서 실천하는 기독교신앙인을 그려본다. 생태맹에서 벗어난 기독교인들은 있지만 '겸손히' 생태색맹의 수준을 넘어서 생태적 기독교신앙의 실천인들이라고 부를 수 있는 사람들은 많이 있는지 모르겠다. 나무를 심고 동물들을 보호하고 같이 사는 기독교신앙인들이 많이 출현하기를 서로 기도하자고 권유한다. 동물과 식물의 집적체, 군집, 공동체를 일구어 내는 슬기사람의 작고 겸손한 실천.

숲문화적 환경윤리

전문적 산림가, 환경가(environmentalist), 환경학도로서 역할하고 사회에 이바지하고자 하는 사람들에게 던져줄 수 있는 '숲문화적 환경윤리(Forest-culturist environmental ethics)'는 기독교신앙인의 삶세계에서 유도, 유래될 수 있을까? 앞에서 생태주의적 기독교신앙에서 기초되어야 할 부분들은 암묵적인 전제로 한다. 문제는 유신론 혹은 삼위일체적 유일신을 받아들이는 태도를 견지하지 않는 동방전통 — 유교, 도교, 불교 — 이나 설명과 해석에 대해 자급성이나 우발성(contingency)만을 견지하고 신(神)으로 원인을 돌리는 경향을 완전히 배제하려는 현대적 과학주의에게도 어필할 수 있는

어떤 것을 이야기해 볼 수 있겠느냐는 것이다. 필자의 현재의 생각으로는 긍정적 대답이 존재하고 낙관적이다.

인간이 주위의 세계를 지각하고 구성하는 세계관(world view)의 문제를 되짚어 보면 실마리, 단초, 빌미가 생기리라 생각한다. 기독교는 하늘과 사람과 땅의 관계를 수직적 관계로만 해석해 왔다고 비판받아 왔다[22]. 하늘과 사람의 관계만 너무 지나치게 강조한 나머지 땅에 대한 배려보다는 정복과 착취와 이용만을 두드러지게 하였다고 한다. 서구문화적 전통에서 자연과 땅의 모든 요소들 중에 특별한 것을 신격화하려는 정반합의 반(反)적인 흐름에 대해 기독교 전통이 효과적으로 대응해와서 과학 기술발달에 기여하였다는 면이 강조되기도 한다.(그림 2의 가) 땅에 대한 배려가 '결여된' 이용이나 개조는 올바른 태도가 아닌 것으로 이미 오래 전부터 여러 학자들과 사상가들에 의해 지적되어 왔다. 창조주와 피조물의 이분법 속에 최고등 피조물의 하등 피조물들에 대한 착취가 정당화되는 경향을 보인 것은 너무도 단순한 부정적 위차성(位次性)을 보이는 구태의연한 낡은 세계관의 구조 때문인 것 같다.

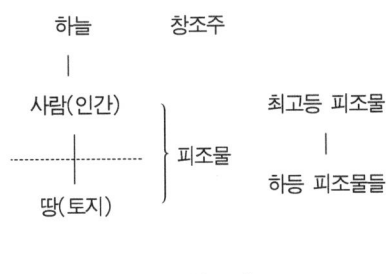

〈그림2 가〉

생태주의적 기독교 신앙에서는 '배려(care)'라는 윤리적, 사회적, 경제적 개념이 '이용의 측면'을 수반(隨伴, supervenience)[23]한다. 여기

---

22) 고전적인 논문은 Lynn White(1967) The historical roots of our ecologicla crisis. Science 155:1203~1207으로 1992년 〈과학사상〉지 창간호에 번역 소개되었다. 현대의 전지구적 환경위기 가 19세기에 형성된 이론성의 과학과 작위성의 기술의 융합에서 그 원인을 찾을 수가 있으며, 과학 기술 발전에 큰 추동력(impetus)역할은 기독교적 신(神)의 초원성과 인간중심주의-자연에 대한 지배의 배후에 정당성을 제공한-라고 지적한다. 과학기술의 지나친 발전은 자연을 인류의 조절력하데 준재하게 만들었고 그에 따라 환경위기는 과학 기술 문화의 근저에 자리 잡고 있는 기독교적 신앙에 대한 재인식이나 새로운 종교적 대안의 형성까지 시도되어야 환경위기의 뿌리에서부터의 문제 해결이 획득될 것이라고 주장한다. 모든 피조물은 하등한 것이 아니라 동등한 이웃, 형제로 취급한 성자 프란시스(Saint Francis of Assisi)를 대안적 모델로 제시한다

환경사상의 역사라는 측면에서 '자연에 적대적인 인간(Man against Nature)'이라는 사상이 환경위기의 근원이라고 지적하고 이에 대응되는 '자연에 조화로운 인간'이라는 사상으로 이분법적인 논의를 진행시키는 것이 이제는 구시대적 발상이라는 고전적 논문도 있다. [Clarence J. Glacken(1970) Man against Nature:an outmode concept. pp.127~142, In: Harold W. Helfrich (ed.) The Environment Crisis, (Yale University Press: New Haven)]속적서구 사상들의 흐름을, 인간의 자연에 대한 변화와 조절의 축에 베이컨, 데카르트, 라이프니츠에 의한 철학적 정초를 두고 인간과 자연의 밀접한 관계라는 축에 차알스 다윈, 조오지 퍼컨 마쉬, 다알스 디킨스가 묘사하는 "생명의 그물(a web of life) 모델"을 대비시키고 있다. 종교적 기원보다는 사회에 작동된 세속적 사상들에 환경문제의 근원이 있다는 주장이다. 생태학, 자연사, 생태계(ecosystem)개념들이 수직적 자연관에 대해 수평적 자연관인 관계적 사고방식에서 연유된 것이라고 주장한다. 동서 전지구적 문화들에 나타나는 신화, 과학, 종교, 예술, 철학 등에서 도출시킬 수 있는 인간의 다른 생명 존재들에 대한 청지기위식과 책임의식이 구시대적인 자연에 적대적인 인간이라는 엉터리 사고를 몰아낼 것으로 글랙컨은 기대한다.

23) 수반(supervenience)개념에 대한 논문은 Jaek-

서 수반은 부정적인 측면은 지양(止揚)하면서 포괄(包括)한다는 뜻이다. 하나님을 조물주-보속주로 보고 사람을 조물─보속의 청지기로 보면 섭리적 배려와 인간적 배려가 조화를 이루면서 지나친 극단적 인간중심주의(anthropo-centricism)가 배제된다.(그림 2의 나참조) 땅과 환경과 자연에는 인간적 배려뿐만 아니라 섭리적 배려가 진행되어 왔고, 작동되어 왔으며, 미래에도 작동될 것이기 때문이다.

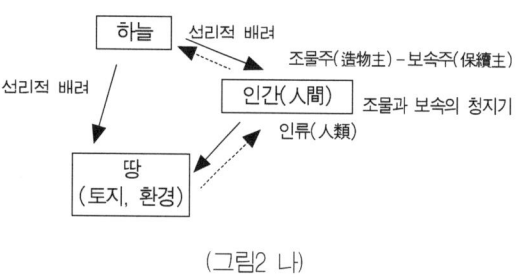

(그림2 나)

그림2 기독교적 신앙에 있어서의 천인지 삼재(三才)의 관계에 대한 모식도

한국어로 하늘, 사람, 땅의 세 가지 구성요소들의 관계를 나타내어 보았다. 여기서 세계(世界, world)는 사람이 인식이나 슬기의 주체나 중심이 된 관점에서 견망(見望)하는 모든 것을 의미한다. 분명히 밝혀야 하는 사실은 기독교적 하나님(神)은 그의 창조물(Cretion)-만물(萬物), 만상(萬象)-을 초월해 있다.

가) 하늘과 사람에 중심을 두는 인식들

최고등 피조물에서 바탕 피조물에게까지 미치는 위계적 사다리의 정점에 신(神)이 존재하는 서구 전통적 인식틀

나) 하늘과 사람과 땅 모두에 조화를 두는 슬기틀

인간을 '조물과 보속의 청지기'로 보고 '좋은' 슬기를 추구하는 삶을 사는 슬기인간을 상정하면 '약한' 인간중심주의라고 할 수 있는 생태주의적, 조

---

won Kim(1984) concepts of supervenience. Philosophy and Phenomenology 45:153~176와 Paul Humphreys(1997) How properties emerge philosophy of Science 64:1~17을 참조하였다.

화적인 슬기틀이 형성된다.

이러한 맥락에서 살펴볼 수 있는 중요한 개념은 서구적 이성(reason)에 의해 추동된 합리성(rationality)에 대비하여 슬기(wisdom)에의 모색으로 '살아지는' 지혜성(sapientiality)이다. 이는 동도서기(東道西器)와 관련지으면 동북아적 합리성이나 온정주의(溫情主義)라는 변명으로 '지나친' 집단주의나 '그릇된' 장유유서를 정당화하려는 수가 많다. 반면에 이러한 기득권층이나 구시대적 세대들에 대한 반발로서 동북아적 전통과 역사와의 '단절'을 강조하여 서구적 개인주의와 해체주의만을 들고 나오는 수가 있다. 파괴주의적인 '내멋대로주의'나 아무 것도 없는 가운데 저지르는 '스스로하기 주의', 문화를 보는 남버식 포스트모던 논쟁이 그런 것이 아닌가 생각한다.

'지금 여기'로 시간과 장소를 고정하면서 모색하는 것이 이성을 상괄하는 슬기에 대한 추구이다. 동북아시아적 전통선상에서의 슬기는 발굴을 기다리는 의식 밑에 묻혀 있는 보석이다. 동양학적 인문과학의 발달에서 그 고고학적 발굴이 더욱 깊고 다양하게 이루어져야 할 정당성을 찾으려 하면 너무 동의어 반복적일까? 서구적 지성의 지적 생산물들이 물량적으로 허다한 반면 번쇄(煩瑣)하다고 하면 지나칠까? 이들의 것들을 제대로 소화하고 올곧게 '자기것화'한 후에 제대로 '바심질'한 소산물을 생산해야 하는 책임은 누구에게 있는가? 미학적, 형이상학적 개념인 수반(supervenience)에 과정철학적 물감을 묻히고 윤리적인 색채를 짙게 칠한다면 상괄(supervention)이 될 것이다. 이성을 상괄하는 슬기에의 모색으로 살아가는 삶세계에 있는(존재하는) 사람에게서 '지혜성'이 드러난다. 이러한 사람들, 이러한 슬기사람들이 사는 사회, 인간(人間)집단을 만들어야 하지 않을까?

생태적 슬기사람의 측면들을 분석해 본다24).

---

24) 문화사가(文化史家) 호이징아는 그의 책 "호모

만듦사람(Homo Faber)은 과학기술사회에서 너무도 많이 강조되었다. 서구 과학기술의 장인(craftsman)적 전통은 지나치게 강조할 수가 없지만 '지금 여기'적인 시각에서는 생태적 제한성과 맥락이 그어주는 한계 내에서 계속되도록 노력해야 한다.

배움사람(Homo Academicus)의 측면을 마름질해 보면 구체적 삶세계와 학문이나 지식이 '겉도는' 현상을 극복하여 '맞물려 도는' 맞물림의 공간이 생산, 창출되어야 할 것이다. 연접지평을 제대로 찾아낸다거나 하나의 연접지평을 결정하는 장(場)의 마련, 그리고 의합(意合, consensus)적으로 연접지평을 놓고 다학제적 공동연구를 실행하는 것이 지적협동이라는 슬기로운 행습이 창출되는 밑바탕, 밑거름이 될 것이다. 전문적 산림가들과 대중의 만남도 맞물림의 공간 안에 있다.

놀이사람이란 측면은 문화전반에 대한 태도와 관련되어 있지만 환경문화, 숲문화에도 놀이의 요소가 지나치지 않을 정도로 강조되어야 한다. 공부와 학문도 유학(遊學)해야 한다는 주장도 귀기울여 들어야 한다. 물론 숲공부도 유학해야 한다. 긍정적인 '재미'는 슬기로운 행위와 삶세계를 이끌어 낼 수 있지 않은가!

동양의 현인(賢人)이나 군자(君子)는 아주 정(靜)적인 이미지를 만들어 낸다. 수도승이나 참선의 생각이 떠오르게 마련이다. 그런데 '지금 여기'를 사는 슬기사람들은 이와 반대로 동(動)적일 것이다. 역동성까지는 안되더라도 부지런함을 일구는 사람일 것이다. 더러운 것, 천한 것들을 손수 해보고 마다하지 않는 슬기를 가진 사람. 머리로만 하던 헬라식 공부와는 달리 천막을 만들면서 학문성 깊은 기독교신앙을 전파하던 바울, 목수일을 하면서 당대의 천한 대중들의 삶의 세세한 부분들을 정치(精緻)하게 지식, 슬기하고 있었던 예수는 '움직이는' 슬기사람이었다. 숲문화는 '움직이는' 슬기사람들에 의해 공부되고, 향유되는 것이다.

움직이는 슬기사람을 만듦사람, 배움사람, 놀이사람의 측면으로 보면서 한국적 환경가들, 특히 숲문화적 환경윤리가 삶세계에서 작동되는 사람들의 실천을 바라볼 수 있게 된다.

첫째 동양적 과학기술과 환경변화에 대한 학습과 연구의 필요성이 드러난다. 자연을 바라보는 동양적 시각은 격물치지(格物致知)를 모토로 철학한 주희(朱熹, 1130~1200)[25]에게서도, 불교의 연기설(緣起說) 속의 관계적 사고[26]에서도 뽑아낼 수 있다. 문제는 그런 시각들[27]과 동양 제 국가들의 과거 사회들에서 '실천된' 부분들의 관련성에 대한 지식이 너무도 일천하다는 점이다. 서구적 학문분야인 자연사라는 시각틀로 정리해 볼 수 있는 한문전적들의 수집, 정돈, 보존 및 연구, 번역들이 그렇게 활발하지 않은 것은 사실이다.

둘째로 동양적 과학기술과 사회와 환경변화의 상호관계에 대한 문헌들의 해석과 현대적 관련성에 대한 문제가 제기될 수 있다. 연구방법론에 대한 천착인데 서구에서 성서해석의 문

루덴스"에서 Homo sapiens는 이성적 인간, Homo faber는 만듦인간으로 대별한 후 그의 창신적(innovative) 개념 Homo ludens(놀이인간)를 제시 한다. [Johan Huizinga(1949) Homoludens: A study of the Play-Element in Culture (Routledge and Kegau Paul: Londin). (국역판도 있음)]

필자는 Homo Sapiens를 슬기인간으로 보고 피에르 부르디외의 Homo academicus를 '배움사람'으로 옮긴 후 이성적, 지성적 활동을 실천하는 측면을 강조해주는 것으로 보았다. 슬기인간의 세 측면 곧 만듦사람, 배움사람, 놀이사람을 환경과 조화를 이루는 지혜성 삶을 영위하는 사람의 모델에게서 발견할 수 있는 이상형으로 제시한다.

---

25) 김교빈(1997) 주희의 격물치지를 통해 본 동양적 과학정신의 특성, 과학사상 22:191~212
26) 김순금(1997) 불교 인과론의 시스템론적 해석, 과학사상 22:213~231
27) 배영기(1997) 생명윤리에 관한 생태문화적 고찰, 과학사상 21:220~237

제에서 발생한 해석학(hermeneutics)과 같이 동양문헌들에 대한 해석학이나 담론분석, 지식의 고고학의 정립을 염두에 둘 수 있을 것 같다.

셋째로 일반지식대중들에게 다가가는 '자연글', '과학글'의 창달과 참신이 필요한 것은 이제 많은 사람들이 의식하는 것 같다. 대중에게 다가가는 바탕글(잡문)들이 한 사회나 시대의 문화적 수준을 얼마나 높게 끌어올릴 수 있느냐는 서구의 계몽주의 시대에 수필(essay)이 기능한 부분을 상기하면 좋은 증거로 삼을 수 있다.

서구적 의미의 '심층생태학(deep ecology)'과 동학(천도교)적인 '영성생명사상'을 비교하고 생명윤리(bioethics)에 대한 실천과 교육의 문제를 다루고 있다. 자연 환경의 옛말인 산수(山水)를 몹시 사랑한 퇴계 이황과 같은 사람은 '천석고황(泉石膏肓)'이나 '연하고질(煙霞痼疾)'에 걸렸다고 표현한 것에서도 동양적 자연사가로서의 유학자(儒學者)의 면모를 끌어낼 수 있을 것이다.

넷째로 진정한 숲 사람들에 대한 사회적 인식에 대한 재구조화를 생각해 본다. 이에는 산림가들의 자기성찰과 '산림가의식'의 철두철미함에도 맞물려 있다. 무의식적으로 나무를 심는 사람들에서 나무와 숲을 통해서 한국문화를 선양하고 환경실천을 수행하는 사람들로의 변모는 벌써 성숙한 단계에 접어들었다. 이는 한국문화만이 아니라 척박한 땅에 숲을 조성, 보전함으로 전지구적 생태문화를 육성하는 '숲문화주의자(Forest culturist)' 공동체의 성립까지도 비전으로 제시할 수 있는 부분이다.

이 모든 실천은 전지구적 인류(人類, humankind)가 새로운 천년을 맞이하면서 지향해야 할 삶과 자연에의 슬기를 전제하고 있다. 여러 종교적 가르침들에서 뿐만이 아니라 과학기술에서도 이러한 슬기의 지향은 일구어 낼 수 있지 않을까? 이성과 합리성을 포괄하는 슬기와 지혜성은 이러한 노력들에서 배태되고 발전할 것이라 본다.

한국은 1960년대의 근대화(modernization)라는 발전이데올로기적 화두에 이어 1980년 이후로 세계화(globalization)라는 번영추구의 슬로건을 내걸고 있다. 경제적으로 선진 30개국에 속하는 나라, 그러나 이상하게도 국제통화기금(International Monitary Fund)의 영향을 짙게 받은 나라이다. 경제주의적 시각에서는 이런 것들 밖에 보이지 않는다. 환경주의나 생태주의적 시각에서 보아야 할 전(前)세대들의 공(功)과 과(過)는 무엇인가에 대해 심각한 고민을 할 수 없을까? 경제적 가치만이 사회를 떠받치는 것이 아니고 한국사회 개인들의 삶세계를 구성하는 전부도 아닐텐데. 경제주의적 시각만이 이성에 입각한 견망을 가져오지도 않을뿐더러 경제적 풍요만이 사회의 합리성을 형성해 내는 것이 아니다. '과학입국'의 추구에도 수량주의나 경영학적인 접근으로만 일관해 온 것이 이제 문제가 되어 둑 터진 물처럼 되어버렸지 않은가? 과학(science)도 문화의 일부인 것이다. 인간 생태적 가치가 결여된 과학활동은 그 한계성을 너무도 빨리 드러낸다.

의식하지도 않았지만 열심히, 부지런히 심고 가꾼 결과 돌아온, 회복된, 재생된 한국의 숲, 한국의 숲문화. 근대화라는 화두가 이끈 엔진에 딸려 온 한국토지의 녹색화, 치산치수(治山治水). 가난과 식량난으로 허덕이는 북녘동포들의 배후에는 치산치수의 사회적 실천이 결여되어 있다. 일전의 양쯔강 홍수의 배후에는 녹화에 소요될 경제적 토대를 착복한 배금주의적, 부정적 슬기사람들의 행태가 자리잡고 있다. 잘못되고 그릇된 슬기는 한군데도 쓸모 없는 '잔꾀'이고 잔꾀의 사회적 여파는 걷잡을 수 없을 정도가 되기도 한다.

근대화는 곧 경제건설이라는 등식은 지나간 어느 시대에는 '맞물림'의 공간 안에 있지만, 변화양상이나 창신(創新, innovation)의 속도에 따라 '겉돎'의 공간으로 밀려나 버린다. '성장의 한계'는 물량적 성장에서 질적인 성장을 추구하게 만든다. 한국은 이제 삶세계의 '질'을 성장시키고 다원화, 다층화하는 노력을 하고 있다. 거기에는 '밖으로부터 안으로의' 세계화와 함께 '안으로부터 밖으로의' 세계화가 큰 몫을 차지한다.

한국에서 일구어지는 숲문화는 밖으로 알려지도록 해야 한다. 자부심을 위한 측면도 있지만 다른 시간, 장소, 문화에서의 실천과 행습들과의 비교에 의해 얻을 수 있는 문화적, 사회적 자본이 상당하기 때문이다. 사회, 인문과학적 과학성에 비교와 대조가 차지하는 비중이 크지 않은가? 경험과 실천 이후에 이루어지는 반성과 교정은 나선형 상승을 지향하는 과학적인 해석학적 싸이클(hermeneutical cycle)이라고 할 수 있지 않을까?

숲문화적 환경윤리가 필자 개인에게는 어떻게 존재하는가 하는 질문을 스스로 묻는다. 장기성기억(long-term memery)이 좋은 필자는 자신의 정체성(indentity)에 대한 물음을 철학적으로 깊게 해보았다. 한국적 기독교 신앙인으로서 상당한 전문성을 보속하고 있는 숲사람. 밥벌이를 유전학, 발생학 분야에서 하는 과학자. 숲문화를 향유하는 슬기사람이 되려는 아마추어 철학자. "여호와, 우리 주여, 주의 이름이 온 땅에 어찌 그리 아름다운지요, 어찌 그리 아름다운지요"라는 복음송가를 도로변 인도를 걸으면서도, 산책하는 숲길(Holzweg)을 배회하면서도 흥얼거리는 사람.

하나님의 전에 심기운 레바논 백향목, 이스라엘의 왕목(王木)은 한국인 이정호에게는 늘푸른 소나무로 전화(轉化)된다. 선지서 에스겔에 나오는 생태주위적 성경구절을 인용한다. '레바논 백향목'이란 구절은 '늘 푸른 소나무'로 치환했고 대괄호를 쳤다. 이 늘푸른 소나무는 노팅햄에 있다. 노팅햄(Nottingham)을 'nothing' 더하기 'ham'으로 제멋대로 파자(破字)한 후에 한자 '없을 無'와 '마을 落'으로 '개념적 옮김'을 시도하였다. 영국의 '무락'이라는 도시공간에 위치한 '늘 푸른 소나무'는 나의 누메논(noumenon)이다. 무락에는 숲이 많다. 무락은 푸르름의 공간이다. 무락의 성(城)에는 망루가 있다. 망루에서는 견망(見望)이 생겨난다. 상징은 견망하는 슬기사람에게 현실을 가져다준다. "소나무야, 소나무야 언제나 푸른 네빛"이란 노래도 가져다준다.

"…… 가지가 아름답고 그늘은 산림의 그늘 같으며 키가 높고 꼭대기가 구름에 닿는 '늘 푸른 소나무'이었느니라. 물들이 그것을 기르며 깊은 물이 그것을 자라게 하며 강들이 그 심긴 곳을 둘러 흐르며 보의 물이 들의 모든 나무에까지 미치매 그 나무가 물이 많으므로 키가 들의 모든 나무보다 높으며 굵은 가지가 번성하며 가는 가지가 길게 빼어났고 공중의 모든 새가 그 큰 가지에 깃들이며 들의 모든 짐승이 그 가는 가지 밑에서 새끼를 낳으며 모든 큰 나라가 그늘 아래 거하였었느니라 그 뿌리가 큰 물가에 있으므로 그 나무가 크고 가지가 길어 모양이 아름다우매"(겔31:3~7)

"나 주 여호와가 말하노라 내가 또 '소나무' 꼭대기에서 높은 가지를 취하여 심으리라 내가 그 높은 새 가지 끝에서 연한 가지를 꺾어, 높고 빼어난 산에 심되 이스라엘 높은 산에 심으리니 그 가지가 무성하고 열매를 맺어서 아름다운 '소나무'를 이룰 것이요. 각양 새가 그 아래 깃들이며 그 가지 그늘에 거할지라 들의 모든 나무가 나 여호와는 높은 나무를 낮추고 낮은 나무를 높이며 푸른 나무를 말리우고 마른 나무를 무성케 하는 줄 알리라 나 여호와는 말하고 이루느니라"(겔17:22~24)

이정호는 고려대학교에서 산림학을 전공하고 영국 노팅햄대학에서 '인간분자유전학'으로 박사학위를 했다.

광야의 신, 숲의 신

정 홍 규

숲에 대한 나의 회상은 개념적이고 추상적인 죽은 회상이 아닌 고향에 대한 기억을 되살려 내는 것을 의미한다. 이것은 어쩌면 멀지 않은 옛날, 한 동네 건너 서로 다른 신(神)들을 섬기면서도 평화롭게 살 수 있었던 때에 대한 그리운 회상일 수도 있다. 2시간 동안 안동 하회마을에서 소란을 피웠던 영국 여왕의 돌탑 쌓기는 보이기 위한 연출이었는지도 모른다. 낯선 동네를 지나가는 어떤 나그네가 그 동네를 지켜주는 성황당 나무에다 감히 침을 뱉지 않고, 오히려 돌 하나 주워 올리며 머리 조아릴 수 있었던 그런 마음에 대한 회상이다.

내가 태어났던 경주 동천 옛마을에는 석탈해 왕릉이 있었다. 왕릉에는 울창한 숲이 있었고 마을 길목 쪽에 큰 당수나무가 있었다. 웃동천에도 헌덕왕릉이 가까이 있었고, 백율사, 황성숲, 유림숲, 계림숲, 분황사, 포석정, 반월성, 기림사, 동학 최제우의 경주 용암 골짜기 등은 지금도 살아 있는 '숲의 혼'에 대한 회상 꺼리이다. 숲은 늘 가까이 있었고, 놀이와 축제, 휴식과 정적, 공동체와 만남의 풍경들이 벌어지는 곳이 숲이었다. 강가에서 태어난 자가 늘 강과 더불어 살게 되면서 어느 세월에선가 자신이 강의 삶을 살고 있음을 회상하는 것처럼 비로소 나는 숲에 대한 회상을 시작한 지도 모른다. 생각컨대 숲은 우리의 삶의 자리였다. 또한 메뚜기, 숲, 나무, 돌, 물, 청개구리, 대지는 인간의 산업을 위한 도구가 아닌 어머니로 표상되던 그런 시대 즉 우리들의 세계관적 고향에 대한 기억을 되살려 내는 것을 의미한다.

적어도 우리들은 각 동네의 당산, 한길가의 서낭당, 솟대, 성역을 상징하는 신수(神樹)나 신림(神林)을 종교적으로 생각했기보다는 우리 조상들의 문화의 관습으로 여겼다. 고산 윤선도의 '오우가'처럼 그것들을 생활의 한 처소로써 섬겼을 뿐이다. 자연과 인간을 우리는 분리하지 않았다. 서구의 주체철학처럼 인간만이 주체가 아니라 개, 소, 닭, 구렁이, 땅강아지, 반딧불이, 초목등 살아있는 모든 중생들과 함께 살았던 유년기 기억속에 뚜렷하다.

사막과 숲

예수께서는 40일 동안 광야에서 깨달음을 얻었다면 석가모니는 사막이 아니라 산림속 보리수 아래에서 득도를 하였다. 사막의 종교와 숲의 종교는 어떤 차이가 있을까? 예수의 제자들이나 교부들은 사막이나 광야에서 수행을 하였다. 왜 숲으로 가지 않았을까? 그러나 불교의 수행자들은 산으로 들어갔으며 동양의 사상가들이나 우리 역사의 '산림학파'처럼 은둔처로서 숲을 선택하였다. 우리는 동양을 자연의 신과 우주의 신이라고 부르고, 서양을 사막의 신과 역사의 신이라고 부를 수 있을까? 물론 그리스도교의 역사 속에도 수도원이 있다. 이 수도원도 오래된 성목이 있던 자리에 세워지는 경우도 있었다. 그것은 숲에게 바치는 제의를 그리스도교의 유일신의 제의로 바꾸기 위해서이다. 그리스도교는 숲의 종교가 될 수 없다. 오히려 숲을 박해하였다. 제임스 조지 프레이저의 유명한 저서 「황금가지」에서 지적한 대로 수목숭배(壽木崇拜)는 유럽 아리아인의 종교에서 중요한 역할을 하고 있었다. 켈트인이라면 누구든지 드루이드 교의 참나무 신앙을 잘 알고 있었다. 이교도 슬라브 인들은 수목과 숲을 숭배하고 있었다. 리투아니아 인이 그리스도교로 개종한 것은 14세기 후반으로 당시에도 수목숭배가 성행하고 있었다. 고대 그리스와 이탈리아에서 수목숭배가 널리 성행했다는 것을 보여주는 증거는 얼마든지 있다. 처음에는 강력한 정령의 화신으로 소박하게 숭배를 하였지만 점차로 수목의 신이나 수목의 여신에 대한 숭배로 바뀌어갔다. 특히 고대에는 참나무가 아주 많아서 널리 사용되었기 때문에 참나무 신의 숭배는 유럽의 아리아 계의 모든 민족에게서 찾아볼 수 있다.

그러므로 그리스도교 선교역사에 있어서 유일신, 광야신, 사막신은 도저히 참나무 신을 받아들일 수가 없었다. 모세는 야훼 하느님으로부터 시나이산에서 십계명을 받았는데, "너희는 내 앞에서 다른 신을 모시지 못한다. 너희는 위로 하늘에 있는 것이나 아래로 땅에 있는 것이나, 땅 아래 물 속에 있는 어떤 것이든지 그 모양을 본따 새긴 우상을 섬기지 못한다. 그 앞에 절하며 섬기지 못한다."(출애 20,1-5; 신명 5,1-3) 이때 여기서 지칭되는 우상들은 곧 '자연신' 또는 '나무신' 또는 '숲의신'들이다. 인류에게 가장 오래된 '원시적' 종교형태인 애니미즘, 토테미즘, 범신론 등이 믿은 대상이 바로 그것인데, 이런 유형의 종교적 신앙이 지니는 공통된 요소는 그들이 물활론적인 세계관을 바탕으로 하고 있다는 사실이다. 그리스도교와 유대교가 그런 자연종교와 직접적으로 적대할 수밖에 없다는 것은 쉽게 상상할 수 있는 일이다.

그리고 신약시대에 들어가서도 흔히들 우상숭배의 대명사처럼 지칭되었던 대상은 이교라 통칭되는 고대 희랍의 유기체적 세계관, 로마인들의 종교이었다. 사도들은, 특히 바오로는 희랍, 로마의 신들을 두고 악마들이라 칭하기를 서슴지 않으면서, 이교도들의 우상숭배를 제거하는 작업에 착수하였다. 결국 사막의 종교가 숲의 종교의 축제와 제의를 흡수, 통합 새로운 전례들을 만들어 내었다. 예를 들면, 19세기 지중해 연안에서 행했던 5월의 여왕축제도 5월의 나무에 5월의 신부인 지중해 성모 마리아를 매달음으로써 이른바 이교도의 축제가 그리스도교의 성모축제에 흡수된 형태이다. 성모 마리아 상도 고대 땅의 여신(Earth Mother) 잔영을 최소한이나마 그리스도교로 불러들이기 위한 노력의 일환이었다고 여겨진다.

변방에 우짖는 새를 위한 미사

이재수의 난을 어떻게 평가해야 될까? 현기영의 장편소설 「변방에 우짖는 새」의 날개로 날아간다면 마을촌로들이 말하듯이 '의거'이다. 그러나 우리 쪽에서는 해마다 순교자 성월이 오면 제주시 동남쪽 황사평의 교우 묘지에는 그때 죽은 교우들을 순교자로 모시고 위령미사를 봉헌하고, 민란의 진원지인 대정읍 인성리 네거리에는 이재수 등 민란의 세 장수를 기리는 '삼의사비(三義士碑)'가 세워져 있다. 박해인가? 교난(敎難)이냐? 교란(敎亂)이냐? 단순하게 이 사건을 호교론적으로만 해석할 수 없다고 본다.

이 사건을 지리적, 문화적, 종교적으로 이해해 보면 다른 신의 이미지를 찾을 수 있다. 사막의 신은 자연의 신이 아니다. 단수로서의 숲의 신도, 복수로서의 숲의 신도 아니다. 사막에 나오면 하늘도 하나고 세상도 하나이다. 그러니 신이 하나일 수밖에 없다. 그러나 숲속에는 지평선은 커녕 보이는 것이라고는 나무, 나무, 나무뿐이다. 유일신 이미지가 생성되기가 어렵다. 수렵문화의 신과 농경문화의 신은 다르다. 제주도의 이재수의 난은 복합적인 원인들이 있지만 부신(父神)과 모신(母神), 남신(男神)과 여신(女神), 유일신(唯一神)과 산신령의 충돌에서 빚어진 불상사라고 본다.

변방에 우짖는 새의 둥지로 다시 날아가 보면 이야기가 이렇다. 그 당시 제주도 마을 아낙네들이 수백 년 동안 섬겨 받들어 온 신목(神木)이 있었다. 이 신목은 팽나무였는데, 그 우거진 팽나무 그늘 아래에서 수백 년 조용히 좌정해 오던 할망당은 마을마다 모시지 않은 곳이 없었다. 성속분리(聖俗分離)의 얀세니즘에 물든 프랑스 파리외방전교회 신부님들이나 교우들이 토산당 신목, 할망당 신위(神位), 신주(神主) 그리고 여드렛당이 모시는 뱀신들을 가만히 둘 수가 없었다. 유일신(唯一神)에 대한 믿음에서 볼 때 이것들은 우상이며 미신이며 잡귀·잡신이었다. 당시 정부는 왕실 비용 마련(정치자금)에 혈안이 되어 있었는데, 수백 년 신목을 교우들에게 헐값으로 팔아먹고, 교우들은 미신을 타파하고 서로 죽이 맞는 일이었다.

그 소설에 따르면 교우들은 주모경을 외우면서 십자가를 들고 할망당에 들어가 묵은 팽나무를 베었다고 한다. 십자나무와 팽나무와의 싸움에서 팽나무가 졌지만 그때 백성들은 이 행위를 이해하기가 힘들었을 것이다. 외침세력인 유목종교가 본바닥 종교와의 반목이 이재수의 난으로 불거졌다. 다시말하면 유일신(唯一神)과 자연신(自然神)과의 싸움의 틈바구니 속에서 팽나무가 날벼락을 맞았던 것이다. 이 사건은 제주도 뿐이 아니다. 유럽역사에 있어서 그리스도교 선교사들이 이교도들을 개종하려고 하였을 때, 이들이 한 최초의 임무중 하나는 수목 숭배 제의를 금지시키고 성림과 우주목을 파괴하는 것이었다. 현대 생태계의 위기에는 유일신과 십자나무의 책임도 있다고 생각한다.

나무의 신화와 나무 십자가

나무 십자가만 세계의 기둥이고 우주목(宇宙木)인가? 교회의 교부들은 십자가만이 성목(聖木)이고 신림(神木)이고 생명의 나무인 것처럼 여겼다. 4세기에 예루살렘의 시릴루스는 십자가가 서 있었던 '골고타의 언덕이 세계의 언덕'이라고 주장했다. 십자가에 달린 예수는 나무 십자가를 통하여 우주 오르기가 시작되었고, 보리수아래에서 석가모니는 그의 인생에서 가장 위대한 순간들이 우주목—무상보리에서 이루어졌다. 종교—문화적으로 나무가 신과 어떻게 유기적인 관계를 유지해 왔는지는 예수 십자가와 석가모니 보리수를 통하여 알 수 있다.

성목, 신목, 우주목, 성림(聖林) 등의 용어는 우리에게 참 낯설다. 그러나 우리들은 나무에 대한 이해방식이 산신령처럼 친근하고 가까웠다. 당산목(堂山木)이 바로 그것이다. 동네어귀마다 세계의 말뚝처럼 굳건하게 서 있는 보호수들, 팽나무, 소나무, 김삿갓의 시에 나오는 시무나무, 그리고 느티나무이다. 경상북도 옛 성산 가야였던 성주읍 월항에 가면 특이하게도 당산목이 아까시이다. 우린 옛부터 나무 그 자체를 숭배하지 않았다. 당수나무밑에 놀기도 하였지만 새끼로 금줄을 쳐 놓으면 성역으로 느끼기도 하였다. 종교학자 엘리아데와 마찬가지로 언제나 나무를 통하여 드러난 의미와 상징을 생활 속에서 살았다. 우린 미신을 숭배한 것이 아니라 자연의 도인 생생지리(生生之理), 나무 속에 담긴 재생, 영원한 젊음, 건강, 다산, 시작, 불멸성, 풍요성과 같은 다양한 의미들의 상징을 생각했다. 나무는 인간의 삶과 분리된 다른 그 무엇이 아니었고 생명의 장, 공생의 장으로 우리는 이해했다.

그러나 당산목이든지 우주목이든지 간에 북유럽 이그드라실 물푸레나무, 북아시아의 전나무, 시베리아의 자작나무, 인도의 거꾸로 선 아수밧타나무, 그리스와 이탈리아의 참나무 등이 고대 전승과 신화 속에 등장하고 있지 않은가.

성서에서도 에덴동산의 생명나무와 선악과나무, 노아 방주에 무화과 이파리를 물고 온 비둘기 이야기, 묵시록의 새 예루살렘 생명나무, 아리마태아 사람 요셉의 산사나무, 욕망의 나무 사과나무, 이새의 나무, 성 금요일의 십자나무이다. 그럼에도 불구하고 그리스도교의 당산목과 우주목은 오직 '십자나무'이다.

왜 우주목 이야기가 사라지고 신성한 나무, 토착종교와 토착풍습, 다양한 나무 제의와 민담, 민요, 민화, 성림의 역할이 파괴되고 쉽게 나무가 베어질까? 더 나아가 나무와 인간, 나무와 신과의 관계는 골프장과 인간, 햄버거와 다국적 기업군과의 관계로 전락되었는가?

「나무의 신화」의 저자, 프랑스의 수목학자 자크 브로스는 그리스도교가 그 주범이라고 이렇게 말한다.

'그러므로 교회가 승리를 거둔 이후에 사람들로부터 숭배를 받는 나무는 오로지 하나만 존재하게 되었다. 그것은 구세주 그리스도가 죽음을 당한 십자가이다. 다른 모든 제의들은 금지되었다. 우리는 앞서 그리스도교 포교자들이 제의들을 추방시키기 위해 얼마나 열성적이었는지 살펴보았다.

'이교도주의'의 체계였던, 상보성(相補性)과 다양성에 기반을 둔 복잡하고 세분화된 우주의 체계의 뒤를 이어, 독단적이고 비관용적이며 이원론적인 일신론이 등장한 것이다. 선과 악의 구별이라는 미명 하에, 그리고 낡아빠진 사고 방식에 대한 반발로 영혼이 육체로부터 분리되고 인간은 자연으로부터 멀어지게 되었다. 인간의 영혼이 신에게 귀속되자 자연은 유혹을 부추기기 때문에, 그것들은 에덴동산에서 인간을 추방시킨 데 책임이 있는 옛날 지식의 나무의 뱀, 즉 악마의 도구들일 뿐이다.'

동서 통합된 영성, 자연신과 인격신의 만남

2천년에 걸친 그리스도교 사유의 특징을 단적으로 규정한다면 그것은 바로 이원론적 일신론이라고 할 수가 있겠다. 서양은 이 일신론적 사유의 기본 틀에서 벗어나 본 적이 없다. 중세의 '마녀사냥', '마녀종교', '자연종교', '원시종교', '여성과 자연에 대한 편견'도 이러한 이원론적 일신론의 생각에서 이해할 수 있다. P. Hugehes같은 학자는 마녀신앙을 게르만족에게 정복당한 원주민들의 토착신앙(주술신앙, 마법, 애니미즘, 토테미즘)의 부활로 보고 있다. 즉 마녀사냥을 그는 토착민족의 이교적 신앙에 대한 그리스도교로 개종한 정복민족인 게르만족들의 박해로 보고 있다. 그러나 그가 말하는 마녀란 그리스도교에 의해서 규정된 그 '마녀'를 의미하기보다는 모든 인종들에게서 발견될 수 있는 원시적 신앙표현의 일종으로 여성 주술가, 점성가를 지칭하고 있는 듯하다.

오늘날 그리스도교 신학에서 비주류들이 지금까지 '늘 그렇게 사유해 온 바'를 '다르게 사유하는 시도'들을 다양하게 하고 있다. 프랑스 고고학자였으며 예수회였던 떼이야르 샤르댕 신부님의 우주신학이 바로 그것이다. 우리나라 고조선시대 천부경에 나오는 천지공심(天地公心)이 이와 같은 의미이다. 담헌 홍대용도 우주적 차원에서 인간과 물(物)이 대등하다는 이른바 '인물균'(人物均)의 사상을 제기하고 있다. 떼이야르 샤르댕 신부님은 예수를 역사적 지평에만 두지 않고 우주적인 차원에까지 확대한다. 이러한 전통 위에서 캐나다 지질학자이면서 예수 고난회 신부인 토마스 베리는 인간중심주의 종교에서 지구중심의, 생태중심의 종교로 나아가고 있다. 토마스 베리 신부님은 단순한 범신론이 아닌 그리스도교 애니미즘을 주장하면서 생태계 위기에 대한 신학의 응답이 시급하다고 주장하고 있다. 아직 그리스도교의 주류 신학가들은 조심스레 환경신학, 여성신학, 토착화신학의 시도들을 관망하고 있는 실정이다.

종교이든 사상이든 하나의 기준이든 척도의 타당성문제는 그것이 객관적으로 규명될 수 있는 성질의 것이 아니라, 역사적으로 보면 항상 그 시대가 처한 다양하고 특수한 상황—정치, 경제, 사회, 풍습, 지리, 환경 등—의 문제로 환원되어 왔던 문제임을 간파하게 된다. 고등종교도 마찬가지이다. 계시종교도 그 민족의 역사, 문화, 지리적인 조건하에서 이루어졌음을 알고 있다. 사막의 신 이미지와 숲의 신 이미지가 다른 이유도 여기에 있다.

니이체는 그의 저술「즐거운 학문」에서 다음과 같이 말하고 있다.

'유일신주의, 그것은 인간이 척도라는 학설의 경직된 결과인데, 다시 말해서 그 이외 모든 다른 신들은 오로지 그릇된 거짓 신들일 따름이라는 이 하나의 기준신에 대한 신앙은 아마도 지금까지 인류에게 있었던 것 중 가장 큰 화근이었을지도 모른다.'

우리는 오히려 모든 종교들이 서로 공존할 수 없을까하는 '종교다원주의'의 가능성에 물음일 수도 있고 종교간의 대화의 가능성에 대한 접근일 수도 있다. 그리고 종교다원주의의 외면을 보다 확장시켜야 한다고 생각한다. 한때 미신도 정통일 수가 있고, 또 모든 정통도 미신일수가 있다는 '열린 사유'로 우리도 이해하고자 한다. '우리 것'(자연神)에 대한 고집이 아니라 '다른 것'(인격神)과의 만남을 통하여 통합된 녹색영성을 찾는 일이다.

이 통합된 녹색영성은 오늘날 우리가 처해 있는 총체적인 죽음의 문화와 생태위기의 문제를 치유할 수 있으리라고 본다. 이 과제는 단순한 지협적인 문제가 아니고 문명사적 전환의 이 지구의 주도적인 그리스도교 문화의 문제, 패러다임의 문제이기 때문이다. 그리스도교의 구원의 범주 속에 자연을 포함시키지 않는다면, 이웃사랑의 이웃에 나무와 숲을 넣지 않는다면, 각 나라의 토착문화와 다양한 神들의 문화를 도외시한다면 종말의 위기는 돌이킬 수 없는 필연적 귀결이 아닐 수 없다. 고려중엽 이규보의 만물이 근원적으로 하나라는 '만물일류'(萬物一類) 사상은 그리스도교의 애인애주(愛人愛主)와는 달리 단순한 애물(愛物)보다는 '물과 이웃함' 여물(與物)을 말하고 있다. 우리 역시 '세계화'라는 보편적 것에 '우리 것'이라는 '특수성'을 무시해 버린다면 또 다른 종속내지는 우상에 빠지게 될 것이다.

끝으로 우리는 북송의 기철학자 장개의 말을 인용하고자 한다.

民吾同月色　모든 민중은 나의 형제요,
(민오동월색)
物吾與也　　물은 나의 이웃이라.
(물오여야)

정흥규 신부는 경주에서 출생하여 경주고등학교를 졸업하고 광주 가톨릭대학·대학원을 졸업하고 사제 서품을 받았다. 현재 천주교 대구대교구 사목국 사회사목담당 신부로 푸른평화 대표를 맡고 있다.
1990년에 시작한 푸른평화운동을 통하여 우리밀 살리기, 자연농법을 통한 우리농법 운동, 합성세제 추방과 비누운동, 반핵운동과 태양에너지, 공동구매와 생활협동조합, 자연학교, 생명운동을 이끌어 오고 있으며 최근에는 BMW라는 새로운 자연농법기술을 장려하고 있다. 저서로는「신부님 이럴 때 전 어떻게 해야 하나요」,「신부님 우리 애 어떻게 해야 하나요」,「생명을 하늘처럼」,「두레와 살림」,「지구안의 사람, 사람안의 지구」가 있고 역서로 존 포웰의 「그리스도인의 비전」,「대화의 길잡이25」,「마음의 계절」,「행복의 조건」,「생명을 위하여」 등이 있다.

성경 종교와 나무

남 대 극

서론: 성경과 나무

성경이 가르치는 종교는 나무와 밀접한 관계를 가지고 있다. 인간의 기나긴 고난과 불행의 역사는 첫 사람인 아담과 하와가 에덴 동산의 중앙에 서 있던 한 그루의 나무를 만짐으로써 시작되었다. 그 나무의 이름은 '선악을 알게 하는 나무'(창세기 2:9, 17)였다. 이 나무의 열매를 따먹음으로써 아담과 하와는 에덴 동산 곧 낙원으로부터 쫓겨나게 되었고, 그들과 그들의 후손은 모두 죽음에 이르게 되었다.

세계의 창조 과정을 기술(記述)한 창세기(創世記) 제1장에는 나무를 포함한 온갖 식물(植物)이 창조된 경위가 비교적 자세히 기록되어 있다. 창조 주일의 제3일에 하나님은 천하의 물을 한 곳으로 모으셔서 물(바다)과 뭍(땅)을 구분하신 다음에 "하나님이 가라사대, 땅은 풀과 씨 맺는 채소와 각기 종류대로 씨 가진 열매 맺는 과목(果木)을 내라 하시매 그대로 되어, 땅이 풀과 각기 종류대로 씨 맺는 채소와 각기 종류대로 씨 가진 열매 맺는 나무를 내니, 하나님 보시기에 좋았더라. 저녁이 되고 아침이 되니 이는 셋째 날이니라."(창세기 1:11~13)

인간의 창조 과정을 좀더 세부적으로 다시 기술한 창세기 제2장에는 나무들에 관한 이야기가 중요한 부분을 차지하고 있다. "여호와 하나님이 땅에 비를 내리지 아니하셨고, 경작할 사람도 없었으므로 들에는 초목이 아직 없었고, 밭에는 채소가 나지 아니하였으며,(창세기 2:5) 이러한 상황 가운데서 하나님은 흙으로 사람을 만드시고,(7절) 에덴 동산을 창설하셔서 사람을 거기에 살게 하셨으며,(8절) 그 동산에는 물론 다양한 종류의 나무들이 있었다."

그 많은 나무들 가운데서 특별히 언급된 두 종류의 나무가 있었다: "여호와 하나님이 그 땅에서 보기에 아름답고 먹기에 좋은 나무가 나게 하시니, 동산 가운데에는 생명나무와 선악을 알게 하는 나무도 있더라."(창세기 2:9) 이 두 종류의 나무들 중에서 후자에 대하여 하나님께서는 아담에게 매우 엄숙하고도 중대한 지시 곧 금령(禁令)을 내리셨다: "여호와 하나님이 그 사람에게 명하여 가라사대, 동산 각종 나무의 실과는 네가 임의로 먹되, 선악을 알게 하는 나무의 실과는 먹지 말라. 네가 먹는 날에는 정녕 죽으리라 하시니라."(16~17절)

그러나 아담의 아내 하와는 사단의 하수인(下手人)인 뱀의 유혹에 넘어가서(창세기 3:1~5) 그 나무의 실과를 따먹고 말았다: "여자가 그 나무를 본 즉 먹음직도 하고 보암직도 하고 지혜롭게 할 만큼 탐스럽기도 한 나무인지라. 여자가 그 실과를 따먹고 자기와 함께한 남편에게도 주매 그도 먹은지라."(6절) 이른바 '선악과(善惡果)'를 따먹은 아담과 하와는 눈이 밝아져서 자기들의 몸이 벗은 것을 깨닫고는

'무화과나무 잎을 엮어 치마를'(7절) 만들어서 허리를 가리었다. 그리고 하나님이 그들을 찾아 나오셨을 때, 그들은 "하나님의 낯을 피하여 동산 나무 사이에 숨었다."(8절)

이렇듯 성경이 제시하는 인간의 원초적인 역사는 나무들과 뗄래야 뗄 수 없는 관계 속에서 출발했고, 그 이후의 성경 역사에서도 나무는 매우 중요한 기능과 역할을 하고 있다. 우리말 성경 「개역한글판」에는 '나무'라는 단어가 총 270번 사용되었으나[1], 원어 성경에는 구약의 히브리어 에츠(עֵץ, 'ēṣ)가 329번[2], 신약의 헬라어 덴드론(δένδρον, dendron)이 26번[3], 크쉴론(ξύλον, ksulon)이 19번[4] 사용됨으로써 '나무'를 의미하는 단어들이 도합 374번이나 나타난다. 이 밖에도 각종 수목(樹木)을 가리키는 단어들—예컨대, 무화과나무, 포도나무, 상수리나무, 감람나무, 종려나무, 사과나무, 살구나무, 뽕나무, 백향목, 조각목, 등등—의 용례(用例)들을 모두 합치면 그 수는 엄청나게 늘어날 것이다.

나무의 성경적·신학적 의미

창조 세계의 일부로서의 나무

창조 주일의 셋째 날에 창조된 식물 또는 초목(草木)은 하나님이 지으신 창조 세계의 중요한 요소일 뿐만 아니라, 더욱 고등한 생물인 짐승과 인간의 생존을 위한 기본적·필수적 요소이다. 이와 같은 사실은 창조 주일 7일간의 창조 과정을 살펴보면 매우 확실해진다.

다음의 표에서 우리는 첫 3일간의 창조는 마지막 3일간의 창조를 위한 예비적 또는 기본적 창조임을 알 수 있다. 좀더 구체적으로 말하면, 제1일에 창조된 빛은 제4일에 창조된 발광체들(해, 달, 별)의 기본이 되고, 제2일에 형성된 궁창(하늘)과 물(바다와 강)은 제5일에 창조된 각종 새(鳥類)와 물고기(魚類)의 서식처이며, 제3일에 드러난 뭍(땅)과 창조된 초목(식물)은 제6일에 창조된 모든 짐승과 사람의 생존을 위한 여건과 조건을 이룬다. 창조 주일의 역사를 기록한 모세는 제3일의 창조 과정을 기술하면서 "하나님의 보시기에 좋았더라"(창세기 1:10, 12)라는 말을 두 번이나 기록한 것은 공허하고 삭막하던 이 지구의 표면을 온갖 종류의 수목(樹木)들과 화초(花草)들로 채운 것이 얼마나 아름답고 좋았던지를 반영하고 있다.

성경—구약과 신약—에는 128종의 식물들(plants)이 언급되어 있다[5]. 이 말은 성경 시대에 팔레스타인 지방에 자라던 식물의 종류가 이것뿐이었다는 뜻은 물론 아니다. 오늘날의 이스라엘 땅에는 2,384종의 식물들이 서식하고 있으며[6], 이것들 중의 대부분은 지난 몇 세기

---

1) 류태영, 박형용, 윤영탁, 홍정길 편, 「완벽 성경성구대전」, 전7권 (서울: 아가페출판사, 1982), 1: 1040~1046.
2) Abraham Even-Shoshan, ed., 「A New Concordance of the Old Testament Using the Hebrew and Aramaic Text (Jerusalem : 'Kiryat Sefer,' 1985)」, 906~908 (עֵץ) ; R. Laird Harris, Gleason L. Archer, Jr., and Bruce K. Waltke, eds., Theological Wordbook of the Old Testament, 2 vols. (Chicago : Moody Press, 1980), 2 : 689. 참고 : 사무엘상 17 : 7의 חֵץ (ḥēṣ, 헤츠)를 포함시키면, 히브리어 성경에 "나무"라는 단어가 330번 나타난다(J. A. Soggin, "עֵץ ('ēṣ tree)," Theological Lexicon of the Old Testament, 3 vols., by Ernst Jenni and Claus Westermann, trans. Mark E. Biddle [Peabody, MA: Hendrickson Publishers, 1997], 2 : 942. Cf. H. Ringgren und K. Nielsen, "עֵץ 'ēṣ," Theologisches Wörterbuch zum Alten Testament, 8 Bände, herausgegeben von Heinz-Josef Fabry und Helmer Ringgren (Stuttgart : Verlag W. Kohlhammer, 1989), 6 : 287.
3) J. B. Smith, 「Greek-English Concordance to the New Testament」 (Scottdale, PA: Herald Press, 1955), 78 (No. 1186).
4) Ibid., 242 (No. 3486).

창조 주일의 창조 과정					
제1일	빛	→	→ 발광체(해, 달, 별)	제4일
제2일	궁창(하늘), 물의 분리	→	→ 새, 물고기	제5일
제3일	물과 뭍의 분리, 초목	→	→ 짐승과 사람	제6일
제7일: 안식일 (복주시고 거룩하게 하시고 안식하심)				

동안에 외부로부터 들어온 것들이다. 예컨대, 현대 이스라엘에서 매우 흔하게 볼 수 있는 두 종류의 식물인 유칼리나무(eucalyptus)와 오푼티아(opuntia)는 성경 시대에 그 지역에 분명히 존재하지 않았으며, 근래에 와서야 호주와 남아메리카로부터 각각 수입해 온 것들이다.

사람과 나무

인간의 생존 요건으로서의 나무

앞에서 살펴본 바와 같이, 풀과 나무 즉 초목(草木)은 사람과 짐승이 살아가는 거처(居處)와 환경(環境)인 지구(地球)에 없어서는 안 될 여건(與件)을 구성하고 있다. 첫째는 초목들이 생산해 내는 산소가 있어야만 동물들이 숨을 쉴 수 있다. 둘째로, 하나님은 초목들을 사람과 짐승의 식물(食物)로 주셨다. "하나님이 가라사대, 내가 온 지면의 씨 맺는 모든 채소와 씨 가진 열매 맺는 모든 나무를 너희에게 주노니, 너희 식물이 되리라"(창세기 1:29). "여호와 하나님이 그 땅에서 보기에 아름답고 먹기에 좋은 나무가 나게 하시니…"(2:9). "여호와 하나님이 그 사람에게 명하여 가라사대, 동산 각종 나무의 실과는 네가 임의로 먹되"(2:16). 동물은 사람의 음식물로 주어지지 않았고, 오직 채소와 견과와 곡물만이 원래의 음식물로 지정되었다. 아가(雅歌)에서 연인(戀人)은 "너희는 포도주로 내 힘을 돕고, 사과로 나를 시원케 하라"(아가 2:5)고 읊고 있다.

셋째로, 수목과 화초는 인간의 생활 환경을 쾌적하게 하고, 하나님의 창조 세계에 조화와 아름다움을 제공한다. "여호와 하나님이 그 땅에서 보기에 아름답고 먹기에 좋은 나무가 나게 하시니…"(창세기 2:9)라는 구절은 나무의 존재 목적이 '보기에 아름답고' 또한 '먹기에 좋은' 것, 즉 인간의 관상(觀賞)과 식품(食品)의 필요를 충족시키는 것임을 분명히 하고 있다. "지면에는 꽃이 피고, … 무화과나무에는 푸른 열매가 익었고, 포도나무는 꽃이 피어 향기를 토하는 구나! …"(아가 2:12, 13).

생명나무

에덴 동산에 있던 나무들 중에서 특별히 언급된 두 종류의 나무는 '생명나무'와 '선악을 알게 하는 나무'이다(창세기 2:9). 생명나무에 대해서는 아담에게 금령이 내려지지 않았기 때문에, 그것은 그가 임의로 먹을 수 있는 나무들(2:16) 중의 하나였던 것으로 보인다. 아담과 하와가 선악과를 따먹은 후에 하나님이 "보라! 이 사람이 선악을 아는 일에 우리 중 하나같이 되었으니, 그가 그 손을 들어 생명나무

---

5) Irene Jacob and Walter Jacob, 'Flora,' 「The Anchor Bible Dictionary」, 6 vols., ed. David Noel Freedman (New York: Doubleday, 1992), 2 : 803. 이 128종의 식물들 중에서 United Bible Societies가 Helps for Translators 총서로 발행한 「Fauna and Flora of the Bible」 2nd ed. (London : United Bible Societies, 1980)에는 약 90종이 그림과 함께 설명되어 있다(pp. 87~198).

6) Jacob and Jacob, 2 : 803.

실과도 따먹고 영생할까 하노라"(3:22)라고 말씀하신 것을 보면, 인간이 에덴 동산에서도 자동적으로 생명을 지속하는 것이 아니라, 생명나무의 실과를 따먹음으로써 영생하게 되어 있었음을 알 수 있다.

생명나무가 구약에서 다시 언급되는 곳은 잠언(箴言)이다. 그 첫 번째 언급은 3:18에 나타난다: "지혜는 그 얻은 자에게 생명나무라. 지혜를 가진 자는 복되도다." 여기서 생명나무는 지혜와 같은 것으로 표현되었다. 두 번째 언급은 11:30에 있다: "의인의 열매는 생명나무라. 지혜로운 자는 사람을 얻느니라." 이 구절의 문맥은 지혜자와 우매자 또는 의인과 악인이 받는 보응들을 비교하면서 의인이 그의 행실의 결과로 생명나무를 얻게 되리라고 말하고 있다.

잠언에서 생명나무가 세 번째로 나타나는 곳은 13:12이다: "소망이 더디 이루게 되면 그것이 마음을 상하게 하나니, 소원이 이루는 것은 곧 생명나무니라." 여기서는 사람이 소원성취를 하는 것이 얼마나 기쁘고 행복스러운 것인지를 생명나무에 비유하고 있다. 마지막 네 번째 언급은 15:4에 나타난다: "온량(溫良)한 혀는 곧 생명나무라도 패려(悖戾)한 혀는 마음을 상하게 하느니라." 여기서는 '온량한 혀'(부드럽고 선하게 말하는 것)가 '패려한 혀'(거칠고 악하게 말하는 것)에 비하여 사람들을 얼마나 쾌적하고 만족하게 하는지를 강조하는 데에 생명나무가 사용되었다.

요약하면, 잠언에서 언급된 생명나무는 인간이 선망(羨望)하거나 소유할 수 있는 최고·최선의 것, 또는 바람직하고 탐스러운 것의 절정을 표현하는 은유(metaphor)로 사용되었다. 동시에 이 본문들은 그 좋은 것들이 인간에게 선사하는 활력과 생기를 생명나무의 생명력에 비유하고 있다.

성경에서 이 생명나무가 다시 나타나는 것은 신약의 요한계시록에서이다. 이 책에서 생명나무는 우주적(宇宙的)이면서도 종말적(終末的)인 의미를 지니고 나타난다.[7] 첫 번째 언급은 2:7에 있다. 이것은 에베소 교회의 사자(使者)에게 보내는 편지의 끝 부분으로서 "이기는 그에게는 내가 하나님의 낙원에 있는 생명나무의 과실을 주어 먹게 하리라"라는 약속으로 되어 있다. 두 번째 언급은 22장의 초반에 나온다. 여기서 생명나무는 비교적 자세하게 묘사되고 있다: "또 저가 수정같이 맑은 생명수의 강을 내게 보이니, 하나님과 및 어린양의 보좌로부터 나서 길 가운데로 흐르더라. 강좌우에 생명나무가 있어 열두 가지 실과를 맺히되, 그 나무 잎사귀들은 만국을 소성하기 위하여 있더라".(요한계시록 22:1~2) 새 예루살렘의 하나님의 보좌로부터 생명강이 흘러나오고, 그 좌우에 생명나무가 생명력을 제공하는 실과를 달마다 공급한다는 것이다. 대단히 사실적인 표현으로 들리는 이 생명강과 생명나무라는 모티프(motif)는 구약 에스겔 47:1~12와 밀접한 관련이 있는 것이다.

생명나무에 대한 마지막 언급은 요한계시록의 맨 마지막 부분이자 성경의 종결 부분인 22:19에 나타난다: "만일 누구든지 이 책의 예언의 말씀에서 제하여 버리면 하나님이 이 책에 기록된 생명나무와 및 거룩한 성에 참여함을 제하여 버리시리라." 여기서 '생명나무'는 '영생'과 동의어적 표현으로 사용되었다.

선악을 알게 하는 나무

생명나무와 더불어 에덴 동산의 중앙에 서

---

7) Cf. G. H. Livingston, 'Tree of Life', 『The Zondervan Pictorial Encyclopedia of the Bible』, 5 vols., ed. Merrill C. Tenney (Grand Rapids, MI : The Zondervan Corporation, 1976), 5:811. Livingston은 여기서 요한계시록의 생명나무는 '신령하고 우주적인 의미(a spiritual, cosmic meaning)'를 가지고 있다고 말한다. 그러나 '신령한' 또는 '영적인(spiritual)'이라는 말은 요한계시록의 생명나무를 비실제적인 것으로 간주하게 할 소지가 있으므로 피하는 것이 좋을 것 같다.

있던(창세기 2:9) 이 선악을 알게 하는 나무에 대하여 하나님은 아담에게 매우 엄한 금령을 내리셨다: "선악을 알게 하는 나무의 실과는 먹지 말라. 네가 먹는 날에는 정녕 죽으리라".(17절)

여기서 '선악(善惡)'이란 무엇을 의미할까? 하와를 유혹하던 뱀은 그녀가 선악과를 따먹으면 "하나님과 같이 된다"(창세기 3:5)고 말했다. 그러므로 '선과 악(good and evil)'은 지식의 양극(兩極)을 가리키고, 나아가서 지식과 능력의 완전성 즉 전지(全知, omniscience)[8]와 전능(全能, omnipotence)을 뜻한다고 할 수도 있다. 이 밖에도 여러 가지 의미가 이 말에 포함될 수도 있을 것이다.[9]

하여튼 아담과 하와는 뱀의 유혹에 넘어가서 이 나무의 실과를 따먹음으로써 범죄하고 타락하여, 마침내 그들뿐만 아니라 인간 가족이 모두 죽을 운명에 놓이고 말았다. 하나님은 아담에게 "… 내가 너더러 먹지 말라 한 나무 실과를 먹었은즉 땅은 너로 인하여 저주를 받고, … 너는 흙이니 흙으로 돌아갈 것이니라"(창세기 3:17, 19)고 선언하셨다. 아담과 하와가 이 나무를 범함으로 말미암아 인간의 역사에는 엄청난 비극과 고난이 발생하게 되었고, 인간의 구원을 위한 그리스도의 죽음이 '십자가'라는 다른 나무 위에서 발생하게 되었다.

문화 생활의 수단으로서의 나무

성경 시대에 사람들은 나무로부터 식물(食物)을 얻어먹었을 뿐만 아니라, 그들의 일상 생활과 문화 생활에 나무를 이용한 예를 많이 찾아볼 수 있다. 최초기의 사례는 노아가 잣나무로써 방주(方舟)를 만든 일이다.(창세기 6:14) 조선(造船)의 재료로 사용된 나무들에 관하여 에스겔은 다음과 같은 귀중한 정보를 제공하고 있다: "스닐의 잣나무로 네 판자를 만들었음이여. 너를 위하여 레바논 백향목을 가져 돛대를 만들었도다. 바산 상수리나무로 네 노(櫓)를 만들었었음이여. 깃딤 섬 황양목에 상아로 꾸며 갑판을 만들었도다."(에스겔 27:5~6)

현대와 마찬가지로 고대에도 나무는 건축의 주된 재료였다. 아가(雅歌)에서 연인의 집은 '백향목 들보, 잣나무 석가래'(1:7)로 지어졌다. 솔로몬은 백단목(almug, algum)으로 성전과 왕궁의 난간을 만들었고,(열왕기상 10:11~12) 건축 사업을 위해 두로 왕 후람에게 보낸 편지에서 '레바논에서 백향목과 잣나무와 백단목을'(역대하 2:8) 보내달라는 요청을 하였다. 그의 궁전은 '레바논 나무로' 지어졌고, 그 기둥들과 들보들은 백향목으로 되어 있었으며, 문들과 문설주는 모두 큰 나무로 만들어졌다.(열왕기상 7:2~5; cf. 6:15) 에스겔이 이상(異像, vision) 가운데서 본 성전의 문 벽 위에는 종려나무가 새겨져 있었으며,(에스겔 40:16, 22, 26; 41:18) 솔로몬의 성전에서도 그러했다.(열왕기상 6:29) 출애굽 시대에 브사렐은 '나무를 새겨서 여러 가지 일을' 하던 공예가였고,(출애굽기 31:5) 솔로몬 때에는 두로로부터 목수들이 파견되어 건축에 종사하였다.(사무엘하 5:11; 역대상 22:15)

지리적 위치를 표시하는 나무

성경 시대에 나무들은 때때로 부조(父祖)들이 여행할 때, 특별한 장소를 지칭하거나 표시하는 표시물(標示物) 또는 지계표(地界標)로도 사용되었다.[10] 세겜 땅에 있던 '모레 상수리나

---

8) Cf. G. H. Livingston, 'Tree of Knowledge,' 『The Zondervan Pictorial Encyclopedia of the Bible』 5 vols., ed. Merrill C. Tenney (Grand Rapids, MI: The Zondervan Corporation, 1976), 5 : 810~811.

9) Cf. Howard N. Wallace, 'Tree of Knowledge and Tree of Life,' 『The Anchor Bible Dictionary』 6 vols., ed. David Noel Freedman (New York : Doubleday, 1992), 6:657~658.

10) Larry L. Walker, "6770 עֵץ," 『New International Dictionary of Old Testament Theology and Exegesis』 5 vols., ed. Willem A.

무'(창세기 12:6; 신명기 11:30)와 '헤브론에 있는 마므레 상수리 수풀'(창세기 13:18; 14:13; 18:1)은 이러한 경우의 대표적 예이다. 때로는 아브라함의 경우처럼 특별히 의미 있는 장소에다 나무를 심어서 그곳을 기념하는 때도 있었다: '아브라함은 브엘세바에 에셀나무를 심고, 거기서 영생하시는 하나님 여호와의 이름을 불렀으며'(창세기 21:33). 야곱의 가족들은 이방 신상들과 귀고리들을 모두 모아서 '세겜 근처 상수리나무 아래'(35:4) 묻었고, 리브가의 유모 드보라가 죽으매, 그를 '벧엘 아래 상수리나무 밑에 장사하고, 그 나무 이름을 알론바굿 '곡함의 상수리'이라 불렀'다(35:8). 구약 시대에 사람이 죽으면 주로 나무 밑에다 장사를 지냈다.

여호수아 시대에도 상수리나무는 경계표로 사용되었고,(여호수아 19:33) 큰 돌로써 기념비를 세울 때도 상수리나무 아래에 세웠다(24:26). 사사 시대에 드보라는 '드보라의 종려나무 아래'(사사기 4:5) 거하면서 사람들을 재판하였고, 겐 사람 헤벨은 '게데스에 가까운 사아난님 상수리나무 곁에'(4:11) 장막을 쳤다. 사사기 6:11, 19은 여호와의 사자(使者)가 '요아스에게 속한 오브라에 이르러 상수리나무 아래' 앉았다고 기록한다. '세겜 모든 사람과 밀로 모든 족속이 모여 가서 세겜에 있는 기둥 상수리나무 아래서 아비멜렉으로 왕을 삼'았으며(사사기 9:6), 또한 '므오느님 '점장이' 상수리나무'(9:37)라는 지명도 나타난다.

형벌의 도구로서의 나무

성경 시대에 나무에 관하여 히브리인들이 가졌던 주목할 만한 사상은 그들이 나무를 형벌의 도구, 즉 공개 처형의 수단으로 사용한 것이다. 애굽에서 요셉은 동료 죄수에게 해몽(解夢)을 해 주면서 "지금부터 사흘 안에 바로(pharaoh)가 당신의 머리를 끊고 당신을 나무에 달리니, 새들이 당신의 고기를 뜯어먹으리라"(창세기 40:19)고 말하였다. 신명기의 율법에도 "사람이 만일 죽을죄를 범하므로 네가 그를 죽여 나무 위에 달거든 그 시체를 나무 위에 밤새도록 두지 말고 당일에 장사하여 네 하나님 여호와께서 네게 기업으로 주시는 땅을 더럽히지 말라. 나무에 달린 자는 하나님께 저주를 받았음이니라"(신명기 21:22~23)고 기록되어 있다.

여호수아는 아이 성의 왕을 나무에 달았고,(여호수아 8:29) 그 후에는 예루살렘과 헤브론과 야르뭇과 라기스와 에글론의 왕들을 쳐죽인 다음 다섯 개의 나무에 매어 달고 석양까지 두었다.(10:26) 에스더 시대에 대궐 문지기 두 사람 - 빅단과 데레스 - 이 아하수에로 왕을 모살(謀殺)하려다가 적발되어 나무에 달려 죽었고,(에스더 2:23) 총리 대신 하만의 흉계에 의하여 모르드개를 처형하기 위해 세워진 나무(5:14; 6:4)에 하만 자신이 달려 죽었으며,(7:9-10) 하만의 여러 아들들도 모두 나무에 달려 처형되었다.(9:13, 25)

신약에서 나무에 달려 죽은 사람으로 크게 부각된 분은 예수 그리스도이다. 베드로와 사도들이 '너희가 나무에 달아 죽인 예수를 우리 조상의 하나님이 살리시고'(사도행전 5:30)라고 외쳤고, 베드로는 로마 군대의 장교 고넬료에게 말하는 중에 "우리는 유대인의 땅과 예루살렘에서 그의 행하신 모든 일에 증인이라. 그를 저희가 나무에 달아 죽였으나 하나님이 사흘 안에 다시 살리사 …"(10:39~40)라고 하였다. 바울은 제1차 선교 여행 중에 비시디아 안디옥에서 설교하는 중에 그리스도가 나무에 달린 사실을 언급하였고(사도행전 13:29), 갈라디아인들에게 보낸 편지에도 그분이 나무에 달려 돌아가심으로써 우리가 율법의 저주에서 속량되었음을 강조하였다.(갈라디아서 3:13) 후일에 베드로는 그가 쓴 편지에서도 그리스도가 '친히 나무에 달려 그 몸으로 우리 죄를 담당하였으니…'(베드로전서 2:24)라고 쓰면서 다

VanGemeren (Grand Rapids, MI: Zondervan Publishing House, 1997), 3:476.

시 한번 그리스도의 죽음의 나무를 상기시켰다.

이스라엘의 종교와 나무

고대 이스라엘의 신앙 생활과 종교 의식에서도 나무는 매우 중요한 역할을 하였다. 첫째로, 그들이 하나님께 드린 여러 가지 제사에 나무가 필요했다. 아브라함이 그의 아들 이삭을 번제로 바치기 위해 떠날 때 그는 '번제에 쓸 나무를 쪼개어 가지고',(창세기 22:3) 그 나무를 이삭의 등에 지워서 제사할 곳으로 향했다.(6절) 마침내 아브라함은 '그곳에 단을 쌓고 나무를 벌여 놓고 그 아들 이삭을 단 나무 위에 놓고'(9절) 그를 잡으려 했다. 번제를 드릴 때는 언제나 '나무 위에'(레위기 1:7, 17) 제물을 살랐고, 갈멜 산에서 엘리야가 우상 숭배자들과 대결할 때도 송아지 제물을 '나무 위에'(열왕기상 8:23, 33) 놓고 경쟁을 하였다.

둘째는 초막절(草幕節)에 사용된 나무들의 경우이다. 유대력으로 제7월(Tishri 月) 15일부터 한 주일동안 거행된 명절인 초막절의 "첫날에는 아름다운 나무 실과와 종려 가지와 무성한 가지와 시내 버들을 취하여 너희 하나님 여호와 앞에서 7일 동안 즐거워할 것이라"(레위기 23:40)고 하였다. 여기에 제시된 네 가지의 나무들은 흥미 있는 특성들을 지니고 있다. 첫 번째 나무인 '아름다운 나무 실과'는 유대인들이 에트록('etrog)이라 하는데, 이 과실은 맛도 좋고 냄새도 좋은 것이어서, 머리도 좋고 마음씨도 좋은 유대인들 자신을 가리키는 상징으로 생각했다. 두 번째 나무인 '종려 가지'는 유대인들이 룰랍(lulav)이라고 부르며, 옛날부터 풍요와 승리의 상징으로 사용되었다. 그 열매의 맛은 좋으나 냄새가 없는 종려는 머리는 좋으나 이웃과의 관계는 좋지 못한 사람을 가리키는 것으로 여겨졌다.

세 번째 나무인 '무성한 가지'는 하닷심(hadassim)이라 하며, 이것은 맛은 없지만 단 냄새가 나는 것이 특징이므로, 머리는 좋지 않지만 마음씨가 고운 사람을 상징하였다. 네 번째 나무인 '시내 버들'은 아라보트('arabot)라고 했는데, 이것은 맛도 없고 냄새도 없어서 어디로 보나 눈에 두드러지는 것은 없지만 우리 사회의 틀을 구성하는 데는 필요한 사람을 가리킨다고 생각되었다.[11]

이 밖에도 고대의 이스라엘 백성이 종교 의식과 각종 제사에 여러 종류의 식물과 나무를 사용한 예는 허다하다. 예컨대, 소제(素祭)에 드려진 곡물들과 채소들, 등(燈)을 밝히기 위한 기름을 만들 때 사용된 감람나무 열매, 화목(火木)으로 사용된 무화과나무, 등등이다. 그리고 어떤 때는 사람들이 나무를 우상 숭배의 방편으로 삼았기 때문에(호세아 4:12; 하박국 2:19) 선지자들의 엄한 질책을 받기도 하였다(이사야 44:13, 17 참고).

비유와 상징에 사용된 나무들

비유에 등장하는 나무

사사(士師, judges) 시대에 기드온은 70여 명의 아들이 있었고, 그 중에는 첩에게서 낳은 아비멜렉이란 자도 있었다.(사사기 8:30~31) 이 아비멜렉이 왕이 되기 위하여 자기의 형제 70명을 죽였으나 기드온의 말째 아들 요담은 스스로 숨어서 생명을 구했다.(9:5) 생존한 요담은 사람들에게 나타나서 다음과 같은 내용의 비유를 말했다: 하루는 나무들이 나가서 기름을 부어 왕을 삼고자 감람나무와 무화과나무와 포도나무에게 왕이 되어 달라고 차례로 요청했더니, 이 나무들은 각기 자신의 임무를 버리고 나무들 위에 요동하는 것을 좋지 않게 여겨 거절하였다. 그러자 나무들은 마지막으로 가시나무에게 가서 왕이 되라고 청했더니, 가시나무는 그 요청을 수락할 뿐만 아니라 자기를 따르지 않는 자는 멸망하리라는 위협까지 늘어놓았다.(사사기 9:8~15) 요담은 이 비유의 결론으

---

11) 남대극,「오실 자의 표상: 구약의 그리스도」, (서울: 시조사, 1989), 270~272.

로 사람들에게 묻기를 "이제 너희가 아비멜렉을 세워 왕을 삼았으니, 너희 행한 것이 과연 진실하고 의로우냐? 이것이 여룹바알 '기드온'과 그 집을 선대함이냐? 이것이 그 행한 대로 그에게 보답함이냐?"(9:16)라고 하였다.

이 비유에서 감람나무는 그 기름으로, 무화과나무는 그 실과로, 포도나무는 그 포도주로 사람들에게 봉사하는 것을 족하게 여기는 나무인 반면에, 가시나무는 사람들을 위해 기여하는 것은 없는데도 그들 위에 군림(君臨)하려 하는 존재임이 부각되어 있다. 이와 같이 나무들은 그 특성들로 인하여 교훈을 주는 비유에 등장하고 있다.

이스라엘 왕 요아스가 유다 왕 아마샤에게 전한 가시나무와 백향목의 비유(대하 25:18)에서도 가시나무의 무가치함과 주제넘음이 잘 표현되어 있다. 예수께서 말씀하신 좋은 나무와 못된 나무에 관한 이야기들(마가복음 7:16; 누가복음 6:43~45)과 시편 1:3의 '시냇가에 심은 나무'라는 시구(詩句)도 일종의 나무 비유라 할 수 있다.

상징으로 사용된 나무들

때때로 나무들은 상징으로 사용되기도 하였다. 바벨론 왕 느부갓네살은 어느 날 신기한 꿈을 꾸었다. 꿈속에서 그는 땅의 중앙에 한 나무가 있는 것을 보았는데, 그것은 높고 큰 나무였고 점점 자라서 하늘에 닿았다.(다니엘 4:10~11) 그 잎사귀는 아름다웠고, 그 열매는 많아서 만민의 식물이 되었으며, 들짐승이 그 그늘에 있었고, 공중의 새들은 그 가지에 깃들었다.(12절) 이 꿈의 의미를 해석하는 다니엘은 "왕이여, 이 나무는 곧 왕이시라. 이는 왕이 자라서 견고하여지고 창대하사 하늘에 닿으시며 권세는 땅 끝까지 미치심이니이다"(22절)라고 말했다. 그 크고 우람한 나무는 느부갓네살의 권세와 위력을 상징했다.

개개의 나무가 그 특성과 형태를 따라서 상징적 의미를 표현하는 경우도 있다. 예를 들면, 감람나무는 그것이 생산하는 기름 때문에 성령을 상징하는 나무로 사용되었고(스가랴 4:3, 11, 12), 레바논의 백향목은 그것의 우뚝 솟은 키와 늠름한 자태로 인하여 왕의 권세와 위엄을 상징하였다.(에스겔 31:3; 아모스 2:9; cf. 레위기 14:4 등등) 조각목(싯딤나무)과 상수리나무는 그것의 견고함 때문에 유용성과 강인함의 상징으로 사용되었고,(출애굽기 25:10; 37:1; 신명기 10:3; 아모스 2:9) 포도나무와 무화과나무는 부유와 평화의 상징으로 자주 언급되었다.(호세아 2:12; 요엘 1:7, 12; 2:22; 미가 4:4; 하박국 3:17; 학개 2:19; 스가랴 3:10) 종려나무는 번영과 승리의 상징으로 사용되었고,(레위기 23:40; 시편 92:12; 요한복음 12:13) 그 밖에도 시가서(詩歌書)에는 시적 상징과 정취를 담은 많은 수목들과 화초들이 언급되어 있다. 때로는 나무 자체가 회생(回生)과 장수(長壽)의 상징으로 일컬어지기도 하였다.(욥기 14:7; 이사야 65:22)

인명과 지명으로 사용된 나무들

나무 이름들이 인명(人名)과 지명(地名)으로 사용된 예는 허다하다.[12] 헤브론의 아들 '답부아'(*tappûah*)는 '사과(나무)'를 뜻한다.(역대상 2:43) '종려나무'를 의미하는 '다말'(*tāmār*)은 유다의 며느리,(창세기 38:6) 다윗의 딸,(사무엘하 13:1) 그리고 압살롬의 딸(사무엘하 14:27)의 이름이다. '상수리나무'를 뜻하는 '엘라'(*'ēlāh*)는 에서의 족장,(열왕기하 15:30) 갈렙의 아들,(역대상 4:15) 그리고 웃시의 아들,(역대상 9:8) 등의 이름이며, 동일한 의미의 '엘론'(*'ēlôn*)은 스불론의 아들(창세기 46:14; 민수기 26:26)과 에서의 장인,(창세기 26:34) 그리고 스불론 출신의 사사(사사기 12:11-12)의 이름이다.

'버드나무 시내'(이사야 15:7)와 '종려의 성읍「여리고」'(신명기 34:3; 사사기 1:16; 3:13;

---

12) Walker, 3:480~481.

역대하 28:15)는 특정한 나무가 많이 있기 때문에 붙여진 지명들이다. '종려나무'를 뜻하는 '다말',(tāmār, 에스겔 47:19; 48:28) '사과나무'를 의미하는 "답부아",(tappûaḥ, 여호수아 15:34; 16:8) 그리고 '살구나무'(almond-tree)를 뜻하는 '루스',(lûz, 창세기 28:19; 35:6; 여호수아 16:2; 사사기 1:23) 등은 모두 나무 이름에서 유래된 지명들이다.

구원과 대속의 나무 – 십자가

성경에 나타나는 나무들 중에서 가장 두터운 상징성과 가장 큰 의미와 중요성을 지닌 나무는 예수 그리스도가 짊어지고 골고다(갈바리)로 가셔서 그 위에 못박혀 매달리신 십자(十字, cross) 형태의 나무이다. "나무에 달린 자는 하나님께 저주를 받았음이니라"(신명기 21:23)는 말씀에서 보듯이, 십자가는 저주와 형벌과 치욕의 나무이다. 그러나 그가 나무에 달려 돌아가심으로써(사도행전 5:30; 10:39; 13:29; 갈라디아서 3:13) 우리의 죄를 감당하시고(베드로전서 2:24) 우리가 담당해야 할 저주와 형벌과 죽음을 면하게 해 주셨다. 다시 말해서, 태초에 인간이 선악을 알게 하는 나무의 실과를 따먹음으로 인하여 야기된 저주와 죽음이 십자가(十字架)라는 나무에 달려 돌아가신 그리스도에 의하여 해소되고 해결된 것이다. 그리하여 십자가는 인간의 구원(救援)과 대속(代贖)의 나무가 되었으며, 영광과 희망의 기호가 되었다.

이 나무 곧 십자가의 도(道)가 어떤 사람들에게는 미련하고 치욕적인 것으로 보이지만 구원을 얻는 이들에게는 하나님의 능력이요 하나님의 지혜이다(고린도전서 1:19, 24). 이와 같은 의미를 깊이 깨달은 사도 바울은 "내게는 우리 주 예수 그리스도의 십자가 외에 결코 자랑할 것이 없다"(갈라디아서 6:14)고 선언하기에 이르렀다.

요약과 결론

성경 종교에 있어서 나무는 대단히 중요한 위치를 차지한다. 창조 주일의 제3일에 창조된 각종 초목과 화초는 인간이 생활하는 환경을 이룰 뿐만 아니라 인간의 기본적 필요를 채워주는 자료이다. 성경에는 128종의 초목들이 언급되어 있으며, 이러한 나무들 중의 더러는 사람의 식품으로 사용되기도 하고, 건축과 공예 등 문화적 활동의 수단이 되기도 한다. 때때로 나무는 지리적 표시물로 이용되었고, 형구(刑具)로 사용되기도 했으며, 신앙 활동 즉 종교적 예식에 요긴한 역할을 하기도 하였다. 어떤 나무들은 그 특성 때문에 비유와 상징의 수단이 되기도 했고, 인명과 지명으로 사용되기도 하였다.

특별히 언급된 두 종류의 나무 – 생명나무와 선악을 알게 하는 나무 – 는 인간의 생명과 불가분(不可分)의 관계를 가지고 있다. 선악과를 따먹음으로 죽게 된 인간은 생명나무로부터 격리되고 생명의 낙원으로부터 추방되었다.(창세기 3:22~24) 이러한 상황에서 사람이 다시 생명나무에 가까이 가서 생명의 실과를 먹을 수 있는 방법은 예수 그리스도가 그 위에 달려서 돌아가신 나무 형틀인 십자가를 바라보는 것이다.[13]

---

13) Cf. Harris, Archer, and Waltke, 2:689 : "It is no accident. that human sin which began at the foot of a tree, the 'tree of the knowledge of good and evil' (Gen 2:9ff.), found its resolution on another tree, the cross of Calvary. There is a poetic justice in the use of trees in the *Heilsgeschichte*, the redemptive directedness, of biblical theology. Satan's victory over the woman (and the man!) beneath the branches of that primal tree led to his own defeat beneath the crossed beams of another tree on which the Prince of Glory and the embodiment of wisdom died. Henceforth there is another tree, the 'tree of life' of the New Jerusalem (Rev 22 : 2),

성경이 제시하는 인간의 역사에는 세 그루의 나무가 우뚝 서 있다. 그 역사의 시발점에는 인간을 타락시켜 죽게 한 선악을 알게 하는 나무가 서 있고, 그 중심점에는 인간이 당한 죽음의 저주를 제거하고 새로운 생명을 얻게 하는 그리스도의 십자가 나무가 높이 서 있으며, 그 종착점에는 이 나무에 달리신 분을 믿는 자들에게 주어질 생명나무가 서 있다.

---

transplanted, as it were, from Eden (Gen 3 : 9, 22, 24), and made available for the inhabitants of the coming new world."

남대극(南大極)은 서울대학교 문리대 및 대학원 독어독문학과 졸업, 삼육대학교 신학과 졸업, 필리핀 AIIAS 신학대학원 졸업, 미국 Andrews University 신학대학원 졸업(신학박사)하고 현재 삼육대학교 신학부 교수(구약학), 삼육대학교 부설 신학연구소 소장이다.

성서 속의 숲과 나무

이 천 용

구약

처음 사람과 나무

구약성서 처음에 나오는 창세기를 보면, 하나님이 천지를 창조하시던 셋째 날에 물을 한 곳으로 모이게 하여 바다를 만드시고 드러난 뭍은 땅으로 만드셨다. 그리고 그 땅위에 풀과 씨 맺는 채소와 각 종류의 씨 가진 열매가 맺히는 과목(果木)을 나게 하여 만들 사람의 먹을 양식으로 예비하셨다.(창1) 여섯째 날에 인류의 조상 아담과 하와를 만드시고 그들을 에덴동산에 살게 하였는데 그곳에는 보기에도 아름답고 먹음직스러운 과일나무가 많았으며, 생명나무와 선악을 알게 하는 나무도 있었다. "각종 나무의 실과는 먹되 선악과는 먹지 말라"는 하나님의 명령에도 불구하고 아담과 하와가 그것을 먹음으로써 인류의 원죄는 시작되었으며 그로 인하여 눈이 밝아져 무화과 나뭇잎으로 치마를 만들어 입었으니 나뭇잎은 인류 최초의 옷이기도 하였다.

숲의 의미

그러면 성경에서 숲은 어떤 의미를 갖는가? 숲은 인간에게 포도, 올리브, 무화과와 같은 과실(음식)을 제공하고 올리브에서 나는 기름을 등잔에 사용하며,(레24) 비를 저장하여 물을 풍부하게 하고,(신11) 햇볕을 막아주는 오아시스이고, 건축재와 조선재의 공급처이고,(겔7) 연료를 공급하고,(시58) 야생동물의 서식처이며,(시104) 우상을 섬기는 곳이고,(겔24) 인간의 병을 치료하는 치료제의 공급원이었다.(겔48) 이미 현대사회에서 숲의 중요성을 직접, 간접효용으로 나누어 논하기 4천년전에 벌써 성경은 이를 설명하고 있다. 또한 나무는 기적의 징표로서 쓴 물을 단물로 바꾸거나,(출10) 문둥병자를 깨끗하게 하였으며,(레14) 하나님의 성전을 만드는 귀중한 재료였다.(출25) 숲의 중요성에 대해서 다니엘 4장에는 '나무가 자라 열매 열리고 새가 깃들고 들짐승이 아래에 있으며 열매는 만민의 음식'이라고 표현하였다.

출현 수종

구약 39권 전반에 나타나는 수종(樹種)의 영어 이름은 같은데 번역 차이로 다른 이름이 등장하여 혼동하기 쉽다. 그러므로 영명(英名)이 같은 것을 한 수종으로 치면 상수리나무(terebinth), 에셀나무(tamarisk, 위성류), 버드나무(willow, poplar), 살구나무, 파단행(almond, 아몬드), 단풍나무, 신풍나무(chestnut, 밤나무), 포도나무; 무화과나무(fig tree), 비자나무(pistachio nut), 종려나무, 대추나무(palm tree), 조각목, 싯딤나무(acacia, 상록아카시아), 감람나무(olive), 백향목(cedar), 참나무(oak),

(표 1) 각 권에 나타난 수종과 빈도

권 명	수 종 및 횟 수
창세기 (창)	무화과 1, 상수리나무(terebinth) 4, 에셀나무(tamarisk, 위성류) 2, 버드나무(green puplar) 1, 살구나무 또는 파단행(almond) 2, 신풍나무(chestnut) 1, 포도나무 3, 비자나무(pistachionut) 1, 잣나무(fir, gopher wood) 2, 감람나무(olive) 1
출애굽기 (출)	종려나무(palm) 1, 조각목(acacia) 25, 감람 1
레위기 (레)	백향목(cedar) 3, 종려 1, 버드나무 1, 감람 1, 포도 4
민수기 (민)	백향목 1, 포도 4, 무화과 2
신명기 (신)	포도 3, 무화과 1, 석류 1, 상수리(terebinth) 1, 감람 4
여호수아 (수)	포도 1, 감람 1, 상수리(oak) 1
사사기 (삿)	백향목 1, 포도 7, 무화과 2, 종려 2, 상수리 5, 찔레(brier) 2, 감람 2
사무엘상(삼상)	포도 3, 무화과 2, 석류 1, 상수리 1, 에셀 2, 감람 1
사무엘하(왕하)	백향목 3, 뽕나무(mulberry) 2, 잣나무(fir) 1
열왕기상(왕상)	백향목 17, 포도 10, 잣나무(cypress) 4, 감람 4, 종려 4, 석류 2, 백단목(almug) 1, 상수리(oak) 1, 로뎀나무(broom, 대싸리) 2
열왕기하(왕하)	백향목 2, 포도 5, 무화과 2, 감람 2, 잣나무(cypress) 1
역대상 (대상)	백향목 3, 무화과 1, 상수리(tamarisk) 1, 뽕나무 1
역대하 (대하)	백향목 5, 포도 1, 뽕나무(sycamore) 2, 잣나무 2, 종려 2, 백단목 1
에스라 (스)	백향목 1
느헤미야 (느)	포도 5, 감람 3, 들감람(oil tree) 1, 종려 1, 화석류(myrtle) 1
욥기 (욥)	백향목 1, 포도 1, 버드나무(willow) 1, 대싸리(broom tree) 1
시편 (시)	백향목 5, 포도 5, 감람 2, 뽕나무 1, 종려 1, 잣(fir) 1, 로뎀나무 1, 버드나무 1
잠언 (잠)	포도 2, 무화과 1
전도서 (전)	포도 1, 살구(almond) 1
아가 (아)	백향목 3, 포도 9, 무화과 1, 잣나무(fir) 1, 사과 2, 석류(pomegranates) 2, 계수(cinnamon) 1, 종려 2
이사야 (사)	백향목 6, 포도 19, 상수리나무(terebinth) 6, 밤나무(terebinth) 1, 뽕나무(cycamore) 1, 종려 1, 감람 2, 무화과 1, 싯딤나무(acacia) 1, 화석류 1, 들감람 1, 잣나무(디르샤, 향나무 cypress) 3, 소나무 2, 황양목(box tree) 2
에레미야 (렘)	백향목 3, 포도 11, 무화과 2, 감람 1
에스겔 (겔)	백향목 6, 포도 1, 상수리 2, 수양버들 1, 잣나무(fir) 2, 회양목 1, 단풍나무(chestnut) 1, 종려 17, 계수나무 1
호세아 (호)	백향목 2, 잣나무(cypress) 1, 감람 1, 포도 4, 무화과 2, 상수리 2, 버드나무(poplar) 1
요엘 (욜)	포도 3, 무화과 3, 석류(pomegranate) 1, 대추(palm) 1, 사과 1
아모스 (암)	백향목 1, 상수리 1, 포도 4, 무화과 1, 감람 1, 뽕 1
나훔 (나)	포도 1, 무화과 1
하박국 (합)	포도 1, 무화과 1, 감람 1
스바냐 (습)	백향목 1, 포도 1
학개 (학)	포도 1, 무화과 1, 석류 1, 감람 1
스가랴 (슥)	백향목 2, 포도 2, 무화과 1, 화석류 3, 감람 2, 잣나무(cypress) 11, 상수리 1
말라기 (말)	포도 1

※ ( )는 약어(略語)이며 혼동을 피하기 위하여 한글판의 수종명을 그대로 사용하였다.

찔레나무(brier), 석류(pomegranates), 뽕나무(mulberry, sycamore), 잣나무, 디르샤, 향나무(cypress, fir, 가솔송나무, 전나무), 로뎀나무(broom tree, 대싸리), 백단목(algum, 백단향목), 들감람나무(oil tree), 화석류(myrtle, 도금양), 사과나무, 계수나무(cinnamon, 계피나무), 소나무(pine), 황양목(box tree, 회양목) 등 25종이다. 〔단, 가로속의 수종명은 올바르게 번역한 것임〕

영어성경에는 같은 수종을 한글성경에 편마다 다르게 번역한 수종을 보면 terebinth, tamarisk, oak 등은 모두 상수리나무로, 밤나무(Chestnut)는 단풍나무, 신풍나무, 상수리나무 등으로, 종려나무를 대추나무로, fir(전나무)를 잣나무로, cypress(가솔송나무)와 향나무는 잣나무로 써서 혼동된다.(표1)

수종별로 볼 때 가장 많이 나타나는 수종은 상수리나무, 포도나무, 감람나무, 무화과나무, 백향목 등으로서 일상생활에 음식과 주거지의 재료로 쓰이기 때문이다.(표1) 특히 백향목은 이스라엘에 없어서 레바논에서 수입하였다. 떨기나무(bush, shrub)도 많이 등장하지만 특정 수종보다는 잡목 숲을 총칭할 때가 많으며 주로 땔감으로 사용하였다. 가시나무 역시 엉겅퀴(thistle)나 쐐기풀(nettle)로서 풀이지 나무는 아닌 것 같다.

구약에 나타난 나무의 종류는 각권마다 쪽수가 달라 획일적으로 비교하기 어려우나 열왕기상과 이사야에서 다양한 수종이 나타나고 룻기, 에레미야애가, 요나, 오바댜, 다니엘 등에서는 한 나무도 보이지 않는다. 수종별로 볼 때 어떤 수종은 100번 이상 인용되고, 어떤 것은 10번 이하로 나타났는데 출현빈도가 높은 것은 역시 많이 볼 수 있고 꼭 필요한데 사용되는 수종들이다. 그러나 덜 출현했다고 해서 중요하지 않다는 것은 아닐 것이다.

나무와 숲의 의인화

성서중의 수많은 비유와 우화는 고대 이스라엘인의 생활에서 숲의 가치가 얼마나 중요한지를 나타내며 자연과 인간의 친화력이 상당했음을 보여주고 있다. 이 감성(感性)에 대한 시적 우화(寓話)가 사사기 9장에 잘 나타나 있다. "모든 나무가 찔레나무에게 이르되 너는 와서 우리 왕이 되라 하매 찔레나무가 나무에게 이르되 너희가 내게 기름을 부어 너희 왕을 삼겠거든 와서 내 그늘에 피하라. 그리하지 않으면 불이 찔레나무에서 나와서 레바논의 백향목을 불사르리라." 여기서 찔레와 같은 별 볼일 없는 나무가 최상의 백향목을 질시하는 모습을 볼 수 있다. 떨기나무 숲은 광야에 자생하는 상록아카시아과의 가시덤불로서 노예 상태에서 고생하는 이스라엘을 상징하며,(출3) 감람나무는 배불리 먹게 하거나 축복을 나타내는 아름다운 땅 또는 왕의 역할을 감당한 유다 총독과 기름부음 받은 대제사장이나 여호와를 뜻하는 등 좋은 의미를 가지고 있어서 감람나무에게 나무의 왕이 되라고 권유하고 이 나무의 기름이 하나님의 사람을 영화롭게 한다고 하였다. 여인을 나무에 비유하며,(아7) 사과나무 등과 같은 과실은 임신이나 출산을 상징하였다. 푸른 나무는 의인을, 마른나무는 가시나무와 함께 악인을 상징하여 상수리나무의 잎사귀가 마른 것은 패역한 자를 의미하고, "과실이 마르니 인간의 희락이 말랐다"(욜1)고 하였다. 포도나무를 이스라엘에 비유하고 그 가지는 이스라엘의 운명을 비유하거나(겔15) 하나님의 종으로도 비유한다. 나무를 사람의 키와 비유하였는데 앗수르 사람을 키가 구름에 닿은 백향목 같고(겔31) 아모리 사람은 키가 백향목 높이, 강하기는 상수리나무라고 하였다.(암2) 백향목과 잣나무 같이 질이 좋은 나무는 반대로 교만함을 뜻하기도 한다. 나무와 과일은 아름다움과 은혜를 뜻하여서 "의인(義人)은 종려나무 같이 번성하며, 레바논의 백향목 같이 발육하리로다"라고 미가서 4장에 나무를 의인화(擬人化)하였다. 종려나무는 이스라엘 백성을 상징하여 로마인들이 이곳을 정복한 뒤에는 종려나무 밑에서 슬퍼하는 여인을 새긴 동전을 발행하였다. 이렇게 한 수종이 특정한 뜻을 갖고 있기보다는 그때마다 다르게 비유됨으로서 여러 가지 의미로 표현되고 있다

기적을 나타내는 상징물로서의 나무

출산 전 어미가 본 것이 새끼에게 영향을 준다는 고대풍습을 이용한 기적이 야곱에게 일어나는데 야곱은 버드나무, 살구나무, 신풍나무(chestnut)의 껍질을 벗기어 흰색이 되게 하고 이것을 양떼가 와서 먹는 개천에 세워 두었더니 야곱이 원한 양만을 수태하였다.(창31) 이스라엘 민족이 애굽에서 나와 홍해를 건너 수르광야에서 사흘을 헤매다가 마라에서 물을 발견하였으나 쓴맛이 나 먹지 못하였지만 야훼가 지적한 나뭇가지를 쓴물에 넣은 후에는 단물이 되는 역사가 나타났다.(출15)

나무가 병고침의 은사로서 쓰인 것을 보면, 죄악과 죽음의 상징인 문둥병자를 정결하게 할 때 백향목을 사용하였고 무화과나무 열매의 반죽은 하나님이 병을 낫게 해주시는 하나의 표적이다. 원래 포도나무의 묘목을 심어도 저주를 받으면 먹을 수 없는 야생포도가 되었고, 잣나무가 가시나무 대신에, 화석류(myrtle tree)가 질려(brier)를 대신하여 나는 것은 여호와의 명예가 되고 영원한 표적을 의미하였다. 유명한 사사인 삼손은 푸른 칡덩굴 일곱으로 결박당하였으나 야훼에게서 기적과 같은 힘을 얻어 그것을 쉽게 끊는 내용은 일반인에게도 잘 알려진 이야기이다.

종교적 의미의 숲, 나무

성서시대에 히브리만큼 많은 식물을 신성시한 고대국가도 없었다. 많은 문장에서 숲과 나무가 예배장소로 이용되고 있는데 크고 오래된 나무는 더운 지방에서 그늘을 제공하는 고마운 역할을 하기 때문이다. 특히 상수리나무와 비자나무는 신과 여신을 가리키는 말과 같거나 같은 어원을 갖는다. 숲을 신성(神聖)과 관련시킨 예는 떨기나무의 불꽃이야기(출3)에서 묘사되고 있는 이곳에서 하나님이 모세에게 나타나신다. 이스라엘 신앙의 발상지인 헤브론 마므레에는 상수리나무 숲이 있다. 숲은 하나님의 율법을 증거 하는 돌을 세운 곳, 천사가 앉은 곳, 기드온이 재단을 쌓고 여호와 살롬이라고 부른 곳, 아비멜렉을 왕으로 삼은 장소이고 나중에는 위대한 사람들의 무덤이 되었다. 에셀나무(tamarisk) 밑에 사울을 화장하고 뼈를 묻었으며 아브라함도 수명이 길고 재질이 단단한 에셀나무(창28)를 심는 행위 가운데 언약의 지속성과 불변성을 기원하는 간절한 마음을 볼 수 있었던 곳이다. 이스라엘의 3대 절기 중의 하나인 초막절은 과일수확을 기념하는 축제로서 4가지 나무를 택하여 하나님께 감사를 드린다. 레위기 23장을 보면 "첫날에는 너희가 아름다운 나무실과와 종려나무의 가지와 무성한 가지와 시내의 버들을 취하여 너의 하나님 야훼 앞에서 칠일 동안 즐거워하리라"라고 써 있는 것을 보아도 나무는 제사에 많이 이용되었음을 알 수 있다.

유실수

과일나무는 시와 노래 속에서 행복과 평화의 상징이었고, 일상생활과 밀접하였다. 홍수로 세상이 멸망된 후 노아가 제일 먼저 심은 것은 포도나무인데 그 열매는 필수적인 양식이었다. 과일은 말려서 오랫동안 저장할 수 있고, 술과 잼을 만들며 말린 과일로 과자를 만들었기에 과일나무는 함부로 베지 못했던 중요한 나무였다.(신20) 무화과 외에도 포도, 감람, 석류, 피스타치오와 편도(almond)도 흔한 과일이었는데 기근이 들어 과실이 귀하면 쓴맛이 나는 대싸리(broom tree)를 먹기도 하였다. 이른바 대싸리는 아주 궁핍할 때만 먹는 구황식물(救荒植物)이었다.

건축 및 조선(造船)용 나무

이스라엘은 건조하여 대체로 키기 작은 나

무로 숲이 이루어져 있어서 집을 지으려면 나무를 수입해야만 하였다. 가장 중요한 건축재는 백향목으로서 야훼성전을 건축하는데 사용하였는데 주로 레바논에서 수입하였다. 구약시대에 가장 중요한 곳은 성소인데 모세는 내부의 모든 목재구조물과 증거궤, 분향단과 십계명을 넣은 궤도 조각목(아카시아)을 사용하였고 기타 수종으로 잣나무와 백단목이 있다. 종려나무는 핍박받을 때 하나님이 보여주신 이상 중의 성전 문설주에 새긴 장식에 나타난다.

적지적수(適地適樹)

이스라엘에는 약 2천 6백종의 식물이 있는데 목본은 전체의 3퍼센트 이하이며 절반이 낙엽수 나머지가 상록수이다. 나무 중에서 포도, 무화과, 석류, 감람나무 등 유실수가 잘 되는 곳은 아름다운 땅이라고 축복하였는데(신8) 그 곳은 나무가 잘 자라는 땅이었을 것이다. 포도나무는 산 속에 있을 때는 연료로만 쓸 수 있으나 물가에 심으면 과실과 가지가 풍성하다고 하였다. 적지적수의 원칙에 합당한 귀절은 버드나무를 개울가에 심었더니 생장이 아주 좋고,(겔11) 물가에 있는 나무가 들판에 있는 나무보다 크고 굵었으며 과실이 풍성하게 달렸다고 하였다.(겔31) 또한 들감람나무는 원생지(原生地)에 심었다. 묘목은 새 가지의 끝, 즉 일년생을 취하여 높고 빼어난 산에 심었다.

신 약

이스라엘의 숲 풍경

현재 이스라엘에는 약 2천 6백종의 식물이 있지만 구약과 신약 성서에 나타난 식물은 모두 110종이라고 한다. 전체적으로 숲, 마키(상록관목림), 늪지, 사막, 염분 토양지대 등이 다양하게 나타나므로 숲이 차지하는 면적은 그렇게 많지 않다. 그러나 숲의 명칭을 가진 지명을 볼 때 과거에는 훨씬 더 많은 숲이 있었음을 알 수 있으며, 지금은 농지가 되어 숲이 완전히 사라졌지만 이스라엘과 레바논이 한때 나무가 없는 이웃나라에 목재를 수출하였다는 문서도 발견되었다. 이스라엘에는 다음과 같은 종류의 숲이 있다

상록성 참나무숲

가장 흔하게 발견되는 중요한 숲이다. 이 숲에는 우세종인 참나무 외에 테레빈나무, 월계수, 월귤나무, 산사나무, 주엽나무 등도 나타난다. 이 숲은 인간의 벌채와 산불, 동물의 끊임없는 공격에도 불구하고 아직까지 일부가 남아 있다. 생육 조건이 나빠 관목 상태로 있는 참나무는 환경이 개선되면 크게 자랄 수 있다.

낙엽성 참나무숲

낙엽이 지는 참나무가 우세종이며 샤론, 하부 갈릴리, 유라―단 계곡에만 있다. 샤론평원에는 풀이 덮인 곳에 낙엽성 참나무가 드문드문 나타난다. 하부 갈릴리지방에는 때죽나무가 함께 살며 유라―단 계곡과 주변에는 피스타치오가 함께 출현한다.

주엽나무와 피스타치오 혼합숲

상록의 작은 키 나무들은 유다아에서 레바논 국경의 산맥 서쪽 기슭에서 자란다. 또 북부 샤론의 석회질 사암과 점토질 모래언덕 갈릴리와 사마리아의 동쪽기슭에서 자란다. 이 숲은 해발 3백미터 아래쪽에 분포하므로 가축과 사람의 피해를 받아 열매가 식용이 되는 주엽나무만 겨우 남아 있다. 이 곳은 토양과 기후가 농업에 적합한 곳으로 주민이 많아 연료와 건축재를 얻기 위해 숲이 파괴되었지만 끈질긴 생명력을 보이는 나무가 간간이 서있고 파괴가 중지된 곳은 자연적으로 숲이 다시 형성되고 있다.

습한 지역의 숲

해안 평야와 계곡은 습하므로 떨기나무, 협

죽도가 살고 하천 둑에는 버드나무와 버즘나무가 숲을 이룬다. 특히 요단강의 강변에는 미루나무와 위성류 숲이 잘 보존되어 있다.

신약에 나타나는 수종

신약성서 27권은 구약과 달리 역사가 짧고 배경이 비슷하여 출현하는 나무의 수가 극히 제한되어 있어 오직 8편에만 나무이름이 나온다. 4대 복음서에 비교적 많은 나무가 나오지만 구약과 비교하면 극히 적은 숫자이다. 구약에서와 같이 영어 이름은 다른데 번역을 같게 한 나무는 뽕나무뿐이고 그 외의 나무는 비교적 흔하다. 구약에 자주 나왔던 참나무류나 건축재로 쓰이던 백향목은 전혀 나타나지 않으며 포도나무, 무화과나무(fig tree), 종려나무(palm tree), 감람나무(olive), 찔레나무(brier), 석류(pomegranate), 뽕나무(mulberry, sycamore) 등 거의 식용으로 쓰이는 나무만 출현하고 있다. 신약에도 가시나무, 가시떨기, 가시나무떨기(bush, shrub)라는 이름이 많이 등장하지만 역시 구약과 같이 특정 수종보다는 잡목이나 가시가 있는 풀을 의미한다. 가장 많이 나타나는 수종은 역시 무화과나무이며 포도나무와 감람나무 등도 나타나는데 이는 일상 생활에 꼭 필요한 식량자원이었기 때문이다.(표 2)

(표 2) 각 권에 나타난 수종과 빈도

권 명	나무 종류와 나타나는 횟수
마태복음(마)	무화과나무 6, 포도나무 1
마가복음(막)	무화과나무 4, 포도나무 1
누가복음(눅)	무화과나무 3, 포도나무 3, 뽕나무 2, 찔레 1
요한복음(요)	무화과나무 2, 포도나무 3, 종려나무 1
로 마 서(롬)	감람나무(olive) 6
고린도전서(고전)	포도나무 1
야보고서(약)	무화과나무 2, 포도나무 1, 감람나무 1
요한계시록(계)	무화과나무 1, 감람나무 1

숲과 나무의 의미

구약 시대에 있어서 숲은 인간에게 음식을 제공하고, 등잔 기름과 땔감을 공급하고, 물을 저장했다가 비가 그친 후에도 흘려보내 주며, 시원한 안식처가 되고, 건축재와 조선재가 되며, 야생동물의 서식처와 치료제로서 다양하게 활용되어 왔다. 또한 나무는 기적의 징표로 많이 비유되었다. 그러나 신약 시대에는 제사 등과 같은 모든 의식을 예수 그리스도의 이름으로 음식으로서의 나무를 제외하고는 거론되고 있지 않다. 다만 예수께서 예루살렘으로 입성할 때 무리들이 (종려)나무 가지를 베어 길에 펴고 주를 영접하는 장면(마21, 막11)에서 나무를 신성시하였지만 나무의 대부분은 예수 말씀에서 비유로써 나타난다. 예를 들면 '나는 포도나무이고 너는 가지'(요15)라는 비유는 예수께 전적으로 의지하라는 뜻으로 나무가 언급이 되었다. 그러나 나무가 바다나 땅에 못지 않게 중요한 이야기도 나온다.(계7)

심은 대로 거둔다는 의미로서 '가시나무에서 포도를, 엉겅퀴에서 무화과를 딸 수 없고,(마7) 무화과나무가 감람열매를 맺을 수 없으며 포도나무가 무화과를 맺을 수 없다'(약4)는 비유에서 좋은 나무가 아름다운 열매를 달고, 못된 나무는 역시 나쁜 열매를 맺는다는 평범한 진리를 말하고 있다. 못된 나무는 심지어 도끼에 잘려 불에 던져지므로 그 전에 좋은 열매를 맺으라며 사람들에게 회개하라는 뜻으로 쓰인 구절이다 "더러는 흙이 얕은 들밭에 (씨가) 떨어지매 곧 싹이 나오나 해가 돋은 후에 타서 뿌리가 없으므로 말랐고 더러는 가시떨기에 떨어지매 가시에 덮여 결실을 맺지 못한다"(마13)라는 씨뿌리는 비유에서는 믿는 사람들이 말씀을 듣되 세상의 염려와 재물의 유혹을 물리치지 못하고 믿음대로 행치 못하는 사람을 지칭하며, '좋은 땅에 떨어진 씨앗은 삼십배 이상의 결실을 본다'는 비유는 좋은 땅에 숲을 조성하면 나쁜 땅에 심겨진 나무보다 훨씬 생장이 좋다는 평범한 진리를 비유하여 설교한 것이다.

가로수

이 시대에도 가로수가 있었다. 소경이 눈을 뜨자 제일 먼저 보이는 것은 나무 같은 것(막 8)이라고 하였으며 예수님이 여리고로 들어갈 때 키 작은 삭개오가 예수를 보기 위해 뽕나무(sycamore)위로 올라간 것은 가로수가 많았음을 추측케 한다. 더운 지방에서 나무는 그늘을 주어 사람이 쉴 수 있는 휴식 공간을 제공한 것이다.

나무 번식과 관리

고염나무 줄기에 감나무 가지를 접붙여야 감이 열리듯이 로마서 11장에는 '돌감람나무인 네가 참감람나무의 뿌리에 접붙임되어 참감람나무가 되었으니'는 감의 경우와는 반대되는 것이나 뿌리의 중요성 즉, 기본이 되어 있어야 함을 강조한 것이다. 무화과나무는 두루 살피고 거름을 주며 그래도 실과가 안 열리면 베는 장면에서 과일나무 관리 방법의 일면을 알 수 있다.

나무의 성서적 의미

종려나무(대추야자)

종려나무는 성지의 가장 오래된 과일나무 중의 하나이다. 종려나무는 10~20미터나 자라는 암수 딴몸이며, 가지 없는 곧은 줄기 끝에 2,3미터의 깃털 모양의 잎이 뭉쳐난다. 심은 지 5년 후면 열매를 맺으며 그 길이는 2~4미터이고 단맛을 낸다. 고대 이집트와 메소포타미아 등에서 식용뿐만 아니라 열매는 강장제로, 꿀은 청량 음료제로 쓰이며 줄기에서도 맛있는 즙이 나온다. 잎은 멍석, 바구니 등 가정용품으로 쓰고 목재는 울타리, 지붕, 뗏목으로 사용한다. 원래 사막의 오아시스에서 자란다.

또한 이 나무는 의인, 신부의 품위 이스라엘의 통치자를 상징적으로 표현한다. 고난 주간이 시작되는 Palm Sunday는 예수가 부활하기 전 예루살렘에 입성하실 때 군중이 자기의 겉옷을 길에 펴고 종려나무 가지를 베어 길에 깔면서 "호산나 다윗의 자손이여"하고 환호성을 올리던 사실을 기념하는 날이다. 4세기 때부터 종려나무를 들고 행진하는 의식을 해 왔으며 중세에 들어서서는 이 행진이 한 교회에서 다른 교회까지 가는 풍습이 되었는데 종려나무로 축복하고 분배해 주면서 교회로 돌아왔다. 종려 주일을 시작으로 부활절 전 고난 주간의 월요일에는 예수께서 무화과나무를 저주하는 장면도 나온다.

무화과나무

무화과나무는 성서에서 가장 먼저 출현하는 수종이며 신약에서도 제일 많이 나타난다. 그 열매는 당분이 많아 말려 과자로 만들었고 과일이 나지 않는 계절에는 저장해 두었다가 먹었기 때문에 중요한 식량 중의 하나였다.

무화과는 지중해 연안의 건조 지대에 많다. 높이가 3~5미터이며 손바닥보다 큰 잎을 가지고 있으며 표면은 거칠고 엽맥이 뚜렷하다. 나무에서 나오는 진은 피부병을 일으키기도 한다. 마태복음 21장에는 잎이 무성하면 반드시 좋은 열매가 열릴 터인데 햇열매는 커녕 묵은 것 하나 없는 것을 보신 예수께서 알맹이가 없고 겉만 화려한 것을 꾸짖어 저주하는 말씀에는 제자들에게 믿음만 있으면 무화과가 말라죽는 작은 기적보다 훨씬 큰 기적도 이룰 수 있음을 보여주는 광경이다. 또한 무화과가 바람에 떨어지는 것을 하늘의 별로 표현한 것을 보면 이 나무가 꽤 중요한 것을 유추할 수 있다

이창복 선생은 삭개오가 예수를 보려고 올라간 나무는 뽕나무(mulberry)가 아니라 높이가 15미터나 되는 늘푸른 나무인 돌무화과(sycamore)라고 하였다.

감람나무(올리브나무)

바위가 많은 척박한 땅에서 자라므로 대부

분 지역에서 흔하여 식용으로 쓰이고, 왕과 제사장의 성스러운 몰약으로 사용되었고, 환자의 치료용으로, 등잔 기름과 향료 등으로 사용했다. 생장이 아주 느리지만 천년 이상 생명을 유지한다. 속이 비기 때문에 목재로는 부적합하지만 무늬가 다채로워 장식품과 그릇을 만들었다. 로마서에 유난히 이 나무가 많이 출현한 것은 지금 로마에 감람나무 가로수가 많은 것과 무관하지 않으리라. 과일은 가을에 충분히 익었을 때 긴 가지로 쳐서 딴다. 기름은 연자맷돌로 짜며 그 밑에 묻어 놓은 용기로 흘러 들어가게 한다. 감람나무숲이 많은 겟세마네는 히브리어 Gatshmanium(기름틀)에서 유래된 것이다. 감람나무는 평화를 상징하며 인류 역사이래 새로운 삶과 희망을 전달하는 의미가 있는데 노아의 홍수 이야기에서 잘 나타난다. (창8) 한편 요한계시록 11장에는 감람나무가 권세를 부여받아 비를 오지 않게 하거나, 물을 피로 변하게 하는 능력의 나무로 등장한다

포도나무

"내가 참포도나무요 내 아버지는 농부라 무릇 내게 있어 과실을 맺지 않는 가지는 아버지께서 이를 제해 버리시고 무릇 과실을 맺는 가지는 더 과실을 맺게 하려하여 이를 깨끗케 하시느니라.(中略) 가지가 포도나무에 붙어 있지 아니하면 절로 과실을 맺을 수 없음 같이(中略) 나는 포도나무요 너희는 가지니"(요15)라는 구절은 예수께서 직접 언급한 나무로서 말씀을 포도나무에 비유한 것이다. 구약시대에도 포도는 하나님의 은혜와 축복의 상징이었다. 따라서 집안의 벽과 마루에 집회장의 정문에 포도 모양을 새기었고 그릇 등 일상용품에도 새기어 놓았다. 예수께서 십자가에서 흘린 피 또는 언약의 피를 상징하는 포도주 역시 포도에서 나온 것이므로 이 수종도 성서에서 중요한 부분을 차지한다.

맺으면서

성서에는 경전이나 역사를 다룬 어떤 책보다 더 많이 자연이 묘사되고 있다. 그 중에서도 구약성서에 등장하는 많은 나무를 성경구절의 오묘한 뜻과 함께 문학적이고 임학적인 측면을 제대로 표현할 수 없음을 안타깝게 생각한다. 우리나라와 다른 환경과 기후에서 자라는 생소한 이스라엘의 나무 이름을 우리말로 붙인 성경 번역자의 고충을 충분히 이해하지만 앞으로 정확한 나무이름으로 번역되기를 고대한다.

이천용(李天龍)은 서울출생으로 고려대학교 임학과를 졸업하고 동 대학원에서 농학박사학위(사방공학)를 취득하였다. 1978년부터 임업연구원에 근무하면서 산림토양, 토양침식방지, 산림수자원 등 산림유역관리에 관한 연구를 수행하고 있으며, 1989년에는 미국오리건 대학교에서 1년간 연구교수로 있었다. 현재 임지보전과 임지보전연구실장이며 숲과 문화연구회 운영회원이다.

안식일의 환경 신학

오 만 규

안식일의 날. 하나님이 "너 있으라," "너 살라" 하시는 날

안식일은 우리가 태초로 돌아가는 날이다. 태초의 창조와 재창조로 우리가 돌아가는 날이다. 창조와 재창조의 삶이 우리에게 재연되고 재현되는 날이다. 우리의 태초는 하나님이 "너 없으라," "너 없이 되라" 하는 날이 아니다. 만물이 만물에게 적이 되어 하나님께 "저를 없이 하소서"(요 19:15)하고 부르짖는 날이 아니다. 사람과 만물이 "너 없이 하라," "너 죽으라"고 팔을 휘젓고 주먹질하는 날이 아니다. 우리의 태초는 하나님이 "너 있으라" 하신 날이다(창 1:7). 하나님이 "빛이 있으라" 하셨고, 하나님이 "궁창에 광명이 있으라" 하신 날이다. 하나님이 "너 죽지 말고 살라" 하신 날이다. "피투성이라도 살라"(겔 16:16) 하신 날이다. "못났어도 살라," "힘들어도 살라" 하신 날이다. 그리고 하나님이 "있으라" 하여 태어나고 하나님이 "살라" 하여 사는 만물은 하나님이 보시기에 "좋았다"(창1:4). 하나님이 보시기에 "선했다." 안식일은 생명의 질서로 돌아가는 날이다.

안식일은 하나님이 땅에게 "풀과 씨 맺는 채소를 내라 열매 맺는 나무를 내라"(창 1:11) 하신 날들의 재현이다. 또 땅은 "생물을 그 종류대로 내되 육축과 기는 것과 땅의 종류대로 내라" 하시고, 물에게도 "생물을 번성케 하라"(창 1:20) 하신 날들의 재현이다. 만물이 만물의 생존과 번영에 기여하라 하신 날들의 재현이다. 하나님은 그 창조의 날들에 하늘과 땅과 바다에 있는 모든 생물들에게 "복을 주어 가라사대 생육하고 번성하여 여러 바다에 충만하라 짐승과 새들도 땅에 충만하라" 하셨다. 안식일이 우리에게 되돌려 주려는 창조의 질서는 하나님이 만물을 낳고 땅이 식물과 생물을 내고 바다와 공중이 모든 생물과 새들을 내어 기르는 질서이다. 땅과 바다와 공중이 생물로 번성케 하는 질서이다. 만물이 만물의 사랑으로 생육하고 번성하여 세계에 충만하는 질서이다. 만물에 앞서 사람이 자연의 관리자가 되고 청지기가 되는 질서이다. 사람이 자연의 생육과 번식을 조장하는 질서이다. 만물이 상생하고 공생하는 질서이다.

그러나 우리가 살고 있는 이 자연은 어떤가. 땅이 풀과 씨 맺는 채소와 씨 가진 열매맺는 과목을 내는 질서인가. "하늘의 궁창에 광명이" 뚜렷한 질서인가. 그 "광명으로 하여 징조와 사시와 일자와 연한이"(창 1:14) 분명하게 "이루어지는" 질서인가. 빛과 어둠의 교환이 하나님의 "보시기에 좋은"(창 1:18) 질서인가. 물과 바다가 생물로 번성하게 하는 질서인가(창 1:20). 하늘의 궁창이 새들을 번성하게 하는 질서인가. 땅이 육축과 기는 것과 땅의 짐승들을 번성하게 하는 질서인가(창 1:28). 지면의 씨 맺는 모든 채소와 열매맺는 모든 나무가 사람을 생육하고 번성하게 축복하는 질서인가(창 1:29). 그리고 모든 푸른 풀이 땅의 모

든 짐승과 공중의 새와 생명을 생육하고 번성하게 하고 있는 질서인가(창 1:30). 에덴에서 발원한 강이 우리의 삶의 동산을 적시고 있는 질서인가(창 2:10).

아니다. 지금은 그런 세상이 아니다. 지금은 더 이상 만물이 만물에게 "너 있다" 하는 안식일의 세상이 아니다. 지금은 만물이 만물에게 "너 없다" 하는 세상이다. 안식일 이후의 세상이다. 말세이다. 여섯 날의 세상이다. 지금은 새들의 씨가 마르고 있다. 동물들의 씨가 마르고 있다. 나무들과 동물들의 씨가 마르고 있다. 물들의 근원이 마르고 있다. 만물의 근원이 병들고 있다. 땅이 풀을 내지 못하고 육축을 내지 못하고 있다. 바다와 물이 생물을 내지 못하고 있다. 물이 생물을 축복하여 번성케 하지 않는다. 공중이 새들을 축복하지 않는다. 축복하기보다는 저주하고 있다. 모두가 서로를 번성케 하기보다는 서로 씨를 말리고 있다. 사람이 세계와 만물의 관리자와 청지기가 아니다. 사람 때문에 세계와 만물은 생육하고 번성하기보다는 오히려 사람 때문에 땅에서 만물의 자취가 사라지고 있다.

진실로 지금은 무서운 세상이다. 사람이 창조주의 진노를 두려워 해야할 날이다(계 14:7). 그렇다. 지금은 하나님이 두려운 세상이다. 하늘과 땅과 바다와 물들의 근원을 만드신 이의 진노가 두려운 날이다. 하나님의 심판이 두려워지는 날이다. 안식일은 이 두렵고 무서운 날을 우리에게 경고하고 있다. 안식일로 우리가 이 세상을 창조하신 하나님을 생각하고 이 세상과 이 자연과 만물을 다시 생각해야 한다. 안식일로 말미암아 태초의 날에 사람이 담당했던 역할을 다시 생각해야 한다. 사람이 만물에게 무엇인지를 생각해야 한다.

지금의 사람은 만물의 목자가 아니다. 오히려 사람은 만물의 생명을 훔치는 도둑이다. 인간은 세계와 만물로 망하게 하는 파괴자이고 살생자이다. 사람이 세계와 만물에게 가는 것은 훔치러 가고, 죽이러 가고, 멸망하러 간다(요 10:10). 그들을 살리고 그들의 생명을 더욱 풍성하게 하는 목자의 마음으로 가는 것이 아니다(요 10:10). 사람들은 만물의 목자가 아니다. 도둑이다. 살생자이다. 땅으로 망하게 하고(계 11:18), 이 세계를 망하게 하는 파괴자이다. 이들은 "하나님의 자녀가 아니다."

안식일: 상생과 공생의 언약

태초의 세계, 곧 안식일의 세계는 언약의 세계이다. 생명의 언약의 세계이다. 하나님과 사람과 하늘과 땅과 바다와 그 가운데 모든 것들이 하나님의 지으시던 일이 다 이루어진 일곱째 날에(창 2:2), '하나님이 쉬어 평안하신'(출 31:17) 그 제칠일 안식일에 '한 장막에서'(계 21:3) 함께 쉬면서(출 20:11) 생명의 한 식구가 되기로 맹세한(창 2:2) 언약의 세계이다. 만물이 한 지붕의 한 식구가 되기로 한 언약이 안식일 언약이다. 온 만물이 '하나님의 장막에 거하고'(레 26:11) 한 장막 안에서 하나님이 만물의 여호와가 되고, 만물이 여호와의 기르시는 피조물이 되는 언약이(겔 20:20) 안식일 언약이다. 여호와 하나님이 우리의 하나님이 되고 우리가 그의 자녀가 되는 언약이(계 21:3~6; 고후 6:16) 안식일 언약이다. '이리가 어린양과 함께 거하며 표범이 어린 염소와 함께 누우며 송아지와 어린 사자와 살찐 짐승이 함께 있어 어린아이에게 끌리며 암소와 곰이 함께 먹으며 그것들의 새끼가 함께 엎드리며 사자가 소처럼 풀을 먹고사는'(사 11:6, 7, 9) 언약이 안식일 언약이다.

그러나 사람이 범죄함으로 태초의 이 질서가 파괴되었다. 무슨 죄인가? 상생과 공생의 안식일 언약을 파괴한 죄이다. 안식일을 파괴한 죄이다. 상생과 공생의 안식일 언약이 파괴되면서 에덴이 파괴되었다. 사람이 안식일 언약의 상징인 선악과를 먹음으로써 태초의 질서가 파괴되었다. 사람이 생명을 지키지 않고 오히려 생명을 먹음으로써 에덴의 질서에 끝이 왔다. 사람이 지키고 돌보는 청지기의 자리를 떠나 부리고 약탈하고 짓밟는 압제자의 자리로 옮겨가면서 낙원에 끝이 왔다. 사람이 그 양을 돌보고 양으로 생명을 얻고 그 생명을 더욱 풍성하게 얻게 하는 목자의 마음을 잃고 양을 훔치고 죽이고 멸망시키는 도둑의 마음(요 10:10)을 품게 되면서 안식일의 나라는 황폐해졌다. 생명의 동산은 황막한 광야로 바꾸어졌다(창 3:17~19). 더 이상 "강이 에덴에서 발원하여 동산을 적시지"(창 1:110) 못했다. 자연계의 파괴는 인간계의 파괴와 중첩하였다. 선악과를 유린한 인간은 인간의 목숨을 유린하였다. 살생자는 살인자가 되었다. 생명의 노래는 끝나고 죽음의 울음이 그 자리를 메웠다. 아벨의 울음소리와 땅의 부르짖는 소리와 짐승의 아우성 소리가 그 좋았던 땅을 가득 메웠다.

하나님은 홍수로 이 "부패와 강포로 가득한"(창 6:11) 세상을 다시 한번 깨끗하게 하였다. 노아 홍수는 하나님의 재창조였다. 하나님의 재창조는 어떠한 질서를 의도했는가. 첫 창조 때와 마찬가지로 만물이 상생하고 공생하는 질서를 의도했다. 하나님이 당신의 피조물을 축복하고 피조물들이 피조물들을 서로 축복하는 생명의 질서였다. 이리하여 하나님은 다시 한번 생명의 언약을 세우셨다. 사람뿐만 아니라 "너희와 함께 한 모든 생물에게 언약을 세웠다"(창 9:10). "곧 너희와 함께 한 새와 육축과 땅의 모든 생물과 더불어 언약을 세웠다". 하나님이 자기와 사람 및 "너희와 함께 하는 모든 생물 사이에 영세까지 세우는 언약을 맺었다"(창 9:11). 노아의 무지개는 "하나님과 땅의 무릇 혈기 있는 모든 생물 사이의 영원한 언약"(창 9:16)의 증거였다. 다시는 서로가 서로를 멸하는 관계로 살지 말자 하는 언약이었다.

그러나 이번에도 사람에 의하여 이 언약이 지켜지지 않았다. 언약은 파괴되었다. 상생과 공생의 언약이 파괴되었다. 이제 세상은 더 이상 만물이 만물을 지키고 보호하는 세계가 아니다. 만물이 만물을 먹는 세계이다. 만물이 만물을 파괴하는 세계이다. 무엇보다 사람이 제일 앞에 나서서 땅을 망하게 하고 천연계를 망하게 하는 시대이다. 사람이 씨채 식물을 먹고 사람이 피채 고기를 먹는 시대이다(창 9:4). 사람이 생명의 근원 곧, 그 종자까지 먹고 멸하는 시대이다. 사람 때문에 만물의 근원이 마르고 있고, 만물의 씨가 마르고 있는 시대이다. 사람 때문에 물들의 근원이 썩고 있는 시대이다. 사람 때문에 땅의 근원이 피폐하고 하늘의 바탕이 피폐해 가는 시대이다.

안식일의 질서에서 자연과 만물은 본래 사람의 사랑과 봉사를 받아야 할 대상이다. 그러나 이제는 만물과 세계가 사람의 폭력과 위협에 종속되었다. 지금은 사람이 사는 방식이 만물을 축복하고 보살피는 방식이 아니다. 특히 현대의 기술 문명은 사람이 생명의 선악과를 먹고 유린하는 방식으로 이루어지고 있다. 사람이 만물의 목자가 되어 만물로 생명을 얻게 하고 그 생명을 더욱 풍성하게 하는 방식이 아니다. 오히려 사람이 도둑이 되어 만물의 생명을 훔치고 죽이고 멸망시키는 방식이다. 이 기술 문명과 이 기술 시대의 인류는 하나님의 피조물로부터 터져 나오는 저 울부짖음을 들어야 한다. 우리가 이 외침을 들을 수 있다는 것이 축복이다. 우리가 그 부르짖음을 듣지 못하고 그 고통을 깨닫지 못하며 그 결과를 두려워하지 않는다면, 그리고 그 무서운 죄를 통회하지 못한다면 이것이야말로 우리에게 더 말할 수 없이 크고 무서운 저주이다.

안식일의 언약: 생태계의 양심

이 세계와 이 자연이 하나님의 세계가 되려면 먼저 사람이 천연계의 양심으로 돌아가야 한다. 사람이 생태계의 양심으로 돌아가야 한다. 사람이 하나님의 창조의 마음으로 돌아가야 한다. 만물이 좋고 선하며, 심히 좋고 심히 선했던 태초의 날로 돌아가야 한다. 태초의 거룩한 언약으로 돌아가야 한다. 태초의 언약이 태초의 양심이다. 안식일 언약이 태초의 언약이다. 안식일 언약이 태초의 양심이다. 안식일 언약이 생태계의 양심이다. 인류는 안식일로 돌아가 생태계의 양심을 되찾아야 한다.

그러면 생태계의 양심에서 사람은 무엇이냐. 안식일의 언약에서 사람은 무엇이고 생태계의 양심에서 사람의 직분은 무엇이냐. 안식일은 사람이 "자신과 아들과 딸과 남종과 여종과 육축과 문안에 유하는 나그네"의 보호자의 자리로 돌아가는 날이다. 안식일은 사람이 하나님의 거룩한 피조물에 대한 하나님의 주권과 소유권을 기억하고 그들로부터 손을 떼는 날이다. 하나님이 우리에게 하나님의 거룩한 소유에 더 이상 손대지 말라 하시는 날이다. 하나님이 바로에게 이스라엘 백성을 "내 놓으라" 하셨듯이 하나님이 사람들에게 세계와 자연과 만물을 그 손에서 "내 놓으라" 하시는 날이다. 하나님의 나라에서 "너희들은 도둑이 아니고 목자가 되라" 하시는 날이다. 목자의 마음이 생태계의 양심이다. 목자의 역할이 안식일의 언약에서 사람이 담당한 역할이다. 청지기와 소작인의 역할이 사람의 역할이다.

땅과 바다와 하늘과 그 사이의 만물은 모두 하나님의 거룩한 소유이다. 안식일의 하나님이 가라사대 "토지는 내 것이요 너희는 나의 소작인일 뿐이라"(레 25:23)고 하신다. 안식일의 짝인 안식년과 희년에는 하나님의 소유권을 존중하는 차원에서 노예들을 해방시키고 부채를 면제하였다. 가난 때문에 다른 사람들에게 팔려간 토지들을 원 소유자에게 반환시켰다(레 25; 신 15:1~18). 하나님의 토지가 오래 약탈되어 기력이 쇠잔하는 것을 방지하기 위하여 경작자들에게 안식년에는 땅을 그대로 놔두게 하셨다. 사람으로 땅에 손대지 못하게 하셨다. "내 땅을 네 손에서 놓으라" 하셨다. "내 땅을 자유케 하라" 하셨다. 내 땅으로 "숨 돌리게 하라" 하셨다.

안식년은 계집 종의 자식만 숨돌리는 날이 아니다. 육축도 숨 돌리는 날이다(출 23:12). 땅도 숨돌리는 날이다. "제칠년에는 땅으로 쉬어 안식하게 할찌라" 하셨다. 너는 그 밭에 파종하거나 포도원을 다스리지 말라"(레 25:4) 하셨다. 안식일의 질서에서 사람은 하나님의 "내 백성을" 손대지 않는 사람이다. 하나님의 소유 앞에서 마음을 삼가는 사람이다. 시내산 둘레에 금줄을 치고(출 19:12, 13) 이웃의 생명과 재산 둘레에 금줄을 쳐 "내 발을 금하는"(사 58:13) 사람이다. 아무에게도 아무 일을 하지 않는 사람이다. 누구에게 아무 짓도 하지 않는 사람이다.

그렇다. 안식일과 안식년과 희년은 "네가 다스리지 않는" 날이다. 네가 부리지 않는 날이다. 네가 이용하지 말고, 이득을 취하지 말고, 억누르지 말아야 하는 날이다. 네가 만물의 청지기의 자리로 돌아가고 네가 만물의 봉사자와 목자의 자리로 돌아가는 날이다. 하나님의 피조물들을 "푸른 초장에 눕게 하고 쉴만한 물가로 인도하는"(시 23:2) 역할로 돌아가는 날이다. 안식일의 사람은 목자로서의 사람이다. 청지기로서의 사람이다. 피조물을 부리지 않고 돌보는 사람이다. 이용하지 않고 돕는 사람이다. 빼앗지 않고 주는 사람이다. 피조물을 먹이고 치료하고 가르치는 사람이다. 예수 같고 예수의 제자들 같은 사람이다.

고통 당하는 사람들과, 가난하고 병들고 죄 많은 사람들만 안식일의 세상을 기다리는 것이 아니다. 죄인들만 "하나님의 자녀들의 영광의 자유에 이르기를"(롬 8:21) 기다리고 있는 것이 아니다. 모든 피조물들이 안식일의 날과 안식일의 세상을 기다리고 있다. 만물이 이 안식일과 더불어 목자 같은 하나님의 아들들이 나타나기를 고대하고 있다(롬 8:19). 모든 피조물들이 "죽음의 종살이에서 해방되어 하나님의 자녀들이 누릴 영광의 자유를 함께 누리기를 기다리고 있다"(롬 8:21).

안식일은 "주께서 일어나사 시온을 긍휼히 여기시는 날이다"(시 102:13). "여호와께서 그 높은 성소에서 하감하시며 하늘에서 땅을 감찰하시는"(시 102:19) 날이다. 하나님께서 "갇힌 자의 탄식을 들으시며 죽이기로 정한 자를 해방하시는"(시 102:20) 날이다. "그 힘이 중도에 쇠약해지고 그 생명의 날이 단축된"(시 102:27) 피조물을 주께서 돌아보시는 날이다. 주님께서 "옛적에 세우신 땅의 기초로" 세상을 회복하시는 날이다.

안식일 나라의 노동

안식일의 질서에서 사람의 노동은 자기와 이웃이 상생하고 공생하는 노동이어야 한다. 먹이를 살게 하기 위하여 먹이를 먹는 정신으로 일해야 한다. 노동이 하나님께 영광이 되고 사람과 자연에게 축복이 되어야 한다. 안식일의 신념은 만물의 생명을 그냥 놔둠으로써, 그들에게 아무 짓도 하지 않음으로써 사람은 만물에게 축복이 된다는 신념이다. 그리고 안식일의 신념은 내가 만물의 목자가 되어 그들을 아낌으로써 그들을 축복한다는 신념이다. 안식일의 신념은 아무 일도 하지 않는 신념이며 만물을 위해 일하는 신념이다. 창조와 구원의 일을 통하여 피조물을 사랑하고 피조물을 축복하는 신념이다. 안식일이 말하는 사람의 노동은 먹고 피폐케 하고 죽이는 노동이 아니다. 안식일의 나라에서 사람의 일은 창조의 일이다. 구원의 일이다. 안식일의 질서에서 사람의 노동은 하나님의 좋고 심히 좋은 세계를 유지하는 일이다. 그뿐 아니라 하나님의 좋은 세계를 생육하고 번성하게 하는 일이다. 하나님의 좋은 세계를 더 좋고 가장 좋고 심히 좋은 세계로 거룩한 세계로 발전시키는 일이다. 하나님의 나라를 넓히는 일이다. 하나님과 더불어 하나님의 좋은 세상을 유지하고 하나님의 더 좋은 새 세상을 창조하는 일이다. 하나님과 더불어 하나님의 새 천지의 공동 창조자가 되는 일이다. 사자와 어린양이 함께 사는 세계를 하나님과 함께 창조하고 건설하는 일이다. 하나님 나라의 공동 관리자가 되고 공동 창조자가 되는 노동이 안식일이 우리에게 회복하려는 노동이다.

오만규는 삼육대학교 신학과를 졸업하고 고려대학교 대학원에서 서양사를 전공하고 문학석사를 받았고, 문학박사를 받았다. 현재 삼육대학교 신학부, 대학원 교수이며 삼육대학교 부설 선교와 사회문제 연구소장이다.
저서로 재림교회사, 주님의 기도와 안식일 신앙, 청교도 혁명과 종교자유 외 다수가 있으며, 역서로 세계기독교회사, 기독교선교사, 안식일, 맥스웰의 요한계시록 연구 등 다수가 있다.

4
숲과 영성

숲에서 얻는 신비경험
신원섭

내설악 숲과 신비한 체험
윤영일

영적 심성의 근원인 산림 풍치
송형섭

숲과 종교
이광호

식물과 자연음악
이기애

숲에서의 허브아로마향과 심신의 치유
오홍근

성모 마리아상을 걸어 둔 전나무의 비밀
김기원

나무와 숲의 종교적 상징성
박봉우

숲에서 얻는 신비경험

신 원 섭

 숲은 신비의 세계이다. 그래서 숲을 위대한 성전이라고 부르기도 한다. 신비란 종교의 핵심이며 만일 우리가 나타나는 사실만 가지고 따진다면 그것은 과학이지 종교가 될 수 없다. 또한 종교는 지친 육신과 영혼을 평온하게 하며 희망을 갖게 한다. 숲은 현대의 우리가 살고 있는 삶의 현장과 다른 모습으로 우리를 맞는다. 따라서 숲에서는 나를 찾을 수 있는 명상의 기회와 자연을 창조한 신의 위대함을 느끼게 한다. 그런 측면에서 숲은 현대 물질 문명에 찌든 우리에게 충분히 종교적 역할을 수행한다고 볼 수 있다.

신비경험(Peak-Experience)

 신비경험 또는 정상경험은 한 개인에게 있어 최상의 행복한 순간을 의미하며 Maslow에 의해 생의 신비적 순간을 표현하기 위하여 제안된 개념이다. 신비경험 현상은 인생에 있어서 가장 심오한 순간으로 규정지어지고 그 순간에는 그 개인과 주위 사물이 일체가 되는 순간이며 시간과 공간을 의식치 못하는 무아지경의 상태이다. 이 신비경험은 짧은 순간에 일어나며 통상 긍정적인 효과를 가져온다고 보고 있다. 신비경험은 사람들로 하여금 이 경험을 자신의 크고 위대한 가치로 빨아들이는 경험으로 전환시킨다. 정상경험에 있어서 Maslow는 몇 가지 전제조건을 이야기하였는데, 첫째 신비 경험은 항상 즐겁고 아름다우며 선한 것이고, 둘째 이 경험은 자아실현과 긍정적인 관계에 있으며, 셋째 이 경험은 보다 성숙하고 자아 실현된 개인에게 자주 일어나며, 넷째 자아실현 이전의 욕구가 우선 충족된 상태에서 일어난다는 것이다.

 신비경험의 특성은 시간과 공간의 초월성, 인식의 풍부, 자기 상실(Self-forgetness), 근심 및 걱정의 상실 등이 공통적으로 이야기되고 있다. 이외에 개인이 신비경험을 하는 중에 혹은 그 후에 여러 가지 변화를 경험한다고 하였는데 예를 들면 개인은 보다 완전하고 독특하며 자발적인 삶을 영위하고 불안과 의심을 떨치고 보다 용기있는 삶을 산다는 것이다.

 신비경험을 유발하는 계기는 상당히 많은 것으로 알려져 있고 Greeley(1974)와 Keutzer(1978)는 연구결과를 통하여 그 원인들을 분류하였다. Greeley는 1,467명의 성인을 대상으로 Keutzer는 146명의 심리학 강좌를 수강하는 대학생을 대상으로 조사하였는데 이들 두 명의 연구에서 몇 가지의 원인은 공통적으로 지적되었다. 그것들은 자연의 아름다움, 음악감상, 조용한 명상들 같은 요인들이었다. 한편 기도, 예배참석, 설교, 성경 읽기 등은 나이 많은 응답자들에게 있어서 신비경험의 계기가 되었고 반대로 젊은 학생층에서는 약물, 운동 등도 계기가 된다고 보고하였다. 앞에서 이야기한 종교적 행사가 신비경험의 계기가 됨은 중요한 의미를 갖게 되는데 이것은 종교적 신비주의가 신비경험과 거의 같은 뿌리를 갖고 있기 때문이다. 이 신비주의는 한 종교에 국한되어 있기보다는 모든 종교에 있어서 가장 중요한 요소이며 종교적 무감각과 형식주의에서 탈피하게 만드는 요소이다.

도교에서는 많은 인자들이 신비경험과 공통된 점을 갖는데 '도'란 궁극적인 실체를 의미하고 자연의 원칙과 법칙을 의미하며 도는 모든 만물에 영양을 주고 발전시킨다. 이것은 모든 만물을 완성시키고 성장시키며 기르고 또한 보호한다. 도는 구원을 절실히 원하는 모든 사람들에게 얻어질 수 있고 그러기에 사람들은 희망이 있다. 도의 정신적 정수를 이해한 사람은 궁극적으로 현세의 욕망에서 자유롭게 된다. 그러나 현실의 열정에 시달리는 사람은 도의 외적인 것 이외에는 볼 수 없다. 그렇다면 도를 이해하고 찾은 사람은 분명 신비경험을 한 사람들일 것이다. 도를 찾음으로써 인간은 그의 정신을 도야하고 인간의 욕망을 잠재우며 현세의 이기에서 벗어난다. 도는 인간을 자기주장과 자기의 영화에서 자유케하고 생의 신성함을 빛나게 하여 다른 사람들보다 위대한 삶을 살게 할 것이다.

불교를 예로 들자면, 불교에서 보는 세상은 온통 고통의 천지이다. 이러한 고통의 원인은 욕망과 강렬한 열망이다. 이러한 고통의 치유는 욕망의 불을 완전히 끔으로서 이루어지고 이러한 상태를 해탈이라 부른다. 이 세상에의 존재를 욕망의 불길로 인식하고 신의 존재가 없기 때문에 해탈은 어떤 절대자에 의한 은총이 아니다. 선이 해탈의 경지에 이르게 하는 길이며 선은 모든 인간이 지닌 신성한 본성을 일깨우고 이것이 깨달음을 가져오게 한다. 해탈 즉, 깨달음 혹은 부처가 됨은 신비경험과 몇 가지 공통적인 요인을 갖는다. Suzuki는 부처의 본성은 여러 부류 즉, 존재와 무 존재, 긴 것과 짧은 것, 욕심과 포기, 순수와 오욕으로부터 자유로움이라고 말했다. 해탈의 상태에선 마음을 괴롭히는 모든 욕망에서 자유롭고 마음을 어둡게 하고 분산시키는 의지에서 자유롭고, 몸과 마음을 피곤하게 하는 근심과 걱정으로부터 더 이상의 구속됨은 없다는 것이다.

기독교의 역사에서 신비주의를 경험한 위대한 성인들을 찾을 수 있다. 예를 들어 성 Vincent de Paul(1581~1660) 같은 분은 그의 신비적 경험을 인생의 실질적인 선행에 썼던 분이다. Pascal(1623~1662) 역시도 일순간에 신비적 경험을 체득한 분으로 그 이후 세상으로 돌아가 그 자신을 완전히 신을 위해 바쳤던 분이다. Jacob Boehme(1575~1624) 역시도 그의 경험을 이렇게 서술하였다. "이 불빛은 내 영혼이 모든 것을 보게끔 하였다. 내 영혼은 신을 알게 되었고 그분이 누구인지 그분의 뜻이 무엇인지를 알게 하였다." 이러한 신비적 경험을 통하여 그는 우주의 모든 진실을 터득했음을 말하였다. 기독교적 입장에서 볼 때 인간은 외적인 도움에서가 아닌 자신의 내적인 깨달음(믿음)에 의하여 구원이 된다고 믿어진다. 모든 영혼은 신을 알고 믿을 수 있는 씨앗이 있으며 이러한 씨앗이 커짐에 따라 그 영혼은 인간 자연의 본성을 버리고 죄를 거부하며 신을 의지하고 신을 위한 삶을 살 수 있다는 것이다.

여기에서 신비적 경험 혹은 신비경험과 종교적 관계에 대하여 알아보았다. 이러한 살펴봄은 모든 신비적 경험은 결국은 그 종교의 핵심이라는 추론을 낳게 한다. 신비경험은 또한 종교역사에 있어서 중요한 역할을 하는 종교적 계시나 계몽의 모델임을 알게 하여 준다. 신비경험 체득자의 견지에서 보면 각 신비경험자는 그 자신의 종교를 발견하고 개발하며 또한 보유하고 있다고 말할 수 있을 것이다. 비록 모든 종교가 나름대로의 신비주의를 가지고 있지만 이러한 신비주의는 신비경험으로 연결될 수 있다고 주장할 수 있다. 신비적 경험이 신비경험과 연결되기 위해선 몇 가지 전제를 충족시킬 필요가 있는데 우선 이 경험은 의식이 있는 상태에서 일어나야 하고 그 경험의 결과로 심리적 이익(well-being)이 따라야 한다는 것이다. 또한 모든 종교에서 신비경험 이후에 그 개인의 관심은 자기중심에서 타인중심으로 옮겨져야 한다는 것이다. 다른 말로 표현하면 신비경험자는 타인의 고통을 더 많이 생각하고 사랑하며 동정심을 가져야 한다는 것이다. 이러한 의미에서 자아 실현된 개인은 자기자신을 사랑하고 걱정하는 것과 마찬가지로 타인을 사랑하고 걱정하는 사람이다.

왜 숲인가?

그렇다면 왜 숲은 인간 성장의 촉매인 신비경험을 가져다주는 것일까? 이에 대한 체계화된 이론은 아직 정립되어 있지 않으나 가장 설득력 있는 산림자극 이론이다. '삼림자극'은 번스테인(Benstein)에 의하여 사용되어진 용어인데 심리적 복리의 증진에 있어서 삼림의 역할을 설명한 것이다. '삼림자극'은 '도시자극'과 반대되는 의미로 적은 인구밀도, 낮은 수준의 소음과 움직임, 그리고 낮은 변화율을 포함한다. 라자러스(Lazarus)는 도시 환경 내에서 인간은 위험과 스트레스 자극에 심각하게 노출되고 있다고 경고하였다.

그와 반대로 삼림은 대응 행동을 유발시킬 수 있고 이로 인하여 그러한 위협이나 스트레스 자극을 감당하든지 혹은 피해 갈 수 있는 능력을 길러 준다고 하였다. 삼림은 대응 행동을 통하여 긍정적 심리 변화의 가능성을 삼림 이용객에게 제공한다.

대응(Coping)이란 어떠한 위협에 대처하는 전략을 뜻한다. Murphy는 어린아이의 생에서 일어나는 위기와 요구를 어떻게 처리하는가를 관찰, 분석함으로 대응을 아래와 같이 설명하였다.

> 어린아이를 관찰 하므로써, 우리는 새로운 요구와 스트레스의 경험을 그리고 우리가 경험하거나 또는 습관 되지 않은 새로운 것에 대한 것을 어떻게 대처하는가 배울 수 있다. 우리가 그저 어쩔 줄 모르고, 반응이 자동적으로 나타나지 않을 때, 우리는 할 수 있는 대로 최대한 그 상황에 대처하여야 하고 그것에 적응할 수 있도록 상황에 익숙해져야 한다. 우리가 '경험을 쌓는다'라고 하는 것은 바로 이것을 의미하며 이런 대응 행동을 하므로써 궁극적으로 방법을 터득하며 새로운 것 자체를 처리할 수 있는 방안을 개발하게 된다.

라자러스는 대응반응의 두 가지 일반적 유형을 소개하였다. 그 하나는 예견되는 유해 상황을 약화시키거나 제거시키려는 목적의 행동 성향으로 구성돼 있다. 라자러스에 의하면, 외부의 위험에 대처하면, 그 위협의 실제 조건에 직접적인 영향을 줌으로써 에너지가 한 곳으로 집중되고 그 위협과 싸우게 된다. 이런 대응 시도가 실패하게 되면 그 개인은 더욱 심한 위험에 처하게 되고 여러 가지 부정적 결과들 예를 들면 좌절, 두려움, 죄책감 등이 따르게 된다. 그 반대로 대응 시도가 성공하게 되면 그 위협은 정복되고 따라서 성취의 긍정적 감정이 따르게 된다.

라자러스가 제안한 두 번째 유형의 대응은 '방어 메카니즘(defense mechanism)'이다. 그는 방어란 것은 개인이 위협의 실제 상황에 관하여 그 자신에게 기만하는 심리적 작전 행동이라고 설명한다. 방어는 위협받는 경험을 부정 또는 왜곡에 의해 자신을 안전케 하려는 반응으로 여겨지는 것이다. 따라서 방어적 반응은 실제로 위협을 해결하지 못하며 위협은 왜곡 또는 부정된다고 하더라도 존재하여 있을 수 있다. Haan이란 심리학자는 '대응 메카니즘(Coping mechanism)'은 건강한 것으로 여긴 반면 '방어(defenses)'는 위협을 처리하는데 불충분하거나 병적인 방법을 반영한다고 보았다.

방어적 행동은 사회적 환경이 주를 이루는 배경에서 많이 유발된다. 사회적 환경은 개인이나 사회적 요구의 규준 뿐만 아니라 사회적 장애(억제)를 유발시킬 수 있는 것, 예를 들면 빌딩 등을 포함한다. 반대로 산림 내에선 그러한 사회적 장애가 존재치 않거나 그 존재의 흔적이 미미하다 산림은 고로 방어 행동보다는 대응 행동을 제공할 기회가 더 많다고 할 수 있다. 물론, 산림 그 자체가 또한 상당한 위협 요소로 작용할 수 있으나 산림경험은 각 개인의 대응 능력을 그러한 위협 요소에 도전함으로 성취시킬 수 있다.

포크만과 라자러스(Folkman & Lazarus, 1980)는 중년층을 대상으로 조사한 연구에서 대응의 두 가지 기능을 주장하였다. 첫째는 문제 해결 중심의 특성인 인간—환경 관계의 관리 능력과 다음으로는 감정 중심의 대응이라 할 수 있는 스트레스 감정의 규제 능력이 바로 두 기능이다. 이 연구는 1년의 기간에 걸쳐 조사되었고 자료 수집의 중요한 도구로는 '대응 행동의 체크리스트'란 68항목의 광범위한 대응 전략, 스트레스 상황에서 한 개인이 선택하는 행동과 인지의 설명이 담긴 검사지였다. 이 항목들은 크게 두 유형으로 나뉘었는데 문제 중심과 감정 중심의 유형이었다. 이 연구 결과에서는 아주 심각한 스트레스의 상황에서는 두 가지 유형의 대응이 모두 사용됨을 보고하였다. 문제 중심의 대응은 일에 관한 것에 대부분 나타나는 한편 건강 문제에 관하여는 주로 감정 중심의 대응이 관여함을 알 수 있었다. 이 연구 결과는 또한 한 개인이 어떤 행동을 함으로써 상황이 호전되고 있다는 것을 인식하면 그 때부터 문제 중심의 대응 행동이 작용하기 시작하는 것을 발견하였다. 그러나, 만일 상황이 진전되지 않거나 후퇴할 경우 감정 중심의 대응이 적용된다는 것을 알 수 있었다. 이러한 발견은 억제의 인식(perception of control) 예를 들면 무엇을 할 수 있다는 것—이 평가의 중심이라는 것을 나타내 준다고 할 것이다.

위의 연구에서는 또한 상황에 대한 심리적 해석이 대응 행동이 요구될 때 가장 중요한 것임을 알게 하여 준다. 두 말할 나위 없이 숲에서의 경험은 대응을 요구하는 다양한 스펙트럼을 가진 것이다. 따라서 실증 연구를 통한 산림 경험자의 상황 해석을 확인하는 일은 매우 중요하다. 비록 우리가 일반적 대응 행동의 과정에 대하여 논의하고 있지만, 이것은 아마 개인과 상황의 특성에 따라 영향을 받을 것이다. 라자러스와 다롱기스(Lazarus and Delongis)는 대응 과정에 있어서의 차이는 사람들 간에서 뿐만 아니라 한 인간 내에서도 다른 시점에 따라 나타난다고 주장하였다. 이에 대한 두 가지 주요한 메카니즘이 주장되는데 이것은 사회적·물리적 환경의 변화와 주어진 환경에 대한 개인적 의미이다. 후자의 것이 개인의 성격적 특성에 의하여 영향을 받는다. 성격적 특성의 중요성은 둘로 생각할 수 있는데 왜냐하면 성격은 인생 전반에 걸쳐 대응에 영향을 주고 이는 이상과 목적을 의미하며 믿음, 서약의 패턴을 뜻하기 때문이다. 개인적 서약은 그의 이상과 목적을 의미하며 광의적으로는 그의 동기에까지도 관여한다고 볼 수 있다. 예를 들어 한 개인이 그의 서약을 추구할 수 없는 상황에 직면할 때는 심리적 위협을 느낄 것이다. 믿음이란 또한 상황을 평가하는데 영향을 끼치며 특히 불확실한 상황에서는 더욱 그러하다.

신원섭은 충북대학교 임학과를 졸업하고 캐나다 토론토대학에서 임학박사 학위를 받았다. 충북대학교 산림과학부 교수이며 산림휴양에 대한 연구를 하고 있다. 수십 편의 논문이 있으며 「야외휴양관리」 등의 책을 저술하였다. 숲과 문화연구회 운영위원이다.

내설악 숲과 신비한 체험

윤 영 일

들어가면서

숲과 종교라는 학술토론회 주제는 비종교인인 필자에게는 매우 어려운 숙제였다. 무언가 제목을 찾아도 마땅한 것이 없었다. 그래서 과연 종교적인 것과 필자가 예전에 미친 듯이 산에 갔던 행위가 어떤 연관이 없을까 깊이 생각해 보았다. 그러면서 개인적 체험 역시 범주에 둘 수 있다는 느낌이 들어 이 글을 썼다. 물론 신비한 체험이라고 해서 인간 외적인 체험을 말하는 것은 아니다. 오히려 인간 내적인 깊은 체험으로 보는 것이 옳다. 단지 그 체험이 숲이라는 매개체를 통한 것이라는 점이 인간관계와는 다르고 형이상학적인 쪽에 가깝다는 것 뿐이다. 대상은 역시 설악산이고 그 곳의 숲이다.

오늘날 설악산하면 흔히 관광지 혹은 등산이라는 개념이 떠오르는 유명한 산 정도로 인식된다. 자가용이 일상화되면서 이제 강원도 깊은 산악지대에 자리했던 내설악이라는 느낌은 완전히 사라지고 말았다. 더구나 서울에서 가노라면 경기도-강원도 홍천-인제-원통까지는 길 주변에 대단한 변화를 느끼지 못하는데 원통을 벗어나면서 갑자기 너무나 많은 음식점, 숙박시설들이 들어서 버렸다. 항상 우리는 과거의 추억을 완전한 과거완료형(법정)으로 만들어 버리는 몹쓸 짓을 한다. 학창시절, 그 감수성이 예민한 시기를 내설악에서 보냈던 필자에게 이 같은 몰지각한 변화는 몹시 가슴 아프다. 왜냐고? 내설악이 주는 놀라운 감흥, 거의 신비에 가까운 체험을 위한 준비는 설악산으로 가는 도중에 완료되어야 하는데 이것이 이제는 완전한 과거 완료형이 되어 버렸기 때문이다. 안타까운 일이다. 후손들에게 우리는 언제쯤에야 낯뜨거운 짓을 하지 않게 되는 것일까?

내설악과 만남

지금부터 거의 20년 전, 당시 대학생이던 필자는 전국 명산을 방황하였다. 점점 산이 주는 매력에 끌려들던 무렵, 1975년 겨울 순전히 지도만 보고 내설악 귀떼기골을 등반하기로 하였다. 이미 오래 전부터 단독산행을 즐기던 터라 별 생각 없이 이 곳을 택하였는데, 이 계곡은 지금도 그렇지만 그 당시에는 거의 찾는 사람이 없는 쓸쓸한 계곡이었다. 그것도 겨울이니 대학산악부나 전문산악인 정도가 어쩌다 찾을 계곡이다. 겨울이라 장비는 무거웠고 눈이 허리에 차는 조건이라 계곡 초입부터 진행이 매우 더뎠다. 단독 산행이고 일정도 넉넉하게 잡았고 식량과 연료도 충분하니 눈을 조금씩 헤치며 오르다 시계를 보니 이미 4시. 그날은 그냥 그곳에서 자기로 하고 당시에는 구하기가 어려워 스스로 제조한 윔퍼텐트(방한용 이중텐트)를 눈 위에 설치하였다.

다행히 계곡 물이 얼지 않고 졸졸 흐르는 부분이 있어 식수문제 해결이 용이하였고 이것은 눈을 녹여야하는 겨울 산행에 많은 도움을 준다. 헐떡이며 오를 때와 텐트를 설치 할 때는 몰랐으나, 대충 정리가 끝나고 문득, 주변을 살펴보니 앙상한 나무들과 눈, 바람, 좁은 하늘 외에는 아무 것도 보이지 않는 적막한 겨울 숲이 펼쳐져 있었고 그곳에 필자는 홀로 서성대고 있었다. 어디선가 "너는 이곳에서 무엇을 하는가?"하는 물음이 맞은 편 능선에서 피어오르는 눈보라와 함께 가슴 깊은 곳에서 울려 나왔다.

하늘은 잔뜩 흐렸고 언제라도 눈이 다시 내릴 듯하다. 저녁을 먹고 오후 5시경에 이미 어둡기 시작하여 침낭 속으로 기어들어 갔다. 텐트 속은 내가 뿜어내는 습기로 벽에 온통 얼음이 얼어 반짝거리고 있었고 눈 위라 아무리 장비가 좋은들 불편하고 추운 것은 막을 수가 없었다. 외로움이란 스스로 택한 행위이니 이내 무뎌졌으나 잠이 올 리 없는 초저녁 시간, 이내 잡다한 다른 감정들이 교차하기 시작하였다. 피곤해서 일단 잠이 들었으나 깊은 잠은 될 수가 없었다.

아무도 없는 이 계곡, 사방은 눈과 산사태로 무너져 내린 암석과 앙상한 나무들만 빽빽한 이곳에서 형언하기 어려운 이상한 감정들이 잤다 깼다를 되풀이하는 사이에 심신을 감싸 돌았다. 두렵다든지 외롭다는 감정이 아니었다. 오히려 일상적으로 가지기 어려운 절대고독의 경지가 아닌가? 하는 생각이 들었다. 그러는 사이에도 주변에서는 돌이 구르는 소리, 흩날리는 눈이 텐트에 부딪히는 소리들이 끝없이 들려왔다. 물론 인간이 혼자라는 개념은 현대에는 거의 실효성이 없다. 아무리 인적이 없는 곳이라도 걸어서 하루면 인가가 나오는 작은 나라이기 때문이다. 그럼에도 이런 곳에서는 마치 다른 인간은 아주 멀리 있다는 공간적 착각에 빠진다.

아침에 일어나니 벌써 시간이 꽤 지났다. 부지런히 아침을 먹고 주변을 살펴보니 전진이 불가능할 정도로 밤새 많은 눈이 내렸다. 그래도 무료하게 텐트에서 보낼 수는 없어서 바로 옆에 뻗어 있는 사면을 오르기로 하였다. 허리까지 빠지는 눈을 헤치고 텐트에서 불과 두 시간 여를 올랐을까? 하늘은 잔뜩 찌푸렸고 언제라도 눈이 내릴 것 같은데 멀리 능선은 눈을 이고 나를 기다리는 듯 했다. 이때였다, 문득 눈앞에 펼쳐진 놀라운 경관이 필자를 붙잡았다. 바로 눈앞에 보이는 능선에 엄청난 폭포가 얼어붙어 푸른빛을 내며 허공에 걸려 있는 것이 아닌가? 나는 놀란 입을 다물 수 없었다. 외설악의 토왕성폭포나 대승골의 대승폭포는 들어보았으나 이곳에 이런 폭포가 있다는 소식은 못 들었기 때문이다. 바로 이것이 쉰길폭포이다. 이름 그대로 사람 키의 쉰 배에 달한다는 큰 폭포인데 얼어붙어 기묘한 모습을 보이고 있었다.

자연경관 감상에서 전혀 모르던, 혹은 기대하지 않던 엄청난 경관을 보는 것은 원초적인 순수한 충격에 해당한다고 한다. 그래서 세계의 많은 자연 찬미주의자들은 자연과 종교를 자주 결합시켰고 성전이라고 말하기도 했다. 특히 원시 자연을 가지고 있던 미국에서 소로우가 그랬고 뮈어, 레오폴드가 그 뒤를 이어 원시 야생의 힘을 얘기하였다. 그 폭포를 보고 있으려니 어쩐지 스스로가 죄인이 된 듯한 희한한 감상이 들기도 하였다. 너무도 놀라운 경치라서 거의 한 시간 가까이 그곳에서 보냈다. 커피까지 한 잔 먹고서야 흥분된 마음을 다듬으며 다시 텐트로 내려왔다. 나중에 안일이었지만 능선이 아니고 계곡이 끊어져서 물이 떨어지는 것이었다. 다시 텐트로 내려오는데는 잠깐이었고, 대낮에도 아무도 없는 허허한 산속에서 오직 나무들과 나누는 독백만이 계곡을 메우고 있었다. 이런 날들을 다시 이틀 밤 더 보내고 다시 눈이 내리기 시작하여 철수를 결정하였다.

계곡을 내려오니 양지바른 곳에는 눈도 없는 데다 매우 따뜻하고 시간도 늦어 다시 하루를 보내게 되었다. 큰 소나무들이 빽빽하게 서 있는 그곳은 캠핑하기에 너무도 좋은 장소였다. 그런데 이상하게도 그곳에서는 문득 외로움이라는 것이 느껴졌다. 그리고 겨우 하루를 보냈는데 사람이 보고 싶어지는 것이었다. 가끔 계곡 너머 등산로에 등산객이 보이는데 말이다. 참으로 묘한 심리였다. 어제만 해도 인적 없는 산록에서도 외롭지 않더니….

결국 하루만에 짐을 걷어 발걸음을 돌린 곳이 백담산장이다(지금의 백담산장). 그리고 이곳에서 필자는 일생에 전환점이 되는 인연을 맺게 된다. 불가에서 말하는 시절인연이 도래했음인가? 지금은 고인이 되셨지만 당시 관리인으로 계셨던 윤두선씨가 겨울에 홀로 내설악을 찾은 등산객에게 산장식구가 되기를 제안하는 것이 아닌가? 문득 예상치 못한 인생역정이 신기하게 느껴졌고 제안을 흔쾌히 받아들여 백담산장의 식군이 되었다.

신비의 숲, 내설악

데모와 휴교로 학교가 문을 닫았던 시절 필자는 그후로는 휴교로 학교가 문을 닫자마자 백담산장에 머무르면서 내설악의 여러 계곡을 홀로 방황하였다. 인적 드문 계곡을 홀로 걷노라면 끝없는 상념에 빠지고 주위의 모든 것이 전혀 다르게 다가온다. 계곡은 숲과 물로 이루어진 단순한 모습이지만 인간에게 주는 영향은 받는 이에 따라 매우 다른 것 같다. 홀로 배낭에 간단한 침구와 식량을 가지고 대개 2박3일 정도의 여정으로 알지 못하는 계곡을 방문하면 숲은 모든 것을 보여준다.

가지골

계곡의 이름이 맞는지는 모르나 흑선동계곡의 줄기에 해당하는 작은 계곡을 방문한 것은 햇수는 기억이 나지 않으나 5월이었다. 전국 대학이 데모로 어지러워 산에 대학생들이 많아야 하나 당시에는 방학을 제외하면 산은 항상 비어 있었다. 다행이 산장에 다른 식구가 있어 단출하게 짐을 꾸려 가지골을 찾았다. 이미 봄은 절정에 달해 숲은 신록으로 제각각 최고의 아름다움을 보이고 있었다. 이름만 들어도 신비한 흑선동계곡을 초입부터 얼마 오르다 곁으로 벗어나 가지골로 드는 순간, 눈 앞에 엄청난 밝기의 꽃무데기가 확 들어왔다. 나무에 대해 무지하기 짝이 없었던 필자는 벚나무는 모두 일본에서 들어온 줄로 알고 있었는데 이런 깊은 산 속에 그렇게 큰 벚나무가 있는 것을 보고 처음으로 이 나무가 우리나라 고유 수종이 아닐까? 하는 생각이 들었다.

숲에는 아무도 없다. 새소리, 물소리 외에는 어떠한 잡음도 없다. 무심한 꽃이나 나무들이 낯모를 방문객을 물끄러미 보고만 있다. 길도 분간이 어렵다. 그냥, 아마도 심마니들이 다닌 듯한, 혹은 짐승이 다닌 흔적이 끊어질 듯 이어지고 있었다. 간혹 개울을 건너고 발을 물에 담그면서 완벽한 자유라는 사치스러운 행복에 젖어 있을 때였다. 갑자기 목뒤가 간지러운 것이 누군가 나를 보고 있다는 느낌을 강하게 받았다. 이런 깊은 숲에 누가 있을 리가 없는데…라고 생각하며 고개를 돌리는 순간, 필자는 처음에는 너무도 놀라 까무러칠 뻔하였다. 돌아다 본 그곳에 웬 할머니가 물끄러미 쳐다보는 것이 아닌가? 물론 아니었다. 그 순간 '휘익' 하는 소리와 함께 날개폭이 2미터는 됨직한 올빼미 한 마리가 나를 공격해왔다. 다행히 배낭만 잠깐 긁고 올빼미는 맞은 편 큰 나뭇가지에 날아가 앉으며 날개를 접는데 엄청난 놈이었다. 그리고 날아 온 나무에서 불과 얼마 떨어지지 않은 곳에는 역시 큰 까막딱따구리가 눈을 부라리며 앉아 있었다.

놀란 가슴을 진정시키고 부랴부랴 그곳에서 멀어졌다. 아마도 그 올빼미의 둥지가 있었던 모양이다. 이 사건은 두고두고 생각만 하여도 흥분되는 야생조수와의 대면으로 가슴에 남아 있다. 그날 밤 올빼미와 만난 장소에서 불과 얼마 올라가지 않은 장소에 1인용 소형텐트를 쳤다. 두려움이나 호기심, 혹은 고독은 없었고 숲은 나를 포근히 감싸고 있었다. 그리고 너무도 맑은 공기와 사방에서 들리는 자연의 소리는 이 무례한 도시인에게 전혀 다른 세계가 존재함을 보여주었다.

산 속은 시정과 달리 새벽이 이르다. 그리고 해가 뜨지 않는 새벽이 매우 오래 간다. 이런 때 텐트에서 나와 어슴프레한 주변을 묵묵히 보고 있노라면 시간이 정지된 듯한 착각에 빠지게 된다. 그러면서 온몸에서 자연의 힘을 받아들이는 듯 한기가 없는데도 몸이 떨려온다. 이곳에는 세속적인 것은 현재 아무 것도 없다. 있다면 이 인간과 걸치고 있는 옷과 신발, 배낭뿐이다. 나는 무엇이며 산다는 것이 무엇인지 하는 물음이 이때처럼 절절하게 가슴 깊이 파고든다. 그리고는 아무런 생각 없이 멍한 시간을 보내기도 한다. 모든 것이 중지되고 마치 내가 지금 앉아 있는 모습을 다른 내 자신이 밖에서 보는 듯한 착각에 빠지기도 한다. 문득, 다시 세속의 인간으로 돌아와서 아침을 먹으면 이내 바람의 방향이 바뀌고 만다. 이제 길을 뜨라는 말이다.

귀떼기골

이미 위에서 소개한 인적이 드문 계곡이다. 이곳에 최근에 안내등반을 하는 여행사가 있다는 말을 듣고 참으로 기가 막혔다. 왜냐하면 등산로도 그렇지만 단체로 몰려가서 볼만한 것이라곤 쉰길폭포 외에는 아무 것도 없다. 협소한 계곡이고 전체적으로 습하여 바위에는 이끼가 가득 끼어 매우 미끄럽다. 그나마 야간산행으로 내려오면 오직 위험만 있을 뿐이다. 더구나 길은 중간에 끊어져서 한번은 로우프가 반드시 필요하고 쉰길폭포 부근은 길 찾기가 매우 어렵다.

이 계곡은 다른 계곡과는 달리 계곡 초입에서 접근하는 것이 아니다. 본래 길은 계곡초입을 더 올라가 작은 능선을 넘어 이어져 있다. 명실공히 외부에 밝혀지기를 꺼리는 계곡인 것이다. 필자가 이 계곡을 자주 찾는 이유는 인적이 드문 것 외에도 백담산장에 머무르는 동기가 된 곳이고 계곡 상단부가 주는 인상이 매우 기묘하기 때문이다.

아래 부분은 매우 협소한 계곡으로 이어지는데 중간쯤에 옛 절터가 있다. 그 당시만 해도 설악에는 곳곳에 한국동란 흔적이 깔려 있었는데 여기에는 실탄과 로켓탄 탄피가 무더기로 쌓여 있었다. 길은 거의 없다시피 하고 순전히 짐작으로 올라가는데 여름에는 완전히 정글을 방불케 한다. 그러다가 길이 작은 폭포를 좌로 하고 암벽에 붙어 돌아가는데 기묘하게도 폭포 옆으로 바위가 풍화되면서 아슬아슬한 길을 이루고 있다. 그곳을 지나 좀더 가면 한번 로우프를 써서 내려가야 길이 계속되고 다시 약 20여분 더 올라가면 물길과 계곡이 완전히 둘로 갈라지는 지점에 도달한다. 바로 이 지점에서 필자는 다시 한번 신비한 체험을 하게 된다.

계곡이 둘로 갈라지면서 꽤 넓은 바위가 평퍼짐하게 펼쳐져 있는데 한 번은 그곳에서 텐트도 없이 역시 혼자 하루 밤을 보낸 적이 있다. 때는 여름이 지나고 막 가을로 접어드는 8월 중순(산에는 가을이 빠르다)이었다. 공기는 청명하기 그지없고 넓적바위에서 정면으로 보이는 암봉에는 단풍나무가 이미 조금씩 물이 들었다. 저녁을 먹고 몸을 닦은 다음, 으스스한 느낌에 옷을 꺼내 입고 밤을 맞을 차비를 한다. 낮 동안 달궈진 바위는 온기를 계속 남기고 주위는 고요에 빠지기 시작했다.

이처럼 홀로 숲 속에 있노라면 여러 가지 잡생각이 떠오를 법하지만 필자에게는 그렇지 않았다. 오히려 주변을 더욱 세밀하게 관찰하게 되고 생각 자체는 단순해진다. 그러면서 생각하는 주제가 자연히 인생 전반으로 방향을 잡게 된다. 선이라는 불교에서 행하는 수련방식을 택하지 않아도 자연에, 숲에 홀로 있으면 절로 인생이 무엇인가라는 막연한 질문이 떠오른다. 누워서도 좋고 밤하늘에 가득한 별을 물끄러미 바라보면 처음에는 잡생각이 나다가도 홀로 있는 지금 의미를 상실하고, 도대체 내가 여기서 왜 이러고 있는지에 대한 물음이 삶에 관한 질문으로 연결된다. 그런 순간 때때로 완전히 스스로를 잊어버리고 무아지경에 빠지는 수가 있다. 없다고? 천만에 말씀이다. 그 순간이 비록 짧지만 모든 인간은 반드시 그런 경험을 한다. 일상에 부대껴서 잊어버리고 있을 뿐이다.

숲에서 홀로 있으면 더구나 밤을 홀로 보내면 바로 그런 순간이 조금은 길게 찾아와 느낄 수가 있다. 그리고는 어쩐지 새로 태어난 것 같은 기분이 든다. 그리고 가족이나 친구, 사회가 아주 멀리 있거나 자신과는 관계가 없는 듯한 느낌이 들기도 한다. 밤하늘을 가로지르는 별똥별도, 주변의 물소리도 아득해지면 바로 그 무아지경 속에서 잠이 든다. 이런 날 아침에 눈을 뜨면 웬지 그곳을 떠나기가 싫다. 귀때기골 갈림지역이 바로 그런 곳이다.

조난코스

서울에서 내설악에 가자면 원통을 지나고 한계령 길을 우로 하고 진부령 길을 잡으면 바로 설악산 국립공원이 시작된다. 도로 우측 계곡이 국립공원의 경계인 셈인데 거기서 약 20분 정도 가면 십이선녀탕으로 들어가는 입구인 남교리가 나타난다. 일상적으로 십이선녀탕을 오른 뒤에 대개 흑선동계곡으로 혹은 서북주능선 종주를 위하여 귀때기청봉으로 길을 잡는다, 그런데 십이선녀탕은 가파르다. 그리고 계곡이라 계속 올라야만 한다. 거의 한나절을 가파르게 헐떡이며 계곡을 오른 등산객들은 드디어 능선에 서면 당연히 이제는 내려가겠지…하는 급한 마음에서 내려가는 길을 잡는다. 특히 지도를 보아도 아차 하면 오독이 쉬운 지역이라 내리막길인 좌측으로 길을 잘못 들면 연결되는 능선길이 당시에 백담산장에서 이름 붙인 소위 조난코스이다.

왜냐하면 십이선녀탕 계곡에서 오전에 출발하면 완전히 지친 데다 아무리 걸어도 끝이 없는 능선길이 하염없이 계속되기 때문이다. 더구나 발 아래에는 백담산장의 불빛이 바라보이는데 아무리 가도 능선은 끝이 없으니 답답하기 그지없고 심리적으로 더욱 지치게 된다.

여름에 백담산장에 있노라면 자주 그런 조난객들이 구조를 청해 왔다. 그것도 대개 밤 12시경에 말이다. 그런데 이 코스는 필자가 자주 찾는 단독 산행코스이다. 한 번은 남설악에서 대승골을 따라 안산 정상부의 기막히게 아름다운 단풍에 심취하여 시간을 보내다 보니 벌써 해는 뉘엿뉘엿 서산으로 지게 되었다. 이제부터 능선길이고 고도차도 별로 없이 계속 내려가는 길이라 터벅터벅 길을 조난코스로 잡았다. 이 길은 전혀 볼 것은 없으나 능선 숲을 느끼기에는 더 없이 좋은 곳이다. 대부분 소나무로 이루어진 숲길인데 인적은 전혀 없고 저녁의 찬기만이 온 몸을 감싸 왔다. 더구나 늦저녁이나 어슴푸레한 아침 시간에 구름에 덮이는 아래계곡을 바라보는 것은 인간이 아니요 선계에 속하는 정경이다.

어슴푸레한 시간에 보이는 소나무들의 모습은 밝은 시간에 보는 것과 전혀 다르게 어쩐지 무례한 방문객을 탓하는 것처럼 보여진다. 또는 장승처럼 달빛에 그 모습을 교교하게 들어내고 있다. 비록 길은 능선으로 나있으나 나무들이 빽곡이 들어차 숲 속을 가는 기분으로 달밤을 거닐다가 조금 평평한 곳에서 밤을 보내기로 하였다. 이 능선에서는 바로 너머에 향로봉 산맥이 보여 도시나 집의 불빛은 보이지 않는다. 달밤에 길을 걸으면 마치 온 천지에 나 혼자만이 있는 듯한 착각에 빠지곤 한다.

그런데…그런데…그날 밤은 지금까지 흔히 겪었던 산행과는 너무도 다른 밤이었다. 밤이 깊어지자 사방이 고요해지기는커녕, 사방이 갑자기 살아나는 것이다. 부시럭거리는 소리, 무언가 스치는 소리, 떨어지는 소리 등. 달빛 아래라 잘 볼 수는 없지만 많은 야생동물들이 움직이는 소리였다. 특히 무언가 쿵쿵거리는 소리는 지금도 이해하기가 어려운 소리다. 그런 큰 소리는 무언가 큰 짐승인데 이런 능선지대에 산돼지가 오리라고 보기에는 좀 문제가 있는데…어쨌던 그곳에서의 밤은 소란스럽기 그지없는 밤이었다. 밤새 시끄럽던 소리는 아침과 함께 흔적도 없이 사라졌다. 문득, 필자가 이곳을 찾아서 오히려 정적을 방해했던 것이 아니었을까 하는 생각이 들어 미안한 마음이 들었다. 새벽 들어 비가 부슬부슬 내렸지만 여름이라 추운 줄은 몰랐는데 얼마 안 가서 나무 아래에 싸리버섯이 지천으로 돋아 있었다. 가져갈 수 있을 만큼 배낭에 넣어 가서 산장식구들이 좋아했던 추억이 남아 있다.

용아장 능선

내설악의 중앙을 가로지르는 암능, 바로 용아장 능선이다. 이곳은 숲이라고 말하기는 어려우나 내설악의 아름다운 숲을 가장 잘 관찰할 수 있는 지역이다. 1970년도 중반에 이곳을 등반한 적이 있는데 지금처럼 사람들이 단체로 가던 때가 아니고 상당 부분에 암벽등반이 필요한 어려운 코스이다. 역시 정복이나 등정에 목적이 있던 것이 아니라서 이 능선을 2박3일로 여유 있게 등산한 적이 있다. 대학 후배와 함께 한 산행은 자연의 아름다움이라는 것이 인간에게 어떤 영향을 줄 수 있는가에 대한 가장 절실한 체험이었다.

충분한 장비와 넉넉한 식량으로 초가을에 이곳을 찾은 두 사람은 전날 밤을 수렴동 대피소에서 지내고, 아침 일찍 느릿느릿 능선으로 접어들었는데 이미 능선 초입부터 아름다운 내설악의 숲이 숨막히게 우리를 쫓아왔다. 멀리 서북주능 사면, 바위와 단풍진 나무들이 연출하는 그림 같은 숲, 공룡능선 아래의 깊은 숲, 대피소에서 얼마 멀지 않은 곳의 참나무 숲과 전나무 숲, 그리고 그 아래의 계곡들, 맑은 가을 하늘 아래로 펼쳐지는 아름다운 경관은 '백권의 책을 보느니 직접 한 번 보는 것이 낫다'라는 말이 무엇인지를 가슴으로 느끼게 해주었다. 단풍과 함께 온 산이 보내주는 파노라마는 가슴을 마구 두드려대는 감동으로 다가와서 숨이 가빠질 지경이었다.

계획대로 전혀 바쁘지 않은 산행 중 우리 둘은 거의 말을 하지 않은 것으로 기억된다. 암벽등반이 필요한 곳에서만 잠깐씩 서로 말을 주고받았을 뿐 산행은 말없이 이어졌고 경치가 너무나 좋은 곳에서는 그냥 시간을 보내었다. 맑고 푸른 하늘 아래 공룡능선과 그 사면에 이루어진 가야동 계곡의 숲이 보여주는 절묘한 대조는 감탄사조차도 허락하지 않는 아름다움이었다.

해발 1천2백여 미터 깎아지른 암능에서 맞는 밤은 흥분된 가슴을 식히고 당시에 읽었던 쌩떽쥐베리의 「인간의 대지」를 연상시키는 별과의 만남이었다. 암능에서 맞는 밤이란 하늘을 가득히 수놓은 별을 만나는 것인데 프랑스의 비행사였던 작가가 비행기를 별과 만나는 도구로 썼다면 우리는 간단한 등산장비가 그 도구였을 뿐이다. 눈앞에 보이는 하늘 전체가 별로 뒤덮인, 그것도 해발 1천2백여 미터이니 대기가 맑아서 그런지 눈이 시릴 정도로 뚜렷이 보이는 별들을 바라보면서 우리는 좁은 바위 위에서 제각각 멍하니 상념에 젖어 들었다. 그곳에는 모든 것이 있다가도 없어지고 갑자기 다시 나타나기도 하였다. 자연이 인간에게 주는 충격적인 감동이란 어쩌면 전혀 다른 형태로 인간에게 말로 표현하기 어려운 무언가를 제시하는 것 같았다. 능선 정상부의 좁은 바위라 몸을 확보하고 잠이 들었는데 꿈에 나는 용아장 능선을 춤추듯이 날고 있었다.

새벽에 서서히 동이 트면서 내설악의 숲이 발산하는 색의 향연이란 참으로 어떠한 글로도 표현이 불가능하다. 그저 멍하니 바라보기만 할뿐이었다. 사진? 글쎄…마냥 쳐다보고만 있다가 둘은 다시 주섬주섬 길을 떠났다. 이런 산행을 2박3일에 걸쳐 끝내고 봉정암 사리탑

(적멸보궁)에 도달하니 그렇게 좋던 날씨가 기울면서 흐려지더니, 그 날 밤 청봉 주변에는 눈이 하얗게 덮였다. 이 산행은 필자의 인생에 두고두고 아름다운 향기를 뿌려주었다. 괴로울 때나 고통스러울 때면 흔히 이때의 산행을 떠올리며 어려움을 참곤 하였다.

숲과 종교적 체험

위에서 적은 숲과의 만남, 또는 산행 중에 느낀 감정을 글로 표현한다는 것은 실상 거의 불가능하다. 필자 역시 어떻게 그 당시의 심경을 글로 표현할지 매우 막막하였다. 그래서 많은 부분 글을 줄여 독자 여러분께 이해를 당부하는 수밖에 없다. 글재주가 좀더 좋았더라면 더욱 가슴이 뛰게 표현이 가능했건만 어쩌면 거의 종교적 체험에 가까운 숲과의 만남이라 생각하고 숲과 종교라는 주제에 비종교인인 사람이 문을 두드린 것이다. 물론 단순한 체험담으로 비추어질 수도 있겠다. 그러나 이런 체험이 결국 필자의 전공을 바꾸게 하였고 자연을 벗삼아 숲을 만들며 살도록 만들었다. 인생이 바뀌어 버린 체험은 어쩌면 종교적 차원이 아닐까 하는 생각에 잠겨 본다.

윤영일은 고려대학교 화학과를 졸업하고, 프라이부르크 대학교에서 임학으로 석사와 박사학위를 받았다. 주전공 분야인 국립공원에 대한 연구에 몰두하고 있다. 1996년부터 공주대학교 산림자원학과 교수로 재직중이다. 숲과 문화연구회 운영회원이다.

영적 심성의 근원인 산림 풍치

송 형 섭

서 론

산림의 매력은 신선한 공기와 맑은 물, 조용함, 안정적 빛과 쾌적한 미기후, 자연의 신비와 아름다운 경관 등으로 설명될 수 있다. 이 중 가장 커다란 매력 요인은 Driver가 산림 방문의 주 동기 유발 요인을 산림의 풍치로 지적한 바와 같이 아름다운 산림의 풍경이라 말할 수 있다. 아름다운 산림은 우리에게 심리적 안정과 정화 효과, 그리고 풍부한 상상력과 영적 심성의 감흥을 제공하는 근원이기 때문이다. 최근 산림 경관의 중요성에 대한 공공의 인식이 높아져가고 있음은 날로 황폐화되어 가고 있는 우리의 생활 환경뿐만 아니라 정신 세계를 윤택하고 풍요롭게 할 수 있는 힘이 바로 산림 풍치에 있다는 새로운 자각에서 비롯된 것이라 할 수 있다. 본 난에서는 이러한 자각이 있기까지의 미 인식의 변화 과정과 산림의 심미적 기능을 살펴봄으로서 산림 경관 자원의 심미적 기능에 대한 이해와 활용을 높일 수 있는 계기를 마련하고자 한다.

자연관의 변천과 미 인식의 변화

인류의 역사는 산림사적으로 보면 산림 파괴의 역사이다. 인간은 산림을 경원하면서도 지금도 세계 도처에서 산림의 무분별한 훼손은 계속되고 있다. 심지어 프랑스의 르네듀보는 예술이나 문학에 표현되는 자연 풍물에 대한 찬양은 그곳에서 살고 싶은 소망을 반영한 것이라기보다는 종교적 또는 시적인 영감에 대한 지적인 표현에 불과하다고 언급한 것은 인간과 자연과의 괴리감이 얼마나 큰지를 말해 주고 있다.

그러나 이러한 자연관이 태고로부터 출발한 것은 아니다. 산림에 대한 인간 인식은 과학 문명의 발달과 이용, 이에 따른 시대 사조 흐름에 따라 변화 과정을 겪어 온 것이다. 원시시대의 산림에 대한 신성함과 숭배감에서 이후의 산업화 시기까지의 자연의 파괴 역사라 할 수 있는 인간본위적 자연관이 팽배했던 시기, 최근의 이의 각성을 통한 인간과 자연의 조화 가치관으로의 변화 과정이 이를 말해 준다. 미에 대한 인간 인식 변화 또한 이러한 자연관의 변화 과정과 무관하지 않다. 미는 일찍이 플라톤이 가치 현상을 현상이 가지고 있는 속성들에 근거하여 眞(진·verum), 善(선·bonum), 美(미·pulchrum) 3가지로 분류하여 19세기 초 프랑스의 철학자 꾸쟁에 의해 다시 주요한 가치들로 인정받아 최근에 이르기까지 여러 개념적 변화 과정을 거쳐왔다.

자연의 위대함과 숭배 사상이 지배하였던 초기 희랍시대의 경우 미의 개념은 매우 광범위한 범주로 해석되었다. 이 당시의 미 개념은 아름다운 사물이나 형태뿐만 아니라 색채, 소리, 아름다운 사고, 관습까지를 포함하는 넓은 의미로 사용되었다. 이와 함께 미의 인식을 기술적인 면으로 파악하려고 시도하였는데 이 시기에는 기하학자가 규정한 비례와 미를 보다 높게 인식하는 이성적 인식 측면이 감각적 인식 측면보다 강조되었다. 당시 사람들은 대자연의 모든 작용은 신들이 행하는 일로 보았으며 땅이나 바다 곳곳에는 신들이 존재하고 모든 현상을 이러한 신들의 조화로 보았다. 자연을 숭배와 공포의 대상으로 보았지 미적 대상으로 중시하지 않았던 것이다. 이러한 예는 그리스 신화에 나오는 판(Pan)이라는 전원신(田園神)을 통해 살펴 볼 수 있다. 판은 숲이나 들, 양떼나 양치기들의 신이다. 전우주의 상징인 동시에 자연의 권화(權化)인 신으로 여겼던 이 신은 특히 밤길을 걷는 사람들에게 공포의 대상이었다. 사람들이 특별한 이유도 없이 갑자기 느끼는 공포를 판적 공포(Panic Terror)라 말하는 연유가 여기에 있다. 또한 당시 사람들은 드리아스 등과 같은 숲의 요정들이 태어날 때 함께 자랐던 나무들은 이들 신과 운명을 같이한다고 생각되어 함부로 나무를 베는 것을 신성 모독의 커다란 죄로 간주할 정도로 자연 숭배 사상이 지배했던 시기였다.

이후 스토아 학파에 와서 기존의 광의적 미개념이 축소되어 시각이나 청각에 즐거움을 주는 것, 적당한 비례와 매혹적인 색채를 가진 것이라는 순수 심미적 개념으로 미를 파악한 시기는 자연에 대한 인간 우위의 사조가 강조되었던 시기였다. 미의 인식 또한 초기 희랍시대의 이성적 중심 사고에서 시청각을 강조하는 감각적 중심 사고를 중시하는 측면으로 변화되었다. 이러한 미개념은 자연에 대한 개발 훼손이 심각한 상태로 진행된 현대에 이르러 더욱 축소되어 형태나 색채를 중시하는 시각적 측면의 감각적 지각을 보다 강조하는 의미로 받아들여지고 있다. 요즈음 젊은 세대들의 지나친 외모 중시 경향이나 말초 신경적 감각 선호 경향은 갑자기 나타난 현상이 아니다. 산림과 같은 자연에 대한 오랜 훼손 역사와 이에 따른 가치관의 변화에 기인됨을 곰곰이 음미해 볼 필요가 있는 것이다.

산림 경관의 심미 기능

우리 국민은 아름다운 금수강산의 자연 자원을 자랑스럽게 여겨왔다. 혹자는 우리 나라만큼 아름다운 국토를 가진 나라가 얼마나 되는가 라고 반문하기도 한다. 그 만큼 우리 나라 국민은 천혜의 자연 환경 속에서 살아왔다. 이러한 아름다운 자연 환경을 갖는데 가장 커다란 기여를 한 것은 아마도 국토의 67퍼센트나 차지하는 산림이 아닌가 한다. 흔히 아름다운 숲을 가진 국가를 독일이라 하고 아름다운 산을 가진 국가를 스위스라 지칭하지만 이들 국가 공히 산림면적이 차지하는 비율은 전체 국토 면적의 25~30퍼센트 정도에 불과하다. 국내 산림은 높은 면적 비율뿐만 아니라 특이하고도 다양한 기복 지형과 숲의 형형 색색의 질감, 시원한 계곡의 물소리가 어우러진 독특한 물리적 환경 속성을 갖고 있다. 인체의 5감각적 지각을 통한 다양한 미적 체험을 할 수 있는 충분한 환경 조건을 갖추고 있기에 아름다운 국토로 표현되는 것이라 생각된다.

그러면 아름다움, 즉 미란 어떤 의미일까. 미란 아름답거나 즐겁고 예술적 풍미가 깃들여 있는 사물들의 부류 또는 형식과 창조성의 부류를 총칭한 개념이다. 따라서 미의 부류는 매우 다양하게 표현된다. 건축, 회화작품들의 물리적 사물 부류, 즐거움을 불러일으키는 심적 현상들의 부류에서부터 공간에서 전개되는 회화나 건축 작품, 그리고 무용과 노래와 같은 시간의 진행 과정의 부류, 예술가와 수용자가 지닌 능력 부류 등 다양한 개념으로 설명될 수 있다. 이러한 미적 감흥을 우리가 지각하는 수단은 인체의 오감 즉, 시각, 청각, 후각, 미각, 촉각으로 분류할 수 있으며 산림의 대규모적 경관과 그 속의 물리적 환경 요소는 이들 전체

지각 수단을 통해 여러 아름다움을 느낄 수 있는 심미 체험장의 기능성을 갖는다. 이들 산림의 미적 기능을 좀 더 자세히 분류하여 살펴보면 자연미, 사회미, 예술미로 나누어 설명될 수 있다.

산림의 자연미

산림경관은 표 1에 제시된 바와 같이 자연 생물학적 속성 범위가 매우 넓으며 장기간에 걸쳐 형성된 대규모 경관의 특성을 보유한 아름다운 자연 환경을 갖고 있다. 즉, 수목, 꽃, 지피식생, 야생동물, 곤충류 등의 다양한 동식물과 폭포, 기암괴석 등의 특징성이 어우러진 변화 무쌍한 자연미 체험의 보고이다. 산악, 수계와 같은 지형적 요소, 계절 변화와 바람, 안개, 빛과 기상적 요소, 수목, 관목, 화훼류, 풀과 같은 식물 요소, 야생동물, 곤충, 어류의 동물 요소, 폭포와 암석과 같은 수경, 석경 요소가 자연미 지각에 직접적으로 영향을 준다.

(표 1) 산림풍치의 영향 자원 요소

구 분	경관자원내용
지형재료	산악, 수계 지형
기상재료	조석 및 계절변화, 바람, 안개, 일출, 월색
식물재료	수목, 관목, 화훼류, 풀
동물재료	야생동물, 곤충, 어류
수경재료	폭포
석경재료	천연암석

이들 경관 자원은 인간이 지각할 수 있는 전 감각적 체험 즉, 시각적 체험뿐만 아니라 새나 곤충, 바람, 물소리와 같은 청각적 체험, 수목, 야생초화류 향기의 후각적 체험, 수피의 따뜻함, 물의 차가움, 공중 습도 등을 지각할 수 있는 촉각적 체험, 그리고 약수, 산채, 열매의 미각적 체험을 제공한다. 이러한 다양한 자연미 체험을 통하여 시나 회화, 음악 등의 예술적 감흥과 같은 영적 심성이 생성되는 것이다. 산림경관자원에 따른 미적 지각 특색을 정리하면 표 2와 같다.

(표 2) 산림경관자원의 미적 특색

	제 1 류	제 2 류
임 종	인공림	천연림
임 상	단순림	혼효림
수 종	침엽수, 상록수	활엽수, 낙엽수
임 령	유령림, 장령림, 동령림	노령림, 이령림
작 업	개벌형, 임상변경형	택벌형, 임상개량형
입목도	밀생림	소생림
지피식생	적음	많음
계 절	여름, 겨울	봄, 가을
미감특색	직선적, 냉정, 정돈적, 장엄, 서양건축적, 고전적	곡선적, 온난, 부정돈적, 정감적, 동양건축적, 낭만적

*참조 : 林文鎭, 1991. 「森林美學」 대만

산림의 사회미

산림 경관의 자연미가 산림의 물리적 속성 요소를 통해 다양한 아름다움과 즐거움을 체험하는 기능 수행 개념이라 할 때 사회미는 산림과 같은 자연 순환 질서의 아름다움을 통해 인간 본성의 욕망에서 벗어난 넉넉하고 포근하며 안정된 선(善)의 경지를 지향하는 내용적 미를 말한다. 프랑스의 철학자 마르틴 콜랭은 자연과 인간 본성의 해석에서 인간은 자연의 일부분이며 만약 인간이 자연으로부터 벗어날 수 있다고 생각한다면 이는 자연 속에 내재하는 법칙의 존재를 부인하는 것이라고 하였다. 자연의 법칙은 우리가 마음대로 변경할 수 없는 필연적 우주 질서인 것이다. 산림의 무분별한 파괴와 훼손사는 바로 자연의 순환 질서와 법칙을 역행한 행위였으며 이러한 가치관이 오늘날 어지러운 사회 병리 현상을 낳는데 크게 작용하였다고도 볼 수 있다.

아프리카 자이레의 북동부에 위치한 이투리라는 열대우림에는 무비티 피그미족이 생활하고 있다. 이곳을 조사한 인류학자 이치가와 미츠오는 이들 수렵민들이 구석기 시대 수렵민과 상당한 공통점을 가지고 있음을 발견하였다. 이를 전제로 그가 수렵민들의 사회를 정치·경제·사회적 평등사회라고 평가한 점은 많은 시사점을 던져주고 있다. 그는 수렵사회에서는 사회적 분업이 거의 없는 누구든 살아가는데 필요한 것은 스스로 마련해야 하며, 토지나 특정지역 야생 동식물에 대한 개인 소유가 없는 경제적 평등이 있으며, 계층적·제도적 불평등이 없는 정치 사회적 평등이 존재한다고 밝히고 있다. 그가 주장하고 있는 풍요롭고 평등한 사회 유지의 힘은 바로 자연 질서 순응에 바탕한 이들의 생활 행동 때문이라고 판단된다.

산림 환경은 여러 물리적 속성들이 서로 복잡하게 엉켜 있는 혼란한 구조를 갖고 있지만 그 속에서 보이지 않는 조화와 균형의 생존 순환 질서가 존재한다. 흔히 우리가 복잡한 산림을 혼돈스럽게 지각하지 않는 이유가 여기에 있다. 산림을 방문하면 이러한 자연 질서의 지각을 통하여 인간 사회의 비자연적 생활의 굴레를 벗어나 어머니 품에 안긴 갓난아이처럼 맑은 자연 품성으로 돌아간다. 이것이 산림의 사회미요, 선(善)의 마음이다. 산을 좋아하는 사람치고 악인이 없다는 말은 지나친 표현이 아닌 것이다. 산림은 우리의 사회 안정과 사회 윤리나 질서를 바르게 정립할 수 있는 순화 및 교육적 가치 기능을 제공하는 것이다.

토플러는 산업혁명을 자연과의 전쟁으로 보고 사회적 적자생존원칙의 대두와 좋고 큰 것을 추구하는 인간 성향을 태동시켰다고 언급하고 있다. 이러한 다양한 인간 활동은 자연 생태적 순환 구조를 방해하는 공간구조의 비자연적 변화를 초래하였고 이로 인해 인간사회의 혼돈 질서도 가속화되었다고 할 수 있다. 한 예로 Brush 등은 도시 거주 어린이와 시골 거주 어린이를 대상으로 조사 연구한 결과 시골 어린이들은 나무를 놀이 장소로 인식하는데 반하여 도시 어린이들은 건축 재료의 목재 자원으로 인식하는 비중이 상대적으로 높음을 발견하였다. 이는 도시 어린이들의 경우 산림내 놀이 기회나 산림과 같은 자연의 접촉 기회가 상대적으로 적은 이유로 설명될 수 있다. 과학기술 문명의 발달 그 자체를 선과 악의 이분법으로 구분하거나 가치관의 폭주와 갈등을 부정적 시각으로만 보고 싶지는 않다. 다만 이러한 원인으로 인하여 심화되어 가는 가치관의 혼란과 정신 세계의 황폐화를 그대로 방치할 수는 없지 않은가. 이의 기능 역할이 바로 아름다운 산림 조성과 이의 활용에 있다는 점을 강조해 둔다.

산림의 예술미

산림의 예술미적 기능은 풍부한 상상력과 이를 바탕으로한 모방과 창조성에 기인한다. 산림은 여러 형태 요소들인 능선·수간·계곡·임도 등의 선형 요소, 수종·표고·계절에 따른 색채 요소, 그리고 각 자연물과의 구성 결합·거리 등에 따른 질감 요소를 보유하고 있다. 형태적으로는 삼각구도의 안정감과 원형의 원만함이 조화를 이루고 있으며 직선의 강한 느낌과 곡선의 부드러움이 서로 안정되게 공존하고 있다. 더욱이 수종, 기상 변화, 계절에 따른 다양한 색채감과 자연물의 구성, 그리고 조망 지점 등에 따른 여러 가지의 변화된 속성을 지각할 수 있다. 산림의 이러한 시공간적 다변화 특성은 우리에게 풍부한 상상력을 제공한다. 동서 고금을 통하여 시와 소설의 문학 작품이나 미술, 음악, 무용, 건축 등 우리 인간 예술 분야에 산과 나무를 소재로 하거나 이의 모방, 창조를 통한 헤아릴 수 없는 작품이나 건축물들이 이를 말해 준다. 산림은 우리 인간에게 풍부한 감성과 상상력를 제공하며 이를 통해 새로운 아이디어의 창의성을 발휘케 하는 심미 예술적 기능을 보유하고 있는 것이다. 참고로 우리 생활 공간에서의 적정 산림 비율을 제시하면 표 3과 같다.

〈표 3〉 공간에 따른 적정 산림 비율

구분	공간의 산림분포율(%)		
	최소	최적	최대
〈밀집공간〉			
주거지	30	50~60	80
근린 휴양지	40	60~70	90
〈교외공간〉			
산업/공업지내 주거지	20	35(30~40)	70
농업 생산지	10	20	30~40
근린 휴양지	25	60(50~70)	80
외래 방문-요양지	40	60~70	90

*참조 : Ammer 등, 1991. Freizeit und Natur

결론

국토의 67퍼센트를 차지하는 국내 산림의 심미적 기능 활용을 이제 더 이상 미룰 수 없다. 영적 심성의 발원지요, 사회 안정과 질서의 원천이며 풍부한 상상력과 창의성 발휘의 근원지인 산림 경관 자원의 적절한 활용은 긴요하다. 우리 삶의 질 개선과 궁극적인 행복 추구, 그리고 올바른 윤리관의 정립과 지속적 발전을 이루기 위해서는 우리의 주변을 맑고 깨끗하고 아름답게 가꾸어야 하며 산림은 이러한 기능을 수행할 수 있는 잠재 자원임을 다시금 인식해야 한다. 특히 현재 조성 운영 중인 휴양림이나 환경 및 휴양 기능이 강조되고 있는 도시림, 이용 빈도가 높은 도로변 산림의 경우 이들 심미적 기능을 고려한 시업과 이의 기술 개발 필요성이 제기된다. 국내 산림의 대부분이 간벌 등 산림 무육작업 요구도가 높은 30, 40년생 임분임을 고려할 때 이의 필요성은 더욱 절실하다. 미의 지각 경향도 시대 조류에 의해 변화되어 왔고 앞으로도 변화될 것으로 예견된다. 지금까지 중시되었던 시각적 영향 원리에 초점을 맞춘 형식 미학적 경관 시각은 자연 생태적 안정성과 순환 질서를 중시하는 생태미학적 경관 시각으로 급속히 변화될 것으로 판단된다. 산림의 적절한 풍치 관리를 위해서는 이러한 복잡한 산림내 여러 생태 환경 인자를 복합적으로 연결할 수 있는 이론과 기술연구 또한 필요하다. 풍치 관리는 심미적 긍정 요소를 살리고 부정 요소를 제거하는 방법을 통하여 경관의 심미적 안정성과 건강성을 유지 개선 관리하는 체계이다. 흔히 산림 경관은 시업 후의 식생 복원을 통하여 처음의 부정적 요소가 시간의 경과에 의해 회복될 수 있다는 견해도 있을 수 있으나 산림이 갖고 있는 내성과 복원력 이상의 심미적 훼손이 발생할 경우 인위적 조치 없이는 이의 안정성과 건강성은 기대할 수 없다. 산림경관이 갖고 있는 이러한 자연 특성과 회복 소요 기간의 장기화는 산림의 풍치관리, 특히 최근 이용 빈도가 높은 휴양림 등의 경우 초기 관리 단계부터 풍치 관리 측면을 고려하지 않으면 우리가 바라는 산림의 심미적 기능 발휘를 기대할 수 없다. 이제 이러한 산림의 심미적 기능 가치를 재인식하고 우리의 산림을 경관 자원으로 활용할 수 있는 방법 모색과 이의 적절한 관리에 우리 모두의 눈을 모을 때이다.

참고문헌

김용덕, 「한국의 풍속사 I」. 1994. 밀알출판사. 301p
김용준 역, 「지구는 구제될 수 있을까」. 1986. 정우사. 199p(R. J. Dubos, 1980.)
박윤영 역, 1996. 「인간과 욕망」. 예하출판사. 126pp.
송형섭, 1997. 「산림풍치관리 동향」. 산림휴양연구 1(2&3): 29~37
송형섭, 1998. 「산림풍치 개념 및 관리 방향」. 산림휴양연구 2(1):91~100
양억관 역, 1999. 「종교의 위기」. 도서출판 푸른숲. 222p
이윤기 역, 1996. 「그리스와 로마의 신화」. 대원출판사. 445p

林文鎭. 1991.「森林美學」. 숙형출판사. 대만

정범모, 1995.「가치관과 교육」. 배영사. 204p

Ammer, U. and U. Probstl. 1991.「Freizeit und natur」. Verlag Paul Parey Hamburg und Berlin : 228p.

USDA-Forest Service. 1995.「Landscape aesthetics ― a handbook for scenery management」.

송형섭은 충남대학교 임학과를 졸업하고 동 대학원에서 박사학위를 취득하였다. 산림청, 임업연구원에서 근무하였고 1993년부터 충남대학교 산림자원학과 교수로 재직하고 있다. 산림휴양학 및 산림풍치관리학 분야를 연구하고 있다.

숲과 종교

이 광 호

이 글을 쓰려고 며칠을 고민 고민하다가 쓴다. 숲과 종교라는 두 단어를 놓고 보니 서로 호형호제하는 사이가 분명한데 누가 형님인지는 모르겠다. 우선 생각해 보면 숲이 분명 먼저 태어난 형님인 것 같은데, 신(神)의 입장에서 보면 이놈하고 경을 칠 노릇이다. 풀의 새싹이 돋고 나무들이 자라고 숲이 되기까지 얼마나 많은 시간이 흘렀을까? 숲 속의 나무는 전 우주적 몽상의 가장 적합한 기본이라고 한다. 왜냐하면 나무는 인간의 의식을 포착할 수 있는 길이요, 우주에 생기(生氣)를 부여하는 생명의 통로이기 때문이다. 켈트인들은 성스러운 숲을 네메톤(nemeton)이라고 부르는데, 넴이 '종교적인 의미에서' 하늘을 지칭한다고 한다. 그러므로 네메톤은 땅위에 하늘의 일부가 이상적으로 투영된 것, 일종의 낙원—경이로운 과수원 같은 것이라고 본다. 이러한 명칭은 프랑스, 영국 및 폴란드 남부의 갈라시아 지방에 수많은 흔적들을 남기고 있다. 익히 아는 얘기지만 산해경(山海經)에 나오는 우주수인 부상(扶桑)에도 10개의 태양이 걸려 있어 전 우주와 통하고 있질 않는가.

최근에 학교 교정에서 목이 잘리는 수난을 당했던 단군을 보더라도 나무와 밀접한 관계가 있다. 이처럼 신화이든 설화이든 혹은 면면히 내려오는 무속 신앙이든 나무와 연관된 인간의 함축된 정서는 우리에게 이상과 꿈을 심어 주고 있다고 본다. 이와 같이 우리의 삶의 일부이자 정신 에너지의 중심인 숲을 가꾸고 보호한다는 명제 자체가 어쩌면 너무 민간 중심적인 행동이며 생각인지도 모른다. 샤먼의 세계에서처럼 나무의 혼에게 우리는 끊임없이 되묻고 절하며 나무로부터 흘러나오는 우주의 숨소리, 그 떨림의 한 소절 한 소절을 따라 읊어야만 할지 모른다. 그러나 이제는 우리의 머리가 너무 커 버렸고, 우리는 신성(神性)을 잃어버린 세대에 살고 있다. 어디 그뿐이랴 엄마의 고귀한 젖, 아이의 최초의 꿀에서까지 350여종의 중금속 오염이 나오는 첨단 공해시대에 너나 없이 살고 있다. 어떤 먹거리이든 그냥 단번에 먹을 용기가 도저히 나지 않는 사회이다.

그 옛날 단어가 없고 언어가 없었을 때 꿀벌처럼 8자를 그리거나 S자를 그려 30리밖에 꿀이 많이 있는 나무를 발견했다고 날개 짓을 붕붕이던 그때가 정말 그리운 것이다. 허면 우리에게 희망은 아예 사라진 것인가! 그렇다. 어쩌면 우리가 바라는 이상향은 영원한 노스텔지어인지도 모른다, 희망이 없는 줄 알면서도 아등바등하고 있는지도 모른다. 그래도 우리는 숲을 본다. 거기에서 우리가 아직 느끼지 못했던 향기와 빛깔, 향수와 희망을 동시에 보고 싶은 욕심을 꿈꾼다 아무리 바쁘게 살아가는 일상이라 할지라도 우리는 우리의 의식을 잠재워서는 안 된다. 우리가 살고 있는 이 터에서 나무를 심고 가꾸며, 우리의 心性을 함께 뿌리내리고, 물을 주고, 거듭나야 하는 것이다. 여기서 한 시인의 시를 읽어보자.

숲

김영남

어느 날 숲에 들어서서 보았다,
가난한 영혼들이 서식하는 모습을.

큰 나무는 작은 나무를 깔보기 않고
작은 나무는 더 작은 나무에 군림하지 않았으며
외로운 마음은 외로운 마음들끼리
울타리를 치지 않고 살아가는 마을을.

가만히 귀를 기울이면
아랫집에서 윗집으로 받아 올리는 웃음소리가 있고,
윗집에서 아랫집으로 받아 내리는 눈물 소리가 있다.
그리고 함께 쓰러졌다 일어서는 합창소리가 들린다.

아, 그 숲에 발 딛고 있지 않는 사람은 아무도 없겠지만
우리 숲에서는 누가 그 아름다운 합창소리를 쫓아 버렸는가.
자작나무는 자작나무끼리
대나무는 대나무끼리 모이게만 하였는가.
어느 날 숲에 들어서서 보았다,
우릴 부끄럽게 하는 어깨를.
숨쉬는 푸른 평화를.

*김영남 전라남도 장흥 출생, 1997년 〈세계일보〉 신춘문예 당선, 중앙대학교 경제학과를 졸업했다.

숲은 이처럼 우리에게 끊임없이 우리의 정신세계를 맑고 투명하게 해준다. 아직 늦지 않았다. 우리의 실수를 끊임없이 반성하며 우리는 내성의 소리에 귀를 기울여야 한다. 그래서 다시 한번 강조하지만 우리의 핏줄기 속에 흐르는 신성(神性)을 되찾아야 한다.

내가 하는 천도교의 얘기를 잠깐 하겠다. 천도교인들은 종교를 믿는다는 표현보다는 한다는 표현을 많이 쓴다. 특히 젊은 세대 층에서는 그렇게들 얘기한다. 이 한다와 믿는다는 차이에 대해서는 종교 일반에 대한 문제이므로 여기서는 생략한다.

천도교의 스승 중에 해월신사가 있는데 그분은 관(官)의 지목을 피하여 36년 동안 이 땅 곳곳을 피해 다니면서도 꽃나무, 과일나무 심기를 게을리 하지 않았다, 그리고 늘 강조하기를 '만물이 대천주(侍天主) 아님이 없으니 늘 경매지심(敬畏之心)을 가지라'고 강조하였으며, 해월신사법설 천지부모편에서는 '천지는 곧 부모요 부모는 곧 천지니 천지부모는 일체니라. 한울과 땅이 덮고 실었으니 덕이 아니고 무엇이며 해와 달이 비치었으니 은혜가 아니고 무엇이며, 만물이 화해 낳으니 천지이기(天地理氣)의 조화가 아니고 무엇인가.'라고 했고 또 '부모의 포태가 곧 천지의 포태니, 사람이 어렸을 때에 그 어머니 젖을 빠는 것은 곧 천지의 젖이요, 자라서 오곡을 먹는 것은 또한 천지의 젖이니라. 어려서 먹는 것이 어머님의 젖이 아니고 무엇이며, 자라서 먹는 것이 천지의 곡식이 아니고 무엇인가. 젖과 곡식은 다 이것이 천지의 녹이니라'고 했다, 이처럼 사람은 밥에 의지하고 한울은 사람에 의지하여 그 조화를 나타낸다는 것이다. 하여 한울은 사람에 의지하고 사람은 먹는데 의지하나니, 만사를 안다는 것은 밥 한 그릇을 먹는 이치를 아는데 있다고 했다.(天依人 人依食이니 萬事知는 食一碗이니라) 이처럼 모든 사물과 일에 대하여 분명하게 하되 늘 공경의 정신으로 대하라고 했으니, 자연을 바라보고 대할 때, 그들을 경영하고 해석해 내는 일이 아니라 부모님을 섬기듯 섬겨야 하는 것이다. 물론 이와 같이 하기란 성인(聖人)이 다시 와도 어려울 것이다, 다만 우리가 살고 있는 테두리에서 정성껏 이라는

내용과 자세를 잊지 않고 살았으면 싶다. '숲과 문화연구회'와 같은 훌륭한 단체가 이끄는 대로 가끔 숲탐방을 통해서 숲의 소리와 정령들을 만나 보고 싶고, 연구진들이 재미있게 들려주는 구수한 숭늉 같은 살붙이 목소리도 듣고 싶다. 그리고 짬짬이 자연환경안내자협회에 소속된 회원들과도 짙푸른 하늘을 마주하며 세상을 이렇게 재미있게 살 수 있다는 사실을, 숲을 통하여 다시 한번 배우고 또 배우고 싶다. 끝으로 그냥 가면 섭섭하니, 나의 졸시를 하나 쓰면서 짧은 글을 여기서 줄인다.

정원사의 꿈

이시백

마포 대흥동의 2층 양옥들은
해가 바뀌어도 자라지 않는다

철길 옆으로 비스듬히 휘어
옆동네 빌딩들이 자라는 걸 바라볼 뿐
불교방송국, 가든호텔, 진도모피, 삼창프라자
빌딩들이 무성한 잎을 내어 바람에 흔들리고 있다.

나는 전지가위로 들쑥날쑥한 빌딩숲
건물들의 잔가지를 싹둑싹둑 쳐나간다
가지치기를 하고 나자 안경점 017디지털 대리점
곰돌이 책대여점, 문방구, 세탁소가 보인다

나는 들에서 뽑아온 들꽃을 골목길 어귀에 심는다
까치수염, 매발톱꽃, 애기똥풀, 며느리밑싯개까지
빌딩의 그늘이 바람을 내며 보호하기 시작한다

나는 마포의 가지치기를 아직도 계속하고 있다
골목마다 심을 풀꽃을 찾으러 곧 떠나야겠다

참고문헌

「천도교 경전」
「나무의 신화」. 쟈크 브로스/주향은 옮김. 서울 이학사. 1998
「나무와 숲이 있었네」. 전영우. 서울 학고재. 1999

이광호는 서울시립대를 졸업하고, 자연환경안내자 협회 회원이며 현재 자연환경안내자로 활동하고 있다.

식물과 자연음악

이 기 애

자연음악이란 무엇인가

자연음악은 1995년 일본 가나가와현 가마쿠라에 있는 자연음악연구소가 개발한 음악으로, 가제오 메그르(風緒輪)라는 15세 소녀가 전곡(轉曲—자연의 소리를 그대로 옮겨 적었다 하여 전곡이라고 표현함)한 음악인데 나무나 꽃, 풀 등 식물과 바람, 물, 대지 및 별 등 대자연이 보내고 있는 치유파동(波動)을 멜로디로 들어 악보로 만든 세계 최초의 음악 장르이다. 대자연의 치유파동이 1백퍼센트 들어가 있는 자연음악은 환경, 농업, 원예, 의료, 교육 등 각 분야에서 주목을 받고 있다. 특히 생태계 파괴, 기상 이변 등 심각한 환경 문제에 직면해 있는 지금, 자연음악은 지친 식물들을 회생(回生)시키고, 심한 몸살을 앓고 있는 자연계를 본래의 건강한 모습으로 되돌릴 수 있는 파동을 내고 있어 지구를 구하는 획기적인 음악으로 인식되고 있다.

자연음악의 탄생

자연음악은 1995년 9월 12일에 탄생했다. 당시 15세의 가제오 메그르는 미야자와 겐지(宮澤賢治) 동호회에서 속사포처럼 피아노를 치기 시작했다. 그것은 나무 풀 꽃들이 부르고 있는 노래가 들린다면서 귀에 들리는 대로 악보 없이 피아노로 친 것이다. 그날 60여 곡이 카셋트 테이프에 녹음되었으며 가제오 메그르는 그로부터 1년 사이에 5백곡 이상을 전곡(轉曲)했다.

일본에 미야자와 겐지(宮澤賢治)라는 유명한 시인이자 동화작가가 있다. 그는 지금 이 세상에 없지만 그를 좋아하는 사람들이 모여 그의 작품을 읽고 연구하는, 미야자와 겐지 동호회가 있는데 자연을 좋아하고 사랑하는 사람들의 모임이다. 이 동호회에서는 미야자와 겐지에게 배워 식물, 바람, 구름 그리고 물 등과도 대화를 했다. 그러던 중에 식물의 마음을 이해할 수 있는 사람들이 나타났는데 가제오 메그르도 이 동호회의 회원이었다. 이날 처음 가제오 메그르는 자신이 들은 식물의 소리를 피아노로 표현했다. 메그르가 전곡을 시작한지 2주일 후 5백명이 모이는 미야자와 겐지 낭독회에서 자연음악을 선보였다. 이날 소개된 자연음악은 '벗꽃노래', '사과나무꽃의 저녁 노래' '등나무꽃 노래(오후 2시)' '봄바람 노래' '활짝 갠 가을날의 단풍 노래' 등 다섯 가지 곡이었다.

일본인들은 어떤 모임이 끝나면 그 모임에 관한 감상문을 제출하는 것이 상례인데 이날 콘서트도 예외는 아니었다.

들어보니 단순한 멜로디인데 마음이 편안해지고 왠지 고향에 온 것 같은 느낌이 든다는 내용의 감상이 주류를 이루었다. 그런데 몇 가지 특이한 감상문이 제출되었다. 상당수 사람들이 음악을 듣고 난 후 머리가 아픈 것이 나았다거나, 다리가 아팠는데 시원해졌다거나 어깨 50견이 가벼워졌다는 식으로 몸에 반응이 나타난 것이다.

1996년 7월 자연음악 가수 아오키 유코의 자연음악 CD가 발매되자 생각지도 않았던 일이 일어났다. CD를 들은 사람들 가운데서 콘서트 때와 같이 갖가지 질병이 호전되었다는 보고가 들어온 것이다. 이때 미야자와 겐지 동호회는 식물이 부르는 노래는 '치유파동'이라는 사실을 처음으로 알게 되었다. 자연음악이 어떤 것인지를 본격적으로 연구하기 위해 1996년 '자연음악 연구소'가 설립되었으며 노래하는 방법을 지도하고, 자연음악이 인간과 식물환경 등에 미치는 효과에 대한 연구가 시작되었다. 한국에서는 1998년 9월에 자연음악연구소가 설립되어 자연음악을 보급하고 있다.

치유의 힘을 지닌 자연음악

음악요법은 유럽이나 미국에서는 잘 알려져 있는 요법이다. 하지만 음악요법은 약물요법의 보조수단으로 정신질환이나 일부 심신증(心身症)의 치료에 도입되고 있는 정도이다.

그러나 자연음악요법은 다르다.(자연음악요법이란 단지 편안하게 누워 자연음악을 듣는 것 또는 부르는 것을 말한다) 의학에서 치유가 곤란하다고 여겨지는 우울증 환자가 자연음악요법에서는 스스로 약을 끊고 좋아진 사례가 많이 있다. 더 놀랄 일은 목뼈의 연골이 하나 없어 심한 통증으로 피로워하던 사람의 예다. 목 수술로 연골 대신하는 것을 삽입해도 통증은 반밖에 줄어들지 않는다고 진단을 받은 사람이 단 두 번의 힐링으로 통증이 사라졌다. 연골이 없는 상태에서 말이다. 아토피가 사라지고 천식이 좋아졌으며 오래된 요통과 비염이 낫는 등 아직 2년 반의 실험 기간 중이지만 놀람의 연속이다. 의사들이 관심을 가지고 연구를 계속하고 있다. 요관결석 환자가 몇 군데 병원에서도 격통이 멎지 않자 마지막으로 자연음악요법을 실험중인 의사의 병원에 왔다. 자연음악 CD를 들려주자 잠을 자기 시작했으며 격통이 사라졌다. 세 번째 병원에 와서 자연음악을 들은 후에는 놀랍게도 결석이 몸밖으로 자연 배출되었다. 최근의 뇌연구에 의하면 뇌에는 엔돌핀(체내 홀몬)이라고 하는 마약 모르핀의 10배 정도의 진통 작용이 있는 홀몬이 분비되고 있다고 하는데 자연음악은 뼈에도 뇌에도 작용하는 것이다.

일반 음악요법의 클래식 음악 등은 마음의 Relaxation 내지는 약에 의한 치료의 보조적 수단이다. 일반 음악과 자연음악은 왜 이렇게 다른 것일까? 인간이 작곡한 음악과 자연계의 치유파동의 음악에는 들어가 있는 에너지가 다르기 때문이다. 에너지가 다르면 기능과 역할이 달라지는 것은 당연한 일이다.

자연음악을 부르거나 듣는 사람은 대부분 '마음이 밝아졌다, 사소한 일로 걱정하지 않게 되었다, 모든 것에 대해서 부드럽게 되었다'고 감상을 말한다. 피부가 윤기 있게 변하는 사람도 있고 예뻐졌다는 말을 자주 듣는다는 사람도 있다.

식물은 한방에서는 약초로 쓰이고 있다. 수백 종 되는 약초 엑기스가 자연음악에서는 음(音)으로 나오고 있다고 보고 있다. 식물이 부르는 치유의 노래는 약초 엑기스랑 같다고 생각하는 것이다. 그러므로 들으면 잠에 빠지고 깨어나면 기분이 상쾌해지고 활력이 솟아나기도 한다. 개중에는 가래가 심하게 나오거나 화장실을 자주 가기도 한다. 이것은 몸의 정화작용이며 이와 병행해서 마음도 밝고 부드럽게 변화한다. 이것이 마음의 정화작용이다.

자연음악연구소에서는 지금까지의 연구 결과 인간의 마음과 몸의 파동을 정비해 주는 파동이 자연계의 파동이며 이 자연계의 치유파동이 자연음악에서 나오고 있다는 사실을 알게 된 것이다.

식물이 내는 두 종류의 산소

그러면 이 치유파동은 어디에서 나오는 것일까? 식물로부터 나온다. 식물은 인간에게 세 가지 선물을 주고 있다. 1) 산소, 2) 의식주, 3) 치유파동이다. 우리들 인간은 식물이 산소를 내보내 주기 때문에 살 수 있다. 만약 지구에서 식물이 사라진다면 식물의 광합성 작용이 없어지므로 인간은 산소 부족으로 죽게 된다. 우리가 호흡으로 산소를 들이마시면 이 산소가 혈액에 들어가 혈액을 정화시키고(정화 작용) 이 혈액이 몸 전체를 돌아 모든 세포에 산소를 가져다줌으로 이것이 에너지로 바뀌어 살 수 있고 활동할 수 있는 것이다.(생명 유지 작용)

이렇듯 산소는 우리들의 생명줄이다. 그런데 식물의 두 종류의 산소를 내주고 있다는 사실을 알고 있는 사람은 거의 없다. 호흡으로 들이마시는 산소는 (Oxygen, 화학기호 O_2)이다. 이외에 또 하나의 산소인 파동산소가 있다. 이것에 대해서는 과학이 아직 파악을 못하고 있다. 삼림욕은 왜 심신건강에 좋을까? 숲에는 산소 외에 고주파음이 있고, 이 고주파음이 뇌파에 알파(α)파를 보낸다고 하는 정도밖에 모르고 있다.

그러나 자연음악이 이 파동산소의 존재를 확실하게 증명했다. 식물들이 노래를 부르고 있고, 가제오는 그것을 멜로디로 들었다. 사람들이 이 멜로디를 들으면 마음이 치유되고 몸도 상쾌하게 조절되는데 이것이 바로 파동산소, 즉 치유파동 때문이다.

식물은 끊임없이 치유파동을 내보내고 있으며 가제오 메그르에게는 이 치유파동이 끝없이 무한한 깊이를 지닌 음악으로 들리는 것이다.

어떤 식물도 치유라고 하는 점에서는 똑같은 파동을 내고 있지만 식물 하나 하나가 모두 다른 개성을 지닌 파동을 내고 있기 때문에 여러 가지 멜로디로 들리는 것이다. 이것이 자연음악이다.

멜로디에 따라 파동 구조가 다르기 때문에 치유효과의 작용은 각각 다르지만 총괄적인 효과라고 하는 점에서는 똑같은 치유이다. 그것은 '마음'의 치유와 '몸'의 치유 양쪽 다 포함한다. 물질 산소가 육체의 '정화'와 '생명 유지'의 작용을 하고 있듯이 파동 산소도 영혼의 '정화'와 '생명 유지'의 작용을 하고 있다.

그리고 영혼이 정화(淨化)되지 않으면 내재(內在)해 있는 생명의 근원과의 교류가 멀어지므로 정신적으로도 육체적으로도 치명적인 결과를 낳는다. 이것의 파동 산소 결핍에 의한 죽음이다.

이 파동 산소 결핍사(死)가 지금 지구인에게 일어나고 있다. 왜냐하면 사람이 지구로부터 식물을 없애기 때문이다. 식물과 자연계에 대한 사랑을 잃었기 때문이다. 즉 사람들은 자연계는 죽은 물질이라고 생각하여 아무렇지도 않게 나무를 자르고 그것으로 사치를 하며 풍요롭게 생활하고 있는 것이다.

그러나 과연 그것이 풍요로운 것일까? 행복한 것일까? 대자연계의 이변으로 지구 전체가 위험하다는 사실에 언제까지 모르는 척 눈을 감고 있을 수 있을까?

원인은 사람이 나무나 풀 같은 식물을 사물(死物)이라고 생각했기 때문이며 석탄이나 석유 같은 광물도 죽은 것이라고 생각했기 때문이다. 생명이 있는 것을 단순한 물질이라고 착각하여 자신의 사치와 향락을 위해 먹고 쓰고 버려온 것이다. 이 무지(無知)와 야욕이 식물을 고갈시키고 그 결과 산소 결핍증을 만든 것이다.

식물과 자연음악

우리는 자연음악에 접하면서 처음으로 식물이 치유파동(생명 에너지)을 내고 있다는 사실을 알았다. 식물은 산소, 음식물, 치유파동 이 셋을 무상(無償)으로 내주어 다른 생물을 살리고 치유하고 있다. 식물끼리도 마찬가지이다. 식물은 '상호부조(相互扶助)—상호봉사(相互奉

事)'하는 존재. 대가를 요구하지 않고 주기만 하는 신성한 존재이다. 또한 식물은 마음과 감정과 기분이 있어 우리들에게 부드러운 말을 걸고 있으며 한시도 쉬지 않고 지구 전체의 파동을 고르게 하여 균형을 유지하려 하고 있다. 예를 들어 어떤 한 나무가 잘리면 잘린 나무는 깜짝 놀라며 동시에 주위의 나무들도 모두 놀란다. 왜냐하면 나무는 서로 영향을 주고받는 관계이기 때문이다. 그러면 가장 놀란 파동을 낸 잘린 나무를 향해서 다른 나무들이 모두 치유파동을 보낸다. 균형을 바로잡고자 하는 마음이 치유파동의 근원으로 이것으로 자연계의 균형이 유지되고 있는 것이다.

식물의 치유파동이 있기 때문에 인간의 몸의 병이 파동에 의해서 조절되며, 마음의 왜곡된 파동도 조화를 되찾도록 자극을 받고 있는 것이다.

만물의 조화를 유지하려고 하는 자연계의 묘기는 정말 굉장하다. 식물이 있기 때문에 우리의 정신과 몸은 언제나 조화로운 쪽으로, 정상적으로 되돌아오고 있는 것이다. 식물은 지구 전체의 균형, 만물의 균형을 유지하기 위해 치유파동을 내고 있는데 이것은 식물의 본능, 다시 말하면 자연계가 부여한 식물의 역할이라고도 할 수 있다.

반면 우리들 인간은 그 균형을 깨고 있다. 인간 위주의 편리한 생활과 이기주의에 기인한 삼림 남벌로 상처받고 과로로 병든 식물들이 급격히 늘어나고 있다. 식물들이 급격히 감소되면서 식물간의 연결, 즉 네트워크가 파괴되고 있는 것이다. 치유하는 식물과 병든 식물의 균형이 무너지면 지구 전체의 균형은 무너진다. 이대로 산림벌채가 진행되면 지구가 위험하게 될 것 같다고 경고하는 연구 결과와 보도자료는 무수히 많다. 돈벌이와 사치를 충족시키기 위한 대량 소비로 무자비하게 나무를 베고 있는 것이 그 원인이다. 초원이 말라 사막화가 진행되고 있다. 삼림을 벌채하기 때문에 기상이 이상하게 되어 건조화가 진행되고 토사가 초원을 덮치고 있다. 또 무계획적인 방목이 지구로부터 초원을 없애고 있다. 바다의 식물 플랑크톤도 오염과 오존 구멍 때문에 계속해서 사라지고 있다.

'자연계는 물질'이라고 생각하는 사상이 인간으로 하여금 자연계에 대한 사랑을 잃게 했으며 그 결과 자연을 착취하고 마구 쓰며 돌보지 않게 된 것이다.

아직 지구에는 충분히 식물이 많이 있다고 생각하는 사람들이 있다. 지구에 식물은 있으나 없는 것이나 마찬가지이다. 무슨 이야기냐 하면 식물들이 '치유파동'을 별로 내보낼 수 없게 되었기 때문이다.

지금 위기에 처해 있는 식물들을 소생시킬 수 있는 방법은 무엇인가? 지구에 자연계의 치유파동을 회복시킬 수 있는 방법은 무엇인가?

식물밖에 부를 수 없는 노래를 인간이 부르기 시작한 것이 자연음악이다. 인간이 식물들의 노래를 목소리로 부르게 되었다는 사실은 대단한 일이다. 왜냐하면 들리지 않는 노래를 사람의 목소리, 즉 들리는 노래로 세계에 전할 수 있기 때문이다.

그뿐 아니라 시들은 식물들이 눈을 다시 뜨게 된다. 자신들의 노래를 부르고 있는 존재가 있으므로 기뻐 거기에 맞추어 같이 부르게 되는 것이다. 이 식물들의 노래가 다시 울려 퍼지면 다른 세계의 식물들이 눈을 떠 다시 한번 자연계의 대합창이 시작된다.

자연음악은 지친 식물들을 대신하여 인간과 만물을 치유하고 균형을 되찾기 위해 태어난 음악이다.

자연음악의 파동

여기에서 가제오 메그르가 말하는 자연음악의 파동에 대해 간단히 설명하기로 하자.

그림 위아래 옆선으로 통처럼 되어 있는 것이 자연음악의 파동이다. 속에는 실같이 가는 줄이 무수히 있다. 이 전체가 자연음악이다. 이

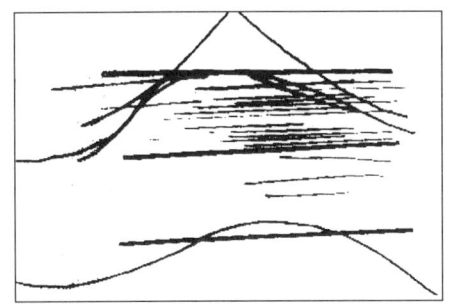

것을 들으면 단음(單音)으로 들린다. 그러나 주의해서 들으면 중창의 하모니로 들린다. 그런데 이것은 무한히 변화한다. 그것은 무수하게 있는 가는 줄이 각각 서로 얽혀 그렇게 되는 것이다. 따라서 자연계의 노래를 듣는 귀를 가짐에 따라 이 무한이라고 해도 좋은 버라이어티를 가진 자연음악이 들리는 것이다.

이와 같이 자연계가 부르는 노래는 천연 자연계의 깊이가 끝이 없는 것처럼 끝없이 깊은 것이다. 이른바 조물주가 창조한 우주의 깊이와 같은 깊이를 가진 음악이다.

그럼 밑부분에 파도 같은 선이 있다. 이것은 가제오가 설명하기 위해 그은 선인데 식물은 항상 다른 것으로부터의 파동을 받아 느끼고 있다. 따라서 식물의 파동이 일시적으로 이렇게 변한다고 하는 설명이다. 그러므로 인간이 식물을 상처 주거나 또는 식물 주변에서 잔혹한 행위를 하거나 나쁜 마음을 먹거나 하면 식물은 즉각 민감하게 반응하여 놀라움과 위기감을 표시하는 이상한 파동이 되는 것이다.

따라서 인간의 잔혹한 행위와 나쁜 상념이 심해지면 민감한 식물은 견딜 수가 없다. 반대로 인간이 식물에게 부드러운 마음을 주기만 해도 식물은 건강해질 수 있다. 좋은 파동을 인간으로부터 받기 때문이다.

자연음악에서는 '식물에게 말걸기'를 권장하고 있다. '안녕, 고맙다' 같은 간단한 말걸기이다. 이 말걸기는 자연음악을 식물들에게 들려주는 것만큼 효과가 있다.

자연음악으로 아름답고 부드러운 세계를

식물은 24시간 끊임없이 치유파동을 내주고 있으나 우리들이 식물의 치유파동을 받아들이기 위해서는 식물을 아끼는 마음이 절대 조건이다. 이것은 물리학의 '공명(共鳴)의 법칙'으로 설명할 수 있는데 '같은 파장끼리 공명하는 법칙'이다. 식물의 파장에 우리들의 파장을 맞출 때 공명이 일어나 치유 파동(생명 에너지)이 1백퍼센트 들어오는 것이다. 식물은 언제나 치유 파동을 내고 있기 때문에 사람이 나무를 보고 있기만 해도(의식을 향하기만 해도) 치유 파동은 들어오기 쉽다. 나아가 사랑의 말을 걸면 공명의 법칙으로 더욱 들어오기 쉽게 되는 것이다. 만약 식물의 신성을 우리 인간의 천성으로 할 수 있다면 얼마나 멋진 세계가 될까. 지금 우리는 자연음악을 듣고 부르는 것으로 이 천성을 조금씩 받아들이기 시작했다. 자연음악을 부르고 듣는 사람들이 밝고 부드러우며 생기있게 변하는 것은 그 때문이라고 생각하고 있다.

가제오 메그르는 말한다. "식물은 음악으로 말하고 있어요. 그리고 인간의 말도 마음도 음악으로 듣고 있구요"라고. 우리가 마음 속에서 생각하고 또 내뱉는 아름답지 않은 말들이 얼마나 식물들을 괴롭히고 또 세계를 더럽히고 있는 것일까. 자연음악은 대자연의 '천성'을 우리들의 심신(心身)에 새기고 아름답고 부드러운 세계를 만들기 위해서 태어난 것이 아닌가 하고 생각하는 바이다.

이기애(李基愛)는 대전에서 태어나 이화여자대학교, 동대학원에서 신문방송학을 전공하고 1979년 일본 유학, 上智대학에서 국제 컴퓨니케이션 박사 과정 수료하고, 현재 일본 게이센(惠泉)여자 대학 교수, 한국 자연음악 연구소 소장이다.
저서로는 「일본을 안다구요?」, 번역서「자연음악」「자연음악 요법」, 편집서로는 「세계의 미디어」「세계의 뉴미디어」가 있다.

숲에서의 허브아로마향과 심신의 치유

오 홍 근

요즘 숲속 생활과 허브에 대한 우리의 관심이 많아지고 있다.

아름다운 향기를 내는 싱싱한 허브를 책상 위에 올려놓고 공부하면 머리가 맑아지고 집중이 잘되는 것 같고 집안 공기도 깨끗해지는 것 같아서 좋아하게 된다.

특히 짙은 푸른 숲 속에서의 아로마향은 우리의 몸과 마음을 이완시켜 주며 명상상태로 이끌어 준다.

숲 속에 자라고 있는 많은 식물들은 나름대로의 고유한 냄새와 특성을 우리에게 제공해 주면서 기능을 발휘하고 있는 것이다.

그 중의 하나가 우리의 몸과 마음을 일원론적으로 조화롭게 만들어 주고 화음을 이끌어 주어 치유의 길로 이끌어 주는 일이다.

숲속에 들어가면 자신도 모르게 마음이 편안해지고 안정이 되는 이유가 사실은 각 식물들이 내품는 아로마향의 영향 때문이라는 것을 과학이 밝히고 있다.

이러한 아로마향의 특성과 함께 향그러운 허브차, 상큼한 내음의 허브식사까지 곁들이면 금상첨화가 될 것이다.

어떻게 허브향은 우리의 일상생활과 건강에 도움을 줄 수 있는 것일까?

누구나 향을 맡으면 정신이 맑아지고 기분이 좋아질 것이라는 상상을 할 수 있다.

꼭 과학적으로 생각해 보지 않더라도 막연하게 우리는 향기로운 냄새가 마음과 영혼에 영향을 준다고 가정하고 있는지도 모른다.

허브에서 휘발성이 강한 성분인 에센스오일만 따로 추출하여 농축시킨 아로마오일이야말로 가장 적극적이고 전문적인 치료성분이라고 할 수 있으며 이것을 이용하는 치료법을 아로마향치료(아로마테라피)라고 한다.

허브를 이용한 아로마향치료의 원리는 무엇인지 알아보자.

우리가 보고(시각), 듣고(청각) 할 수 있는 능력은 냄새맡는 것보다 거리 상으로 더 멀리 떨어져 있어도 가능하다. 반면에 냄새는 어느 정도 가까이 있어야 느낄 수 있다.

그러나 냄새는 시각이나 청각보다 약 1만 배 이상 더 빠르게 반응을 보인다. 다른 감각보다 후각이 더 빠르게 뇌로 전달이 되기 때문이다.

냄새가 향입자들로 분산이 되어 뇌를 자극해서 호르몬이나 신경화학물질을 분비하게 하고 몸의 생리작용이나 행동을 변화시키게 만든다. 특히 변연계라고 하는 뇌의 가장 오래된 부위에 직접 연결이 된다.

거기에는 시상하부나 뇌하수체와 같은 기관이 모여 있어 감정상태, 기억능력, 성기능, 내장기능을 담당하는 곳으로 쾌감과 같은 본능적 행위나 학습된 것에 대한 기능을 관장하는 곳이다.

아로마 향치료를 하면 감정과 연관된 기억력을 되살릴 수가 있고 성기능을 회복시킬 수 있는 것은 바로 이러한 작용 때문이다.

아로마 향치료는 이러한 후각기관의 생리기능이 연구되고 알려지면서 더욱 발달하게 되었다. 미국 신시네티대학의 연구에서 페퍼민트와 은방울꽃 향기가 업무수행능력을 15~25퍼센트까지 증진시켜 주는 것을 밝혀 냈다.

또 오랜 비행 후의 시차적응 문제도 아로마 향오일을 흡입하거나 목욕함으로 해서 쉽게 해결되는 것을 알았다. 실제로 런던 히드류공항 면세점 등에서는 이러한 아로마제품을 판매하고 있으며 황실의 여왕이나 황태자가 즐겨 사용한다고 알려져 있다.

일본만 하더라도 건물 안에 에어컨디션 시스템을 통해 향을 발산시키고 있는데 일본에서 세번째로 큰 회사인 시미주건설회사가 대표적이다.

미국 아리조나대학의 신경정신과연구에서도 사과향이 1분 이내에 뇌파를 변화시키면서 진정효과를 나타내는 것을 확인하였다.

더 나아가 아로마 에센셜오일이 활발한 기 에너지를 가지고 있어서 우리 몸을 진동시키고 활성화시켜 주는 것도 알려지고 있다.

영국 옥스퍼드 병원에서는 주로 아로마 에센셜오일을 정신과에서 쓰는 신경안정제나 진정제 대신 사용하고 있는데 이것은 라벤더, 마조람, 제라니움, 만다린, 카다멈오일 등이 뇌에서 엔돌핀과 엔케팔린과 같은 안정물질과 항우울물질을 분비시켜 주기 때문이다.

이러한 아로마향은 이미 고대문명에서부터 신성한 영혼을 불러들이는데 사용하여 왔는데 성당에서 몰약과 유향을 뿌리고 사찰에서 삼목나무향을 발향시켜 신과의 접촉을 용이하게 해 주었던 것이 그 예이다. 그 당시는 식물나무들이 하늘과 땅 사이를 연결해 주는 메신저 역할을 한다고 생각해서 식물의 생명력을 품고 있는 향오일을 사용했다고 풀이된다. 이제는 의학적 연구로 에센셜오일에 들어 있는 정신기능향상물질들과 신경전달물질들이 밝혀져 허브향이 얼마나 우리의 정신적, 영적 영역에 영향을 주고 있는지가 더욱 확실해졌다.

이외에도 아로마 치료로 혈압을 낮추어 주고 정신기능을 향상시켜 주며, 스트레스를 조절해 주는 효과를 쉽게 얻을 수 있다.

아로마 향치료법으로 효과를 볼 수 있는 증상이나 질환을 열거해 보면 다음과 같다.

1. 스트레스나 불안, 우울증, 불면증, 두통, 편두통과 같은 정신, 신경장애
2. 근육통증이나 류머치스관절염
3. 소화불량, 헛배부르고 가스가 차는 증세, 위염
4. 여성질환, 생리장애, 폐경기장애, 산후질병
5. 피부질환, 피부염, 건선, 습진, 여드름, 알레르기성 피부염
6. 고혈압, 동맥경화증, 임파선 순환장애
7. 방광염, 감기, 인후염, 기관지염과 같은 감염 증세
8. 면역 기능장애, 내분비 기능장애
9. 학습장애, 기억력장애, 치매
10. 칸디다질염, 헤르페스, 트리코모나스질염, 무좀
11. 성기능장애

최근에는 항암치료, 신장투석, 방사선 치료 중에 발생하는 부작용을 줄여 주는데 응용해서 이용되고 있다.

지금 세계 곳곳의 많은 의학자, 화학자, 피부미용연구가, 실험연구원들이 앞다투어 아로마치료에 대한 연구와 개발을 진행하고 있다.

특히 영국, 프랑스, 독일, 벨기에, 스위스가 가장 활발한 나라들이며 미국, 캐나다, 호주 등이 후발주자로 뛰고 있다.

필자도 국내에서 아로마 향치료를 통해 뇌파검사에서 안정된 알파파가 나타나고 체열검사에서 순환기능이 향상되며 뇌혈류검사와 생체 에너지 공명검사에서 치료적 변화가 나타나는 것을 실험한 바가 있다.

다음은 아로마 향요법으로 치료한 예를 들어보자.

K양은 직장에서 인정받는 20대 후반의 미혼 여성이다. 일 처리가 깔끔하고 책임감이 강하여 남들에게 호감을 준다. 그러나 본인은 막상 남들과 어울려서 이야기하고 즐기는 것에 부담을 갖고 있다. 다른 사람과 있을 때는 괜히 마음이 불안해지고 손발까지 떨리는 증세가 나타나기 때문이다. 그래서 혼자 있을 때가 가장 마음이 편하다.

이런 증세는 재수 끝에 전문대에 들어간 후부터 나타났다. 원래 쾌활한 성격은 아니었으나 이때부터 남들이 나를 어떻게 보는가에 신경이 쓰이면서 얼굴이 붉어지고 가슴이 두근거려졌다. 이러다가 괜찮아지겠지 했으나 증세는 더 심해져 대인공포증이 생기고 사람 만나는 것을 회피하게 되었다. 혼기를 놓칠까 봐 걱정하는 부모의 권유로 아로마 향치료를 시작하였다.

전문의가 처방해 준 장미향과 제라니움향이 포함된 혼합 아로마 향오일로 점차 불안이 없어지고 자신감이 생겨났다. 이제는 편안한 마음으로 백마탄 기사도 만나고 있다.

또 다른 예가 있다. 여성들에게는 나이가 많고 적고를 불문하고 아름다움을 유지해야 하는 절대절명의 불문율이 있다. 젊은 여성들에게는 여드름이 천적이다. 사춘기도 지났건만 불쑥 불거져 나와 남의 시선을 받아야 하니 정신적인 고통이 이만저만이 아니다.

심한 여드름 때문에 항생제까지 먹어야 할 때는 빈대 한 마리 잡기 위해 초가삼간 다 태우는 꼴이 되어 이러다 내 몸이 어찌되려나 걱정이 앞선다.

이때 양국화향과 유칼리향으로 처방된 아로마 마사지오일은 훌륭한 구원투수가 된다.

아로마 향오일의 탁월한 피부 진정작용과 세균정화효과는 여성의 모든 피부 트러블을 해결해 줄뿐만 아니라 미묘한 홀몬기능 등 몸 안의 생리기능까지 균형 잡게 해주는 역할을 한다.

피부염과 문제성 피부에는 클라리세이지향을 추가함으로서 맑고 깨끗한 살결을 유지할 수 있다.

다음은 이러한 아로마 향오일을 구체적으로 실생활에 사용하는 몇 가지 예를 들어보도록 하자.

아로마 향 흡입법

발산되고 있는 아로마 향을 코로 흡입하여 치료하는 방법이다.

호흡기질환, 축농증, 천식, 기침과 같은 증세에 효과적이다. 아로마 향이 강한 살균력과 염증제거작용을 하기 때문이다.

또 두통, 편두통과 같은 통증에도 진정효과를 발휘하여 안정시켜 준다.

이러한 흡입법은 몸 전체에 영향을 주고 정신과 감정에도 균형과 하모니를 이루게 한다. 물론 아로마 향오일의 화학성분은 박테리아와 바이러스의 증식을 막고 제거시켜 주며 통증을 없애 주고 거담작용을 한다.

흡입을 할 때는 50cc 정도의 끓인 물을 넓은 그릇에 담고 거기에 아로마 향오일을 3~5방울을 떨어뜨려 수건을 머리에 덮어쓰고 호흡을 한다.

이때 뜨거운 증기로 화상을 입지 않도록 너무 가까이 얼굴을 대지 말고 눈을 반드시 감도록 한다.

흡입은 적어도 10분 정도 하고 뜨거운 물을 받아서 하는 대신에 아로마 증발기나 램프를 이용하여 오랫동안 반복적으로 하기도 한다.

건조흡입방식도 있는데 이것은 뜨거운 물에 아로마 향오일을 떨어뜨리는 대신에 향오일을 티슈나 손수건에 1, 2방울 떨어뜨려 코 가까이 대고 흡입하는 방법이다.

사무실 안이나 차 안에서 간편하게 할 수 있으며 사람이 많은 장소에서 감염증을 예방해 주고 멀미나 두통, 코가 충혈 되는 것을 해결해 준다.

예를 들면 비행기 멀미나 코가 건조해질 때는 버가모트와 라벤더 한 방울씩을 티슈에 떨어뜨려 코로 흡입을 한다. 또 콧속이 충혈이 되어 있을 때는 향오일을 아몬드오일로 희석을 하여 콧속에 뿌려 주어도 좋다.

코점막이나 피부에 아로마 향오일이 직접 닿으면 자극을 받아 충혈이 되거나 알레르기 반응을 일으킬 수 있으므로 이때는 반드시 순수한 식물성 오일로 희석을 해서 사용하는 것이다.

다음은 흡입법으로 쉽게 해결할 수 있는 증상들을 설명한 것이다.

긴장, 불안할 때 : 베이질, 네롤리 (또는 베티버, 라벤더)를 1, 2방울 손수건에 떨어뜨려 3번의 심호흡을 통해 흡입한다.

감기, 기관지염, 목감기 : 파인, 유칼립투스 (또는 캄퍼, 샌달우드) 3~5방울을 더운물이 담긴 그릇에 떨어뜨려 수건으로 머리를 덮고 눈을 감은 상태로 흡입한다.

또는 유칼립투스, 레몬, 블랙페퍼, 파인, 사이프러스, 티트리, 미틀, 프랑킨센스, 팔마로사, 로즈마리, 라벤더에서 선택하여 흡입, 스프레이 하는 방법도 좋다.

피로, 스트레스가 심할 때 : 주니퍼, 라벤더 (또는 로즈마리, 제라니움) 1, 2방울을 티슈에 묻혀 코에 대고 심호흡을 한다. 또는 각각 10방울씩을 섞어 이중 5방울을 더운 세수대야물에 붓고 10분간 발목욕을 하면 피로와 스트레스가 풀린다.

소화불량, 가스 찬데 : 카다멈, 페퍼민트(또는 블랙페퍼), 오렌지를 각각 1방울씩 손수건에 떨어뜨려 코에 대고 흡입하면 거북한 증상이 제거된다.

폐경기증후군으로 얼굴이 화끈 달아오르고 불안할 때 : 라벤더와 케모마일 1방울씩을 티슈에 떨어뜨려 흡입한다.

아로마 향을 피부에 마사지하여 흡수시키는 아로마 마사지법을 이용할 때는 반드시 케리어 오일이라고 하는 식물성 오일로 희석해서 사용해야 한다. 아로마 향오일은 고도로 농축된 원액이기 때문에 그대로 피부나 연약한 점막에 사용하면 자극을 받아 부작용을 일으킬 수 있기 때문이다. 보통 1~3방울의 아로마오일에 1티스푼의 케리어오일을 섞는 비율로 사용하는데 케리어오일에는 아몬드 오일, 포도씨 오일, 아보카도 오일, 맥아오일 등이 쓰인다.

구체적인 사용방법은 뜨거운 물이 들어있는 그릇에 아로마오일을 2, 3방울을 떨어뜨려 거기서 발산되는 향을 흡입하는 방법이나 아로마 램프를 이용해서 사용하는 방법이 있다. 또는 거즈나 수건, 티슈에 1, 2방울 떨어뜨려 코에 대고 심호흡하거나 솜뭉치에 오일을 적셔 라디에이터 위에 올려놓아 자연스럽게 공기 중에 퍼져 나가게 하기도 한다. 목욕에 이용할 수도 있는데 욕조에 5~10방울의 오일을 떨어뜨리고 온몸을 담그고 있으면 증발되는 오일이 코로 흡입되고 또 피부를 통해 스며들어 효과를 발휘하게 된다.

다음은 일상생활에서 쉽게 사용할 수 있는 아로마향 치료법 몇 가지를 소개하도록 하겠다.

여드름 : 캄퍼와 라벤더를 각각 같은 방울 수로 섞어 그중 1방울을 직접 부위에 발라 주거나 샌달우드 1방울, 팔마로사 2방울, 레몬 1방울, 라벤더 1방울을 15ml의 살구씨오일에 섞어 아침, 저녁으로 사용한다.(흡수를 돕기 위해 마사지 후 습포를 하기도 함)

또 라벤더와 주니퍼향을 각각 1방울씩을 더운물에 타서 일주일에 3, 4회 얼굴 사우나를 하면 좋다.

관절염, 류머치스 : 로즈마리와 양국화향을 각각 6방울씩 15ml의 마사지 오일에 섞어 통증부위에 발라 준다. 또는 각각 10방울씩을 섞어 목욕물에 붓고 10분간 목욕한다.

감기, 기관지염, 목감기 : 소나무향과 유칼리향을 각각 5방울씩 섞어 15ml의 마사지 오일에 섞어 가슴에 마사지한다. 목욕법으로는 각각 10방울씩 섞어 목욕물에 붓고 10분간 목욕한다.

흡입법으로는 각각 15방울씩 섞어 이중 3~5방울을 더운물이 담긴 그릇에 떨어뜨려 수건으로 머리를 덮고 눈을 감은 상태로 흡입한다.

비만 : 사이프러스향 또는 주니퍼향 10방울을 15ml의 마사지 오일에 섞어 부위에 발라준다. 또는 20방울을 목욕물에 붓고 10분간 목욕한다.

다른 방법으로는 유칼리향 2방울, 사이프러스향 2방울, 파초우리향 1방울을 10ml의 아몬드 오일에 섞어 마사지하기도 한다. 기타 비만 치료에 쓰이는 아로마 향으로는 자몽, 레몬, 로즈마리, 주니퍼, 블랙페퍼 등이 있다.

변비 : 로즈마리향과 백리향을 각각 6방울씩을 15ml의 마사지 오일에 섞어 복부에 마사지한다.

열이 날 때 : 유칼리향과 라벤더향을 각각 6방울씩, 15ml의 마사지 오일에 섞어 목부위나 이마에 발라 준다. 또는 각각 10방울씩을 섞어 이중 5방울을 찬물이 들어 있는 대야에 떨어뜨린 후 수건을 담궈 짠 후 이마나 가슴, 목부위에 습포를 해준다.

탈모증 : 세이지향, 백리향을 각각 6방울씩을 15ml의 마사지오일에 섞어 부위에 발라 준다. 이후 20분간 방치한 후 샴푸에 3방울의 베이향을 섞어 씻어 준다.

두통 : 박하향(또는 양국화/라벤더/로즈마리) 12방울을 15ml의 마사지오일에 떨어뜨려 관자놀이, 측두부, 이마 부위에 발라 준다. 또는 5방울을 더운물이 담긴 대야에 떨어뜨려 수건을 덮고 흡입한다.

치질 : 사이프러스향, 양국화향을 각각 20방울씩을 섞어 이중 5방울을 더운 대야물에 떨어뜨려 10분간 좌욕을 한다. 또는 2방울의 라벤더에 1방울의 제라니움을 섞어 5ml의 마사지오일에 떨어뜨린 후 치질부위에 발라 준다.

성기능장애(발기부전) : 파초우리향, 샌달우드향 각각 6방울씩을 15ml의 마사지오일에 섞어 하복부에 발라 준다. 또는 아로마램프에 더운물을 채운 후 3방울을 떨어뜨려 침대 맡에 놓아두어도 좋다.

우리는 숲의 소중함이 어디에 있는가를 알아야 한다. 숲에 흐르는 아름다운 허브아로마향은 우리의 생명력을 일깨워 주고 영혼과 육체의 조화를 완성시켜 준다.

자 이제 허브와 아로마향을 이용하여 향기롭고 건강한 인생을 설계해 보자.

오홍근은 캐나다에서 자연의학을 공부하고 자연의학 박사를 받았다. 현재 오홍근 신경과의원 원장이며 한국 아로마향기치료 협회장, 한국자연의학연구소장이다.

성모 마리아상을 걸어 둔
전나무의 비밀

김 기 원

원시종교는 자연을 숭배함으로써 형성된 종교이다. 바위, 산, 나무, 숲 등의 자연물에 인간의 내면을 바쳐 거룩히 여기고 경외하며 숭배하였다. 자연물에 신성(神性)을 부여하거나, 자연물 자체를 신으로 숭앙하고 있기에 오히려 자연종교라고 부르는 것이 합당할지도 모른다. 자연 숭배의 사례는 인류의 생활 흔적이 있는 곳에는 어느 곳이나 전 세계적으로 공통된 것이다. 이것은 또한 시대를 초월하여 현재까지도 이어져 오고 있음을 여러 곳에서 확인할 수 있다. 우리나라의 무속신앙인 가신(家神)이나 동신(洞神)에 등장하는 나무 숭배 사상은 여전히 민간 신앙의 형태로 현대 문화에 상존하고 있는 것은 그 같은 예를 잘 보여주고 있다. 성황당의 나무는 하늘로부터 내려오는 신을 지상의 인간과 연결해 주는 통로 역할을 하기도 하고, 신목(神木)으로서의 역할을 하기도 한다.

기독교는 성부, 성자, 성령(성삼위) 일체인 하느님만을 섬기는 종교이다. 삼위일체 이외의 신이나 우상에 대하여 숭배할 수 없도록 십계명에 명시되어 있다. 하느님 이외의 대상을 숭배하거나 신성을 부여하여 섬기는 것은 교리에 어긋나는 것이어서 기독교 세계에서 나무나 숲을 신격화하는 일은 있을 수 없다.

하느님의 말씀으로 이뤄진 성경에 수많은 나무와 초본 식물들이 등장한다. 성경에 등장하는 나무들은 하느님의 말씀 가운데 대개 '비유적'으로 인용되고 있어서 그 나름대로 종교적인 의미를 지니고는 있지만 신성을 부여받거나 신과 같은 대우를 받을 수는 없을 것이다. 다만 나무로 인하여, 혹은 나무가 간접적으로 인과관계를 맺어 하느님의 신성이 더욱 강화되고 강조된 사례들은 많이 찾을 수 있다.

기독교 국가가 대부분인 유럽지역을 여행하다 보면 도로와 마을 진입로, 산책로 등의 가장자리에 십자가상이나 성모마리아상이 나무말뚝 등에 부착된 채로, 혹은 비바람을 피하기 위해 만든 조그만 삼각형 받침대 속에 보호된 채로 서 있는 것을 많이 본다. 또한, 도시나 시골 어디를 막론하고 심지어 큰 나무 줄기에 십자가상이나 성모상이 걸려 있는 것을 흔히 본다. 기독교에서 십자가상이나 성모상은 큰 의미를 갖고 있음은 설명할 필요가 없다. 기독교 국가이기 때문에 어디를 가나 그와 같은 입상(立像) 혹은 그림을 자주 볼 수 있는 것은 자연스러운 일이다. 그런데, 그런 것들이 왜 하필 살아 있는 나무에 걸려 있는 것인가, 혹시 그 나무와 어떤 특별한 의미를 갖고 있는 것은 아닐까 생각해 볼 필요가 있을 것 같다.

이 글은 특히 성화상(聖畵像)이 걸려 있는

(사진 1) 노거수에 걸려있는 성화상

(사진 2) 나무안의 그리스도. 나무 줄기틈에 끼워 놓았던 그리스도 상이 세월이 흘러 나무가 자라면서 줄기 안으로 밀려 들어간 모습.

나무 중 전나무와 관련된 내용을 조사한 것이다. 이를 통해서 십자가상과 그리스도를 잉태하였던 성모마리아의 그림이나 상이 나무에 걸려있게 된 배경과 전나무와의 연관성을 밝혀 보고자 시도한 것이다.

마리아상(像)과 전나무의 인연

숲이나 나무가 인간과 영적인 인연을 맺게 되면 동서양을 막론하고 그 자리에 사찰을 세우거나 교회와 성당을 세우는 일이 많았다. 독일 흑림지대의 교회(성당)에서 찾아 본 사례를 소개하고자 한다. 다음에 소개하는 내용은 Triberg라는 휴양지역에 있는 교회 Wallfahrts-kirche의 설립에 얽힌 이야기이다. 이 교회는 일명 '전나무 속의 마리아 예배당'(Maria in der Tanne)이라고도 불리는데 그와 같이 불리는 까닭을 조사한 내용이다.

순례예배당 '전나무 속의 마리아'는 1644년 바바라(Barbara Franz)라는 7살 난 소녀의 병치료와 함께 시작한다. 제1대 당회장이었던 데겐(J. B. Degen) 신부는 이 소녀를 개인적으로 알고 있었다. 그는 1706년 2월 6일 목양관(牧養館)에서 법무관이었던 바바라의 남편 케터러(Johann Ketterer)의 입회 하에 어렸을 적에 그녀가 어떻게 병 고침을 받게 되었는지에 대해 자세하게 물었고 진술한 것에 대해서 그녀로 하여금 서약하게 하였다. 그에 따르면 1644년 오늘날 예배당이 서 있는 자리에 다음과 같은 일이 일어났다고 한다:

그 당시에 예배당 자리엔 가지를 넓게 늘어뜨린 거대한 전나무 한 그루가 서 있었다. 그런데 그 나무의 적당한 높이에 양피지에 아름답게 그려진 성모 마리아의 그림이 걸려 있었다. 전나무 옆 바위틈에서는 시원한 샘물이 졸졸 흘러나오고 있었다. 어느 날 7살 난 소녀 바바라가 엄마와 함께 쇼나흐(Schonach)로 가는 좁은 산책길로 이 전나무 옆을 지나가고 있을 때 성모 마리아의

림이 땅에 떨어졌다. 바바라는 그것을 집어들었고 어머니의 만류에도 불구하고 그것을 집으로 가져왔다. 집에 돌아온 그녀는 마리아 그림을 그리스도 십자가상을 안치한 곳에 같이 모셔 놓고 기쁨으로 간절히 기도하였다.

그러나 그 기쁨은 오래가지 못하였다. 3일 후 바바라는 거의 장님이 될 뻔한 위험한 지경에 처할 정도로 눈병을 심하게 앓게 되었다. 바바라의 부모는 큰 걱정에 쌓였다. 게다가 약은 전혀 도움이 되지 않았기 때문에 결국은 하느님께 기도하는 것에 모든 희망을 걸었다. 그러던 어느 날 바바라가 잠이 들어 있을 때였다. 꿈결 속에서 '성모 마리아의 그림을 샘물 옆 전나무에 다시 갖다 놓으면 완치시켜 주겠노라' 약속하는 어떤 외침 소리가 들려 왔다. 부모는 그것을 하느님의 계시로 생각하였다. 그들은 바바라와 함께 그림을 들고 전나무로 달려갔고, 원래 있던 자리에 그림을 걸어 놓았다. 또한 기도한 후에 바위틈 샘에서 솟아나는 물로 바바라의 눈을 씻었다. 그 때 이후로 이틀 후에는 거의 완전히 회복하게 될 정도로 눈병은 몰라보게 좋아졌다.

영험이 충만한 성모상을 기증한 스왑

한편, 재봉사 프리드리히 스왑은 68세부터 병을 앓게 되었는데 바바라의 건강 회복에 대한 소식을 들었던 것 같다. 1645년에 이 곳 전나무로 순례하여 왔고, 자기의 병이 낫게 되면 손으로 손수 조각하여 만든 마리아상을 기증하겠노라 기도로 약속하였다. 그런 다음 예의 샘물로 씻었더니 정말 씻은 듯이 신속하게 나았다. 그 해에 그는 약속을 실천하였고 병고침에 대한 감사로 손수 만든 조그마한 마리아 입상(立像)을 전나무 줄기 틈새에 갖다 놓았다. 이런 이야기가 사람들 사이에 입으로 귀로, 이 마을 저 고을로 전해지게 되었다. 그러나 처음에는 사람들이 그러한 기적 같은 사실에 대하여 놀라워하면서 경배하였지만, 1692년 12월 22일 티롤(Tirol)지방 출신의 세 명의 병사들에 의해 그 작은 성모상이 전나무 속으로 반쯤 자라 들어간 것이 발견될 때까지 거의 50여 년 동안 점점 사람들의 머리 속에서 잊혀져 갔다.

그 이후 전나무 속의 성모상은 많은 사람을 치료한 덕분에 '영험한 성모상'으로서 추앙 받고 있으며, 그 자리에 Wallfahrtskirche라는 예배당이 세워졌다.(Wallfahrtskirche, 1995. Maria in der Tanne. Triberg)

위에 소개된 이야기를 종합해 볼 때, 전나무가 신성을 가지고 있다거나 신격화된 내용은 찾아볼 수 없다. 여기서 등장하는 전나무는 단지 성모 마리아 그림이나 스왑이라는 재봉사가 손수 만든 성모 목각상이 걸려져 있는 나무일 뿐이다.

그렇지만, 바바라와 스왑이 병고침을 받은 것은 나무와 무슨 특별한 연유가 있지 않을까.

카톨릭에서 평신도들은 하느님께 기도를 올릴 때에 예수 그리스도께 직접 드리지 않고 성모 마리아에 의탁하여 올리도록 되어 있다. 즉, 지상의 일반인들은 너무나 거룩하신 하느님께 감히 직원(直願)하지 못하고, 그 분께 가장 가까운 위치에 있는 성모마리아를 통하여 하느님께 기도할 수 있는 것이다. 따라서 바바라와 스왑에게 일어났던 기적과 같은 병고침의 역사는 전나무 때문이 아니라 두 사람이 성모마리아(像)께 의탁하여 간절히 소원한 것이 예수 그리스도에 전달되어 하느님께서 그 기도에 응답을 하여 치유된 것으로 해석할 수 있을 것이다.

어찌되었던 간에 전나무에 걸려 있던 성모상에 기도하여 병고침을 얻게 되었다는 소식이 이 마을 저 마을로 퍼져서 많은 사람들이 경배와 찬양을 드리러 왔을 것으로 추측할 수 있다. 또한, 그와 같은 유사한 일들이 여러 곳에서 일어났을 수도 있었을 것이다. 그리하여 성화상(聖畵像)을 길가나 나무 위에 걸어 놓는 일들이 많이 생겨났을 것이고, 그것이 계기가 되어 오늘날 도처에서 나무에 걸려 있는 십자가상이나 성모상을 보게 되는 것이 아닌가 생각된다. 성모상은 특히 한적한 지역에 홀로 서 있는 큰 나무 줄기에 많이 걸려 있다.

성체(聖體) 혹은 성화상 등은 거룩한 것이기 때문에 소홀히 다룰 수 없을 뿐만 아니라 아무 장소에나 두지 않는 것이 원칙이다. 따라서 성화상을 걸어 두는 나무도 무의미한 나무는 아닐 것이다. 어떤 의미나 상징성이 있지 않을까.

(사진 3) 석조물에 새긴 그리스도상을 노거수의 밑둥치에 세워둔 모습.

(사진 4) 그리스도상, 성모마리아상, 기타 성구들을 새긴 조각을 노거수에 걸어 둔 모습

성경에 나타난 전나무

성화상이 걸려 있는 나무들은 대개 노거수들이며 자주 등장하는 수종들 중에는, 물론 정확하게 조사한 것은 아니지만, 너도밤나무, 칠엽수, 참나무류, 전나무, 보리수나무 등이 많다. 그런데 전나무에는 특별히 어떤 종교적 의미가 있는 것일까. 이 점에 의문을 갖고 몇 가지 문헌을 조사하여 전나무가 가지고 있는 종교적인 내용들을 정리하여 보았다. 우선 성경에는 다음과 같은 전나무와 관련된 내용을 발췌할 수 있었다.

열왕기상 9장 11절:
갈릴 땅의 성읍 이십을 히람에게 주었으니 이는 두로왕 히람이 솔로몬에게 그 온갖 소원대로 백향목과 잣나무(전나무)와 금을 제공하였음이라 (은혜성경, 창조서원). 혹은

띠로왕 히람은 솔로몬이 요청한 대로 향백나무와 스닐젓나무 재목과 금을 보내왔다.*

에제키엘 27장 3절~5절:
너 띠로는 자랑했었다. 나는 세상에 아름다운 배라고. 너의 경계는 바다 깊숙이 뻗어 나갔고 조선공들은 과연 너를 아름답게 꾸몄다. 몸통은 스닐산의 향나무(젓나무)로 만들고 돛대는 레바논의 향백나무으로 만들었다*.

이사야 60장 13절:
레바논의 영광 곧 잣나무(전나무)와 소나무와 황양목이 함께 네게 이르러 내 거룩한 곳을 아름답게 할 것이며 내가 나의 발 둘 곳을 영화롭게 할 것이라(은혜성경, 창조서원). 혹은
레바논의 특산물이 너에게로 들어오고 스닐젓나무, 사철가막살나무, 스닐향나무도 함께 들어오리라. 내가 이런 것으로 나의 성전이 있는 곳을 꾸

* 이창복, 1994

(사진 5) 나무 줄기 밑부분에 좌상 형태로 아기 예수를 안고 있는 성모마리아상

미고 나의 발이 있는 곳을 장엄하게 만들리라*.

위의 내용 중에는 같은 장절에 대해서 해석을 좀 달리한 것들이 있다. 물론 중심 내용이 달라진 것은 아니며, 다만 나무나 식물 이름의 경우에 우리나라에 없는 이름은 어쩔 수 없이 비슷한 이름으로 표기하였기 때문에 그런 결과가 나타난 것이다. 위에 소개한 잣나무가 대표적인 예의 하나이다. 성경에 등장하는 나무 중에서 전나무와 비슷한 이름을 가진 나무는 '스닐 젓나무', 혹은 '스닐산의 향나무' 등인데, 필자가 참조한 개신교 성경에는 거의 전부 '잣나무'로 기록되어 있다. 따라서 이 글에서는 천주교에서 참조하고 있는 성경 중에 '스닐젓나무'나 '스닐산 향나무'로 표기한 것과 이를 개신교 성경에서 '잣나무'로 해석한 나무를 전나무로 취급하기로 하였다.(전나무는 젓나무로도 표기한다)

위의 예에서 볼 때 전나무는 왕들이 주고 받는 가치 있는 물품으로, 아름다운 배의 몸통을 만드는 귀중한 재목으로, 그리고 성전을 꾸미는 데 쓰이는 중요한 재목으로 취급되고 있음을 알 수 있게 한다. 왕들이나 주고받을 수 있는 나무이며, 성전을 건축하는 동량재로서 쓰이는 중요한 나무로 이용되고 있는 것이다.

한편, 북구에는 전나무가 크리스마스트리로 사용하게 된 배경을 알 수 있게 하는 다음과 같은 내용의 이야기가 전해져 내려오고 있다;

숲을 사랑하는 소녀가 아버지와 함께 살고 있었다. 추운 겨울이 시작되어 숲에 갈 수 없게 되면 요정들을 위해 집 앞에 서있는 전나무에 불을 밝혀 놓곤 하였다. 어느 해 크리스마스 이브였다. 낮에 아버지가 숲으로 나무하러 갔다가 길을 잃고 어두워졌는데 무엇인가가 (다름 아닌 요정들

---

* 이창복, 1994

 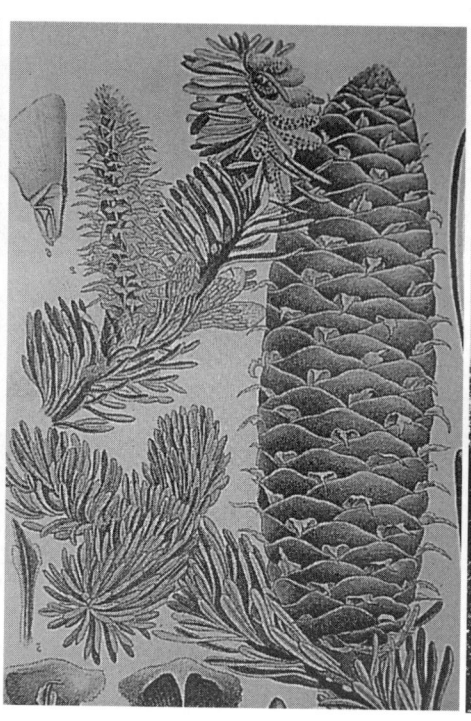 

(사진 6) 십자가에 못박힌 모습을 새긴 그리스도상이 걸려 있는 참나무.

(사진 7) 전나무의 씨, 열매, 잎의 배열 상태, 꽃의 모습.

(사진 8) 주위의 나무들을 제치고 희끗희끗 흰줄기를 내보이며 하늘로 높이 치솟은 전나무.

이) 불빛으로 인도하여 집 앞 전나무에 켜 놓은 촛불까지 오게 되어 무사히 귀가하게 되었다.

이것이 계기가 되어 크리스마스트리로 전나무를 사용하게 되었다고 한다. 크리스마스트리에 촛불이나 별 등 여러 장식을 달아 놓는 것은 예수 그리스도의 탄생을 축하하는 의미이다. 따라서 크리스마스트리로 사용하는 전나무는 그러한 성스러운 의미가 있는 것이다. 오늘날 크리스마스트리로 사용하는 나무는 꼭 전나무만은 아니다. 비슷한 모양의 가문비나무와 같은 침엽수도 사용되고 있다. 크리스마스트리는 대개 나이 5년 생 전후한 것으로서 높이는 어른 키보다 조금 작은 것들이 사용된다. 그런 왜소한 크기에서 거룩함을 느끼기 어려울지 모른다. 그러나 전나무는 6백년 가까이 장수하고 직경 3미터에 최대 60미터 높이까지 클 수 있다고 한다. 이런 전나무가 숲 속에 무리 지어, 혹은 단독으로 서 있는 거대한 모습을 상상하여 보면 그 느낌은 달라진다. 수군(樹群) 중의 향도요 인도자가 전나무인 줄 안다.

빌헬름 하우프(Wilhelm Hauff)가 쓴 동화 「차가운 심장(Das kalte Herz)」에는 숯굽는 젊은이가 가장 크고, 가장 아름다운 전나무 속에 깃든 정령(精靈)을 불러내는 장면이 나온다. 그리스나 코린트 신화에도 전나무가 후에 주신(Bacchus)으로 숭배되는 것으로 소개되기도 한다. 동화나 신화 등에 등장하는 신이나 정령들은 거대한 나무에 사는 것으로 묘사하는 경우가 많은데 이것으로 보아서 전나무의 장엄함이나 거대함을 짐작할 수 있을 것 같다. 또한 전나무는 매끈하고 흰빛이 도는 회색의 수피를 갖고 있는 덕분에 그의 학명(Abies alba)에는 '하얀 색을 지닌'이라는 'alba'라는 단어가 들어가 있다. 흰색은 정결하고 깨끗함을 대변하는 색이다.

이상 성경과 전해져 내려오는 이야기로 전나무에 깃들어 있는 종교적인 의미를 찾아보았다. 그 결과 전나무는 동화, 신화, 무속신앙에서처럼 신격화되었다거나 신성을 부여받은 예는 없다. 그러나, 성경 상에 등장하는 전나무의 쓰임새로 보아 기독교에서는 대단히 중요한 나무로 취급하고 있음을 알 수 있고, 심지어 예수 그리스도의 탄생을 축하는 크리스마스트리로 사용하게 된 시조 나무임을 알 수 있다.

전나무는 순결(純潔)한 나무

나무는 거룩하고 신성하다. 적어도 종교적으로는 자연물 하나하나에 창조주의 지혜와 의지가 들어 있기 때문일 것이다. 그런 의미에서 나무나 숲이 신성하다고 보는 것은 당연한 이치일 것이다. 그렇다고 해서 기독교에서는 나무 그 자체가 신으로 숭배되는 일은 없으며, 신이 될 수도 없다. 왜냐하면 신이 또 다른 신을 창조할 수 없기 때문이다. 그것이 기존의 무속신앙에서 나무나 숲이 신격화되는 사례와 다른 점이라 할 것이다.

십자가상이나 성모상 등 성화상이 나무에 걸려 있는 장면을 목격하는 것은 기독교 국가, 교회와 성당이 있는 곳에서는 거의 예외 없이 일반화되어 있다. 이런 광경은 어느 특별한 의미 없이 지나쳐 버릴 수도 있는데, 이 글에서는 성화상이 걸려 있는 나무, 특히 전나무에 어떤 종교적 의미가 있는 것으로 전제하고 그 의미를 관찰해 본 것이다. 그 결과를 다음과 같은 두 가지 내용으로 조심스럽게 간추려 본다.

전나무는 무속신앙이나 원시신앙에서처럼 신성이 부여되거나 신격화되는 나무는 아니다. 그것은 기독교 교리상 하느님 이외의 대상을 숭배할 수 없기 때문에 그같은 사례는 기독교적 관점에서 나타날 수 없다. 그런데도 불구하고 산림 중에 하늘로 우뚝 치솟아 오른 웅장하고 정갈한 그의 모습에서 어떤 신비나 거룩함같은 느낌이 자연스레 드는 것은 어쩌면 하늘의 뜻인지도 모른다.

전나무는 순결한 나무이다. 성전의 동량재로 쓰이고, 예수 탄생을 축하하는 장식트리로 이용하며, 병고침을 얻은 성화상을 걸어 두는 대상목으로 이용되고 있기 때문이다. 여기서 한 가지 추측할 수 있는 것은 전나무에 걸어 둔 성화상에 기도하여 병고침을 얻은 것은 전나무가 이렇듯 순결한 나무이기 때문에 그 속에 자리잡은 성모상이 더욱 영험하지 않았나 하는 점이다. 즉, 십자가상이나 마리아상이 전나무 속으로 들어간 비밀은 바로 전나무의 순결성 때문이라고 결론지을 수 있다.

참고문헌

이성재. 1993. 「은혜성경」 창조서원.
이유미. 1995. 「우리나무 백가지」 현암사: 389~393
이창복. 1994. 「성서식물」 향문사. 253쪽
Laudert, D. 1999. 「Mythos Baum」 S. 224
Schmidt-Vogt, H. 1997. Wald und Kultur. In: 「숲과 음악」 김기원 편. 49~52
Schnelting, K. 1992. 「Unsere Bäume」 S.175
Schroedter, W. 1981. 「Pflanzengeheimnisse. Reichl Verlag」 S. 297

김기원은 고려대 산림자원학과를 졸업하고 서울대 환경대학원에서 조경학 석사를, 비인 농과대학교에서 이학박사 학위를 받았다. 1994년부터 국민대학교 산림자원학과 교수로서 산림공학 관련 강의를 담당하고 있으며 숲과문화연구회 운영회원이다.

나무와 숲의 종교적 상징성
— 「삼국유사」를 중심으로 —

박 봉 우

서 언

상징이란 무엇일까? 상징의 사전적 해석은 '머리 속에 생각하고 있는 것을 가시적으로 내 보일 수 있는 어떤 대체성(代替性)을 갖는 것'이라고 할 수 있다. 다시 말해서 구체적으로 보이는 것을 앞세워 무엇인가 자신의 생각을 내 보일 수 있도록 하는 것으로, 개인적인 사용이 가능하고 또 한 집단이 공동으로 사용하는 것도 가능하다. 그러므로 개인적으로는 어떤 하나의 나무를 대상으로 하여 자신의 분신으로 간주한다든지 혹은 신체(神體)로 활용한다든지 하는 것이 될 수 있고, 집단적으로는 서양에서 널리 행해지고 있는 가문의 문장이나 세계에서 보편화되어 있는 각 나라의 국기가 있다. 이러한 상징은 '어떤 것을 대신한다'는 의미를 가지고 있다. 또 상징은 의미를 가지고 있는 만큼, 혹은 의미를 부여받은 만큼 주변의 다른 것과는 차별성을 가지고 있다. 나무의 예를 든다면 나무가 주변의 것과는 달리 특별히 크다든지, 독특한 색깔을 가지고 있다든지, 모양에서 특이하다든지 하는 무엇인가는 주변의 것과 다른 점을 보이고 있다.

종교적인 측면에서도 이러한 상징성을 다양하게 찾아 볼 수 있는데 나무와 관련해서는 나무를 신체로 하는 경우가 보편적이라고 할 수 있다. 나무를 신체로 하는 것은 세계 곳곳에서 쉽게 볼 수 있다. 물론 단순히 신을 만나는 매개체로 하는 경우도 있다. 나무를 접신의 매개체로 하고 있는 예를 소설의 한 대목에서 인용하여 본다.

"우도에 가면 정말 커다란 후박나무가 있는데, … 원래 후박나무는 약용이라서 남아나질 않는다 카는데, 우도에 있는 후박나무는 당산나무라서 그렇게 크도록 자랐겠재. … 그런데 말이데이, 후박나무를 지나서 언덕받이 쪽 숲 속에 들어가니까 어마어마하게 큰 야생 뽕나무가 있는 기라. 얼마나 품이 넓은지 입을 헤 벌리고 한참을 봤다이."

…

거대한 오디나무가 거기 깊숙한 곳에 서 있었다. 수령이 백년도 훨씬 넘었을 것 같은 노수(老樹)인데도 풍요 다산력을 발산하며 무르익은 열매를 달고 있었다. 위로는 천공을 아래로는 땅을 깊숙이 그러쥐고 강건하게 버티고 선 모양이 마치 삼계(三界)를 관통하는 축과도 같았다. 그 오디나무 그늘에서 나의 최초의 생명이 엄마의 자궁 속에 움텄다.

…

초행이 아니었기 때문에 이번에는 오디나무를 쉽게 찾아냈다. … 서리로 덮인 오디나무의 새까만 줄기가 부연 새벽 하늘을 배경으로 혈관처럼 뻗어 있었다. … 나는 비로소 삼십 년 전 나의 태몽을 이해 할 수 있었다. … 정신을 차리고 일어선 다음, … 오디나무 주변을 정리하기 시작했다. 튼튼한 나뭇가지 하나를 꺾어 잎과 잔가지와 마른풀들을 쓸어 냈다. 오디나무를 중심으로 열 발자국 정도 반경 이내가 단정해져 갔다. … 정화된 그 공간에서 내가 무엇을 하려는 것인지 나스스로도 알지 못했다. 그러나 다음에 할 일을 내 내부의 누군가가 끊임없이 얘기해 주고 있었다. 내가 처음으로 무당답게 말하자면, 나는 신령의 말에 따라 무엇인가를 하고 있었다. … 나의 생명수(生命樹)이자 탯줄인 오디나무를 타고 올라갔다. … 첫 번째 굵은 가지가 갈라지는 곳에 일단 안전하게 자리를 잡은 다음, 세로로 길게 아홉 개의 홈을 팠다. … 영롱히 빛나는 바가지로 구천(九天)에서 신들을 퍼 올리는 일을 몇 시간이나 계속했는지 알 수 없었지만, 어쨌든 신을 자정하는 방법이 있다는 것조차 모르는 상태에서 이루어진 최초의 접신 이었다. -「오디」

나무와 숲의 상징성

나무와 숲이 가지고 있는 상징성은 동양이나 서양을 막론하고 쉽게 찾아 볼 수 있다. 우리의 경우 전국에 산재해 있는 당목, 당산목, 성황목, 서낭목 등이 웅변적으로 말해 주고 있다. 서양의 경우도 큰 나무와 숲이 역사 이전의 시대부터 숭상되어 온 것을 볼 수 있다.* 수목에 대한 이러한 인류 공통의 생각은 사람들의 생활 가까이에 있던 수목으로 해서 얻을 수 있었던 경험에서부터 비롯된다고 할 수 있다. 우선 자신과 같이 커가면서 어느덧 자신보다 훌쩍 커 버린 나무를 보며 신기하게 생각하지 않을 수 없고, 이미 큰 나무에서 느껴지는 압도감은 인간이 다다를 수 없는 힘의 소유자로 보았을 것이다. 또 나무를 타고 올라가 보면 인간의 시선으로는 꿈도 꿀 수 없는 시야가 전개되고 있음으로 해서 나무는 멀리 볼 수 있는 능력을 가졌다고 생각하였을 것이다. 더욱

이 전해 내려오는 민속약의 경우를 보면 생활하는 주변에서 쉽게 얻을 수 있는 것들이 있었다. 버드나무처럼 해열 진통의 효과가 있는 것이라든지, 나무 밑에 거주함으로서 얻을 수 있는 나무의 분비물에 의한 삼림욕의 효과는 머리를 맑게 해 주기도 했을 것이다. 인류의 성자들이 나무밑 명상을 통하여 깨침을 얻었다는 것 또한 나무의 힘을 말해 주는 것이다. 이렇게 나무와 함께 함으로써 얻을 수 있는 것들이 부지부식간에 나무에게는 인간이 알지 못하는 어떤 힘이 있음으로 인식하게 되었을 것이다. 심지어는 노목에서 보여지는 인광의 발화는 나무에게 신성한 힘이 있음을 주지시키는데 큰 힘이 되었음에 틀림없다. 깜깜한 밤에 허공을 떠도는 뜨겁지 않은 이 불은 그것이 과학적으로 규명되기 전까지는 불가사의한 것이었을 것이다. 더욱이 이 불을 자신의 조상들이 매장되어 있는 곳에서도 똑같이 나타나고 있어 조상의 혼령과 쉽게 연관을 지었을 것이다. 우리들에게는 도깨비 불 설화는 낯설지 않은 이야기의 하나이다.

나무에 대한 인류의 생각은 공통적인 면도 있지만 자신은 거주하고 있는 지역의 특징과도 얽혀서 문화에 따른 차이도 보이게 되었다. 서양의 경우를 보면 북유럽의 신화에 보이는 이 그드라실(Yggdrasil)은 나무가 세계라는 전통적 이미지로 유명한 나무다. 이 나무의 뿌리는 깊숙이 지하세계에 이르고, 지상부의 수관은 하늘을 꿰뚫고 있어 하늘과 땅과 지하세계를 연결하고 있다. 곧 삼계의 연결은 바로 이 나무를 매개체로 할 때에만 가능하게 되는 것이다. 문명의 발상지의 하나인 이집트에서는 나무는 생명의 나무로 음식과 음료를 주는 모신(母神)으로 그려지고 있다. 영국 남부 해안지대에서는 그곳에 무성한 타마리스크를 집안에 들여놓거나 손질하는 일이 없는데 그 까닭은 이집트의 자생 수목의 하나인 타마리스크는 대지의 신이자 지하세계의 왕이며 사자의 심판자인 오시리스의 무덤에서 자라는 나무로 인식하

---

* Bernatzky, 1978

고 있기 때문이다. 이스라엘 민족의 시조인 아브라함의 유품으로 간주되는 아브라함의 참나무(Quercus calliprinos)는 아직도 그 일부가 팔레스타인의 헤브론 근처에 있고, 기독교의 십자가도 낙원의 나무로부터 비롯되었다고 한다. 그리스 신화에서도 신과 나무와의 관계를 볼 수 있다. 제우스의 아내인 헤라는 결혼과 풍요의 상징인 석류나무와 관련을 맺고 있다. 참나무, 월계수와 사과나무는 빛의 신 아폴로의 것으로 간주되며, 아폴로의 여동생이며 처녀의 신인 아르테미스는 호도나무, 버드나무, 도금양, 서양 삼나무와 관련을 갖고 있고, 디오니수스는 아이비와 포도나무의 신이기도 하다. 중국에는 뽕나무, 복숭아 나무들이 신과 혹은 신성과 관련을 가지고 있는데 특히 부상(扶桑)이라는 뽕나무는 높이가 3백리 둘레가 2천여 아름이나 되는 거대한 나무로 해를 머물게 한다. 우리나라에는 신단수가 신의 통로가 되고, 신단수를 숭배의 대상으로 하였다.

숲의 경우를 보면, 숲은 원래 인류의 거주지이며 식량을 조달하는 생활의 장이었다. 그러나 한편으로는 어둠, 혼란스러움, 두려움과 불안정한 장소이기도 하였다. 숲을 통하여 피난처와 안식처를 구하기도 하였지만, 사나운 동물과 산불과 같은 위험이 동시에 존재하는 안주하기도 어렵고, 벗어나기도 두려운 존재였을 것이다. 농경이 발달하고 숲이 일상적인 생활 영역에서 벗어나게 되자 숲은 점차 숲 그늘의 어두움으로 인하여 미지의 장소, 두려움의 장소, 정령들이 사는 곳으로 되었다. 그리고 농경사회의 개방적임과는 달리 숲이 주는 폐쇄적인 분위기는 점차 숲으로 들어간다는 것은 다른 영역 혹은 다른 세계로 들어가는 것을 의미하게 되었을 것이다. 이러한 흔적들은 힌두교나 오스트레일리아의 원주민이 숲은 '죽은' 인간을 의미하거나, 저승세계로 들어가는 의식이 치러지는 곳이라는 인식에서 찾아 볼 수 있다.

이처럼 숲과 나무가 가지고 있는 종교적 상징성은 공통점과 더불어 다양하게 나타나는데 다음과 같이 크게 세 가지로 정리 할 수 있다.

1) 우주수/세계수: 우주 혹은 세계의 축으로서 뿌리는 지구를 감싸고 있고 가지는 하늘에 있다. 그리하여 하늘과 땅과 지하세계(물)를 연결하는 삼계를 관통하고 교류를 가능하게 한다. 북유럽의 신화에서 볼 수 있는 이그드라실이 있으며, 코란에는 우주수 투바가 우주산 카프의 정상에서 자라며 전 우주를 상징한다. 힌두교에서도 우주는 한 그루의 거대한 나무이며, 뿌리는 지하세계로 뻗어 있고, 둥치는 인간계와 지하 세계, 가지는 천계로 뻗어 있다고 하는 수목관을 가지고 있다.

2) 생명의 나무: 이집트의 벽화에서 보듯이 음식과 음료를 주신 어머니 신의 역할을 하고 있다. 또는 낙원에서 자라는 나무로 낙원의 중심에 있으며 재생과 불멸성을 가지고 있다. 생명의 나무에는 지혜, 사랑, 진리, 아름다움 등 열두 개(혹은 10 개)의 열매가 있는데, 이 열매는 태양의 열 두 가지 모습 혹은 순환 주기를 보여 준다. 또 이 열매를 먹거나 그 즙을 마시면 영원한 생명을 얻게 된다.

3) 지식의 나무/지혜의 나무: 선과 악에 대한 지식을 구체적으로 나타내는 상징으로 최초의 인간 및 낙원의 상실과 관계가 있다. 또한 인도에서는 고대로부터 나무는 신들의 거주지로서 숭배 받아 왔으며 진리를 깨우치려는 수행자들이 나무 그늘아래 앉아서 수행하였다. 부처가 그 그늘에서 깨달음을 얻은 무화과나무나 인도 보리수(Ficus religiosa)는 성스러운 지혜의 나무이다.

4) 신체/신의 거주지/신탁: 신이 나무에 거주하거나, 나무가 직접 성성(聖性)을 나타내 보이거나 그 대변자가 된다. 성경(출애굽기 3:2~6; 사무엘 하 5:23~24)은 이러한 예를 잘 보여주고 있다. 우리의 경우 도처에 있는 당산목이 이를 웅변적으로 말해 준다.

「삼국유사」에 나타난 상징성

「삼국유사」에 기록되어 있는 기사 가운데에는 나무와 숲 혹은 풀과 과일 등이 등장하는 경우가 꽤나 있는데 그 가운데 종교적 상징성과 관련된 것으로는 다음과 같은 것이 있다.

신단수와 단수

「삼국유사」기이 권 제1의 고조선 조에서 최초의 나무를 만나는데 곧 신단수이다. '환웅이 무리 삼천을 이끌고 태백산 꼭대기(곧 태백, 지금의 묘향산)에 있는 신단수 아래로 내려와서, 이곳을 신시라 하였다. … 웅녀는 혼인할 사람이 없어서 매일 같이 단수 아래에서 아이 배기를 빌었다.' 이 기사는 우리나라와 민족의 탄생을 알리는 내용이다. 신단수는 하늘과 땅을 이어 주는 신의 통로가 되고 있음을 보여 주고 다른 민족과 공통되는 우주수의 상징을 우리도 가지고 있음을 말해 주는 것이다. 또 삼칠일의 금기를 지켜내어 사람으로 화한 웅녀는 이 신의 통로로 활용되는 신단수를 신체로 간주하고 기도를 하고 있다. 나무는 곧 신의 통로이자 신 그 자체이기도 하다는 것을 엿볼 수 있다. 기도를 드린 웅녀는 그의 사랑으로 단군을 배어 낳는다. 신단수는 바로 만물을 창조하는 생명의 나무이기도 하였다.

신단수는 그 나무가 어떠한 수종일지라도 일단 단 위에 위치한 나무이다. 평평한, 동일한 지면상에서는 아무래도 차별성이 약해서 단이라는 차별성과 경계를 설정한 것이리라. 그리고 신단은 신의 땅으로서 지니는 외경감과 피안성을 가지고 있는 곳이었으며, 그 위의 수목은 신의 세계인 하늘과 인간의 세계인 지상을 넘나들 수 있는 매체의 역할을 하는 세계수였다. 지금 우리에게 남아 있는 이런 흔적들은 강화도의 마니산 참성단, 태백산 천제단, 신림의 성황림에서 찾아 볼 수 있다. 이곳에는 거의 돌과 제단 그리고 나무가 함께 하고 있다. 이 돌과 제단 그리고 나무는 하나가 되어 소우주를 나타낸다. 돌은 소우주의 견고하고 영속적인 면을, 나무는 끊임없는 변화와 재생의 면을 상징한다. 신단수와 단수는 바로 우리의 세계수를 보여주는 부분이며 나무가 가지고 있는 종교적 상징성을 여실히 보여 주는 좋은 예이다.

대나무

대나무와 관련된 기사가 「삼국유사」에 몇 차례 보이는데, 기이 권 제1 미추왕 죽엽군 조에 유리왕과 관련한 기사에서, '홀연히 다른 군사가 와서 도왔는데, 모두 귀에 대나무 잎을 꽂고 있었으며, 우리 군사와 더불어 힘을 합하여 적을 물리쳤다. 군사가 물러 간 후 어디로 갔는지 알 수 없었고, 다만 미추왕릉 앞에 대나무 잎이 쌓여 있는 것만 볼 수 있었다' 고 하여 대나무가 혼령의 화신인 것을 말하고 있다.

잣나무

상징성과 관련한 잣나무는 권 제5 피은 제8의 신충괘관 조의 기사에서 볼 수 있다. 효성왕이 왕위에 오르기 전에 신하인 신충과 바둑을 즐겨 두었다. 바둑을 두다가 한 말을 다음과 같이 전하고 있다.

"뒷날에 내가 만약 그대를 잊는다면 저 잣나무가 증인이 될 것이다" 하니 신충은 일어나 절을 하였다. 두어 달 후 왕위에 올라 공신에게 상을 줄 때, 신충을 잊고서 차례에 넣지 않았다. 신충은 이를 원망하여 노래를 지어 잣나무에 붙였더니, 나무가 갑자기 말라 버렸다. 왕이 이상히 여기어 사람을 시켜 조사했더니 노래를 가져다 바쳤다. 왕이 크게 놀라 말하기를, "나랏일이 번잡하여 공신을 거의 잊을뻔 하였구나!" 이에 신충을 불러 벼슬을 내리니, 잣나무가 다시 살아났다.'

왕의 마음을 깨우치기 위하여 잣나무에 신

탁을 하고 있음을 보여 준다. 특히 잣나무는 우리 민속에 있어 중앙의 방위를 상징하는 나무이다. 따라서 신라 궁궐의 잣나무는 권력의 중심에서 하늘과 땅을 연결해 주는 우주수로서의 역할을 하고 있었을 것이다.

부상

부상은 뽕나무를 말한다. 「삼국유사」에서 부상은, 권 제2 기이 제2의 진성여왕 거타지 조와 권 제3 흥법 제3의 원종흥법 염촉멸신 조 두 곳에서 보이는데, 단순히 동쪽을 지칭하는 용어로 사용되었을 뿐이다. 그러나 이러한 인식 가운데에는 부상이 우주수라는 인식이 함께 하고 있었음을 살필 수 있다.

노방수 / 견랑수 / 사여수 / 인여수

노방수는 지금도 간간이 사용하는 말이다. 물론 요즈음은 가로수라는 일반적인 용어를 흔히 쓴다. 노방수는 권 제3 탑상 제4의 미륵선화 미시랑 진자사 조에 미륵을 만나려는 일심에 이곳 저곳을 다니던 진자는 영묘사 동북쪽 노방수 아래에서 미륵선화를 만나 7년을 지냈는데 어느 날 홀연히 간 곳이 없게되자 미륵선화를 만난 곳에 있던 노방수를 견랑수, 사여수, 인여수 등으로 부르게 되었다고 한다. 곧 노방수는 미륵선화를 대신하는 신체로 간주한 것이다. 또 사여수(似如樹), 인여수(印如樹)는 곧 여래를 닮은 나무라는 뜻으로 해석할 수 있다.

지식수

「삼국유사」권 제4 의해 제5에서 특이한 나무 지식수(知識樹)를 만나게 된다. (자장법사는) '자기가 태어난 집을 원녕사로 고치고 낙성회를 베풀면서 화엄경 1만 계를 강하였다. 이때 여자 52인이 감동하여 현신해 와서 들었다. 문인을 시켜 그 숫자대로 나무를 심게 하여 이상스러운 자취를 표하게 하고 이름을 지식수라 하였다.' 단순한 기념 식수에 지식수라는 이름을 붙인 것을 보면 거기에는 어떤 상징성이 부여되어 있는 것을 알 수 있다. 「불교사전」에 의하면 지식이란, 내가 그의 마음을 알고 그의 얼굴을 아는 사람 혹은 세상사람들이 잘 아는 사람이라는 뜻이라고 설명한다. 그리고 지식은 흔히 선지식(善知識)이란 뜻으로 통용된다. 선지식이라 함은 부처님이 말씀하신 교법을 말하며 다른 이로 하여금 고통세계에서 벗어나 이상향에 이르게 하는 이, 또 노소, 남녀, 귀천을 가리지 않고 모두 불연을 맺게 하는 이를 말한다. 그러므로 서로 아는 사람들 --여기에는 지(知)와 선(善)의 의미가 함께 하고 있다 --을 대신하는 나무가 지식수이고, 불법으로 인도하고 이끌어 주는 이타(利他)의 나무가 지식수인 것이다.

밤나무/사라수

「삼국유사」권 제4 의해 제5의 원효불기 조에 원효 대사의 탄생 기사가 있다. '어머니가 만삭이 되어 마침 이 골짜기 밤나무 밑을 지나다가 갑자기 해산하게 되어 너무 급해서 집에 돌아가지 못하게 되었다. 남편의 옷을 나무에 걸고 그 속에 누워 해산하였으므로 그로 인하여 이 나무를 사라수라 했다고 한다.' 원효 대사는 마치 석가여래가 그랬던 것처럼 나무 밑에서 태어났던 것이다. 원효의 탄생은 이 땅에 부처의 탄생을 의미하는 것이며, 원효(元曉)라 한 것도 불교를 처음으로 빛나게 했다는 의미를 가지고 있다. 원효에 의한 불법의 흥왕으로 해서 비롯된 것이겠지만 나무가 가지고 있는 지혜로움을 상징하는 것이다.

보현수

「삼국유사」권 제5 피은 제8의 낭지승운 보현수 조에서 보현수가 보인다. 보현수는 낭지

스님의 제자인 지통이 보현보살을 만난 자리에 있던 나무를 보현수(普賢樹)라 하였다. 곧 보현수는 보현 보살의 대신하는 나무인 셈이다. 보현 보살은 부처님의 오른편에서 이덕(理德), 정덕(定德), 행덕(行德)을 맡고 있으며 항시 여래의 중생제도를 돕는 일을 한다. 나무를 보현수로 삼은 것은 보현 보살이 중생들의 목숨을 길게 하는 덕을 가지고 있어 보현 연명 보살이라고도 하기 때문에 인간보다 오래 사는 나무에 대한 경외심도 함께 했음직 하다.

계림 / 시림 / 구림

계림은 권 제2 기이 제1 신라시조 혁거세왕 조에 처음 나온다. 그러나 계림은 김알지와 관련이 있다. 탈해왕 때에 시림 혹은 구림에 큰 광명과 더불어 자주색 구름이 하늘에서 땅에 뻗쳤는데 구름 속에 황금 궤가 있어 나뭇가지에 걸려 있고, 그 빛은 궤에서 나왔다. 또 흰 닭이 나무 밑에서 울고 있었다. 이 궤 안에는 사내아이가 있었는데 이름을 알지라고 하였다. 알지는 금궤에서 나왔으므로 성을 김이라 하였는데 태자로 책봉되었음에도 사양하고 왕위에 오르지 않았다. 후에 그의 7대손 미추가 신라 13대 왕이 되었다.

이 숲은 알지를 얻었을 때 닭이 울었으므로 계림이라 했다고 하며, 시림이라 함은 신라 왕력에 있어 후대에 김씨 왕조가 계속되는 관계로 김씨의 발상지인 이 숲을 시림이라 한 것으로 생각된다. 한때 국호를 계림이라 한 것도 이 숲과 김알지와 무관하지 않은 것으로 보인다. 실제로 신라라는 국호는 15대 기림왕 때 정한 것으로 기록하고 있다.

계림은 그러므로 시조에 대한 숭모 정신에서 보호되어 그대로 유전되어 온 숲으로 생각된다. 현재도 크게 다르지 않지만 일제시대 조사된 보고서에 의하면, 이곳에는 느티나무, 회화나무, 팽나무 등 권력을 상징하고 오래 사는 수목들로 구성되어 있다.

신유림

신유림은 권 제3 흥법 제3 아도 기라 조에 나온다. 아도(고구려 승)의 어머니가 아도에게 이르기를 장차 신라에 불교가 크게 일어날 것인데, 네가 가서 불교를 전파하라 하며 신라의 서울 안에 7개의 절터가 있다고 일러준다. 신유림은 이 일곱 절터 가운데 하나로 후에 사천왕사가 들어선다. 선덕여왕은 이곳을 도리천이라 하면서 자신이 죽거든 도리천에 묻어 달라고 한다. 여왕이 죽은 뒤 30여 년만에 왕릉 아래에 사천왕사가 들어선다. 불교에서 사천왕은 수미산의 중턱에 위치하는 곳으로 그 꼭대기에 도리천을 두고 있다. 선덕왕릉이 있는 도리천과 사천왕사는 이곳 남산을 불국토로 생각하려는 신라인의 사상을 보여 주는 곳이고 아울러 이곳의 숲을 신유림(神遊林)으로 불렀다고 하는 것은 불국토의 이상과 신의 거주지 또는 활동무대가 서로 다르지 않다는 신라인의 생각을 보여 준다고 할 수 있다.

기타

「삼국유사」에 전하는 숲으로는 왕가수, 발연수, 금산수, 천경림 등이 더 있는데, 왕가수는 「삼국유사」에는 나타나지 않으나 「삼국유사」 권 제1 기이 제1 도화녀와 비형이랑 조와 관계가 있다. 비형랑은 신라 25대 진지왕의 혼령과 민간의 도화녀가 관계하여 낳은 아들이다. 진평왕은 이 이야기를 듣고 비형랑을 궁중에 데려다 길러 집사 벼슬을 주었다. 비형랑은 밤마다 월성의 서쪽에 있는 황천에 가서 놀았는데 이곳의 숲이 왕가수(王家藪)라고 전한다. 일제시대 조사 보고서인 「조선의 임수」에 전하고 있다. 발연수, 금산수는 진표율사와 관련을 가지고 있는데, 특히 발연수는 고성 근처에 진표율사가 세웠다고 기록하고 있으며 각 각 발연사, 금산사라는 절과 함께 하고 있다. 천경림도 아도의 어머니가 말한 7개의 절 터 가운데 하나로 후에 흥륜사가 들어선다. 물론 흥륜사가 세워져서 천경림이 소멸된 것은 아니다. 천경림에서 목재를 조달하기는 했으나 천경림 자체를 폐하지 않았다. 사찰과 숲과의 이러한 관계를 놓고 보면 특정한 숲은 바로 신체(神體) 혹은 성스러운 장소로 간주하고 있었음을 알 수 있다.

맺음말

「삼국유사」에 나타난 나무와 숲을 중심으로 하여 이들의 종교적 상징성을 살펴보았는데, 세계에 보편적으로 분포하고 있는 상징성과 상통하고 있음을 알 수 있다. 다시 말해서 우리라고 해서 특별히 별난 나무를 가지고 있는 것이 아니고 별난 상징을 가지고 있는 것이 아니라는 것을 알 수 있다.

세계의 모든 나라들의 신화와 민속에는 제 나름 종교적으로 성스러운 나무를 가지고 있다. 이 나무들은 그 자체가 숭배의 대상이기도 하였고, 그 자체가 신이기도 했고, 신이 거주하는 장소, 신의 통로이기도 했다. 이런 면에서 볼 때 우리가 나무에 대해 가지고 있는 종교적 상징성은 인류 보편적인 가치체계 안에 함께 하고 있는 것이다. 혹시 그 동안 우리가 가지고 있는 나무의 정신적 가치, 종교적 상징성이 저급한 것이라고 생각했다면 이 기회에 우리의 상징성이 특별히 저급한 것이 아니고 인류 보편적인 사고임을 확인해야 할 것이다.

끝으로, 나무는 인간의 생활과 불가분의 관계를 가지고 있는데, 우리는 주로 나무의 물질적 가치에 치중하고 정신적 가치는 등한히 해왔다는 것을 지적해야겠다. 나무가 가지고 있는 가치는 물질적 가치와 더불어 정신적 가치의 양립을 인정해야 한다. 나무의 종교적 상징성을 포함하는 정신적 가치에 눈을 돌려야 하고 이 가치를 드높이고 보존하는 것도 우리에게 맡겨진 중요한 과제라고 생각한다. 나무에 인격을 부여하고 사람들과 생활을 같이 하는 석송령, 황목근과 같은 좋은 씨앗을 가지고 있다는 점은 우리에게 있어 무척 다행스러운 점이다.

참고문헌

박봉우. 1993~1997. '삼국유사에 나오는 나무이야기'. 「숲과 문화」. 숲과 문화 연구회.
이동하 역. 1991. 「성과 속」. 학민사.
이용찬 외 역. 1985. 「환상적인 중국문화」. 평단문화사.
이윤기 역. 1994. 「세계문화상징사전」. 까치.
이재실. 1999. 「오디」. 열음사.
이재호 역. 1985. 「삼국유사」. 명지대학출판부.
주향은 역. 1998. 「나무의 신화」. 이학사.
최승자 역. 1998. 「상징의 비밀」. 문학동네.
한국문화상징사전 편찬위원회. 1992. 「한국문화상징사전」. 동아출판사.
朝鮮總督府. 1938. 朝鮮の林藪(소호문화재단 산림문화연구원. 1996. 「조선의 임수」. 영인본).
Bernatzky, A. 1978. 「Tree ecology and preservation」. Elsevier.

박봉우는 고려대 임학과를 졸업하고 서울대 환경대학원에서 조경학 석사를, 고려대 대학원에서 박사학위를 수여받았다. 산림휴양, 국립공원, 자연 환경 보존 분야에 관한 연구를 하고 있다. 현재 강원대학교 건축 조경학부 교수이며, 숲과 문화연구회 운영회원이자 한국산림휴양학회 회장이다.

숲과 문화 연구회

숲은 모든 것의 시작입니다. 의식주와 경제활동에 필요한 원료를
채취하는 곳이며, 물의 원천이며, 불의 발생지이기도 합니다. 숲은
철학가, 문학가, 문화예술인의 사색의 고향입니다.
숲에서 인류는 지혜를 얻고 그것으로 문명을 창조하였습니다. 시,
소설, 동화, 신화, 음악 건축 등 우리 주변에 숲과 관련 맺지 않고 있는
것은 없습니다.
따라서 숲은 문화의 산실입니다. 문화는 숲으로부터 탄생했습니다.
그러나 이와 같은 사실을 깨닫고 있는 사람들은 많지 않으며,
전문가들 조차 관심이 없는 실정입니다. 설사 이해하고 있다고
하더라도 숲의 인류문화적 중요성을 기록으로 남기거나 전달하려는
생각을 행동으로 옮기지 못합니다.
숲과 문화 연구회는, 이처럼 중요하지만 일반인의 관심이 닿지
못하는 숲에 관한 모든 것을 탐구하고 그 이로움을 여럿이 함께
나누고자, 1992년 1월에 우리 숲을 아끼고 사랑하는 이들이 함께 모여
만든 모임입니다.
숲과 문화 연구회는 숲과 문화에 관련된 좋은 글을 모아 격월간지
『숲과 문화』를 펴내고 있습니다. 또 2개월에 한번씩 "우리나라의
아름다운 숲 탐방" 행사를 실시하여 숲과 인간이 조화롭게 살아가는
데 작은 보탬이 되고자 노력하고 있습니다.

• 『숲과 문화』를 받아볼 수 있는 구독회원이 되기를 원하시는 분은
연회비 15,000원을 숲과 연구회 온라인구좌로 입금하시고, 그 사실을
통보해주시기 바랍니다.
- 국민은행 : 036-01-0333-009 / 숲과 문화 연구회
- 우 체 국 : 012518-0068893-12 / 숲과 문화 연구회
- 전화번호 : 02-745-4811

• 숲과 문화 연구회
㉾ 136-031 서울시 성북구 동소문동 1가 51번지
무성빌딩 3층
전화 02)745-4811 전송 03)745-4812
천리안 FNCRG

숲과 문화 연구회 사람들

명예운영회원

박희진 시인
김경인 화가 인하대학교 미술교육학과 교수
김영무 시인 서울대학교 영문학과 교수
김진희 방송인 영상창조 연구회 회장

운영회원(가나다순)

김기원 1956년 충남 당진 출생. 오스트리아 빈
농과대학교 이학박사, 국민대학교
산림자원학과 교수

박봉우 1952년 서울 출생. 고려대학교 농학박사,
강원대학교 녹지조경학과 교수

박찬우 1955년 강원 춘천 출생. 일본 니이가다
대학교 농학박사, 임업연구원
휴양풍치연구실 연구관

배상원 1955년 서울 출생. 독일 프라이부르크 대학교
이학박사, 중부임업시험장 시험과 연구사

신원섭 1959년 충북 진천 출생. 캐나다 토론토
대학교 임학박사, 충북대학교 임학과 교수

윤영일 1954년 서울 출생. 독일 프라이부르크 대학교
이학박사, 공주대학교 산림자원학과 교수

이성필 1955년 경기 포천 출생. 고려대학교 졸업,
(주)그룹 터 대표

이천용 1952년 서울 출생. 고려대학교 농학 박사,
임업연구원 임지보전연구실 연구관

임주훈 1957년 서울 출생. 고려대학교 농학박사,
임업연구원 산림생태과 연구원

전영우 1951년 경남 마산 출생. 아이오와 주립대학교
임학박사, 국민대학교 산림자연학과 교수

탁광일 1954년 서울 출생. 캐나다 브리티시
콜롬비아 대학교 임학박사, School for Field
Studies 교수

하 연 1957년 전북 정읍 출생. 독일 괴팅겐 대학교
이학박사, 상명대학교 겸직 교수

숲과 문화 총서 7
숲과 종교

엮은이 신원섭
펴낸이 이수용
제판인쇄 홍진프로세서
제   책 민중제책
펴낸곳 秀文出版社

1999. 8. 17 초판인쇄
1999. 8. 21 초판발행

출판등록 1988. 2. 15 제 7-35
132-033 서울 도봉구 쌍문 3동 103-1
전화 904-4774, 994-2626 FAX 906-0707

*파본은 바꾸어 드립니다.

ISBN 89-7301-507-9